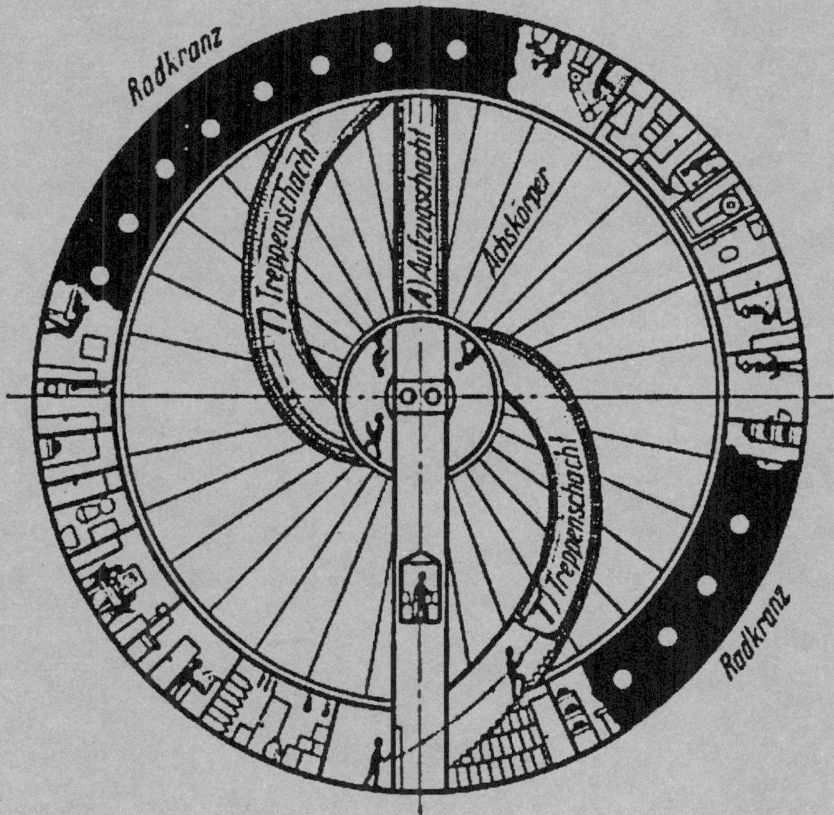
Radkranz
Treppenschacht
Aufzugsschacht
Achskörper
Treppenschacht
Radkranz

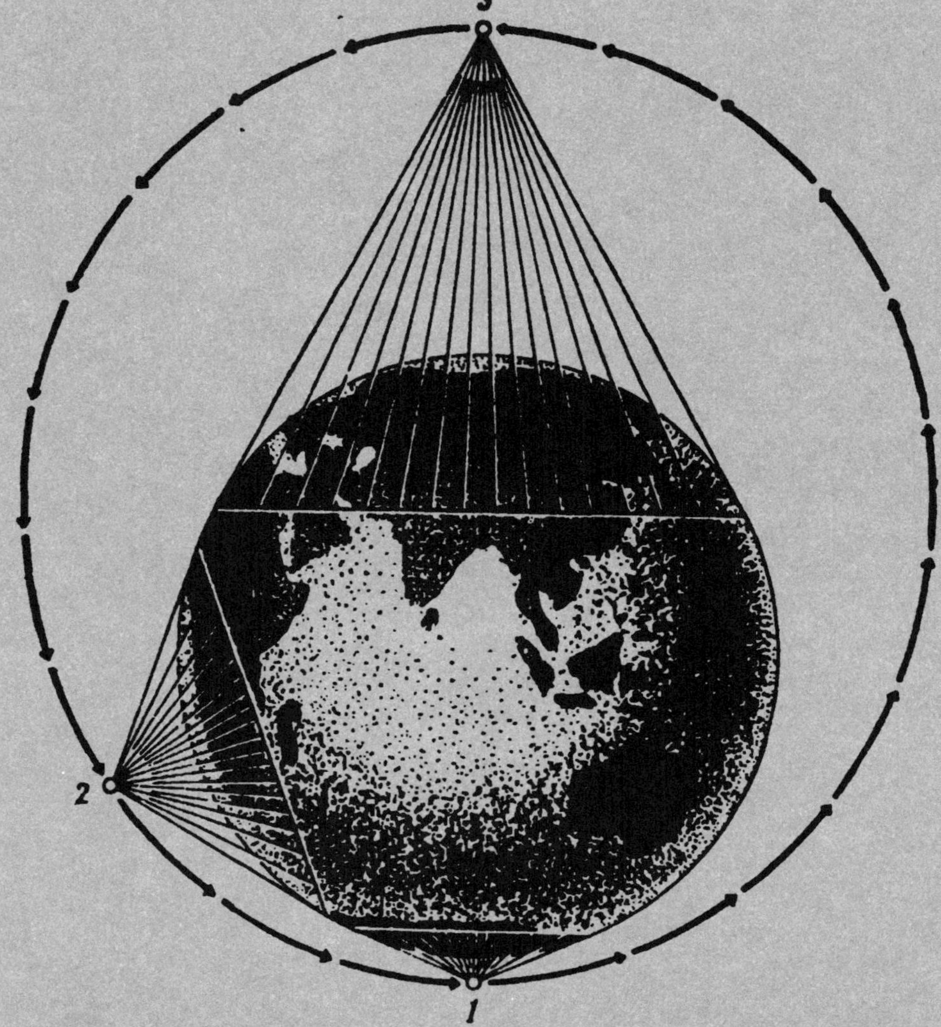
3
2
1

DER TRAUM VOM WELTRAUM

Dallas Campbell

DER TRAUM VOM WELTRAUM

MENSCHEN, MISSIONEN UND MEILENSTEINE DER RAUMFAHRT

AUS DEM ENGLISCHEN VON
NICOLA OBERT

KNESEBECK

TEIL 4

ITER STELLARUM

»REISE ZU DEN STERNEN«

RAUMFAHRER UND RAUMFAHRERINNEN

TEIL 5

VITAM QUAERITUR

»DIE SUCHE NACH LEBEN«

WO STECKEN SIE BLOSS ALLE?

TEIL 6

TEMPORIS PEREGRINI

»ZEITENWANDERER«
RETRO-FUTURISTEN, ARCHÄOLOGEN
UND EROBERER NEUER HORIZONTE

EINLEITUNG

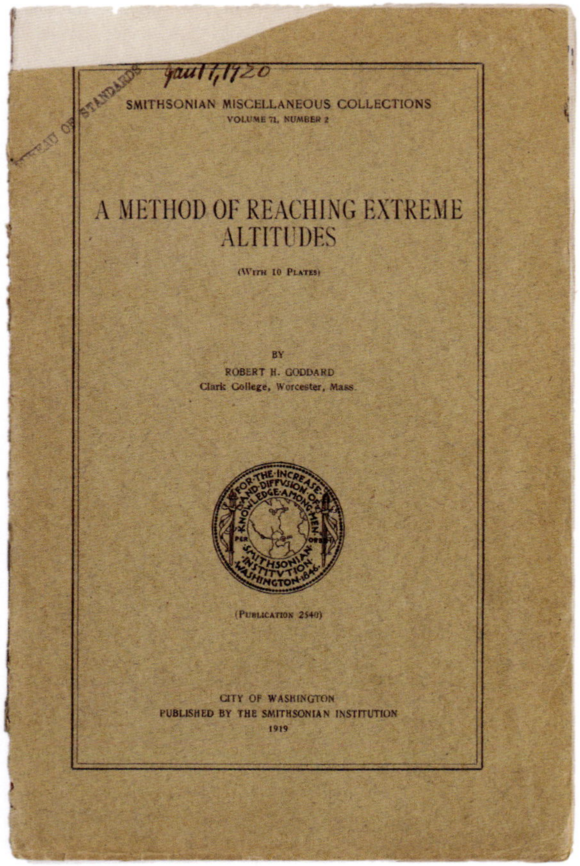

0.1

Vor nicht allzu langer Zeit war die Raumfahrt noch unmöglich. 1919 schrieb der amerikanische Raketenforscher Robert H. Goddard die wissenschaftliche Abhandlung *A Method of Reaching Extreme Altitudes* (Eine Methode zum Erreichen extremer Höhen), in der in einer Fußnote erklärt wurde, dass der Himmel für Raketen nicht länger eine Grenze darstellte. Es war diese Fußnote, und nicht so sehr die Abhandlung selbst, die Aufsehen erregte – die Schlussfolgerung, dass eine Rakete theoretisch unendlich hoch fliegen könnte. Das amüsierte die *New York Times*, die ihre Leser daran erinnerte, was jeder Oberschüler bereits wusste: In einem Vakuum gibt es »nichts zum Wegdrücken«, deshalb könne logischerweise eine Rakete dort nicht funktionieren. 50 Jahre später, als Neil Armstrong und Buzz Aldrin im Juli 1969 die Mondoberfläche betraten, druckte die Zeitung eine verspätete Korrektur:

Weitere Untersuchungen und Experimente haben die Erkenntnisse von Isaac Newton aus dem 17. Jahrhundert bestätigt, und es steht nun eindeutig fest, dass eine Rakete sowohl in einem Vakuum als auch in einer Atmosphäre funktionieren kann. Die Times *bedauert den Fehler.*

Weitere 50 Jahre später können wir Arthur C. Clarkes »drittes Gesetz« (»Jede hinreichend fortschrittliche Technologie ist von Magie nicht zu unterscheiden«) in Echtzeit beobachten. Es scheint kaum ein Tag zu vergehen ohne eine Nachricht über ein wundersames, die Grenze zwischen Fantasie und Wirklichkeit verwischendes Beispiel aus der Raumfahrttechnik. Erst kürzlich flogen Katy Perry und William Shatner zusammen mit anderen Berühmtheiten an Bord der Suborbital-Rakete von Blue Origin zum Rand des Weltraums.

Und dann gibt es dieses technische Wunderwerk, das James-Webb-Weltraumteleskop, das sich Anfang 2022, Millionen von Kilometer von der Erde entfernt, wie eine Origami-Blume entfaltete und nun still das Universum beobachtet und in unvorstellbarem Detail aufzeichnet. Welche Geheimnisse wird es aufdecken?

Zu erwähnen ist auch das exponentielle Wachstum der Anzahl von Satelliten, die die Erde umkreisen und von Klimaüberwachung über Hochgeschwindigkeits-Internet bis zu Navigationsdaten unzählige Dinge für uns tun, die das

0.1 Einband des Textes von Robert H. Goddard, *A Method of Reaching Extreme Altitudes*, 1919.

0.2 Jules Verne, *From the Earth to the Moon*, 1874 (Original: *De la Terre à la Lune*, 1865).

0.3 Zeitschrift *Popular Mechanics*, März 1930.

0.4 Die Realität imitiert die Kunst. Testflug Nr. 4 des wiederverwendbaren Starship von SpaceX im Juni 2024. Bemerkenswert sind die visuellen Ähnlichkeiten mit fiktionalen Raumschiffen. Die Fantasie ist das großartigste Designwerkzeug.

FROM THE EARTH TO THE MOON
JULES VERNE

MARCH
25 CENTS
POPULAR MECHANICS MAGAZINE
SEE PAGE 386

0.2 / 0.3

0.4

0.5 Das Sonnenschild des James-Webb-Weltraumteleskops der NASA ist das größte Teil des Observatoriums: Es besteht aus fünf Lagen dünner Membranen, die so konstruiert wurden, dass sie sich im Weltall zuverlässig und mit präzisen Toleranzen entfalten können. Das Sonnenschild ist etwa so lang wie ein Tennisplatz und wurde für den Start wie ein Regenschirm um die Spiegel und Instrumente des Weltraumteleskops zusammengefaltet.

0.6 US-Präsident Lyndon B. Johnson (Mitte) und seine Frau »Lady Bird« Johnson (l.) verfolgen zusammen mit Vizepräsident Spiro Agnew (r.) am 16. Juli 1969 im Kennedy Space Center um 9:32 Uhr Ortszeit den Start der Apollo 11, der ersten bemannten Mondlandemission.

Fundament der modernen Zivilisation ausmachen. SpaceX ist einer der Wegbereiter bei der Entwicklung von wiederverwendbaren Raketen. Die von diesem Unternehmen entwickelte Hilfsrakete für den Start, der sogenannte Booster, kann in der Hochatmosphäre eine Kehrtwende ausführen und zur Startrampe zurückfliegen, wo sie elegant aufgefangen wird und bald wieder bereit ist für den nächsten Flug. Warum ist das wichtig? Nun, stellen Sie sich einmal vor, was Ihr Flugticket kosten würde, wenn jedes Flugzeug nach nur einem einzigen Flug verschrottet werden müsste. Das hat die Raumfahrtindustrie im Prinzip bisher getan. Das Starship von SpaceX und die Schwerlastrakete New Glenn von Blue Origin bilden einen Teil des neuen, revolutionären Systems, das einen kostengünstigeren und schnelleren Zugang zum Weltall ermöglicht. Diese Raketen haben tiefgreifende Auswirkungen sowohl auf unsere Zukunft hier unten auf der Erde als auch auf unsere Möglichkeiten, zum Mond und weiter zum Mars zu gelangen. Sie könnten vielleicht sogar Elon Musks oft zitierte Vision von der Menschheit als einer auf mehreren Planeten lebenden Spezies wahr werden lassen – eine schon lange existierende Fantasie, die gerade in einer noch vor Kurzem unwahrscheinlichen Geschwindigkeit Gestalt annimmt.

Technologie, Politik und Vorstellungskraft reisen mit sehr unterschiedlichen Geschwindigkeiten in die Zukunft. Wenn sie aufeinandertreffen, geschehen außergewöhnliche Dinge. Dieses Buch handelt davon, woher diese Magie teilweise kommt. Oder, genauer gesagt, von wem sie kommt. Die Weltraumforschung basiert zwar auf Wissenschaft

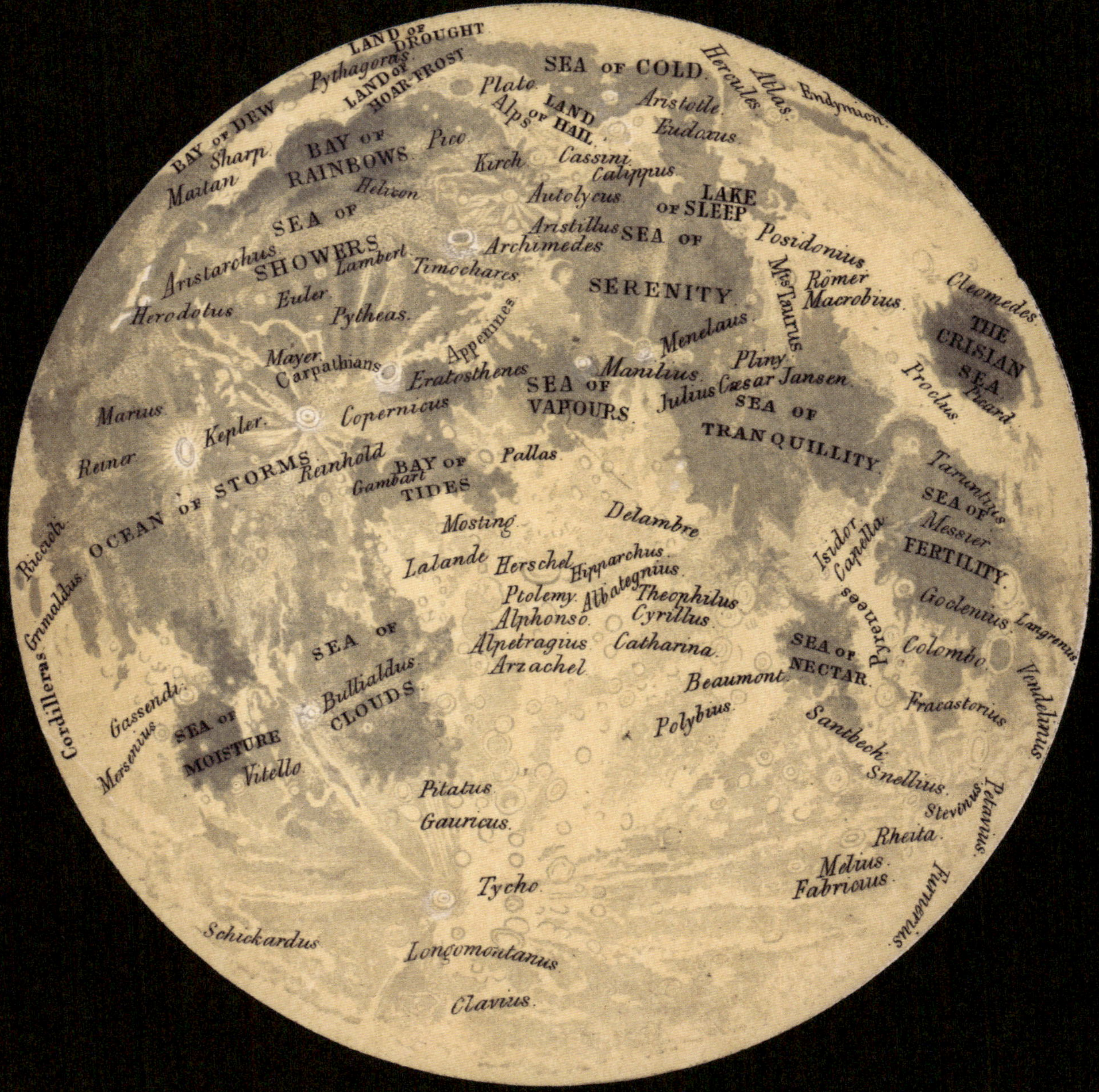
LAND OF DROUGHT
Pythagoras
LAND OF HOAR FROST
SEA OF COLD
Hercules
Atlas
Endymion
Plato
Alps
LAND OF HAIL
Aristotle
Eudoxus
BAY OF DEW
Sharp
Mairan
BAY OF RAINBOWS
Pico
Kirch
Cassini
Calippus
Helicon
Autolycus
LAKE OF SLEEP
SEA OF SHOWERS
Aristillus
SEA OF SERENITY
Archimedes
Posidonius
Aristarchus
Lambert
Timocharis
Mt Taurus
Römer
Macrobius
Cleomedes
Herodotus
Euler
Pytheas
Apennines
THE CRISIAN SEA
Menelaus
Mayer
Carpathians
Eratosthenes
Manilius
Pliny
Proclus
Picard
Marius
Copernicus
SEA OF VAPOURS
Julius Cæsar
Jansen
SEA OF TRANQUILLITY
Kepler
Reiner
OCEAN OF STORMS
Reinhold
Gambart
BAY OF TIDES
Pallas
Taruntius
SEA OF FERTILITY
Messier
Riccioli
Mosting
Delambre
Isidor
Capella
Lalande
Herschel
Hipparchus
Albategnius
Ptolemy
Theophilus
Cyrillus
Alphonso
Goclenius
Langrenus
Grimaldus
SEA OF CLOUDS
Alpetragius
Arzachel
Catharina
SEA OF NECTAR
Pyrenees
Colombo
Bullialdus
Beaumont
Vendelinus
Cordilleras
Gassendi
Fracastorius
SEA OF MOISTURE
Mersenius
Vitello
Polybius
Santbech
Snellius
Stevinus
Petavius
Pitatus
Gauricus
Rheita
Metius
Fabricius
Furnerius
Tycho
Schickardus
Longomontanus
Clavius

0.7

»Eine zu große Last des Wissens kann die Räder der Fantasie blockieren.«

ARTHUR C. CLARKE, *PROFILES OF THE FUTURE*, 1962

und Technik, aber der Funke wird oft von Künstlern und Träumern entzündet. Fantasie und Fiktion sind ein zentraler Bestandteil dieser Geschichte; sie können so stark sein wie Raketentreibstoff. Dazu fällt mir der Leitsatz von T. E. Lawrence ein: »All men dream: but not equally« (Alle Menschen träumen, aber nicht alle gleich).

Wenn Sie auf der Suche sind nach einer repräsentativen Sammlung von Namen, die für die Geschichte der Weltraumforschung stehen, sollten Sie sich den Mond anschauen. Nicht seine Geologie, sondern die Tausenden von Krater – sie tragen Namen von Menschen, die über die Zeit hinweg mit ihren Ideen und ihrem Talent für eine zunehmende menschliche Präsenz im Weltall gesorgt haben. Die Mondkrater sind wie ein Lexikon von Forschern, Wissenschaftlern, Ingenieuren und anderen Berühmtheiten, von Ernst Abbe (einem deutschen Physiker) bis zu Fritz Zwicky (einem Schweizer Astronomen).

Die Größe eines Kraters scheint in direkter Beziehung zur wahrgenommenen Bedeutung der Person zu stehen. Der Krater Tycho, benannt nach dem großen dänischen Astronomen Tycho Brahe aus dem Zeitalter vor Galilei, ist vielleicht der berühmteste und sicherlich der hellste und am besten für das bloße Auge sichtbare Mondkrater. Auch die Pilotin Amelia Earhart hat ihren eigenen Krater, genauso wie der Polarforscher Ernest Shackleton, dessen mit Eis gefüllter Krater am Südpol des Mondes aktuell das Ziel eines neuen politischen und kommerziellen Wettlaufs ins All darstellt. Auf den folgenden Seiten werden Sie viele Namen wiedererkennen. Manche sind dagegen weniger bekannt – eine Erinnerung daran, dass Geschichte niemals endgültig ist. Sie ist chaotisch, voller Fußnoten, gespickt mit Vorurteilen und gefärbt von der Politik der jeweiligen Zeit.

Kennen Sie den Brauch des »Mudlarking«, der Schatzsuche im Schlamm der Themse in London? Dann werden Sie wissen, dass die Themse alle möglichen Dinge anspült. Bei Ebbe gleicht ihr Ufer einer historischen Ausstellung: Neben römischen Keramikscherben liegen viktorianische Tabakpfeifenhälse aus Ton, daneben wiederum ein Nokia 3310, ein paar Jackenknöpfe aus der Zeit Eduards VII., nicht identifizierte Tierknochen oder ein geheimnisvoller Schlüssel. Dieses Buch ist eine Sammlung der Dinge, die durch unsere Geschichte zutage gefördert wurden. Schätze, die einen kurzen Blick in den kreativen Prozess erlauben, hingekritzelte Randnotizen, Dokumente von schlauen Köpfen. Diese Geschichte vollständig zu erzählen, ist eine unmögliche und sinnlose Aufgabe und so, als wollte man alle Einschlagkrater auf dem Mond zählen oder genau jenen unserer höhlenbewohnenden Vorfahren finden, der als Erster zu den Sternen aufschaute und sich vorstellte, in den Weltraum zu fliegen. Ich habe den Überblick so umfassend wie möglich gestaltet und eine allzu strenge zeitliche Abfolge vermieden – ganz im Stil der Themse. Stattdessen habe ich diese Geschichte in grobe thematische Abschnitte gegliedert. Zweifellos werden Sie sich wundern, weshalb ich bestimmte Personen ausgelassen habe. Oder ich habe Namen aufgenommen, bei denen Sie sich zunächst ratlos am Kopf kratzen. Das macht die Herausforderung und den Spaß beim Schreiben eines solchen Buches aus.

Ich hoffe, Sie genießen diese Reise durch die Geschichte des aufregendsten Vorhabens der Menschheit. Vielleicht fällt Ihr Blick dabei auf etwas im Licht Funkelndes. Wer weiß, wohin es Sie führen wird.

0.7 Mary Ward, Mondkarte mit den von Riccioli im 18. Jahrhundert vergebenen topografischen Namen und weiteren, von nachfolgenden Beobachtern hinzugefügten Bezeichnungen, in: *Telescope Teachings*, 1859.

TEIL 1

SOMNIUM

»TRAUM«

STERNENTRÄUMER UND FANTASIEFLÜGE

JOHANNES KEPLER UND CO.

1.

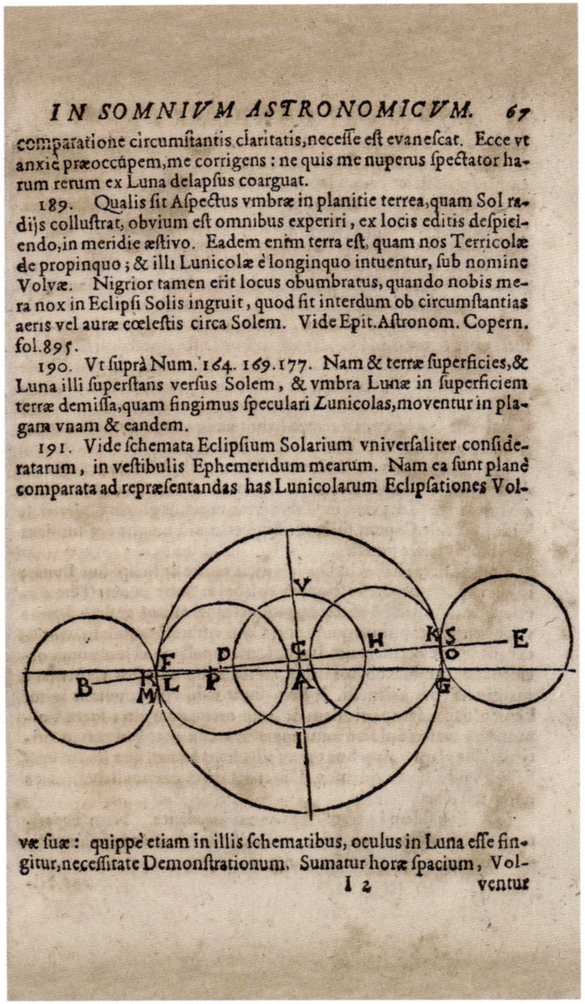

IN SOMNIVM ASTRONOMICVM. 67

comparatione circumſtantis claritatis, neceſſe eſt evaneſcat. Ecce vt anxiè præoccúpem, me corrigens: ne quis me nuperus ſpectator harum rerum ex Luna delapſus coarguat.

189. Qualis ſit Aſpectus vmbræ in planitie terrea, quam Sol radijs colluſtrat, obvium eſt omnibus experiri, ex locis editis deſpiciendo, in meridie æſtivo. Eadem enim terra eſt, quam nos Terricolæ de propinquo; & illi Lunicolæ è longinquo intuentur, ſub nomine Volvæ. Nigrior tamen erit locus obumbratus, quando nobis mera nox in Eclipſi Solis ingruit, quod fit interdum ob circumſtantias aeris vel auræ cœleſtis circa Solem. Vide Epit. Aſtronom. Copern. fol. 895.

190. Vt ſuprà Num. 164. 169. 177. Nam & terræ ſuperficies, & Luna illi ſuperſtans verſus Solem, & vmbra Lunæ in ſuperficiem terræ demiſſa, quam fingimus ſpeculari *Lunicolas*, moventur in plagam vnam & eandem.

191. Vide ſchemata Eclipſium Solarium vniverſaliter conſideratarum, in veſtibulis Ephemeridum mearum. Nam ea ſunt planè comparata ad repræſentandas has Lunicolarum Eclipſationes Volvæ ſuæ: quippè etiam in illis ſchematibus, oculus in Luna eſſe fingitur, neceſſitate Demonſtrationum. Sumatur horæ ſpacium, Vol-

I 2 ventur

Island ähnelt in vielen Aspekten dem Weltraum. Eine fremdartige Landschaft, durch Eis und Feuer geformt; ein Grenzland, in dem sich alte und neue Welten begegnen. Hier lebten einst der junge Schüler Duracotus (»Wissenschaft«) und seine Mutter Fiolxhilde (»Ignoranz«), die ihren Lebensunterhalt mit dem Verkauf von magischen Kräutern bestreitet. Eines Tages öffnet der neugierige Duracotus einen der Kräuterbeutel, woraufhin seine Mutter ihn flugs an einen Skipper verkauft, der auf dem Weg nach Dänemark ist. Dort angekommen, macht Duracotus den großen Astronomen Tycho Brahe (1546–1601) ausfindig und studiert mit ihm zusammen die neue Kosmologie der Zeit. Nach einigen Jahren kehrt er nach Island zurück, um sein Wissen mit der nun im Sterben liegenden Mutter zu teilen. Er interessiert sich für ihren Okkultismus, und sie erzählt ihm von den Geistwesen, die zwischen dem Mond und der Erde verkehren. Duracotus ist wissbegierig, und so begeben sie sich an eine Kreuzung, wo Fiolxhilde einen auf dem Mond lebenden Dämonen (»Wissen«) herbeiruft. Der Dämon erscheint und erklärt mit krächzender Stimme, wie die Mondwesen sich am Erdschatten entlangbewegen, der während einer Eklipse (Mondfinsternis) für kurze Zeit beide Welten miteinander verbindet. Er erklärt außerdem, dass auch Menschen diese gefährliche Reise unternehmen können, wenn sie die richtige Ausrüstung dafür haben. Ihre Körper werden »wie mit Schießpulver« von einer großen Anzahl Geister gewaltsam in die Höhe katapultiert. Um die Menschen vor dem Stoß zu schützen, betäubt man sie mit Opiaten. Ihre Gliedmaßen bindet man zusammen, damit ihre Körper nicht von der Wucht zerrissen werden. In die Nasen der »Astronauten« werden feuchte Schwämmchen eingeführt, damit sie nicht durch Sauerstoffmangel ersticken. Nach dem gewaltsamen Start führt der Mond die Menschen mit seiner natürlichen Anziehungskraft sanft entlang des Schattenkorridors an ihr Ziel. Im Rest der Geschichte beschreibt der Dämon ausführlich, was die irdischen Reisenden vorfinden werden. Er erklärt detailliert die Topografie des Mondes, seine Geografie, seinen Kalender, sein Klima und seine Astronomie. Der Mond ist eine bewohnte Welt großer Gegensätze, in der dieselben Gesetze der Physik gelten wie auf der Erde. Er ist ihr ähnlich, aber doch ganz anders.

Das 17. Jahrhundert war ein goldenes Zeitalter für Wissenschaftler, Geschichtenerzähler und Raumfahrer. Es markiert eine radikale intellektuelle Veränderung in unserem Verständnis der Naturwelt, vor allem die Bewegung weg von der geozentrischen Kosmologie von Aristoteles und Ptolemäus,

1.2

1.3

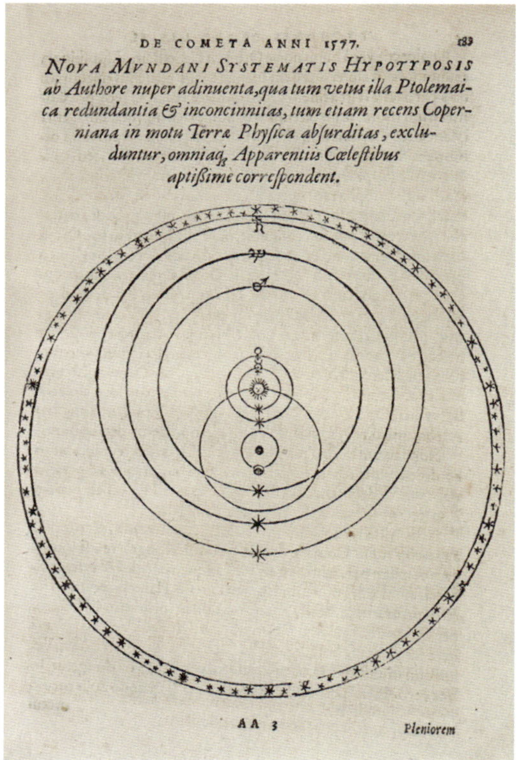

DE COMETA ANNI 1577. 183

Nova Mundani Systematis Hypotyposis ab Authore nuper adinuenta, qua tum vetus illa Ptolemaica redundantia & inconcinnitas, tum etiam recens Coperniana in motu Terræ Physica absurditas, excluduntur, omniaq; Apparentiis Cœlestibus aptißime correspondent.

AA 3 Pleniorem

1.4

1.1 Seite aus Johannes Keplers *Somnium*, posthum 1634 veröffentlicht, mit der Zeichnung einer Eklipse.

1.2, 1.3 Die Wandbilder *KEPLER/ SOMNIUM* des audiovisuellen Künstlers Joshua Ellingson, 2013 während eines Aufenthaltes in Anger, Österreich, geschaffen: »Ich erfuhr, dass Kepler *Somnium* in Österreich schrieb. Der Roman wurde von vielen als erstes veröffentlichtes Science-Fiction-Werk angesehen. Deshalb dachte ich, es wäre passend für diesen Aufenthalt, Kepler und seine Geschichte zu würdigen.«

1.4 Seite aus Tycho Brahes Werk *De mundi aetherei recentioribus phaenomenis liber secundus* aus dem Jahr 1588, in dem er seine Forschungsergebnisse zu einem Kometen von 1577 ausführlich beschreibt. Er versuchte, dessen Entfernung von der Erde zu bestimmen, und kam zu dem Schluss, dass die Erde um die Sonne kreist.

→ **1.5** Ausschnitte aus Frederick de Wit, *Planisphærium coeleste*, 1680. Die Doppelhalbkugel auf dieser wunderschönen Sternkarte ist umgeben von sechs ergänzenden Zeichnungen der Kosmologien von Descartes, Ptolemäus und Brahe (links, von oben nach unten) und Kopernikus (rechts mittig) sowie von Pierre Gassendis Mondphasen (rechts oben) und von Philippe van Lansberges Bewegung der Erde um die Sonne innerhalb eines Jahres (rechts unten).

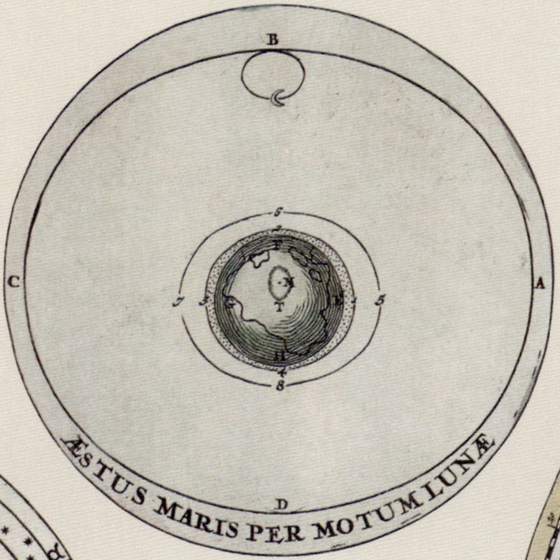
B
C
A
D
ÆSTUS MARIS PER MOTUM LUNÆ

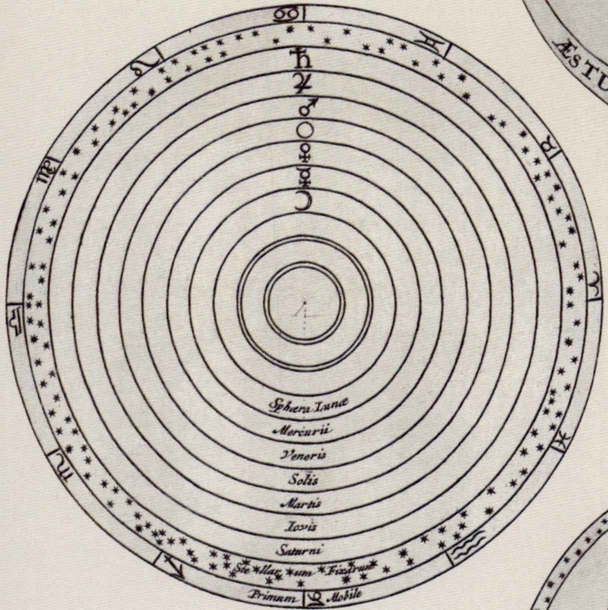
Sphæra Lunæ
Mercurii
Veneris
Solis
Martis
Iovis
Saturni
Primum Mobile

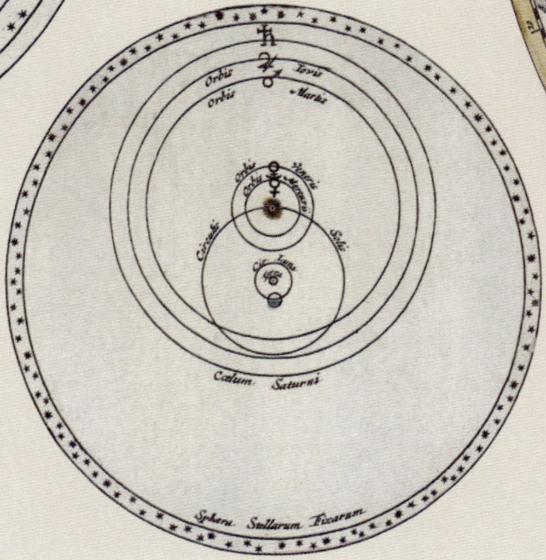
Orbis Iovis
Orbis Martis
Cœlum Saturni
Sphæra Stellarum Fixarum

AQUARIUS
PISCES
ARIES
TAURUS
Trian gulum
An dromeda
Pegasus
Equuleus
Delphinus
CAPRICORNUS
Caßiopea
Cepheus
Cygnus
Perseus
Antinous
Auriga
Aquila
Lira
Engonasi
GEMINI
Vrsa maior
Castor
Pollux
Draco
Corona
Bootes
Serpens
Coma Berenices
CANCER
LEO
VIRGO
SCORPIUS
LIBRA

PISCES
ARIES
AQUARIUS
Cetus, Balena
TAURUS
Piscis notius
Phœnix
Grus
Indus
Fluvius Eridanus
Orion
Lepus
Columba Noe
Hydra
Pavo
Corona australis
Apous Indica
Cameleon
Musca
Canis maior Sirius
GEMINI
Canicula Procyon
Ara, Thuribulum
Argo Navis
Centaurus
CANCER
Hydra
Crater Vas
LEO
LIBRA
Corvus
VIRGO

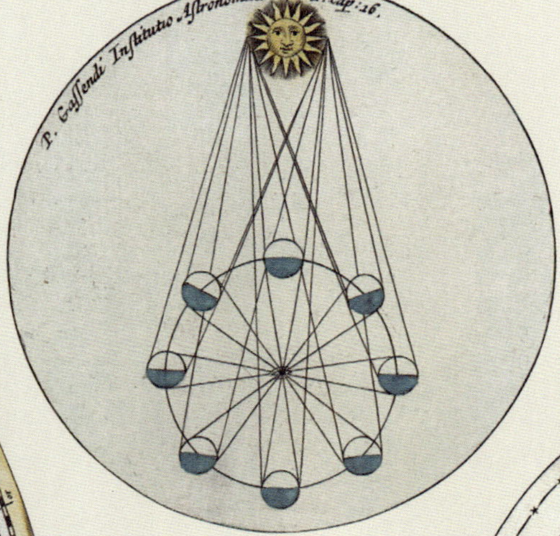
P. Gassendi Institutio Astronomica lib: 2. cap: 16.

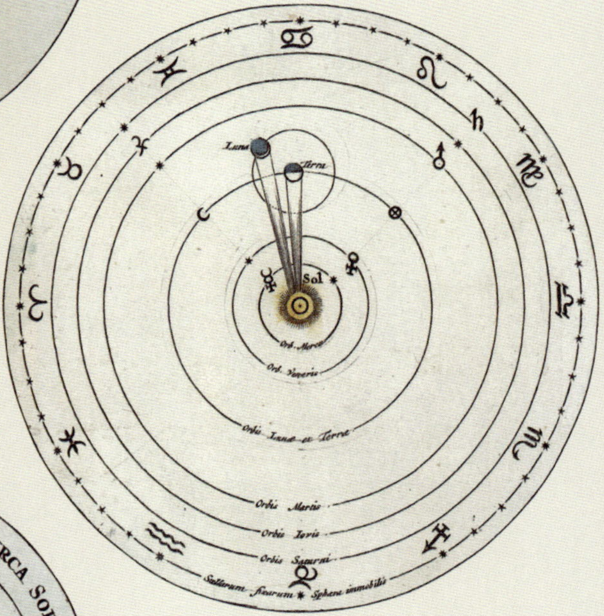
Luna
Terra
Sol
Orb. Mercur.
Orb. Veneris
Orbis Lunæ et Terræ
Orbis Martis
Orbis Iovis
Orbis Saturni
Stellarum fixarum Sphæra immobilis

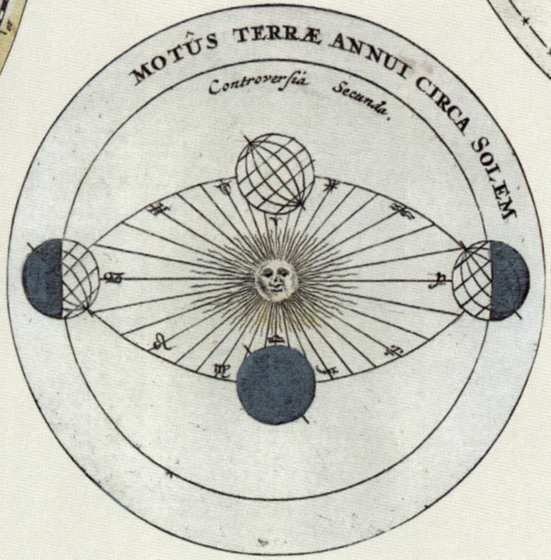
MOTUS TERRÆ ANNUI CIRCA SOLEM
Controversia Secunda.

1.6

1.7

hin zur Realität des heliozentrischen Modells des Sonnensystems, wie es 1543 von Nikolaus Kopernikus beschrieben und in den folgenden Jahrzehnten von Galileo Galilei und anderen bestätigt wird.

Einer der Väter dieser wissenschaftlichen Revolution war Johannes Kepler (1571–1630), der deutsche Mathematiker und Astronom, dessen Gesetze der Planetenbewegung unser Verständnis des Kosmos veränderten. Seine eigenartige Kurzgeschichte *Somnium*, in der wir Duracotus, Fiolxhilde und den Dämonen kennenlernen, wurde 1634 posthum veröffentlicht. Aber die Idee dazu kam Kepler bereits in seiner Zeit an der Universität in den 1590er-Jahren bei einem Gedankenexperiment: Was wäre anders in der Astronomie, wenn wir den Sternenhimmel vom Mond aus betrachten würden? In den folgenden 30 Jahren entwickelte sich diese Idee zur vermutlich ersten modernen Science-Fiction-Geschichte. *Somnium* war für Kepler ein Mittel zur umfassenden und spekulativen Verteidigung des neuen kopernikanischen Modells des Sonnensystems. Der Konflikt zwischen den alten Sichtweisen und der neuesten Wissenschaft wurde darin beleuchtet.

Kepler wurde von Schriftstellern der Antike beeinflusst, die sich mit noch älteren Ideen der Raumfahrt beschäftigten. Hervorzuheben ist ein wildes Weltraumabenteuer aus dem 2. Jahrhundert n. Chr. mit dem Titel *Wahre Geschichten*. Sein Autor, Lukian von Samosata, ein Satiriker syrischer Abstammung, ist allerdings sehr bemüht, uns zu versichern, dass nichts in diesem Buch wahr ist. Er will damit wohl eventuelle Zweifel seiner Leserschaft ausräumen. In der Geschichte wird ein Segelschiff durch einen starken Wirbelsturm in den Weltraum gehoben, und eine achttägige Reise zu einer funkelnden Sterneninsel am Himmel beginnt. Der Mond wird hier zur Bühne für eine Sage über sich bekriegende Gruppen in einem Sonnensystem, das von schauderhaften, fremdartigen Lebewesen bevölkert wird.

In unserer Fantasie können wir ins Weltall reisen. Aber Magie bringt uns nicht zum Mond und wieder zurück. Wenn wir tatsächlich dorthin fliegen wollen, brauchen wir den Verstand eines Ingenieurs. Der Bischof von Hereford, Francis Godwin, erzählt in seinem 1638 veröffentlichten Abenteuerroman *The Man in the Moone* (*Der Mann im Mond*) von dem zwergenhaften Spanier Domingo Gonsales. Dieser war auf der Insel St. Helena im Mittelmeer gestrandet und trainierte eine Schar Gänse darauf, ihn davonzutragen, indem er sie an einen Stuhl anleinte (**1.8**). Aber nach einigen Testflügen auf der Insel begannen die rastlosen Gänse, die unwiderstehliche Anziehungskraft des Mondes zu spüren, »wie einen Magnet, der Eisen anzieht«. Auf seiner gänsebetriebenen Vorrichtung raste Gonsales durch den Weltraum, um schließlich auf der Oberfläche des Mondes zu landen. Dort lebte er mehrere Monate mit den Mondbewohnern zusammen und kommunizierte in einer musikalischen Sprache mit ihnen, die wir uns wohl so ähnlich wie in dem Film *Unheimliche Begegnung der dritten Art* vorstellen dürfen.* Ebenso wie Keplers *Somnium* ist Godwins *The Man in the Moone* ein eleganter philosophischer Tanz zwischen Fakten, Fantasie, Politik und Wissenschaft und behandelt ihre Auswirkungen auf wichtige Glaubensfragen.

* Oder wie bei den *Clangers*, die wir später noch kennenlernen werden.

1.6, 1.7 Illustrationen von Aubrey Beardsley zu Lukians *Wahren Geschichten*, 1894.

Auch der französische Schriftsteller Cyrano de Bergerac (1619–1655) versah seinen Roman *L'Autre monde ou les états et empires de la Lune* mit ein wenig naiver Luft- und Raumfahrttechnik des 17. Jahrhunderts. Cyrano, der Protagonist der Geschichte, sammelt Morgentau in Glasflaschen und bindet diese an seinem Körper fest. Die Verdunstung des Taus in der Hitze der Pariser Sonne genügt, um ihn in die Höhe zu heben – aber er gelangt zunächst nur nach Quebec. Für seinen nächsten Raumfahrtversuch benutzt er eine »Maschine«, die ihn mithilfe mehrerer Schichten von Feuerwerkskörpern ins All befördern soll. Vielleicht hatte Cyrano von der Legende des Wan Hu gehört, eines chinesischen Mandarin. Der hatte beschlossen, zum Mond zu reisen, und wies seine Gehilfen an, 47 Feuerwerksraketen an einem Stuhl zu befestigen und anzuzünden. Es gab eine große Explosion, und Wan Hu verschwand in einer Rauchwolke. Wurde er in viele kleine Stücke gerissen? Oder war er tatsächlich zum ersten Astronauten geworden? Sie können gerne spekulieren. Es gibt einen Mondkrater, der nach ihm benannt wurde.

Vielleicht hatte in dieser Zeit niemand eine so praktische Sicht auf die Raumfahrt wie John Wilkins, Popularisator der Wissenschaft und Mitbegründer der Royal Society. Er untersuchte sehr ausführlich die Möglichkeiten des interplanetaren

THE
MAN IN THE MOONE:

OR

A DISCOVRSE OF A Voyage thither

BY

Dr. Francis Godwin Bp. of Landaff

DOMINGO GONSALES

1st Edition

The ſpeedy Meſſenger.

LONDON,
Printed by JOHN NORTON, and are to be
ſold by *Ioſhua Kirton*, and *Thomas Warren*. 1638.

1.8 Domingo Gonsales wird von einer Schar Gänse zum Mond befördert. Francis Godwin, *The Man in the Moone; or a discourse of a voyage thither*, 1638.

1.9, 1.10 Agnes Meyer-Brandis, *The Moon Goose Analogue*, ab 2011. Von Francis Godwins berühmter Geschichte inspiriert, kreierte Meyer-Brandis ein erzählendes Kunstprojekt, bei dem sie eine Kolonie von »Mondgänsen« großzog, auf sich prägte und für ein Mondabenteuer trainierte. Ihr Kurzdokumentarfilm *The Moon Goose Colony* von 2012 ist sehr sehenswert.

1.11

»Alle Menschen träumen, aber nicht alle gleich.«

T. E. LAWRENCE, *SEVEN PILLARS OF WISDOM*, 1926

1.11 Frontispiz aus einer Ausgabe von 1640, in der John Wilkins' *The Discovery of a World in the Moone* (1638) zusammen mit *A Discourse Concerning a New Planet* (1640) veröffentlicht wurde.

1.12 Detail des Taurus von Johann Bayer in *Uranometria* (1603). Der Himmelsatlas sollte die Positionen und Größen aller Sterne am gesamten Nachthimmel aufzeichnen. Viele der Informationen in diesem Atlas mit 51 Sternkarten stammten aus den umfangreichen astronomischen Aufzeichnungen von Tycho Brahe. Die Sterne werden so abgebildet, wie sie historisch gesehen wurden.

Reisens und des Lebens im Weltall in seiner Schrift *The Discovery of a World in the Moone*, die 1638 erschien – im selben Jahr wie die Gänse-Fantasie von Godwin. Das Frontispiz (**1.11**) einer Ausgabe von 1640 zeigt bereits, was die Zukunft bringen wird: Kopernikus steht Galileo gegenüber, der sein Teleskop hält; über ihnen befindet sich eine Zeichnung des neuen Sonnensystems mit der Sonne in der Mitte, den Planeten in ihrem Umkreis und einem Universum voller Sterne, das sich jenseits davon erstreckt. In seinem Buch stellt Wilkins einige wohlüberlegte Thesen auf – dass der Mond ein fester Planet sei, dass er eine reale Welt sei und dass in realen Welten reale Wesen lebten. Die 14. These besagt, dass »einige unserer Nachfahren möglicherweise eine Transportmöglichkeit in diese andere Welt finden werden; und wenn es dort Lebewesen gibt, mit ihnen in Kontakt treten werden«. Mit dem ersten Teil hat er recht behalten. Wilkins kam zu dem Schluss, dass ein »fliegender Wagen« mit mechanischem Antrieb (Uhrwerk, Federn, Getriebe, Hebel und Zahnräder) die Lösung sein würde. In der Tat erreichte eine Art »fliegender Wagen« 331 Jahre später den Mond.

Wilkins, Kepler, Godwin etc. spielten mit derselben grundlegenden Idee wie die großen Seefahrer Kolumbus, Drake, da Gama und Magellan, allerdings mit einer Ausweitung ins Weltall. Die Botschaft war einfach: Der Himmel ist ein weiterer Ozean, den es zu überqueren gilt, und die geheimnisvollen Lichtpunkte darin sind bewohnte Inseln, die erforscht werden wollen.

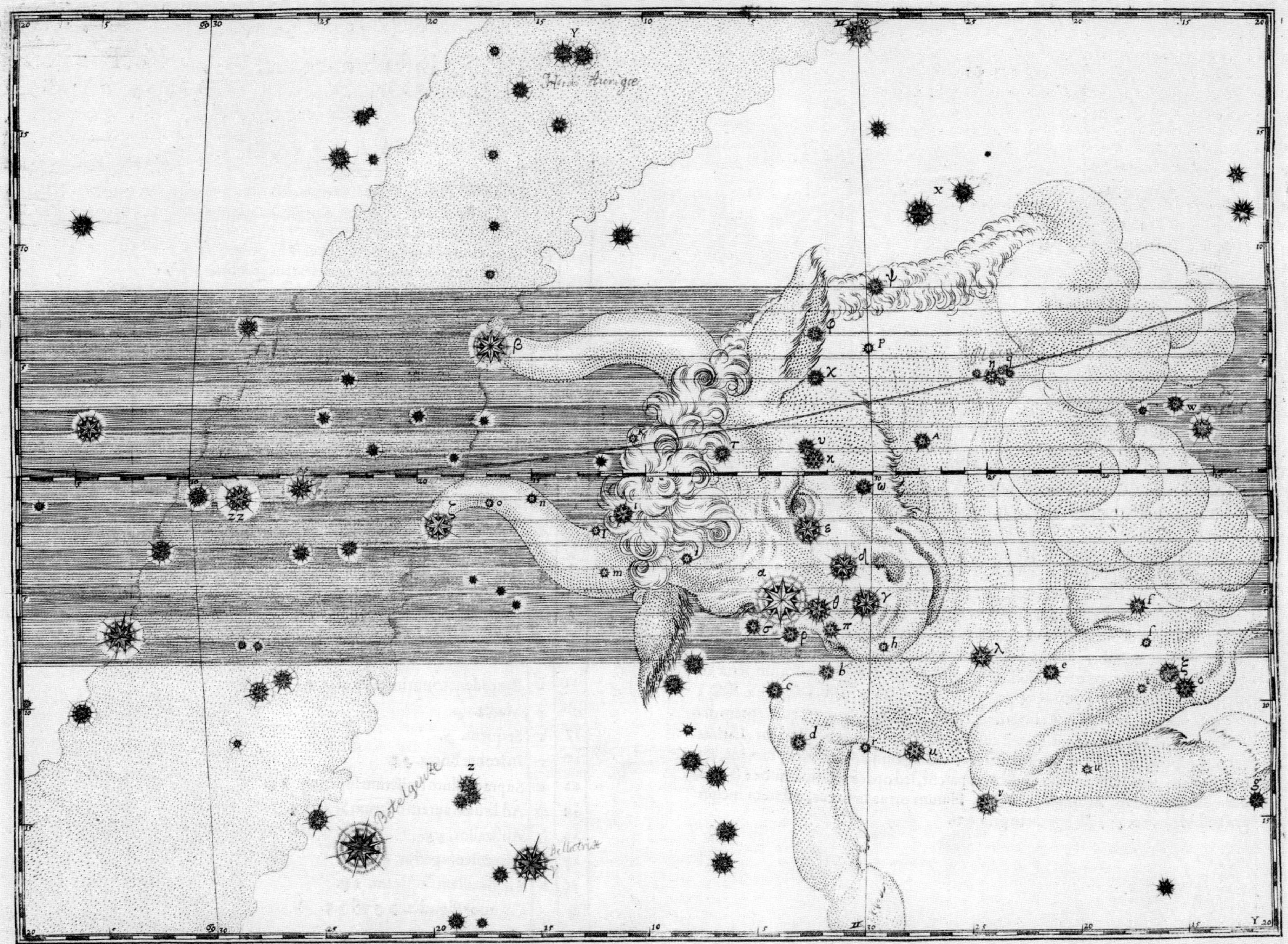

1.12

JULES VERNE

Es gibt eine Reihe von Ähnlichkeiten zwischen Jules Vernes Roman *De la Terre à la Lune* (*Von der Erde zum Mond*) von 1865 und dem Apollo-Programm hundert Jahre später. Das Kommandomodul der Apollo-11-Mission erhielt den Namen Columbia in Anlehnung an Vernes fiktionale Raumkapsel Columbiad (**2.1**, **10.6**). Beide Kapseln hatten eine ähnliche Form und Größe und waren aus Aluminium. Sie wurden beide von Florida aus ins All geschickt, nachdem zuvor über das südliche Texas diskutiert worden war. Beide beförderten drei Astronauten ins Weltall, beide landeten im Pazifischen Ozean, und beide waren entsetzlich teuer. Man könnte sogar behaupten, dass die Motivation jeweils einen ähnlichen politischen Ursprung hatte: Apollo wurde geboren aus John F. Kennedys mitreißender Rede »We choose to go to the moon« (Wir entscheiden uns dafür, zum Mond zu fliegen; **18.10**), die größtenteils durch die Politik des Kalten Krieges motiviert war. Vernes Sozialsatire aus der Zeit nach dem Amerikanischen Bürgerkrieg beginnt ebenfalls mit einem kämpferischen Ruf als Antwort auf eine Rede der Hauptfigur Impey Barbicane: »Three Cheers for the Moon!« (Hurrah dem Mond!).

Zur Erinnerung kurz die Handlung: Der Kanonenclub von Baltimore beklagt das Ende des Bürgerkrieges, der so wichtig war für die Wissenschaft des Schießwesens. Der Club benötigt ein großes Projekt, das seiner »erbärmlichen Inaktivität« ein Ende setzt. Mit dem Bau einer riesigen Kanone, die ein Projektil zum Mond feuern soll, werden die Tatkraft und die Fähigkeiten der Clubmitglieder getestet. Die Geschichte liest sich wie eine wissenschaftliche Abhandlung. Fragen werden gestellt, Berechnungen werden gemacht, Budgets werden geplant, Wetten werden abgeschlossen. Die Bewohnbarkeit des Mondes wird erwogen. Als sich das Vorhaben international herumspricht, verkündet der Franzose Ardan, er wolle mitfliegen. Begleitet wird er bei diesem großen Abenteuer von Barbicane und Kapitän Nicholl. Der Ausgang bleibt offen.

2.1 Poster mit Jules Vernes gesamten Werken, 1889 (Detail). Darauf ist neben anderen Erfindungen die Columbiad und ihre Startkanone dargestellt.

2.2 Émile Bayard, *White all, Barbicane*, Illustration für Jules Vernes *From the Earth to the Moon* (engl. Übers. 1874). Die Wasserung findet im Pazifischen Ozean statt – unweit der Gegend, in der die Raumfahrer mehrerer Apollo-Missionen landeten.

2.3 Das Kommandomodul Columbia der Apollo-11-Mission mit den Astronauten Neil Armstrong, Michael Collins und Buzz Aldrin an Bord wasserte am 24. Juli 1969 um 11:49 Uhr CST etwa 812 Seemeilen südwestlich von Hawaii.

2.4 Jules Verne, *De la Terre à la Lune / Autour de la Lune*, 1865, hier in einer Ausgabe von 1898.

2.2 / 2.3

2.4

PROJECTILE TRAINS FOR THE MOON.

THE ARRIVAL OF THE PROJECTILE AT STONE'S HILL.

THE INTERIOR OF THE PROJECTILE.

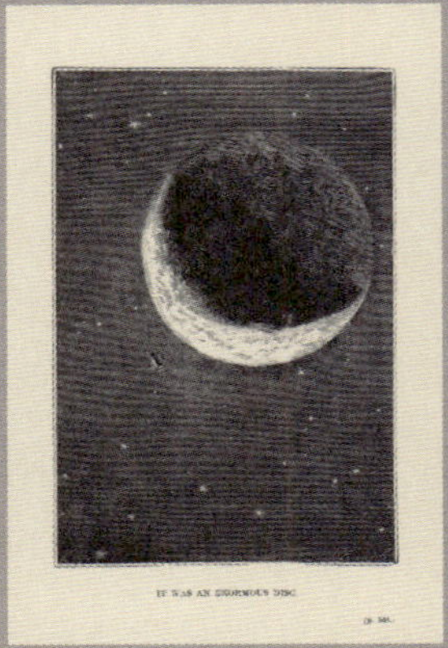
IT WAS AN ENORMOUS DISC

IT WAS THE BODY OF SATELLITE.

"I COULD HAVE VENTURED OUT ON THE TOP OF THE PROJECTILE."

THE TELESCOPE AT PARSONTOWN.

"THIS PLAIN WOULD THEN BE NOTHING BUT AN IMMENSE CEMETERY."

"WHAT GIANT OXEN."

"IT IS THE FAULT OF THE MOON."

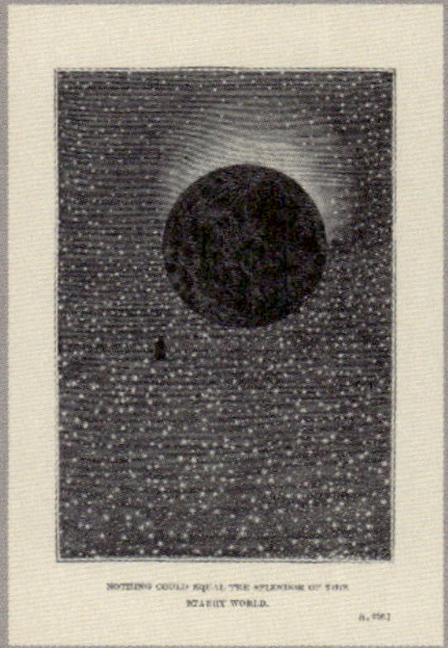
NOTHING COULD EQUAL THE SPLENDOR OF THIS STARRY WORLD.

WHAT A SIGHT.

CAN YOU PICTURE TO YOURSELVES?

A VIOLENT CONTRACTION OF THE LUNAR CRUST.

AROUND THE PROJECTILE WERE THE OBJECTS WHICH HAD BEEN THROWN OUT.

"I FANCY I SEE THEM."

2.5–2.22

2.5–2.22 Illustrationen aus Jules Verne, *From the Earth to the Moon* (engl. Übers. 1874).

2.23 Manuskriptseite von *De la Terre à la Lune*, 1865. Die Seite ist zweigeteilt: Verne schreibt nur im linken Teil und lässt den rechten Teil frei für Korrekturen, Anmerkungen, Vermerke oder Zeichnungen.

2.24 Manuskriptseite von *Autour de la Lune*, 1870, mit der Zeichnung einer Mondfinsternis und zugehörigen Berechnungen.

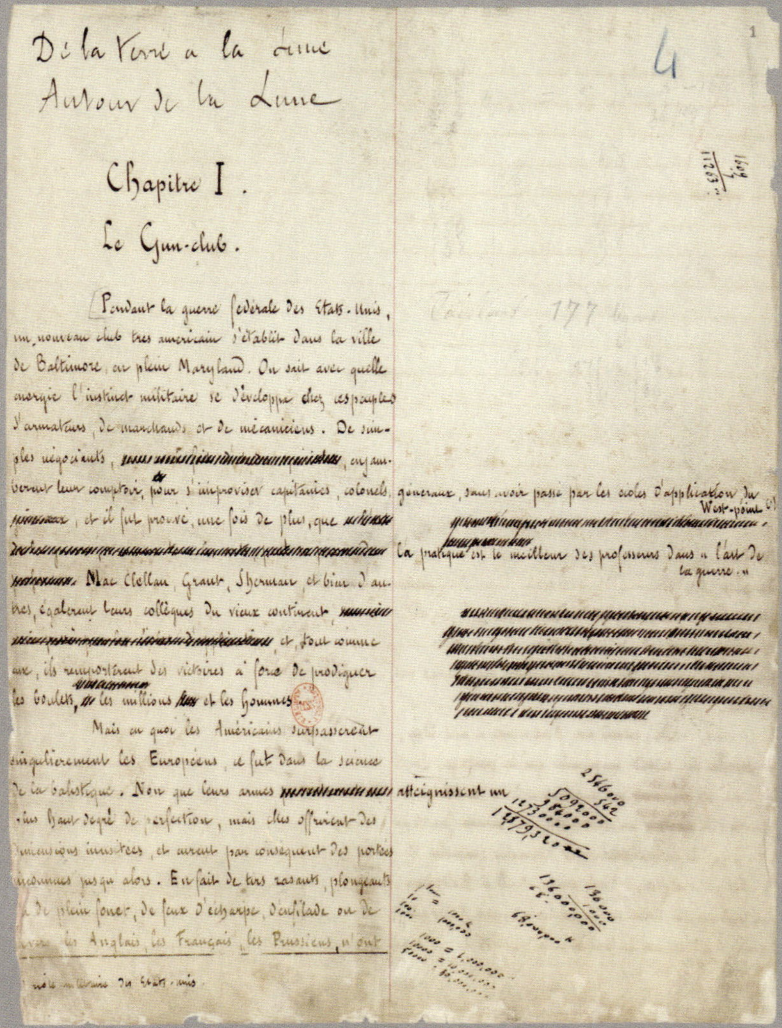

De la Terre à la Lune
Autour de la Lune

Chapitre I.

Le Gun-club.

Pendant la guerre fédérale des États-Unis, un nouveau club très américain s'établit dans la ville de Baltimore, en plein Maryland. On sait avec quelle énergie l'instinct militaire se développa chez ces peuples d'armateurs, de marchands et de mécaniciens. De simples négociants enjambèrent leur comptoir, pour s'improviser capitaines, colonels, généraux, sans avoir passé par les écoles d'application de West-point; et il fut prouvé, une fois de plus, que la pratique est le meilleur des professeurs dans « l'art de la guerre. » Mac Clellan, Grant, Sherman et bien d'autres, égalèrent leurs collègues du vieux continent et, tout comme eux, ils remportèrent des victoires à force de prodiguer les boulets, les millions et les hommes.

Mais en quoi les Américains surpassèrent singulièrement les Européens, ce fut dans la science de la balistique. Non que leurs armes atteignissent un plus haut degré de perfection, mais elles offrirent des dimensions inusitées, et eurent par conséquent des portées inconnues jusqu'alors. En fait de tirs rasants, plongeants ou de plein fouet, de feux d'écharpe, d'enfilade ou de revers, les Anglais, les Français, les Prussiens, n'ont

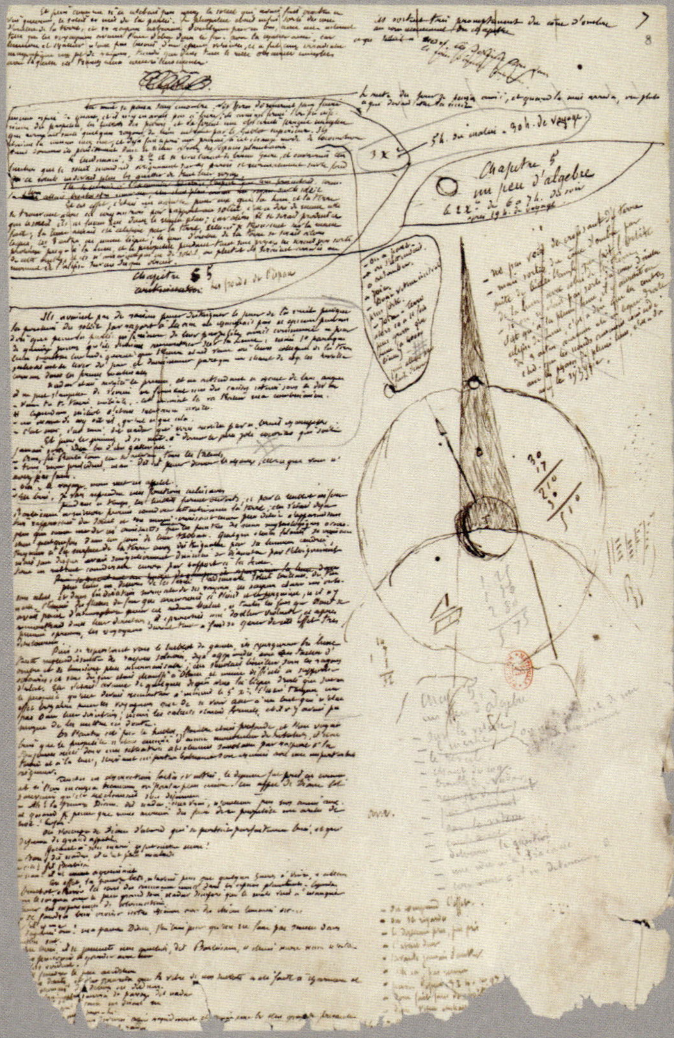

Der technische Fortschritt des 19. Jahrhunderts aber ist der wahre Protagonist in Vernes Sage. Auch wenn eine riesige Weltraumkanone unmöglich bis zum Mond feuern kann, verleihen Vernes minutiöses historisches Wissen sowie technische Details und Begriffe dem Fantastischen Glaubwürdigkeit. Und so konnte sich die viktorianische Leserschaft mit einer ungekannten Detailtreue auf die virtuelle Reise begeben. Der Kontext ist wichtig: »Zukunft« wurde im späten 19. Jahrhundert zum Modewort. Eine zweite Industrielle Revolution brachte Amerika und dem Westen Elektrifizierung, Massenfertigung und Stahlproduktion. Mit den neuen Eisenbahnen kam man schneller voran als jemals zuvor, und mit der Erfindung des Fernschreibers und später des Radios wurde die Welt noch kleiner. Der Amerikanische Bürgerkrieg beschleunigte den Bedarf an technischem Fortschritt in den Bereichen Kommunikation, Medizin, Transport und Waffen. Die Botschaft war klar: Nicht der *Deus ex machina*, sondern solide Technik würde uns zum Mond fliegen lassen.

Verne schrieb nicht im luftleeren Raum. Es war damals eine besonders produktive Zeit für Autoren von Weltraumfiktion. Im Jahr 1835 verfasste der Journalist Richard Adams Locke eine Serie satirischer Zeitungsartikel, bekannt als *The Great Moon Hoax* (Der große Mond-Schwindel). Darin persiflierte er die vorherrschende wissenschaftliche Mode, über Leben auf dem Mond zu spekulieren. Er veröffentlichte eine Reihe sagenhafter Artikel in einer Boulevardzeitung und gab sich dabei als der angesehene (und real existierende) englische Wissenschaftler Sir John Herschel aus. Detailliert beschrieb er das exotische Leben auf dem Mond, das er durch sein Teleskop beobachtet

2.25 Richard Adams Locke (als John Herschel), *The Great Moon Hoax: Lunar Animals*, 1835. In den Artikeln wurden fantastische Tiere beschrieben, z. B. Einhörner und Fledermausmenschen, die Tempel bauten.

2.26 Richard Adams Locke (als John Herschel), »Blick auf die Mondbewohner, gesehen durch das Teleskop von John Herschel«, Holzschnitt aus *The History of the Moon or An Account of the Wonderful Discoveries of Sir John Herschel*, 1835.

2.26

2.27

hatte – dichte Wälder, Mini-Zebras, blaue Ziegen und fliegende Fledermausmenschen.

Vernes Mondgeschichte ist eine Hommage an die ihm vorangegangenen großen Schriftsteller des 17. Jahrhunderts – Francis Godwin, Cyrano de Bergerac und Bernard de Fontenelle – und besonders an seinen amerikanischen Zeitgenossen Edgar Allan Poe, der ebenfalls ein Mondabenteuer verfasst hatte. In *The Unparalleled Adventure of One Hans Pfaall* (1835) baut Poes Held in dem verzweifelten Bemühen, seinen finanziellen Sorgen zu entkommen, einen raumfahrttauglichen Ballon. Mithilfe einer Maschine wird der luftverdünnte Raum kondensiert und in Atemluft umgewandelt.

Etliche Jahre später erschien Edward Everett Hales Novelle *The Brick Moon* (1869). Diese Geschichte erzählt erstmals von einem künstlichen Satelliten, der als Navigationshilfe eingesetzt werden könnte. In einer unerwarteten Wendung der Geschichte wird der »Ziegelsteinmond« jedoch versehentlich gestartet und so mit seiner unglücklichen Mannschaft an Bord zur ersten fiktiven bemannten Raumstation.

Wenn Wissenschaft und technologischer Wandel der spekulativen Fiktion als Inspiration dienen, dann ist das Gegenteil umso tiefgründiger. Jules Verne nahm direkten Einfluss auf eine neue Generation von Forschern und Wissenschaftlern: Simon Lake baute die ersten U-Boote nach der Lektüre von Vernes *Vingt mille lieues sous les mers* (*20000 Meilen unter dem Meer*) von 1870. Igor Sikorsky wurde von ihm zur Konstruktion von Flugzeugen und Hubschraubern inspiriert. Für uns am wichtigsten ist: Die drei Väter der Raumfahrt, der Russe Konstantin Ziolkowski, der Ungarndeutsche Hermann Oberth und der Amerikaner Robert H. Goddard waren allesamt große Anhänger von Verne. Ihr Bemühen um eine unabhängige Erfindung der Weltraumrakete stand in direktem Bezug zu den Fragen, die Verne und andere Autoren stellten.

Es überrascht nicht, dass das neue Medium Kino im 20. Jahrhundert mit Georges Méliès' Version von Vernes Geschichte *Le Voyage dans la Lune* (*Die Reise zum Mond*) begann. Während sich die Welt einmal mehr durch Technologien, die von Magie nicht zu unterscheiden sind, drastisch verändert, ist die Kraft des Geschichtenerzählens nach wie vor nicht nur zerstreuende Unterhaltung, sondern die Quelle von Ideen, Hoffnung und Taten.

2.27 Lithografie aus Leopoldo Galluzzo, *Altre scoverte fatte nella luna dal Sigr. Herschel*, 1836.

2.28 Edward Everett Hale, *The Brick Moon*, 1869.

2.29 Georges Méliès, *Le Voyage dans la Lune*, 1902, handkoloriert in Élisabeth Thuilliers Werkstatt im selben Jahr.

2.28

2.29

CHESLEY BONESTELL

Die Ausgabe des *Life*-Magazins vom Mai 1944 zeigt eine kriegsmüde, lädierte Welt. Auf den schwarz-weißen Seiten des Magazins wechseln sich streng blickende Männer in Uniform mit Anzeigen für Zahnpasta, Zigaretten und Autoreifen ab. Auf Seite 78 jedoch beginnt ein Beitrag über das Sonnensystem – und wir sind überwältigt. Es ist der einzige in Farbe gedruckte Artikel im Heft, und er fängt mit sechs spektakulären Bildern des Saturn an, von den Oberflächen seiner Monde aus betrachtet. Gestochen scharfe physische Welten im Panoramaformat. Dramatische Landschaften in sanften Farben, die für einen Moment alle irdischen Sorgen vergessen lassen. Diese Bilder wurden von Chesley Bonestell gemalt. Sie lassen uns als Entdecker eines Universums unendlicher Möglichkeiten und Abenteuer fühlen.

Bonestell wurde 1888 in San Francisco geboren und wuchs im wohlhabenden Bezirk Nob Hill auf. Als er 17 Jahre alt war, wurden seine ersten kommerziellen Illustrationen im *Sunset*-Magazin veröffentlicht, einer Publikation, die den Westen der USA feierte mit prächtigen Bildern des Yosemite-Nationalparks, der kalifornischen Küste und der Eisenbahnen, die diese Orte zugänglich machten. Bonestells eigener Horizont wurde erweitert, als er 1905 das Lick-Observatorium besuchte und zum ersten Mal den Saturn und seine Ringe sah. Das inspirierte ihn zu seinem ersten Gemälde mit einem Himmelsthema. Er zog nach New York, um Architektur zu studieren und seine zeichnerischen Fähigkeiten zu verbessern. Danach kehrte er nach San Francisco zurück und arbeitete beim Wiederaufbau der Stadt nach dem großen Beben von 1906 mit. Während eines Aufenthaltes in London nach dem Ersten Weltkrieg traf er Scriven Bolton, einen Amateur-Astronomen und Künstler aus Leeds. Dieser hatte eine Technik entwickelt, mit der er Mondlandschaften aus Gips herstellte und sie dann fotografierte und abmalte. Diese Technik übernahm Bonestell. Er wurde außerdem stark durch den französischen Künstler Lucien Rudaux beeinflusst, dessen astronomische Kunst in seinem Buch *Sur les Autres Mondes* (1937) zu einer wichtigen Referenz für Bonestells Stil wurde.

Bonestell kehrte 1926 nach Amerika zurück und nutzte den Wolkenkratzer-Boom in New York zu seinem Vorteil. Er arbeitete mit am Chrysler Building und zog danach wieder nach Westen, um Bildmaterial für die neu konstruierte Golden Gate Bridge zu produzieren. Dabei gestaltete er die zweckmäßigen technischen Zeichnungen mit prächtigen Art-déco-Darstellungen aus, die Brücken und andere Bauwerke in Symbole für Amerikas Schönheit und Selbstvertrauen verwandelten. Seine markantesten Spuren hinterließ er jedoch in der Popkultur. 1938 zog er nach Los Angeles, um für die Filmstudios als Matte-Künstler fotorealistische Kulissen zu gestalten. Matte Painting war die Technik der damaligen Zeit zum Erschaffen imaginärer Räume, und Bonestells

3.1 Der Weltraumkünstler Chesley Bonestell in seinem Studio mit einigen seiner zahlreichen Bilder.

3.2 Illustration von Lucien Rudaux für sein Buch *Sur les Autres Mondes*, 1937.

3.1

Verständnis von visueller Tiefe und Perspektive machte ihn zu einem der erfolgreichsten Kulissenmaler Hollywoods.

Er verlor jedoch nie das Interesse an Astronomie oder am Malen seiner Interpretation des Himmels. Tatsächlich waren es seine initiativ an den Herausgeber des *Life*-Magazins geschickten, dramatischen Betrachtungen des Saturns, die ihm öffentliche Aufmerksamkeit verschafften. Sein Malpinsel zauberte Detailreichtum und Drama in einem Ausmaß herbei, das kein Teleskop bieten konnte. Er verwandelte das Sonnensystem in ein Ziel, das es zu erforschen und zu besiedeln galt, ähnlich wie den Wilden Westen im 19. Jahrhundert.

Bonestells Stil ist weit mehr als eine Nachbildung des wissenschaftlichen Realismus, an dem sich Rudaux in seinen Werken versucht hatte. Stattdessen können wir Ähnlichkeiten erkennen mit der Romantik der amerikanischen Landschaftsmaler der Hudson River School und des Luminismus im 19. Jahrhundert: endlose Himmel und weite Wildnis, gebadet in ätherischem Licht.

Häufig sieht man kleine menschliche Figuren im Vordergrund, die zwergenhaft wirken in der mächtigen Natur. Als Betrachter finden wir uns ehrfürchtig in Gottes Schöpfung wieder, voller Demut angesichts der Größe und Pracht. Bei sorgfältiger Betrachtung von Bonestells Gemälde *Saturn as seen from Mimas* (**3.4**) kann man Grüppchen winziger Figuren auf der zerklüfteten Oberfläche des Mimas erkennen – ein wiederkehrendes Motiv in seinen Arbeiten. Bonestell bot dem Publikum ein neues kosmisches »Manifest Destiny« von grenzenloser Weite und Besiedlung, ohne Beschränkungen durch politische Grenzen oder die Küstenlinien eines Kontinents. Für die amerikanische Öffentlichkeit der Nachkriegszeit markierte dies den Beginn des verführerischen Amerikanischen Exzeptionalismus, der sich wie ein roter Faden durch das Narrativ der Weltraumgeschichte zieht.

Bonestells Erfolg war nicht nur seinem künstlerischen Talent geschuldet. Er war auch eine Folge der Zusammenarbeit mit den richtigen Personen. Eine von ihnen war der Wissenschaftsautor Willy Ley, ein deutscher Emigrant und Popularisator des Weltraums, der mehr als irgendwer sonst zu dieser Zeit dabei half, die Geschichte der neuen Grenze zu verbreiten. Bonestell lieferte die Bilder zu Leys Worten in Büchern wie *The Conquest of Space* von 1949 (*Die Eroberung des Weltalls*, **3.6**) und zeichnete mit ihnen eine farbenfrohe, großartige Vision des bevorstehenden Weltraumzeitalters. Eine weitere Persönlichkeit war der Vater der deutschen V2-Rakete, der Wissenschaftler Wernher von Braun, der trotz seines nationalsozialistischen Hintergrunds für das amerikanische

3.2

3.3 Albert Bierstadt, *Merced River, Yosemite Valley*, 1866. Bemerkenswert sind die Ähnlichkeiten zwischen Bonestells eindrucksvoller kosmischer Aussicht und den dramatischen, romantischen Landschaften der Hudson River School des 19. Jahrhunderts. In beiden Beispielen sind winzige Figurengruppen im Vordergrund zu sehen, die zwergenhaft wirken in diesen majestätischen, illuminierten Aussichten.

3.4 Chesley Bonestell, *Saturn as seen from Mimas* (Saturn vom Mond Mimas aus gesehen, Detail), 1943.

3.3

THE CONQUEST OF SPACE
A PREVIEW OF THE GREATEST ADVENTURE AWAITING MANKIND
WITH TEXT AND PICTURES BASED ON THE LATEST SCIENTIFIC RESEARCH
PAINTINGS BY
CHESLEY BONESTELL
TEXT BY
WILLY LEY

DESTINATION
MOON
COLOR BY TECHNICOLOR

3.5

3.6 / 3.7

»Willst du zum Mittagessen gehen? Oder zum Mond fliegen?«

DESTINATION MOON, 1950

Raumfahrtprogramm arbeitete. Im *Collier's*-Magazin gestaltete Bonestell Wernher von Brauns Entwürfe exotisch aussehender Raketenschiffe und futuristischer Raumstationen aus (**13.9**). Ihre fortdauernde Zusammenarbeit wurde als das »Raumfahrtprogramm von *Collier's*« bekannt und hatte großen Einfluss auf die öffentliche Unterstützung des beginnenden »Wettlaufs ins All«.

Auch Hollywood profitierte von dem neuen Appetit auf Weltraumabenteuer. Bonestell malte viele Kulissen für Filme wie George Pals Mondabenteuer *Destination Moon* (*Endstation Mond*), Rudolph Matés *When Worlds Collide* (*Der jüngste Tag*) sowie für die Eröffnungssequenz von *The War of the Worlds* (*Kampf der Welten*). Seine Kunst verschaffte diesen Filmen mehr Glaubwürdigkeit und befeuerte einen gewissen Populismus, aber sie füllte auch die visuellen Lücken, die von der Wissenschaft erst noch geschlossen werden mussten.

Als die Menschen Ende der 1960er-Jahre endlich den Mond erreichten, wussten sie bereits, dass Bonestells Bilder nicht mit der Wirklichkeit übereinstimmten. Seine zerklüfteten Mondgebirgszüge waren den weicheren, pudrigen Wellenformen der wirklichen Mondoberfläche gewichen. Die spinnenartige Apollo-Mondlandefähre hatte nicht den schnittigen Art-déco-Stil der silbernen, vertikal landenden Rakete Luna, die Bonestell für *Destination Moon* entworfen hatte (**3.8**). Aber sein Angebot war auch nicht die Realität – was er anbot, war Realitätsflucht. Chesley Bonestells Vermächtnis lebt weiter in der Inszenierung von Filmen wie *2001: A Space Odyssey* (*Odyssee im Weltraum*) und *Star Wars* (*Krieg der Sterne*). Generationen von Wissenschaftlern, Forschern und Künstlern zollen dem Mann Anerkennung, der das Weltall zur Bühne für unsere kühnsten Träume gemacht hat.

3.5 Chesley Bonestell, *The Surface of Mercury* (Detail), 1948.

3.6 Schutzumschlag des Buches von Willy Ley und Chesley Bonestell *The Conquest of Space*, 1949, mit Bonestells Gemälde *Rocket Landed on the Moon*.

3.7 Poster für *Destination Moon*, 1950.

3.8 Standbild aus *Destination Moon*, 1950.

3.8

Collier's
JUNE 27, 1953 • FIFTEEN CENTS
Are You Afraid of LAWYERS?
I Worked for Three Presidents
A White House Diary on F.D.R.–TRUMAN–IKE
A DOZEN LAUGHS WITH BASEBALL UMPIRES
THE BABY SPACE STATION
First Step in the Conquest of Space

Collier's
March 22, 1952 • Fifteen Cents
Man Will Conquer Space Soon
TOP SCIENTISTS TELL HOW IN 15 STARTLING PAGES

Chesley Bonestell

3.9 / 3.10

3.11

3.9 Cover der Ausgabe »The Baby Space Station« des Magazins *Collier's*, Juni 1953.

3.10 Cover der Ausgabe »Man Will Conquer Space Soon« des Magazins *Collier's*, März 1952. Die erste von vielen wichtigen Kollaborationen zwischen Chesley Bonestell und dem Raketenwissenschaftler Wernher von Braun.

3.11 Chesley Bonestell, *The Baby Space Station*, 1950.

3.12 Chesley Bonestell, *Man Will Conquer Space Soon: What Are We Waiting For?*, Cover-Illustration für das Magazin *Collier's*, 22. März 1952. Bonestell malte diese mit Flügeln versehene Raumfähre mehr als 70 Jahre vor dem Starship von SpaceX, das bemerkenswert ähnlich aussieht.

→ **3.13** Chesley Bonestell, *In Orbit 600 Miles above Mars! Preparing to Land* (Detail), 1953. Der erste nachgewiesene Eigentümer des Originalgemäldes war Wernher von Braun, dessen Pläne zur Besiedlung des Weltalls im *Collier's*-Magazin erläutert und von Bonestell so anschaulich visualisiert wurden.

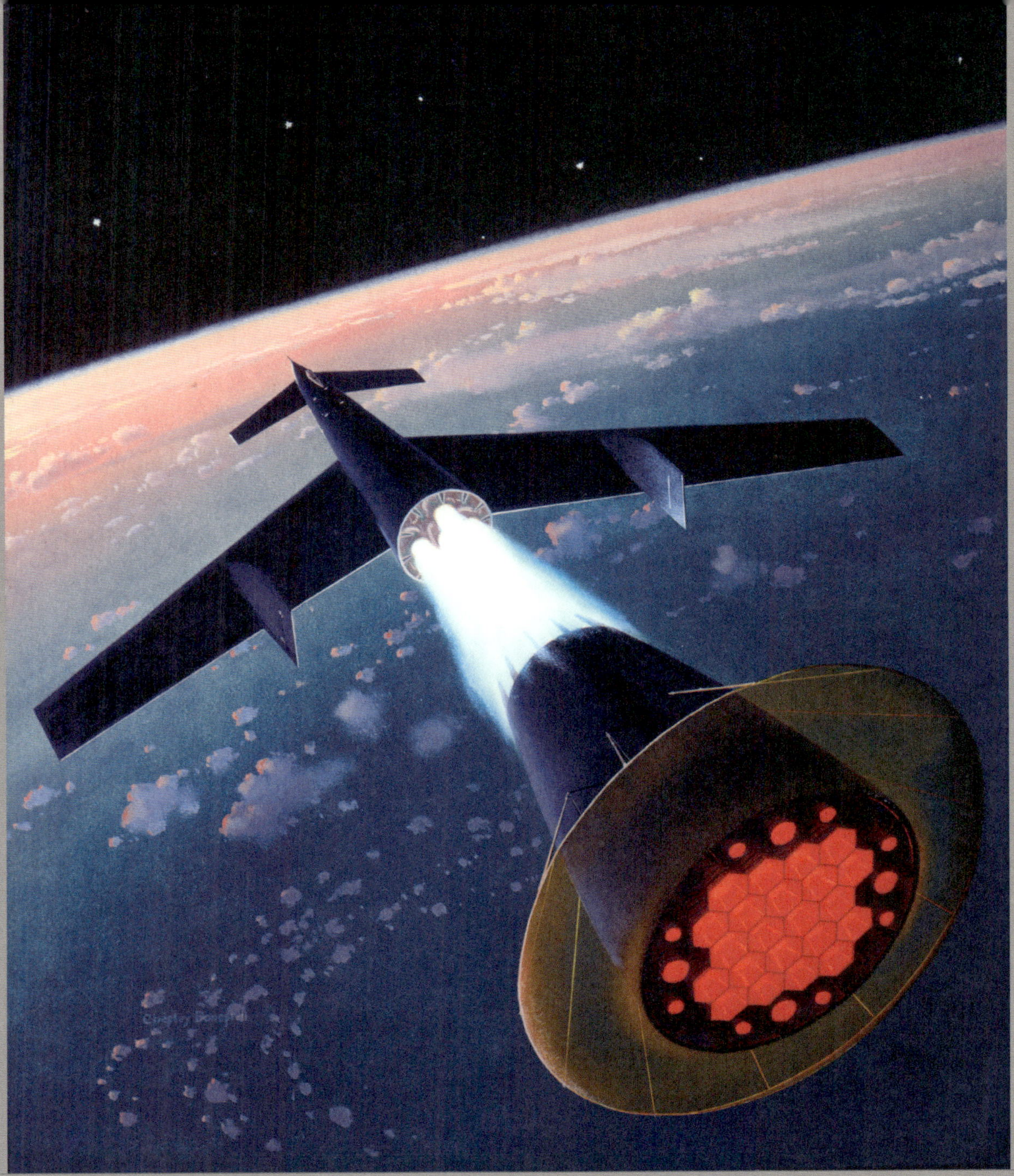

3.12

3
3

ARTHUR C. CLARKE

Man könnte behaupten, dass die Erforschung des Weltraums am Freitag, 13. Oktober 1933, um 19 Uhr in Raum 15 im zweiten Stock der Dale Street Nr. 81 in Liverpool begann. Dort fand die Eröffnungssitzung der British Interplanetary Society statt, der wahrscheinlich ersten und sicherlich ältesten Laiengesellschaft, die sich mit der Erforschung des Weltraums befasst und bis heute tätig ist. Der Teenager Arthur Charles Clarke (1917–2008) aus dem Küstenstädtchen Minehead in Somerset hatte in einer Zeitungsannonce gelesen, dass die Gesellschaft nach Mitgliedern suchte, und schrieb umgehend zurück: »Würden Sie mir bitte Ihre Aufnahmebedingungen nennen, ich würde sehr gerne beitreten …« Er wurde das berühmteste Mitglied und schließlich der Präsident der Gesellschaft, die ein natürlicher Lebensraum ebenso für den wissbegierigen Clarke war wie für andere gleichgesinnte, von den Verheißungen des Weltraums angetriebene Enthusiasten.

Clarke war mehr als ein erfolgreicher Science-Fiction-Autor. Er schrieb zahlreiche Bücher und Aufsätze über die Realitäten der Weltraumforschung, basierend auf seinen Studien der Mathematik und Physik am King's College in London. Er war außerdem Unterwasserforscher und Fernsehmoderator der Dokuserie *Mysterious World* in den 1980er-Jahren. Der Name Arthur C. Clarke wurde zu einer Art Fenster, durch welches das Publikum in die Zukunft spähen und wundersame Innovationen bestaunen konnte. Clarke prophezeite das digitale Zeitalter, künstliche Intelligenz und die Leistungsfähigkeit der Satellitenkommunikation – nicht nur als nützliche Werkzeuge, sondern als Technologien, die das Leben unserer Spezies grundlegend verändern würden.

Aber woher hatte er diese Ideen? Wie auch bei anderen Persönlichkeiten in diesem Buch war es die Lektüre seiner Kindheit, die seinen Lebensweg bestimmen würde, wobei es insbesondere drei große Inspirationen gab. Die erste waren die aufregenden Pulp-Magazine, die aus Amerika nach England

4.1

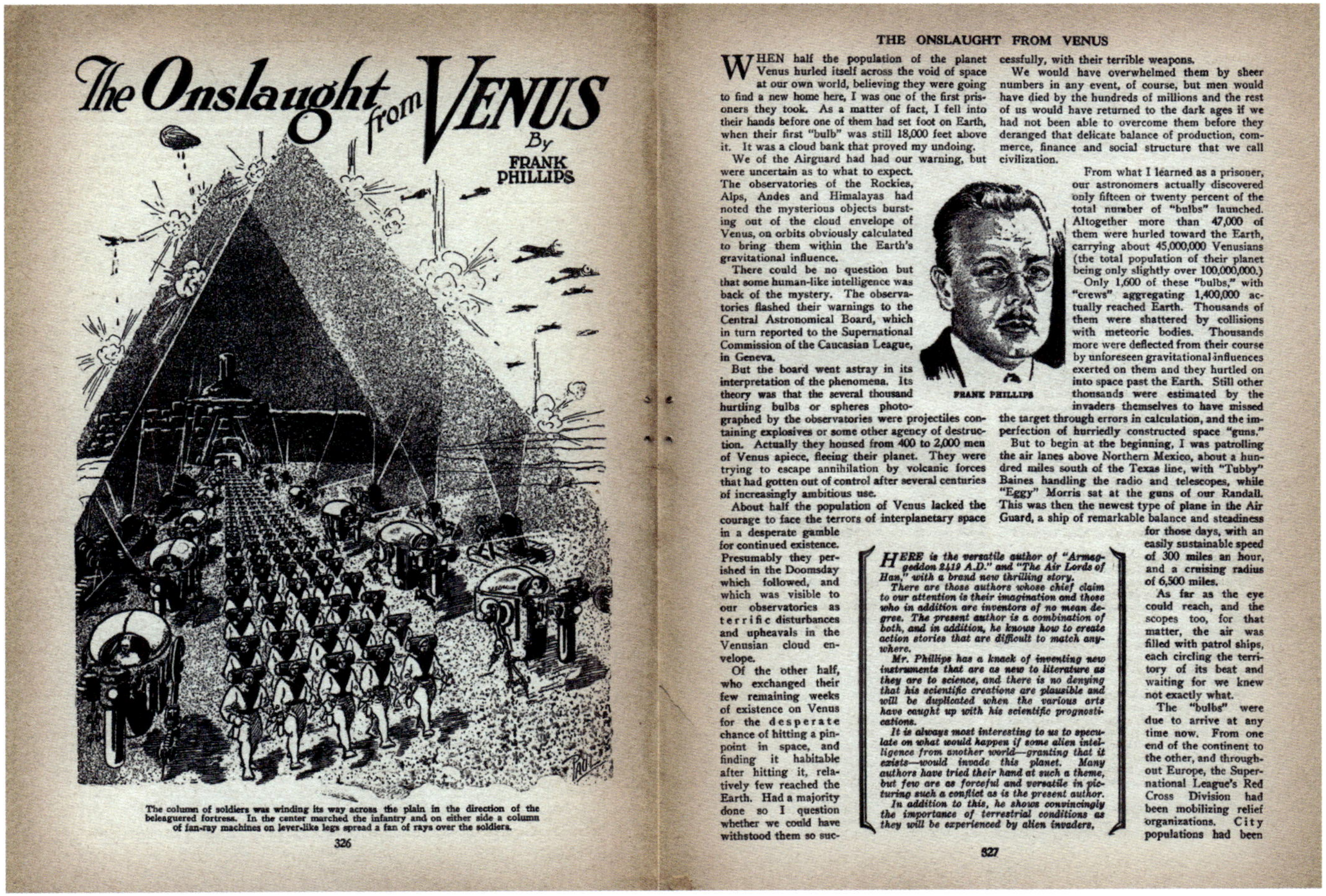

The Onslaught from VENUS

By FRANK PHILLIPS

The column of soldiers was winding its way across the plain in the direction of the beleaguered fortress. In the center marched the infantry and on either side a column of fan-ray machines on lever-like legs spread a fan of rays over the soldiers.

326

THE ONSLAUGHT FROM VENUS

WHEN half the population of the planet Venus hurled itself across the void of space at our own world, believing they were going to find a new home here, I was one of the first prisoners they took. As a matter of fact, I fell into their hands before one of them had set foot on Earth, when their first "bulb" was still 18,000 feet above it. It was a cloud bank that proved my undoing.

We of the Airguard had had our warning, but were uncertain as to what to expect. The observatories of the Rockies, Alps, Andes and Himalayas had noted the mysterious objects bursting out of the cloud envelope of Venus, on orbits obviously calculated to bring them within the Earth's gravitational influence.

There could be no question but that some human-like intelligence was back of the mystery. The observatories flashed their warnings to the Central Astronomical Board, which in turn reported to the Supernational Commission of the Caucasian League, in Geneva.

But the board went astray in its interpretation of the phenomena. Its theory was that the several thousand hurtling bulbs or spheres photographed by the observatories were projectiles containing explosives or some other agency of destruction. Actually they housed from 400 to 2,000 men of Venus apiece, fleeing their planet. They were trying to escape annihilation by volcanic forces that had gotten out of control after several centuries of increasingly ambitious use.

About half the population of Venus lacked the courage to face the terrors of interplanetary space in a desperate gamble for continued existence. Presumably they perished in the Doomsday which followed, and which was visible to our observatories as terrific disturbances and upheavals in the Venusian cloud envelope.

Of the other half, who exchanged their few remaining weeks of existence on Venus for the desperate chance of hitting a pinpoint in space, and finding it habitable after hitting it, relatively few reached the Earth. Had a majority done so I question whether we could have withstood them so successfully, with their terrible weapons.

We would have overwhelmed them by sheer numbers in any event, of course, but men would have died by the hundreds of millions and the rest of us would have returned to the dark ages if we had not been able to overcome them before they deranged that delicate balance of production, commerce, finance and social structure that we call civilization.

FRANK PHILLIPS

From what I learned as a prisoner, our astronomers actually discovered only fifteen or twenty percent of the total number of "bulbs" launched. Altogether more than 47,000 of them were hurled toward the Earth, carrying about 45,000,000 Venusians (the total population of their planet being only slightly over 100,000,000.)

Only 1,600 of these "bulbs," with "crews" aggregating 1,400,000 actually reached Earth. Thousands of them were shattered by collisions with meteoric bodies. Thousands more were deflected from their course by unforeseen gravitational influences exerted on them and they hurtled on into space past the Earth. Still other thousands were estimated by the invaders themselves to have missed the target through errors in calculation, and the imperfection of hurriedly constructed space "guns."

But to begin at the beginning, I was patrolling the air lanes above Northern Mexico, about a hundred miles south of the Texas line, with "Tubby" Baines handling the radio and telescopes, while "Eggy" Morris sat at the guns of our Randall. This was then the newest type of plane in the Air Guard, a ship of remarkable balance and steadiness for those days, with an easily sustainable speed of 300 miles an hour, and a cruising radius of 6,500 miles.

As far as the eye could reach, and the scopes too, for that matter, the air was filled with patrol ships, each circling the territory of its beat and waiting for we knew not exactly what.

The "bulbs" were due to arrive at any time now. From one end of the continent to the other, and throughout Europe, the Supernational League's Red Cross Division had been mobilizing relief organizations. City populations had been

HERE is the versatile author of "Armageddon 2419 A.D." and "The Air Lords of Han," with a brand new thrilling story.

There are those authors whose chief claim to our attention is their imagination and those who in addition are inventors of no mean degree. The present author is a combination of both, and in addition, he knows how to create action stories that are difficult to match anywhere.

Mr. Phillips has a knack of inventing new instruments that are as new to literature as they are to science, and there is no denying that his scientific creations are plausible and will be duplicated when the various arts have caught up with his scientific prognostications.

It is always most interesting to us to speculate on what would happen if some alien intelligence from another world—granting that it exists—would invade this planet. Many authors have tried their hand at such a theme, but few are as forceful and versatile in picturing such a conflict as is the present author.

In addition to this, he shows convincingly the importance of terrestrial conditions as they will be experienced by alien invaders.

327

4.1 Arthur C. Clarke beim Tauchen zwischen den Propellerblättern eines Wracks vor der Küste von Sri Lanka, 1955. Seine Unterwasserabenteuer in Australien und Ceylon gaben seinem Leben und Werk eine neue Richtung.

4.2 Frank Phillips, »The Onslaught from Venus«, in: *Science Wonder Stories*, 1/4, 1929.

kamen und deren Herausgeber der große Science-Fiction-Impresario Hugo Gernsback war. Die Ausgabe der *Science Wonder Stories* vom September 1929 (**4.7**) beispielsweise enthält Geschichten wie »The Human Termites« (Menschliche Insekten) und »The Onslaught from Venus« (Angriff von der Venus). Irgendwo in dieser Ausgabe findet sich jedoch auch Herman »Noordung« Potočniks Aufsatz »The Problems of Space Flying« (»Das Problem der Befahrung des Weltraums«). Dieser Beitrag vermittelte dem breiten Publikum die praktische Raumfahrt als Konzept mit radförmigen rotierenden Raumstationen, um die Erde kreisenden Erdbeobachtungssatelliten, riesigen Weltraumspiegeln und Raketenantrieb, der damals noch in den Kinderschuhen steckte. Sowohl die Titelbilder als auch die Inhalte der Zeitschrift regten die Fantasie an. Clarkes Favorit war die Ausgabe der *Amazing Stories* vom November 1928 mit einem plastischen, die Szene dominierenden Bild des Jupiter. Im Vordergrund deutet eine Gruppe von Weltraumforschern vom üppig grünen, tropischen Paradies auf einem der Jupitermonde staunend auf den Riesenplaneten (**4.8**). Die zweite Inspiration

4.2

»Kommt Freunde, es ist nicht zu spät, eine neuere Welt zu suchen und über den Sonnenuntergang und das Licht der Sterne des Westens hinauszusegeln.«
TENNYSON, *ULYSSES*, 1842

4.3, 4.4 Seiten aus Arthur C. Clarke, »The Space Station: Its Radio Applications« (Die Raumstation: Ihre Funkanwendungen) von 1945 mit Texten und Zeichnungen, die »den Einsatz einer Kette von Raumstationen« in der geostationären Umlaufbahn beschreiben. Clarke, der vor allem für seine Science-Fiction-Literatur bekannt war, entwickelte zahlreiche (und zu jener Zeit äußerst spekulative) technische Anwendungen für den Weltraum. Dieser privat verbreitete Aufsatz enthielt den Vorschlag, ein Netzwerk von Satelliten in geostationären Umlaufbahnen zu platzieren und für die weltweite Kommunikation zu nutzen. Er war seiner Zeit weit voraus.

4.5 Arthur C. Clarke in seinem Arbeitszimmer, ca. 1936, mit etwa 18 Jahren. Die Regale hinter ihm sind angefüllt mit seiner geliebten Sammlung von Science-Fiction-Magazinen.

4.6 Arthur C. Clarke bei seinem ersten Flug, ca. 1927. Als er knapp 10 Jahre alt war, nahm seine Mutter ihn mit auf einen Flug in einem britischen Avro-504-Doppeldecker der Cornwall Aviation Company in Taunton, Devon. Seine Mutter, Mary Nora Clarke, sitzt hinten. Der Pilot ist Kapitän Percival Phillips. Für Arthur sollte dies der erste von unzähligen, teilweise weltweiten Flügen sein.

3

a reflector only a few feet across would give a beam so directive that almost all the power would be concentrated on the earth. Arrays a metre or so in diameter could be used to illuminate single countries if a more restricted service was required.

11. The stations would be connected with each other by very-narrow-beam, low-power links, probably working in the optical spectrum or near it, so that beams less than a degree wide could be produced.

12. The system would provide the following services which cannot be realised in any other manner:-

a) Simultaneous television broadcasts to the entire globe, including services to aircraft.
b) Relaying of programmes between distant parts of the planet.

13. In addition the stations would make redundant the network of relay towers covering the main areas of civilisation and representing investments of hundreds of millions of pounds. (Work on the first of these networks has already started.)

14. Figure II shows diagrammatically some of the specialised services that could be provided by the use of differing radiator systems.

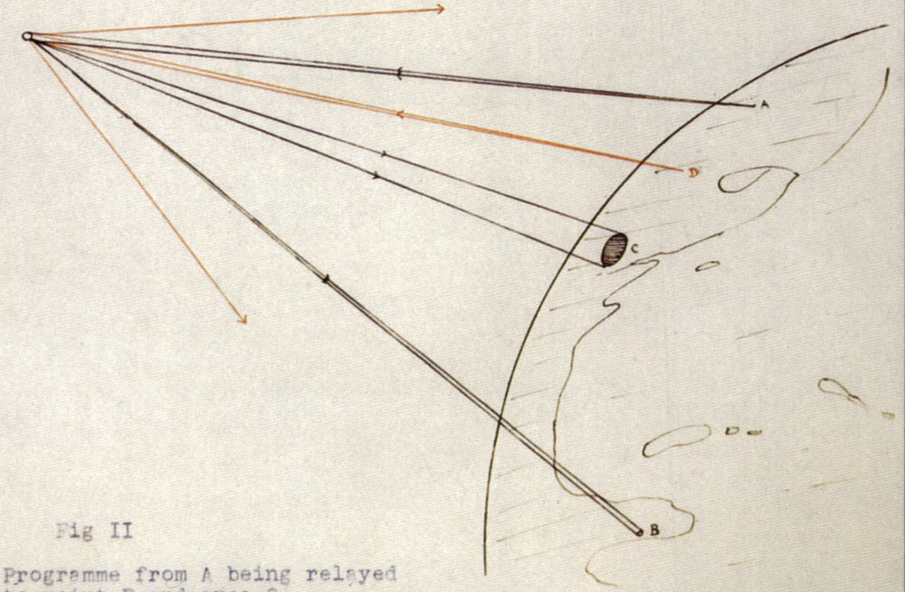

Fig II

Programme from A being relayed to point B and area C.

Programme from D being relayed to whole hemisphere.

2

manner in which these can be provided.

8. All these problems can be solved by the use of a chain of space-stations with an orbital period of 24 hours, which would require them to be at a distance of 42,000 Km from the centre of the earth. (Fig 1.) There are a number of possible arrangements for such a chain but that shown is the simplest. The stations would lie in the earth's equatorial plane and would thus always remain fixed in the same spots in the sky, from the point of view of terrestrial observers. Unlike all other heavenly bodies they would never rise nor set. This would greatly simplify the use of directive receivers installed on the earth.

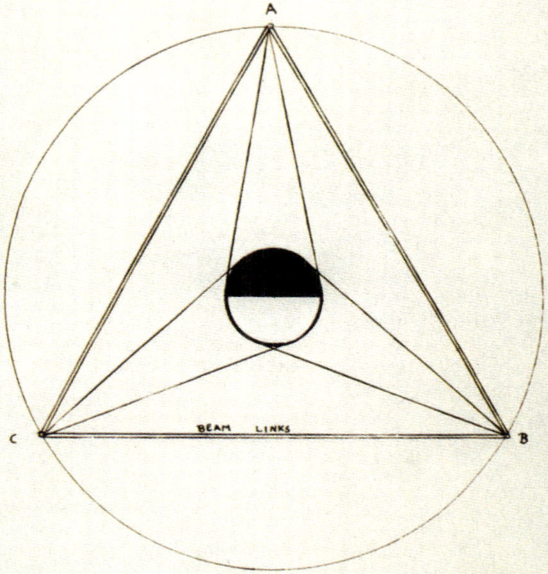

Fig 1.

9. The following longitudes are provisionally suggested for the stations to provide the best service to the inhabited portions of the globe, though all parts of the planet will be covered.

30 E - Africa and Europe.
150 E - China and Oceana.
90 W - The Americas.

10. Each station would broadcast programmes over about a third of the planet. Assuming the use of a frequency of 3,000 megacycles, a

war *The Conquest of Space* von David Lasser aus dem Jahr 1931, das erste Buch in englischer Sprache über die neue Physik der Raumfahrt, wenngleich verpackt als fiktionale Mondreise. Es war die Verheißung einer realen und greifbaren Raumfahrt, auch wenn sie noch Jahrzehnte in der Zukunft lag. Die dritte Inspiration war eine Begegnung in der Bücherei von Minehead mit dem Science-Fiction-Autor, Philosophen und politischen Aktivisten Olaf Stapledon, dessen Bücher weitgehend im Schatten der bekannteren Schriftsteller Jules Verne und H. G. Wells verschwanden. Zwei seiner Romane blieben Clarke besonders im Gedächtnis: *Last and First Men* (*Die ersten und die letzten Menschen*) von 1930, eine große mythische Erkundung der sogenannten Tiefenzeit und der Evolution unserer Spezies vom 20. Jahrhundert bis hin zu Milliarden von Jahren in der Zukunft. Der andere Roman war *Star Maker* (*Sternenschöpfer*, **30.10**) von 1937, der seinen Protagonisten auf eine kosmische Odyssee bis in die entferntesten Winkel des Universums und wieder zurück führt. Für Stapledon waren Zeit und Raum exotische Orte, die es zu erforschen galt – egal, wie weit entfernt sie waren.

Von Clarkes Hunderten von Geschichten, Romanen, Büchern und Fernsehsendungen im Bereich Science-Fiction muss seine am längsten andauernde kreative Arbeit die mit Stanley Kubrick an dessen Meisterstück *2001: A Space Odyssey* gewesen sein (**4.11**, **4.12**). Die zentrale Handlung stammte aus seiner Kurzgeschichte »The Sentinel« (*Der Wächter*) von 1949 über die Entdeckung eines rätselhaften Artefaktes auf dem Mond. Das Produktionsdesign des Films harmoniert mit Clarkes zukunftsgerichteten Science-Fiction-Motiven: Reisen ins All nach Fahrplan, Videokonferenzen, künstliche Intelligenz, Stützpunkte auf dem Mond und rotierende Raumstationen mit künstlicher Schwerkraft. Bemerkenswert ist, dass der Film 1968 herauskam. In diesem Jahr beförderte die Apollo-8-Mission zum ersten Mal Menschen zum Mond und wieder zurück. Aber vielleicht noch faszinierender ist die Schlussszene des Films, die

4.7

4.8

4.7 Cover von *Science Wonder Stories*, 1/4, 1929.

4.8 Cover von *Amazing Stories*, November 1928, das die Fantasie des jungen Arthur C. Clarke beflügelte.

4.9 Olaf Stapledons Zeitdiagramme für *Star Maker*. Stapledon war eine große Inspiration für Arthur C. Clarke. Diese handschriftlichen Diagramme zeigen seine spekulative grafische Darstellung der Tiefenzeitskalen für das Universum. Die Tiefenzeit ist ein zentrales Thema in seinen zwei berühmtesten und ambitioniertesten Romanen, *Last and First Men* (1930) und *Star Maker* (1937).

4.10 Arthur C. Clarke, »Sentinel of Eternity«, in: *10 Story Fantasy*, Frühjahr 1951.

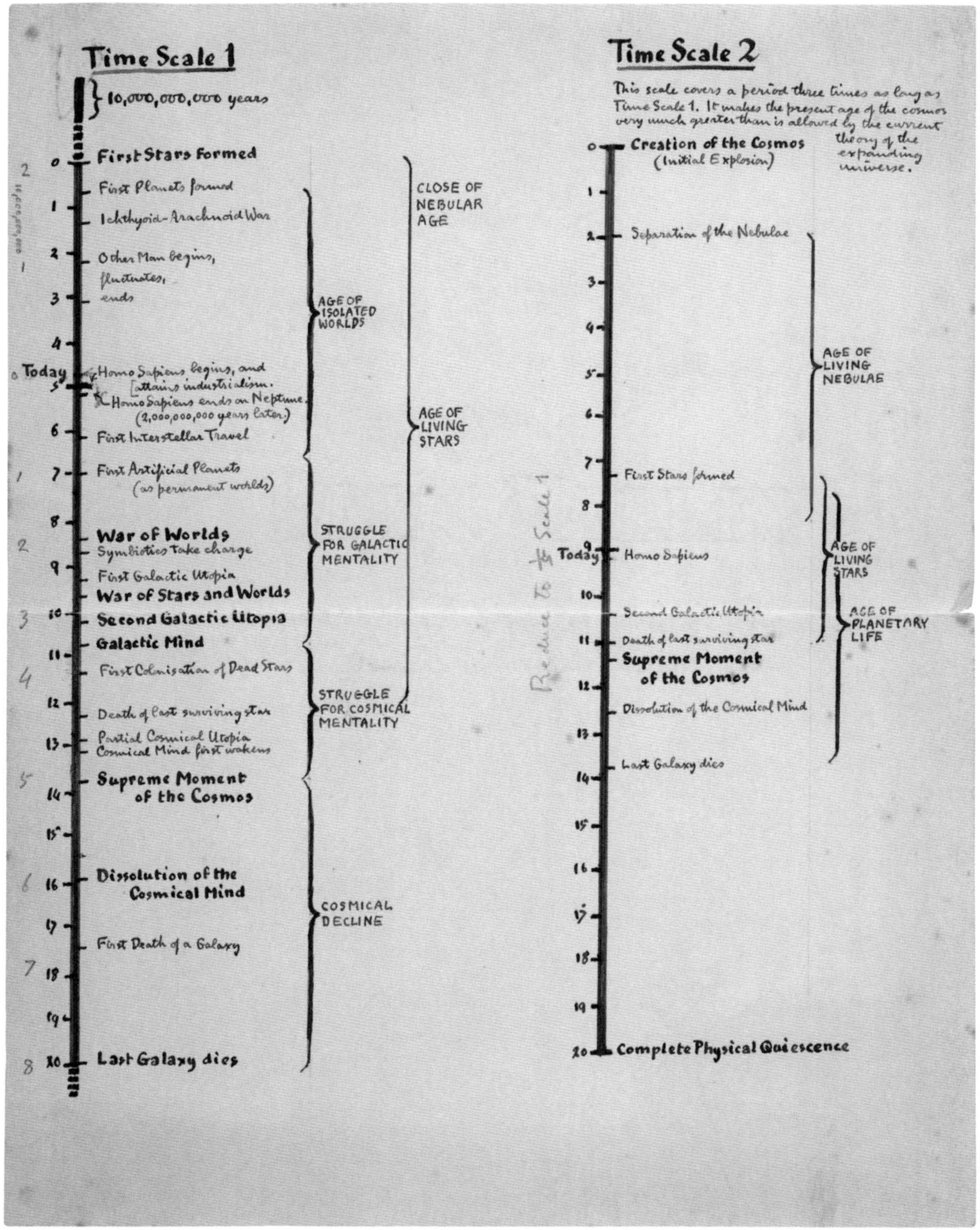

4.9

Sentinel of Eternity

Before there were men on Earth, that signal-sending pyramid had stood alone on a lifeless moon. What would happen now that its alarm was silenced?

By ARTHUR C. CLARKE

THE NEXT TIME you see the full moon high in the South, look carefully at its right-hand edge and let your eye travel upwards along the curve of the disc. Round about 2 o'clock you will notice a small, dark oval: anyone with normal eyesight can find it quite easily. It is the great walled plain, one of the finest on the Moon, known as the Mare Crisium—the Sea of Crises. Three hundred miles in diameter, and almost completely surrounded by a ring of magnificent mountains, it had never been explored until we entered it in the late summer of 1996.

Our expedition was a large one. We had two heavy freighters which had flown our supplies and equipment from the main lunar base in the Mare Serenitatis, five hundred miles away. There were also three small rockets

41

4.10

uns von David Bowmans dramatischem Kampf mit dem bösartigen Computer HAL 9000 wegreißt und uns in die berühmte Sequenz »Jupiter and Beyond the Infinite« (Jupiter und jenseits der Unendlichkeit) eintauchen lässt, die das Publikum bis heute verblüfft und begeistert. »Was bedeutet das?!«, fragt sich das Kinopublikum seit über 50 Jahren: Ein Affe berührt einen geheimnisvollen schwarzen Monolithen und wird zum Menschen; ein Mensch berührt den Monolithen und verwandelt sich in einen nietzscheanischen Übermenschen oder in ein seit Langem erträumtes posthumanes Wesen. Eines ist sicher: Der Film von Clarke und Kubrick ist ein lautes Echo der kosmischen Visionen Stapledons, die Clarke als Jugendlicher so tief berührt hatten.

Ohne Stapledon, Gernsback oder Lasser – oder die British Interplanetary Society – wäre Arthur C. Clarke nicht bekannt geworden. Und ohne Arthur C. Clarke wären wir nicht so stilvoll ins Weltall gereist. Natürlich wären wir irgendwann in der Zukunft gelandet, aber nicht mit dieser gespannten Erwartung. Clarke hat die Geschichte der Raumfahrt in ihrer ganzen Farbenpracht unendlich reicher gemacht.

4.11 Arthur C. Clarke am Set von *2001: A Space Odyssey*, 1968.

4.12 Die Kulisse für die große Zentrifuge auf dem Set von *2001: A Space Odyssey*.

4.13 Die Schauspielerin Margaret Tyzack während des Drehs von *2001: A Space Odyssey*.

4.11

4.12

4.13

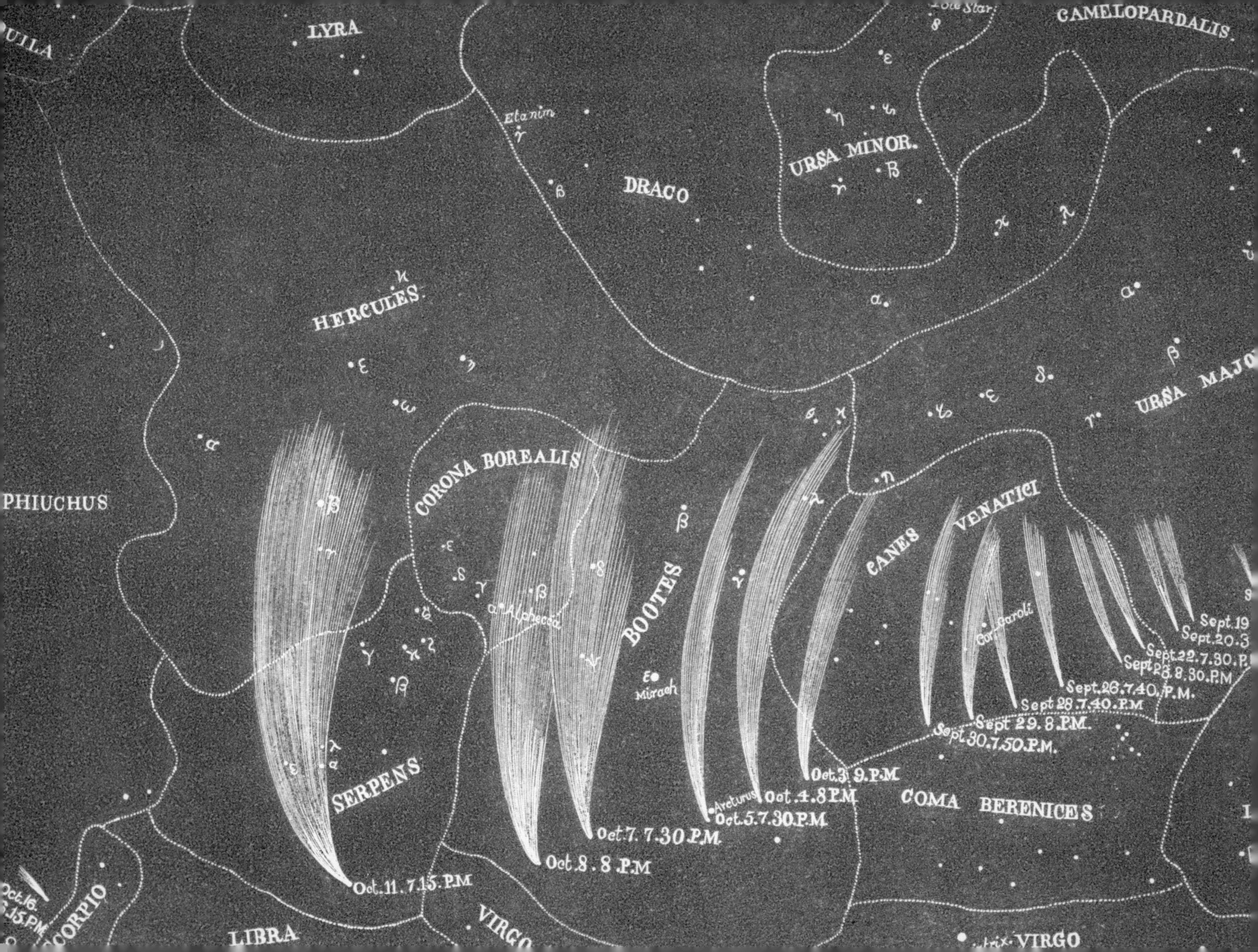

LYRA
Pole Star
CAMELOPARDALIS
DRACO
Etanim
URSA MINOR
HERCULES
URSA MAJOR
OPHIUCHUS
CORONA BOREALIS
Alphecca
BOOTES
Mirach
Arcturus
CANES VENATICI
Cor Caroli
SERPENS
COMA BERENICES
SCORPIO
LIBRA
VIRGO
Oct. 11. 7.15. P.M
Oct. 8. 8 P.M
Oct. 7. 7.30 P.M
Oct. 5. 7.30 P.M
Oct. 4. 8 P.M
Oct. 3. 9. P.M
Sept 30. 7.50 P.M.
Sept 29. 8 P.M.
Sept 28. 7.40. P.M
Sept. 26. 7.40. P.M.
Sept 23. 8.30. P.M
Sept. 22. 7.30. P.
Sept. 20.
Sept. 19
Oct. 16.

TEIL 2

CAELUM SPECTANTES

»HIMMELSBEOBACHTER«

WISSENSCHAFTLER UND DENKER, DIE DAS UNIVERSUM VERSTANDEN

GALILEO GALILEI

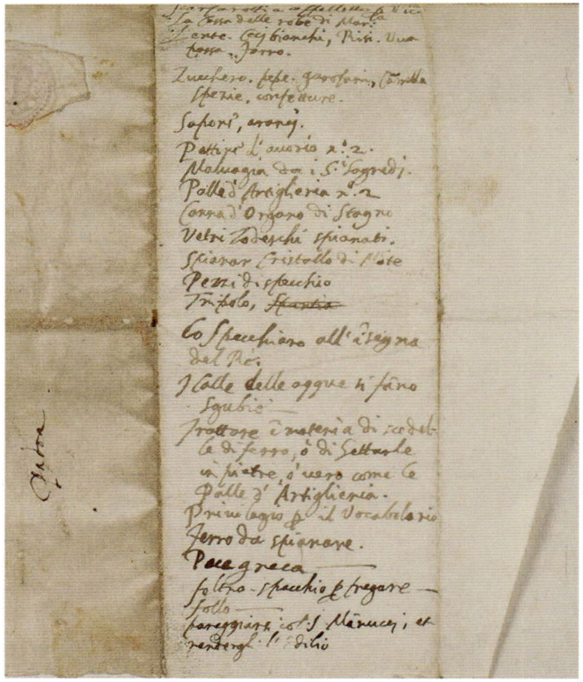
Sapori, aranci.
Pettini d'avorio n° 2.
Palle d'artiglieria n° 2
Canna d'organo di stagno
Vetri todeschi spianati.
Pezzi di specchio
Tripolo,
Ferro da spianare.

Selbst die klügsten Köpfe der Geschichte müssen ihre alltäglichen Aufgaben erledigen. Am 23. November 1609 kritzelte der Mathematik-Dozent der Universität von Padua, Galileo Galilei (1564–1642), seine To-do-Liste auf die Rückseite eines alten Briefes. Neben der Erinnerung, seine Schulden zu bezahlen, stand die Einkaufsliste für die Speisekammer, außerdem musste er neue Schuhe und eine Mütze für seinen Sohn abholen. Und dann waren da noch einige ungewöhnliche Dinge notiert: deutsche Brillengläser, zwei Artilleriegeschosse und eine Orgelpfeife aus Zinn. Zum Glück waren solche Sachen damals in und um Venedig wahrscheinlich vergleichsweise leicht erhältlich. Aber welchen Sinn machen diese Objekte? Im 17. Jahrhundert waren in Venedig die besten Glasmacher zu finden, besonders auf der Inselgruppe Murano. Die Artilleriegeschosse waren sehr gut dazu geeignet, Glas zu konkaven Linsen zu schleifen, und eine alte Orgelpfeife diente dabei als perfekte Halterung. Wir kennen Galileo als Wissenschaftler und Mathematiker, aber er war auch ein hochtalentierter Konstrukteur wissenschaftlicher Geräte, von Kompassen über Thermometer bis hin zu Pendeluhren. Seine handwerklichen Fähigkeiten, kombiniert mit seiner Begabung zur Selbstdarstellung*, erwiesen sich als entscheidend für die Transformation unserer Kenntnisse des Himmels.

Die einzelnen Komponenten des Teleskops waren nichts Neues. Schon seit der Antike gab es ein großes Interesse an Optik und ein Verständnis für die Verzerrungseffekte von Linsen, Wasser oder vergrößernden »Lesesteinen«. Selbst ein einfaches Rohr war als Hilfsmittel für die Fernsicht bekannt; es half dem Auge, sich zu konzentrieren, und hielt gleichzeitig das Umgebungslicht ab. Aber alles fügte sich ineinander, als in Venedig die Nachricht von einem aufregenden Gerät die Runde machte. Am 2. Oktober 1608 wurde in den Niederlanden ein Patent des Brillenmachers Hans Lipperhey abgelehnt, das er als einen Apparat beschrieb, mit dem man »weit entfernte Dinge so sehen kann, als wären sie nah«. Seine »Erfindung« bestand aus zwei Linsen, einer konvexen und einer konkaven, die jeweils in das Ende eines Rohrs eingefügt waren und eine dreifache Vergrößerung für den

* Er wäre sicher sehr präsent gewesen auf Instagram.

5.1

5.2

5.1 Ottavio Leoni, Porträt von Galileo Galilei, 1624.

5.2 Galileos Einkaufsliste auf einem Brief von Ottavio Brenzoni vom 23. November 1609.

5.3 Donato Creti, *Astronomische Beobachtungen: der Mond* (Detail), 1711. Dieses Bild und Abb. 5.13 gehören zu einer Serie astronomischer Gemälde Cretis, die von dem Bologneser Grafen Luigi Marsili zur Demonstration der neuen, wichtigen Bedeutung der Astronomie in Auftrag gegeben wurden.

5.3

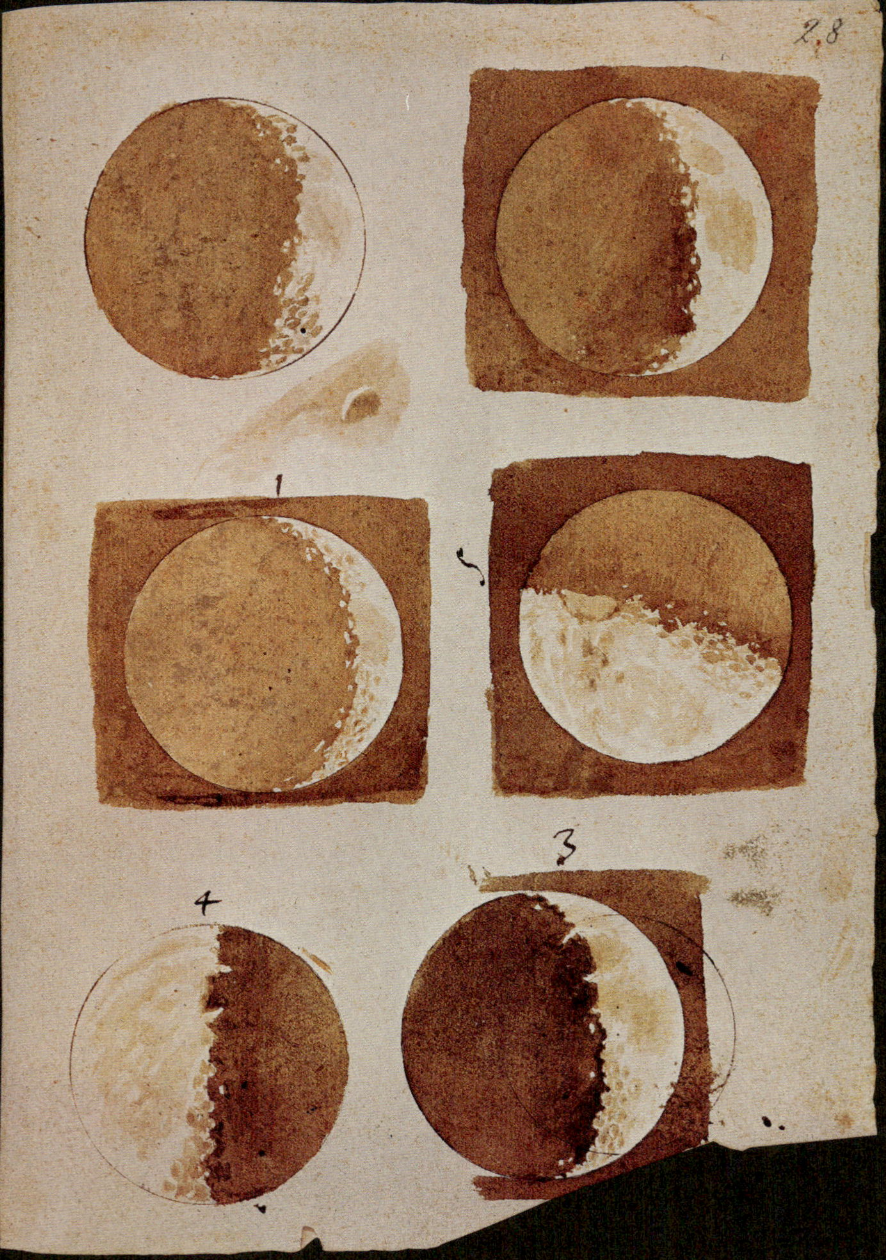

5.4

»Als ich die Beobachtungen auf der Erde aufgab und mich jenen am Himmel zuwandte, sah ich den Mond so nah, als wäre er kaum zwei Erdradien entfernt.«
GALILEO GALILEI, *SIDEREUS NUNCIUS*, 1610

5.4 Galileo Galilei, *Mondzeichnungen*, November–Dezember 1609.

5.5 Zeichnung von Thomas Harriot mit Merkmalen der Mondoberfläche wie Gebirgszügen, Kratern und »Meeren«, ca. 1613.

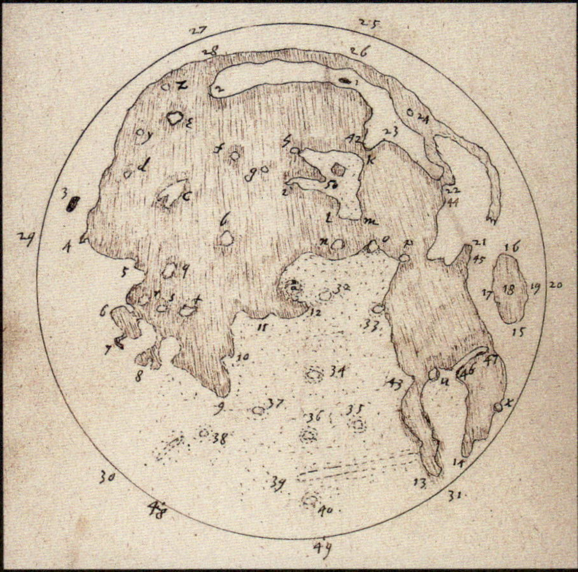

5.5

Betrachter bereitstellten. Das heißt, ein drei Meilen entferntes Objekt sah so aus, als sei es nur eine Meile entfernt. Die Bedeutung und die praktischen Anwendungsmöglichkeiten eines solchen Geräts, besonders als militärisches Hilfsmittel, entgingen Galileo und seinen Kollegen nicht.

Bis zum Sommer 1609 war Lipperheys einfaches Fernrohr durch Galileos talentierte Hände zu einer dreimal so starken Version weiterentwickelt worden. Um seine Prominenz in der venezianischen Gesellschaft zu stärken, überreichte er das Teleskop dem Dogen von Venedig, Leonardo Donà, als Geschenk an den Staat und bekam als Gegenleistung eine Lohnerhöhung und eine feste Anstellung an der Universität von Padua.

Am 1. Dezember 1609 änderte sich unsere Sicht auf den Himmel für immer, als Galileo ein noch stärkeres, von ihm selbst entworfenes Fernrohr auf den Mond richtete. Er war gleichwohl nicht der Erste, der das tat. Der englische Mathematiker Thomas Harriot hatte im Juli desselben Jahres seine ersten Zeichnungen des Mondes unter Verwendung eines schwächeren Fernrohrs angefertigt. Harriot fehlte jedoch Galileos visionäre Interpretation und das Verständnis für die Wichtigkeit der ersten Veröffentlichung. Harriot schaute durch sein Fernrohr und sah den Mond wie ein Kartograf. Galileo aber sah den Mond wie ein Wissenschaftler und Forscher. »Ich danke Gott aus tiefstem Herzen«, schrieb er in einem Brief, »dass er mich allein zum ersten Beobachter so vieler Dinge gemacht hat, die für so lange Zeit verborgen waren.«

Galileo sah zum ersten Mal, dass der Mond, der in der gesamten Geschichte unbeweglich, perfekt und unveränderbar am Himmel gestanden hatte, entgegen des bisherigen Denkens keine makellose Kugel war. Der Schleier war gefallen, und der Mond wurde als eine weitere, der Erde ähnliche Welt enthüllt, »uneben, rau und überfüllt«, mit »Bergketten und tiefen Tälern«. Galileo stellte fest, dass der Mond-Terminator – die Linie, welche die Lichtseite des Mondes von seiner Schattenseite abgrenzt – bei Weitem nicht so gleichmäßig war, wie das bei einer perfekten Kugel der Fall gewesen wäre. Stattdessen hatte sie Zacken und Wellen. Er beschrieb die mit Kratern übersäte und mit Punkten »wie die blauen Augen eines Pfauenschwanzes« geschmückte Mondoberfläche und das darauf stattfindende Spiel von Licht und Schatten. Vor allem zeichnete er in wunderschönem Detail auf, was er sah, und erstellte präzise und akkurate mathematische Messungen. Seine Beobachtungen offenbarten die Tiefe des Milchstraßensystems selbst. Wo es zuvor nur einen Lichtfleck gegeben hatte, war nun ein Ozean voller Sterne. Hinter den drei Sternen des Gürtels des Orion und den sechs Sternen seines Schwerts gab es noch 80 weitere, die nun erstmals zu sehen waren: »Was wir ... beobachteten, war die Beschaffenheit oder Materie der Milchstraße selbst. Mithilfe des Fernrohrs lässt sie sich so gut beobachten, dass die seit Generationen bestehenden Meinungsverschiedenheiten zwischen verärgerten Philosophen durch eine sichtbare Gewissheit abgelöst werden und wir befreit sind von wortreichen Diskussionen.«

Auch Jupiter leuchtete im neuen Jahr 1610 hell am venezianischen Himmel und verhalf Galileo zu weiteren Entdeckungen. Die erste war eine merkwürdige Anordnung dreier bisher unbekannter Sterne in unmittelbarer Nachbarschaft zum Planeten. In der nächsten Beobachtungsnacht tauchte ein vierter Stern auf, und in jeder der folgenden Nächte verschoben sich ihre Positionen – es handelte sich um Himmelskörper, die den Jupiter umkreisten. Galileo hatte das System der Jupitermonde entdeckt, die er »Mediceische Gestirne« nannte, um dem florentinischen Herrscher Cosimo II. de' Medici und seinen drei Brüdern zu schmeicheln. Heute sind sie jedoch als die Galileischen Monde Io, Europa, Ganymed und Kallisto bekannt.

Innerhalb weniger Monate hatte Galileo seine Erkenntnisse in einem elegant verfassten Büchlein mit dem Titel *Sidereus Nuncius* (Sternenbote, **5.6–5.11**) veröffentlicht. Das Buch war eine Sensation – sowohl für Galileis Kritiker, die seine Beobachtungen anzweifelten, als auch für seine Unterstützer, die gefesselt waren von der Bedeutung seiner Erkenntnisse – und es markierte den Beginn einer durch das Teleskop herbeigeführten Revolution und Transformation der Astronomie.

Die wahre Macht des Teleskops ist jedoch nicht in der Qualität der Linsen begründet, sondern im Denken der Menschen, die es benutzen. Selbst mit einer perfekten Auflösung ist unser Verständnis der Natur nach wie vor fehlbaren menschlichen Gedankengängen unterworfen. Die wissenschaftliche Methode selbst hat uns die beste Korrekturlinse aller Zeiten gebracht.

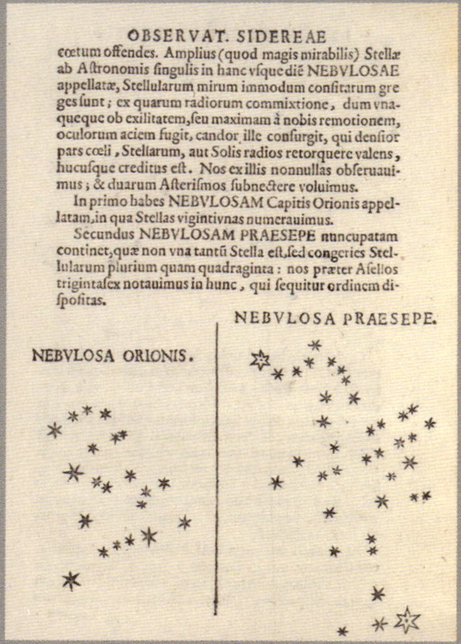

OBSERVAT. SIDEREAE

cœtum offendes. Amplius (quod magis mirabilis) Stellæ ab Aſtronomis ſingulis in hanc vſque diē NEBVLOSAE appellatæ, Stellularum mirum immodum conſitarum greges ſunt; ex quarum radiorum commixtione, dum vnaqueque ob exilitatem, ſeu maximam à nobis remotionem, oculorum aciem fugit, candor ille conſurgit, qui denſior pars cœli, Stellarum, aut Solis radios retorquere valens, hucuſque creditus eſt. Nos ex illis nonnullas obſeruauimus; & duarum Aſteriſmos ſubnectere voluimus.

In primo habes NEBVLOSAM Capitis Orionis appellatam, in qua Stellas vigintivnas numerauimus.

Secundus NEBVLOSAM PRAESEPE nuncupatam continet, quæ non vna tantū Stella eſt, ſed congeries Stellularum plurium quam quadraginta: nos præter Aſellos trigintaſex notauimus in hunc, qui ſequitur ordinem diſpoſitas.

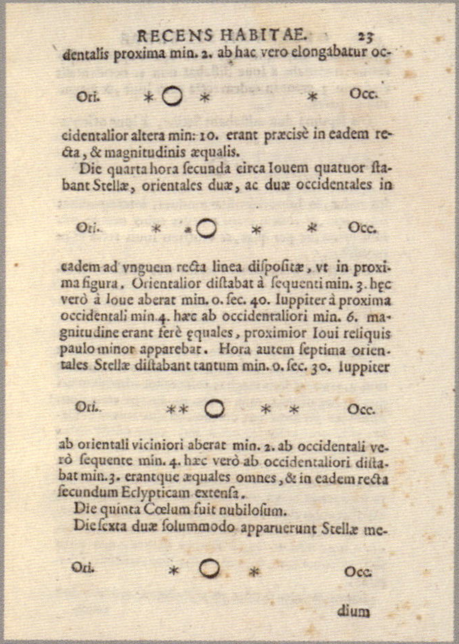

RECENS HABITAE. 23

dentalis proxima min. 2. ab hac vero elongabatur oc-

cidentalior altera min: 10. erant præciſè in eadem recta, & magnitudinis æqualis.

Die quarta hora ſecunda circa Iouem quatuor ſtabant Stellæ, orientales duæ, ac duæ occidentales in

eadem ad vnguem recta linea diſpoſitæ, vt in proxima figura. Orientalior diſtabat à ſequenti min. 3. hęc verò à Ioue aberat min. 0. ſec. 40. Iuppiter à proxima occidentali min. 4. hæc ab occidentaliori min. 6. magnitudine erant ferè ęquales, proximior Ioui reliquis paulo minor apparebat. Hora autem ſeptima orientales Stellæ diſtabant tantum min. 0. ſec. 30. Iuppiter

ab orientali viciniori aberat min. 2. ab occidentali verò ſequente min. 4. hæc verò ab occidentaliori diſtabat min. 3. erantque æquales omnes, & in eadem recta ſecundum Eclypticam extenſa.

Die quinta Cœlum fuit nubiloſum.

Die ſexta duæ ſolummodo apparuerunt Stellæ me-

dium

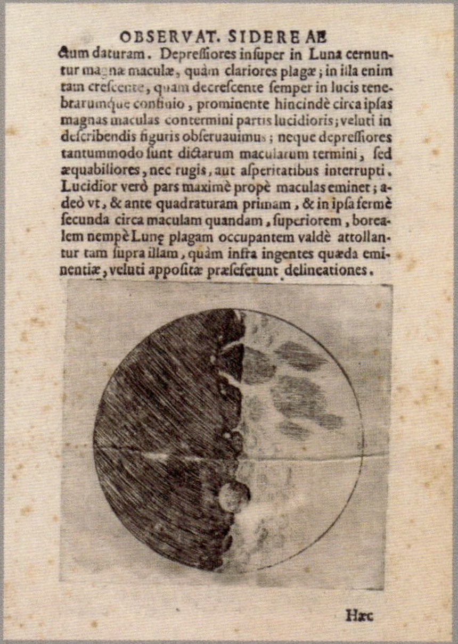

OBSERVAT. SIDEREAE

ctum daturam. Depreſſiores inſuper in Luna cernuntur magnæ maculæ, quàm clariores plagæ; in illa enim tam creſcente, quam decreſcente ſemper in lucis tenebrarumque confinio, prominente hincindè circa ipſas magnas maculas contermini partis lucidioris; veluti in deſcribendis figuris obſeruauimus; neque depreſſiores tantummodo ſunt dictarum macularum termini, ſed æquabiliores, nec rugis, aut aſperitatibus interrupti. Lucidior verò pars maximè propè maculas eminet; adeò vt, & ante quadraturam primam, & in ipſa fermè ſecunda circa maculam quandam, ſuperiorem, borealem nempè Lunę plagam occupantem valdè attollantur tam ſupra illam, quàm infra ingentes quæda eminentiæ, veluti appoſitæ præſeferunt delineationes.

Hæc

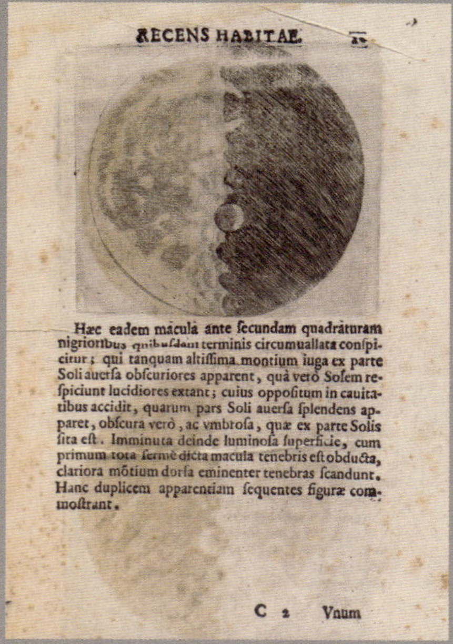

RECENS HABITAE.

Hæc eadem macula ante ſecundam quadraturam nigrioribus quibuſdam terminis circumuallata conſpicitur; qui tanquam altiſſima montium iuga ex parte Soli auerſa obſcuriores apparent, quà verò Solem reſpiciunt lucidiores extant; cuius oppoſitum in cauitatibus accidit, quarum pars Soli auerſa ſplendens apparet, obſcura verò, ac vmbroſa, quæ ex parte Solis ſita eſt. Imminuta deinde luminoſa ſuperficie, cum primum tota fermè dicta macula tenebris eſt obducta, clariora mōtium dorſa eminenter tenebras ſcandunt. Hanc duplicem apparentiam ſequentes figuræ commoſtrant.

C 2 Vnum

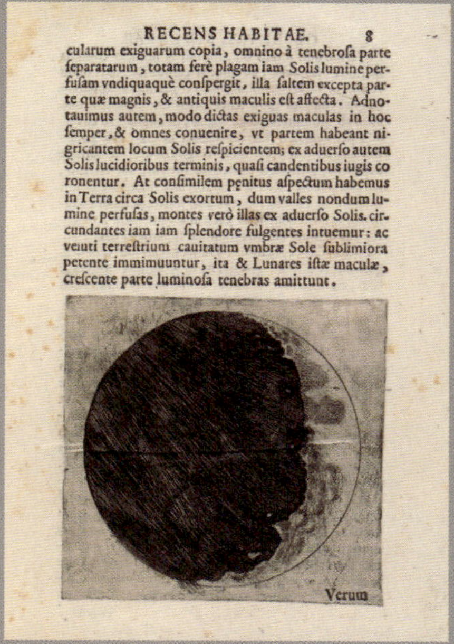

RECENS HABITAE. 8

cularum exiguarum copia, omnino à tenebroſa parte ſeparatarum, totam ferè plagam iam Solis lumine perfuſam vndiquaquè conſpergit, illa ſaltem excepta parte quæ magnis, & antiquis maculis eſt affecta. Adnotauimus autem, modo dictas exiguas maculas in hoc ſemper, & omnes conuenire, vt partem habeant nigricantem locum Solis reſpicientem; ex aduerſo autem Solis lucidioribus terminis, quaſi candentibus iugis coronentur. At conſimilem pęnitus aſpectum habemus in Terra circa Solis exortum, dum valles nondum lumine perfuſas, montes verò illas ex aduerſo Solis circundantes iam iam ſplendore fulgentes intuemur: ac veluti terreſtrium cauitatum vmbræ Sole ſubilimiora petente immimuuntur, ita & Lunares iſtæ maculæ, creſcente parte luminoſa tenebras amittunt.

Verum

Sidereus nuncius (1610) war das Buch, das Galileos radikale Beobachtungen in die Welt trug. Die vier Jupitermonde, die Struktur der Milchstraße sowie detaillierte Zeichnungen der gebirgigen und mit Kratern übersäten Mondoberfläche spielten eine fundamentale Rolle bei der Veränderung unseres Verständnisses sowohl der Astronomie als auch unseres Platzes im Kosmos.

5.6 Die Nebel von Orion und Praesepe (Messier 44).
5.7 Beobachtungen des Jupiter.
5.8–5.11 Detailierte Zeichnungen der bergigen und von Kratern übersäten Mondoberfläche.

5.12 Maria Clara Eimmart, *Jupiterbeobachtungen*, spätes 17. Jahrhundert. Eine von zwölf Zeichnungen himmlischer Phänomene von Eimmart. Dieses Werk basiert auf Galileos Entdeckungen.

5.13 Donato Creti, *Jupiter* (Detail), 1711.

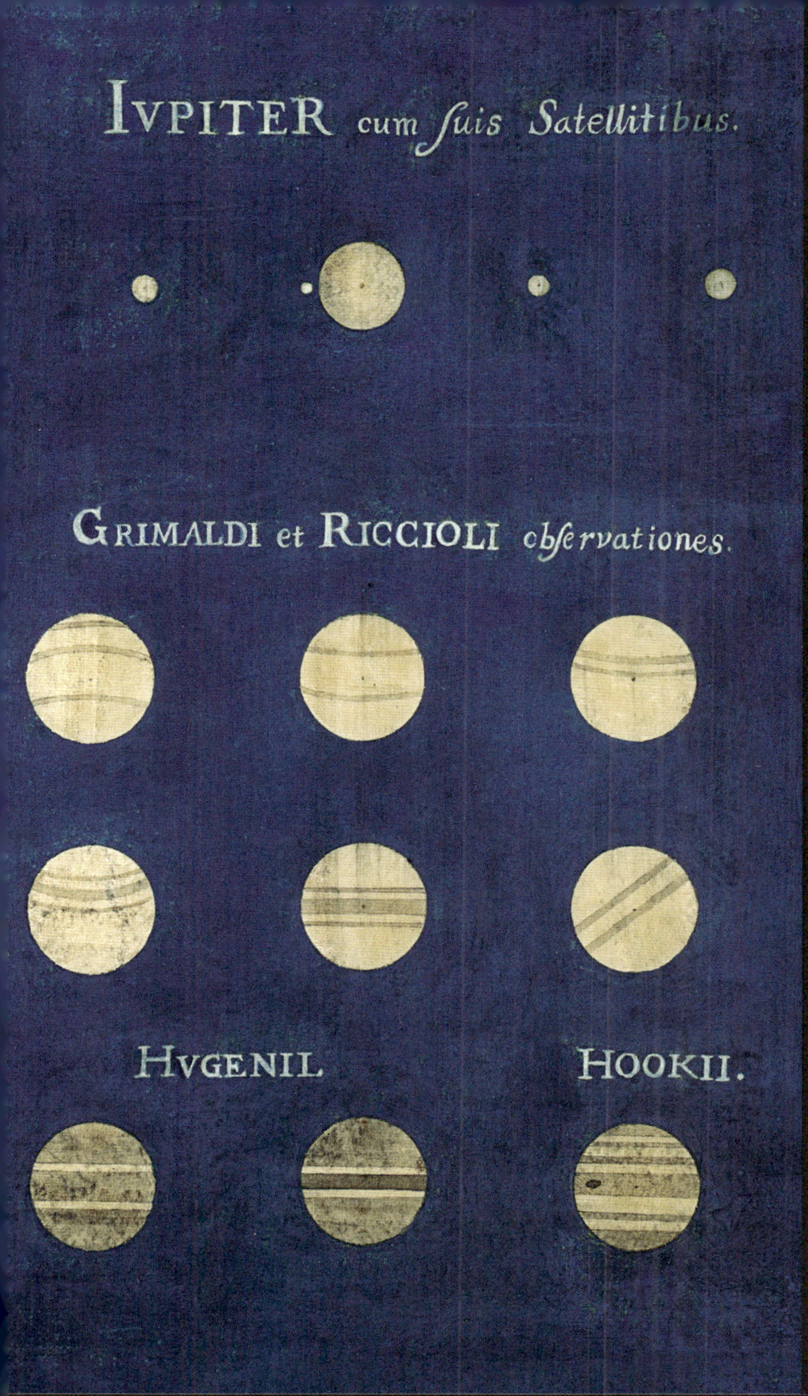

IVPITER cum suis Satellitibus.
GRIMALDI et RICCIOLI observationes.
HVGENII.
HOOKII.

ISAAC NEWTON

Newton war gut beschäftigt während der Pest-Quarantäne zwischen 1665 und 1666. Er zog von seinem Studentenzimmer am Trinity College in Cambridge zurück in sein Elternhaus nach Woolsthorpe in Lincolnshire. In dieser ruhigen, ländlichen Umgebung gelang es ihm, ein ganz neues Gebiet der Mathematik zu entdecken (die Analysis) und das Gebiet der Optik zu revolutionieren, während er an seinem Gesetz der universellen Schwerkraft arbeitete. Dieses Gesetz würde beweisen, dass die Schwerkraft hier auf der Erde – die unter anderem bewirkt, dass Äpfel auf den Boden fallen – dieselbe Kraft ist, die sich über das gesamte Universum erstreckt. Sie hält den Mond und die Internationale Raumstation in ihren Umlaufbahnen und sorgt dafür, dass Planeten kugelförmig und Galaxien miteinander verbunden sind. Der Dichter Samuel Rogers hat das Gesetz schön zusammengefasst:

> *That very law which moulds a tear*
> *And bids it trickle from its source,*
> *that law preserves the earth a sphere,*
> *And guides the planets in their course.*
> (Dasselbe Gesetz, das eine Träne formt
> und sie aus ihrer Quelle rinnen lässt,
> es macht die Erde zur Kugel
> und lenkt die Planeten in ihren Bahnen.)

Newtons Arbeit zur Schwerkraft und seine Gesetze der Bewegung (sehr wichtig für jeden, der eine Rakete starten will) wurden 1687 in seinem dreibändigen Werk *Philosophiæ Naturalis Principia Mathematica* veröffentlicht – dem vermutlich wichtigsten wissenschaftlichen Buch aller Zeiten. Es erschloss die Komplexität des Universums und ermöglichte den Start von Mondraketen ebenso wie präzise Landungen auf dem Mars.

Newtons unveröffentlichte Briefe, Aufsätze und Notizbücher geben uns einen Einblick, wie er zu seinen Erkenntnissen gelangte. Auf diesen Seiten sehen wir die überwältigende Bandbreite intellektueller Untersuchungen, mit denen Newton sich im Laufe seines langen Lebens beschäftigt hat: Naturphilosophie und Mathematik, aber auch Geschichte, Sprache, Alchemie und Theologie. Seine umfangreichen Notizen sind eine Erweiterung seines Geistes, ein Ort, an dem er seine Gedanken systematisch erkunden und organisieren konnte.

Soweit wir wissen, begannen Newtons Notizen mit einem kleinen, in Pergament gebundenen Büchlein, das er in seinen späten Teenagerjahren benutzte. Das Buch enthält Hinweise auf seine frühen Interessen: Notizen und Zeichnungen zum Bau von mechanischen Uhren, Sonnenuhren und Windmühlen, zu Zeichentechniken, zum Bau eines kopernikanischen Modells des Sonnensystems, alchemistische Rezepte zur Bekämpfung von Seuchen und Geschwüren, Aufzeichnungen zu *Perpetuum mobiles* sowie seine eigenen astronomischen Beobachtungen. Es gibt auch einen Teil mit Zaubertricks, einschließlich einer wundersamen »Verwandlung von Wasser in Wein«: Er schlägt vor, unbeobachtet ein wenig Blutholz (*Haematoxylum campechianum*; eine Pflanze, die eine tiefrote Färbung bewirkt) in den Mund zu nehmen, mit einem – nicht unbeobachteten – Schluck Wasser zu vermischen und dann zur Verwunderung des Publikums die weinrote Flüssigkeit auszuspucken. Newton war sowohl Autodidakt als auch ein tiefreligiöser Mann, und viele seiner Aufzeichnungen sind diesem Lebensbereich gewidmet. In seinem als *Fitzwilliam Notebook* bekannten Notizbuch listet er ausführlich seine verschiedenen Sünden wie in einer Beichte auf und legt dabei seine befleckte Seele offen: »Auf weltliche Dinge mehr Wert legen als auf Gott; Verdrießlichkeit gegenüber meiner Mutter; unreine Gedanken, Worte, Taten und Träume; Streit mit den Dienern; Wilfords Handtuch benutzen, um meines zu schonen« und so weiter und so fort.

Im *Trinity College Notebook* (**6.4**), das er 1661 zu Beginn seiner Karriere in Cambridge kaufte, wird langsam die Entwicklung Newtons hin zum unabhängigen Denker sichtbar. Unter dem Titel »Certain Philosophical Questions« (Bestimmte philosophische Fragen) ist ein erheblicher Teil des Buches einer To-do-Liste mit etwa 50 Untersuchungsfeldern für seine Studien gewidmet. Zu diesem Abschnitt des Notizbuches kehrte er in den folgenden Jahrzehnten immer wieder zurück. Die Themen reichten von der Beschaffenheit der

6.1 *Sir Isaac Newton*, einmal ohne seine bekannte Perücke dargestellt auf diesem Ölgemälde eines Schülers von Sir James Thornhill (1675–1734).

6.2 Newtons Originalmanuskript aus dem Jahr 1685 für das Buch *Principia* (1687), das zur Veröffentlichung an den Drucker geschickt wurde.

6.3 Newtons eigenes, mit Anmerkungen für die zweite Auflage versehenes Exemplar der *Principia*.

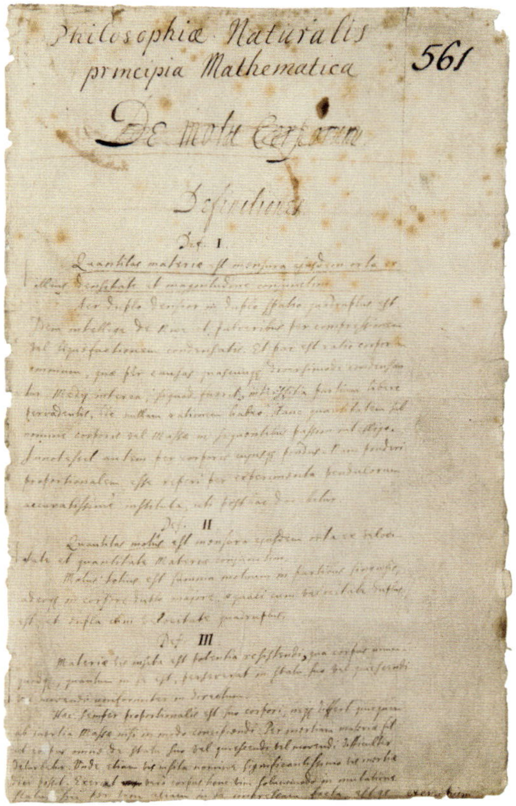
Philosophiæ Naturalis
principia Mathematica
561
De motu Corporum
Definitiones

6.2

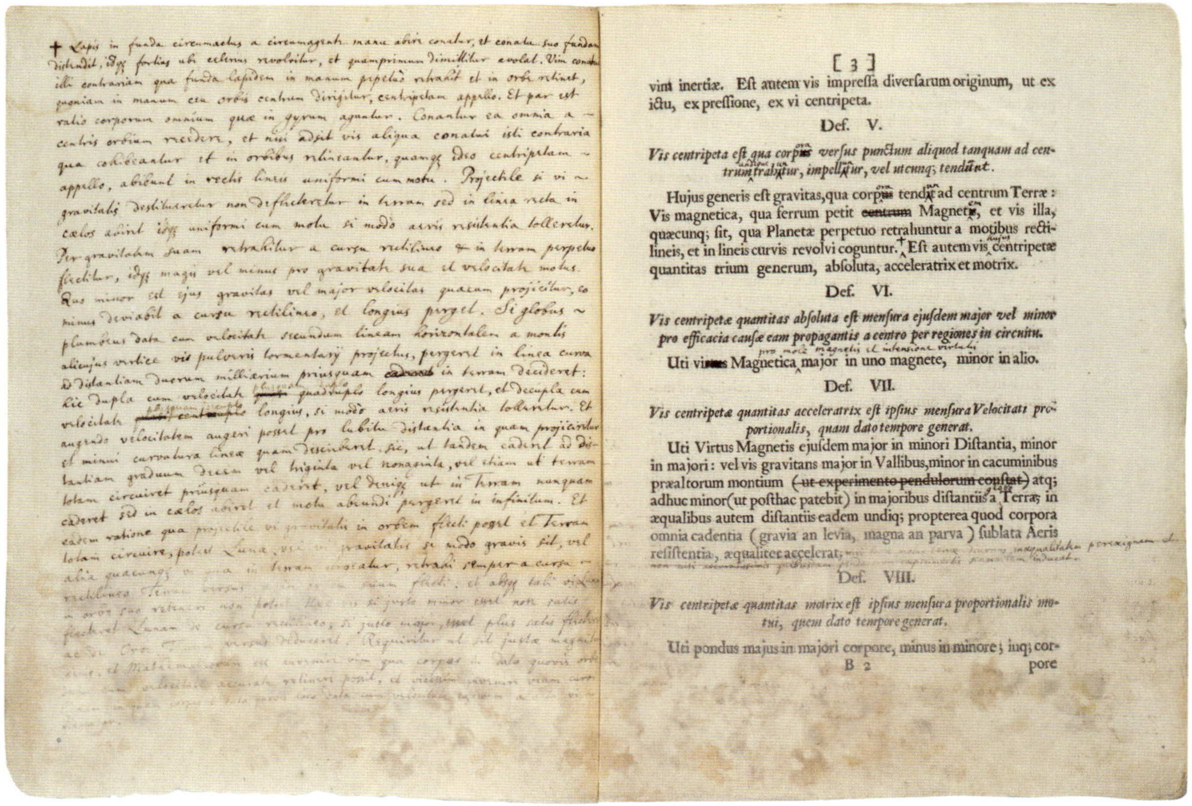
[3]

vim inertiæ. Est autem vis impressa diversarum originum, ut ex ictu, ex pressione, ex vi centripeta.

Def. V.

Vis centripeta est qua corpus versus punctum aliquod tanquam ad centrum trahitur, impellitur, vel utcunq; tendit.

Hujus generis est gravitas, qua corpus tendit ad centrum Terræ: Vis magnetica, qua ferrum petit centrum Magnetis, et vis illa, quæcunq; sit, qua Planetæ perpetuo retrahuntur a motibus rectilineis, et in lineis curvis revolvi coguntur. Est autem vis centripetæ quantitas trium generum, absoluta, acceleratrix et motrix.

Def. VI.

Vis centripetæ quantitas absoluta est mensura ejusdem major vel minor pro efficacia causæ eam propagantis a centro per regiones in circuitu.

Uti vis Magnetica major in uno magnete, minor in alio.

Def. VII.

Vis centripetæ quantitas acceleratrix est ipsius mensura Velocitati proportionalis, quam dato tempore generat.

Uti Virtus Magnetis ejusdem major in minori Distantia, minor in majori: vel vis gravitans major in Vallibus, minor in cacuminibus præaltorum montium ~~(ut experimento pendulorum constat)~~ atq; adhuc minor (ut posthac patebit) in majoribus distantiis a Terra; in æqualibus autem distantiis eadem undiq; propterea quod corpora omnia cadentia (gravia an levia, magna an parva) sublata Aeris resistentia, æqualiter accelerat.

Def. VIII.

Vis centripetæ quantitas motrix est ipsius mensura proportionalis motui, quem dato tempore generat.

Uti pondus majus in majori corpore, minus in minore; inq; corpore

B 2 pore

6.3

6.4 Titelseite von Newtons *Trinity College Notebook*, das er ca. 1661–1665 benutzte.

6.5 »Unsere Art zu sehen verändern«: Isaac Newtons »Nadel-Experiment«, ca. 1669.

6.6 Es ist wichtig, seine Arbeiten zu zeigen: Eine Seite aus einem von Newtons Notizbüchern mit seinen Berechnungen zur Schwerkraft. Die Grundlagen moderner klassischer Physik in seiner Handschrift.

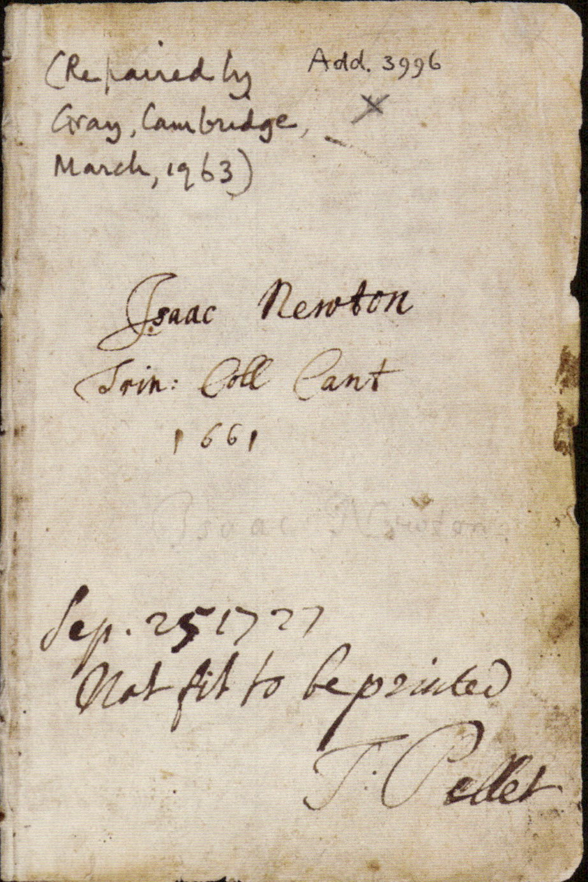

(Repaired by Gray, Cambridge, March, 1963)

Add. 3996

Isaac Newton

Trin: Coll Cant

1661

Sep. 25 1727

Not fit to be printed

T. Pellet

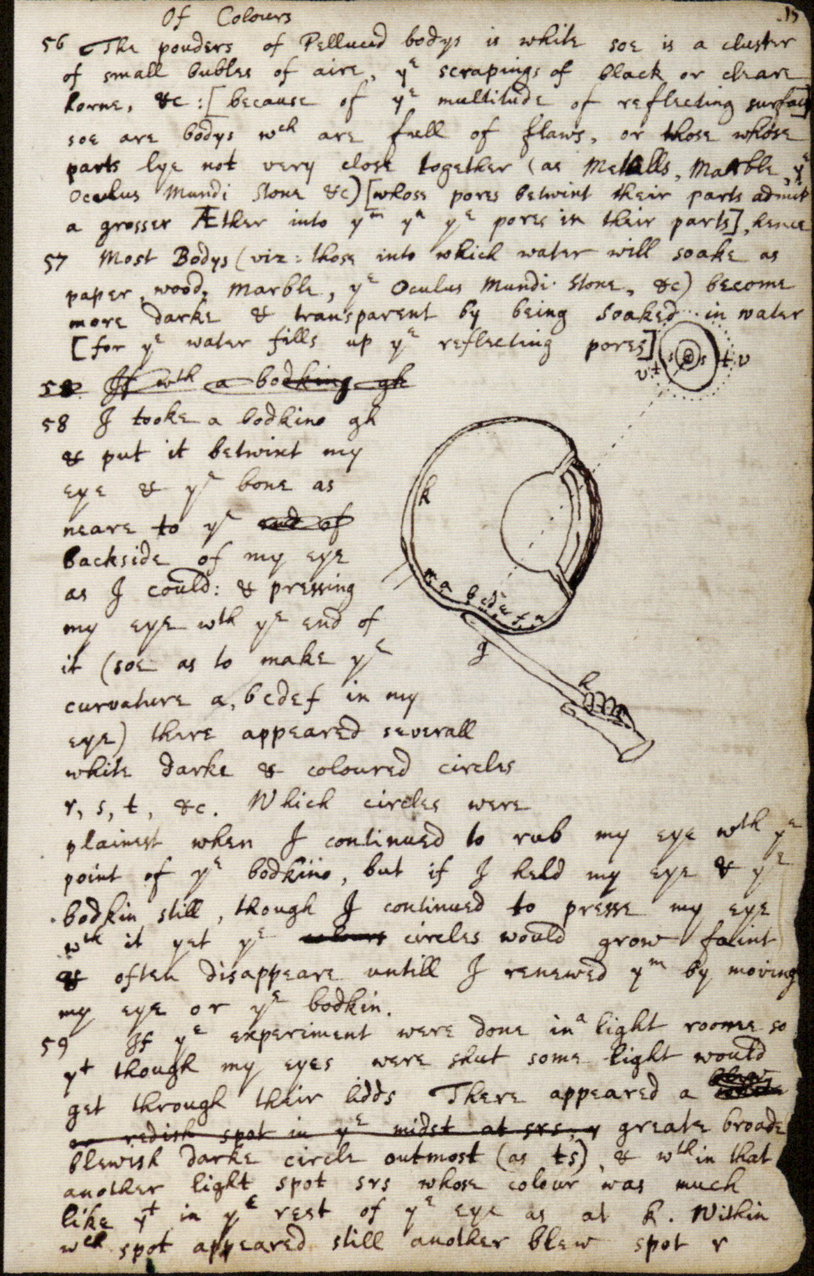

Of Colours

56 The pouders of Pellucid bodys is white soe is a cluster of small bubles of aire, ye scrapings of black or charre horne, &c: [because of ye multitude of reflecting surfaces] soe are bodys wch are full of flaws, or those whose parts lye not very close together (as Metalls, Marble, ye Oculus Mundi Stone &c) [whose pores betwixt their parts admit a grosser Æther into ym yn ye pores in their parts], hence

57 Most Bodys (viz: those into which water will soake as paper, wood, marble, ye Oculus Mundi Stone, &c) become more darke & transparent by being soaked in water [for ye water fills up ye reflecting pores]

~~58 If with a bodking gh~~

58 I tooke a bodkine gh & put it betwixt my eye & ye bone as neare to ye ~~end of~~ backside of my eye as I could: & pressing my eye wth ye end of it (soe as to make ye curvature a, bcdef in my eye) there appeared severall white darke & coloured circles r, s, t, &c. Which circles were plainest when I continued to rub my eye wth ye point of ye bodkine, but if I held my eye & ye bodkin still, though I continued to presse my eye wth it yet ye ~~colours~~ circles would grow faint & often disappeare untill I renewed ym by moving my eye or ye bodkin.

59 If ye experiment were done in a light roome so yt though my eyes were shut some light would get through their lidds There appeared a ~~[illegible]~~ ~~reddish spot in ye midst at srs,~~ greate broade blewish darke circle outmost (as ts), & wthin that another light spot srs whose colour was much like yt in ye rest of ye eye as at k. Within wch spot appeared still another blew spot r

The Summe of these two Summes is
all to y^e area befv, supposeing ae = 0,9.
And their Difference is equall to y^e area bcdv,
posing AC = 1,1. viz:

77 3,571 42,0...
9,2 33,33333333,3333333333,33333,
73 31,25000,00000,00000,00000,
85 294 11,76470,58823,52941,
,30 277,77777,77777,77777,
42 2,63157,89473,68421,
7,5 2500,00000,00000,
75 23,80952,38095,
03 2272 7,27272,
,83 217,39134,
73 2,08333,
1,4 2000,
93 19,
68, = Summe.

befv = 0,10536,05156,57826,30122,75009,80839,39279,83061,20372,98327,40799. If ae = 0,9. or eb = −0,1.
bcdv = 0,09531,01798,04324,86004,39521,23280,84509,22206,05365,30864,4199... If ac = 1,1. or bc = 0,1.

like manner if x = 0,01. & a = 1. The calculation is as followeth.

33333,33333,33333,33333,33333,33333,33333,33333 = $ax + \frac{x^3}{3a} + \frac{x^5}{5a^3}$. $\frac{x^7}{7a^5}$.
1000,03333,53333,33333,33333,33333,33333,14285,71428,57142,85714,28571,42857,14285
1000,03333,533 1,42857,14285,71428,57142,... = $\frac{x^9}{9a^7} + \frac{x^{11}}{11a^9}$ $\frac{x^{13}}{13a^{11}}$. &c
34,762 ~~11,12020,2020~~...,20202,02020,20202,02020,20202.
11,11202,02020,20202,02020,76923,07692,30769,23076,92307,69230,76923,07692
01,58821,07 769,23076,92307,69230,76923,07692.
5514 6666,66666,66666,66666,66666,66666.
0422 58823,52941,17647,05882.
3887 5,26315,78947,36842.
0,973 47,61904,76190.
08,80 4347826 8.
7344 4000.
3398 = summe.

00005,00025,00166,67916,76667,50007,14285,71428,57142,85714,28571
00005,00025,00166,67916,76667,50007,143 ... = $\frac{xx}{2} + \frac{x^4}{4aa} + \frac{x^6}{6a^4} + \frac{x^8}{8a^6} + \frac{x^{10}}{10a^8} + \frac{x^{12}}{12a^{10}} + \frac{x^{14}}{14a^{12}}$.
62,50555,60556,01010,10101 = $\frac{x^{16}}{16a^{14}} + \frac{x^{18}}{18a^{16}}$ &c.

summe of these two summes is equall to y^e 48,21984,6769.88672 41666 66
befv, supposeing ae = 0,09. And their Difference to bcdv, if ac = 1,01. viz: 8,55376 = summe.

befv = 0,01005,03358,53501,44118,35488,57558,54779,60853,17007,67462,98736. If ae = 0,99.
bcdv = 0,00995,03308,53168,08284,82153,57544,26074,16887,29609,94005,87984. If ac = 1,01.

if x = 0,001. Then 0,00100,00000,33333,53333,34761,90476,19047,61904,76190,47619. = $ax + \frac{x^3}{3a} + \frac{x^5}{5a^3}$ &c
Calculation will bee. 0,00100,00000,33333,53333,34761,90587,30167,82107,55133,82180,04806 = summe.
111,11202,02020,20202,02020,20202
76923,07692,30769,23
66666,66666
58823

0,00000,05000,00250,00016,66667,91666,76666,67500,00071,42863,39286 = Summe of $\frac{xx}{2} + \frac{x^4}{4aa}$
Therefore { befv = 0,00100,05003,33583,53350,01429,82... ~~144,8897...~~
{ bcdv = 0,00099,95003,33083,533...,78093,98...,06834,49607,55205,2... If ae = 0,999.
...53501,14607,55062,393... If ac = 1,001.

if x = 0,0001. Then 0,00010,00000,00333,33333,53333,33347,61904...

Materie und der Funktionsweise unserer Sinne bis zur astronomischen Welt der Planeten und Kometen, aber auch zu unserer inneren Welt der Fantasie und Träume und zur heiligen Welt Gottes und der Schöpfung. Das Buch stellt Newton auch als experimentellen Forscher vor, nicht zurückschreckend vor Selbstversuchen. Er starrt in die Sonne, um die visuellen Auswirkungen auf das Auge besser zu verstehen. Ein anderes Mal sticht er sich eine stumpfe Nadel in die Augenhöhle und verformt damit den Augapfel, um herauszufinden, welche Muster und Farben dadurch in der Wahrnehmung entstehen könnten (**6.5**).

Papier war eine wertvolle Ressource. Eines von Newtons Notizbüchern, das sogenannte *Waste Book*, war ein Erbstück von seinem Stiefvater, dem Pfarrer Barnabas Smith, und enthielt dessen theologische Notizen. Die interessierten Newton jedoch nicht; er recycelte lediglich die leeren Seiten für seine eigene Arbeit.** Diese zeigt Newtons aufblühendes Talent für Mathematik, insbesondere wie er seine Arbeit zur Analysis weiterentwickelte und wie seine Gesetze der Bewegung begannen, Gestalt anzunehmen. All seine Notizbücher zeigen fortlaufende Anpassungen, Streichungen, Ergänzungen und Änderungen. Sie waren für Newton ein Archiv seiner Ideen, das er immer wieder mit neuen Einsichten aufsuchen und erweitern konnte. Auch die Bücher an sich bergen eine großartige Schönheit. Wir sehen die Entwicklung von Newtons Handschrift und den Stil seiner Zeichnungen, dazu die Patina des Papiers und der Tinte, die Falten, Knicke und Flecken sowie die Anmerkungen anderer aus den letzten 300 Jahren.

Diese Notizbücher sind nicht zuletzt von besonderer Bedeutung, wenn Sie vorhaben, in den Weltraum zu reisen. Im dritten Buch seiner *Principia, De mundi systemate* (engl. *On the System of the World*), erklärt er uns anhand eines eleganten Gedankenexperiments, wie Umlaufbahnen funktionieren. Es hilft besonders zu verstehen, warum Astronauten in der Internationalen Raumstation ISS schwerelos wirken. Oft hört man, das läge an einer Abwesenheit der Schwerkraft. Aber das stimmt nicht. Das Newton'sche Gravitationsgesetz erinnert uns daran, dass in der Flughöhe der ISS ca. 400 Kilometer über der Erdoberfläche fast genauso viel Schwerkraft auf die Astronauten einwirkt wie auf Meereshöhe. Was bedeutet das? Newton fordert uns auf, uns einen Stein vorzustellen, der von einem Berggipfel geworfen wird (sein drittes Gesetz der Bewegung). Aber stellen wir uns stattdessen einmal vor, auf dem Berg stünde eine Kanone, aus der wir geschossen werden. Während wir durch die Luft fliegen, zieht uns die Schwerkraft zurück zur Erde. Das Ergebnis ist eine gekrümmte Bahn, ganz wie beim Werfen eines Balles. Rechtzeitig vor dem schmerzhaften Aufprall brechen wir dieses Gedankenexperiment ab und beginnen einen zweiten Versuch, nur dass die Kanone nun etwas mehr Kraft hat. Diesmal fliegen wir durch die höhere Geschwindigkeit weiter, aber wieder zieht uns die Schwerkraft herunter, und – etwas später als beim ersten Mal – es droht uns ein heftiger Bauchklatscher. Und nun stellen wir uns vor, wir würden eine so hohe Geschwindigkeit erreichen und so weit fliegen, dass die Krümmung der Erdoberfläche der Krümmung unserer Flugbahn entspricht. Wieder zieht uns die Schwerkraft gen Erdboden, doch solange wir schnell genug bleiben, werden wir ihn niemals erreichen. Wir fliegen hinter den Horizont und um die Erde herum. Genau das passiert auch mit der ISS. Und weil sie hoch genug fliegt, gibt es kaum Luftwiderstand, der sie verlangsamen würde (gemäß Newtons erstem Gesetz der Bewegung). Die ISS fliegt einfach immer weiter im Kreis herum. Die Astronauten schweben also in Wirklichkeit deshalb, weil sie sich im freien Fall befinden. Eines Tages wird man die – dann unbemannte – Raumstation aus ihrer Umlaufbahn holen, indem man sie mit kleinen Raketentriebwerken bremst. Sie wird dann auf die Erde zurückfallen und dabei in der Atmosphäre verglühen. (Siehe dazu auch Kapitel 25, **25.6**, **25.7**).

So ziemlich alles in diesem Buch verdanken wir der Grundlagenarbeit von Isaac Newton. Die Inschrift auf seiner Grabstätte in der Westminster Abbey endet mit dem Satz »Mortals rejoice that there has existed such and so great an ornament of the human race!« (Ihr Sterblichen, freut euch, dass ein so prachtvolles Exemplar der menschlichen Rasse gelebt hat!). Seine erhaltenen Notizbücher zeugen von der Kraft des kreativen Geistes. Sie zeigen uns Newton als den Besessenen, den Brillanten, den Radikalen, den immer Faszinierenden.

** Heutzutage wird ein großes Geschäft gemacht mit schicken Notizbüchern, deren Äußeres leider nichts über die Qualität der darin notierten Ideen aussagt. Meine These zu diesem Thema: »Jeder Zunahme der Eleganz eines Notizbuches steht die gleiche Abnahme der Qualität der darin enthaltenen Ideen gegenüber.«

»Amicus Plato, amicus Aristoteles, magis amica veritas.« (Platon ist mein Freund und Aristoteles auch, meine liebste Freundin aber ist die Wahrheit.)

ISAAC NEWTON, 1661

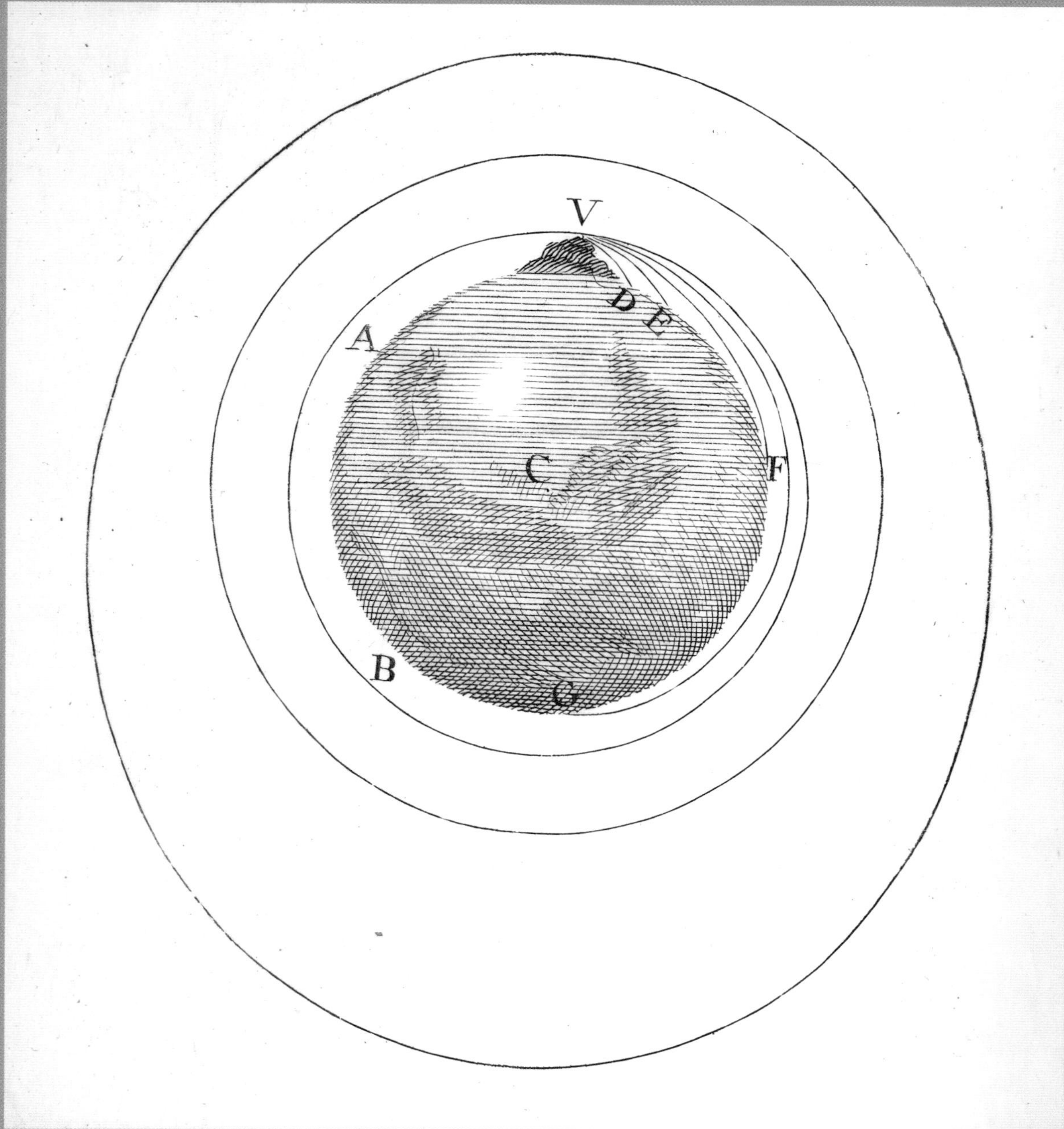

6.7 Isaac Newton, *A Treatise of the System of the World*, 1728. Der Gravur liegt ein Gedankenexperiment zugrunde: Auf einem Berggipfel feuert eine Kanone Geschosse mit zunehmender Energie ab, sodass die Landestellen immer weiter entfernt liegen (Punkte D, E, F ...). Schließlich entspricht die Flugbahn des Geschosses genau der Krümmung der Erdoberfläche, und das Geschoss »verfehlt« dauerhaft den Boden. Wenn keine weitere Kraft auf das Geschoss einwirkt und es verlangsamt, bleibt es in einer Umlaufbahn und fliegt um die Erde.

PERCIVAL LOWELL

7.

Im Februar 2025 ging ein historisches Luftbild der Marsoberfläche durch die sozialen Medien, das bereits im Jahr 2001 von der den Mars umkreisenden Raumsonde Mars Global Surveyor aufgenommen worden war. Das Bild zeigte etwas, das wie die verwitterte Spur einer geheimnisvollen quadratischen Konstruktion aussah. Was konnte das sein? Auf den ersten Blick wirkte es wie intelligentes Design. Gerade Linien und rechte Winkel wecken in unserem Gehirn automatisch Assoziationen: War es ein verfallenes Bauwerk, das von einer längst vergangenen marsianischen Zivilisation errichtet wurde? Vielleicht von derselben, die das berühmte »Marsgesicht« erschaffen hatte, das man auf einem im Jahr 1976 von der Raumsonde Viking aufgenommenen Bild erkannt hatte?

In letzterem Fall zeigten die Zeit und verbesserte Technologien, dass das fremdartige Gesicht nichts weiter war als der hügelige Gipfel eines natürlichen Tafelberges – eine optische Täuschung, entstanden durch die schlechte Auflösung der Kamera in Kombination mit dem Spiel von Licht und Schatten und fehlbarer menschlicher Interpretation. Wenn die Daten unvollständig sind, füllt unser Gehirn die Lücken. Aus dem Rauschen undeutlicher visueller Signale macht unser Gehirn Bilder. Denn unsere Gehirne sind auf der Jagd nach Geschichten, und wir suchen den Beweis, der unsere bereits existierende Überzeugung untermauert. Wie der Astronom Carl Sagan zum Thema Mars bemerkte: »Wenn wir starke Gefühle haben, laufen wir Gefahr, uns selbst zu täuschen.«

Die ganze Zeit über, die wir den Mars schon beobachten, haben wir seltsame Dinge auf seiner Oberfläche gesehen. Astronomen wie Giovanni Cassini (1625–1712) und der Niederländer Christiaan Huygens (1629–1695) zeichneten rätselhafte dunkle Flecken in ihre Beobachtungsprotokolle, basierend auf ihrem Blick durch primitive Teleskope. William Herschel (1738–1822) entdeckte polare Eiskappen. Er nahm an, dass »die Bewohner eine Situation ähnlich der unseren genießen«. Im Jahr 1877 schließlich behauptete der italienische Astronom Giovanni Schiaparelli, diese dunklen Areale seien tatsächlich Streifen: Linien, nicht Flecken, die sich über die Oberfläche des Planeten schlängelten wie Tentakel. Er nannte diese Streifen *canali*, was »Graben« oder »Rinne« meint, jedoch unwillkürlich das Bild von Kanälen entstehen ließ.

Schiaparellis aufregende Beobachtungen bestimmten später das Leben und Werk von Percival Lowell (1855–1916), einem wohlhabenden

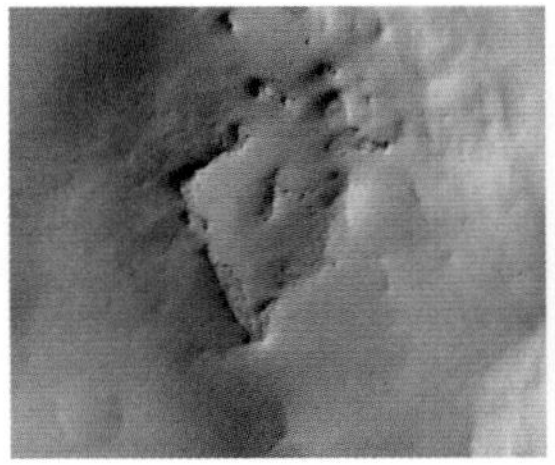

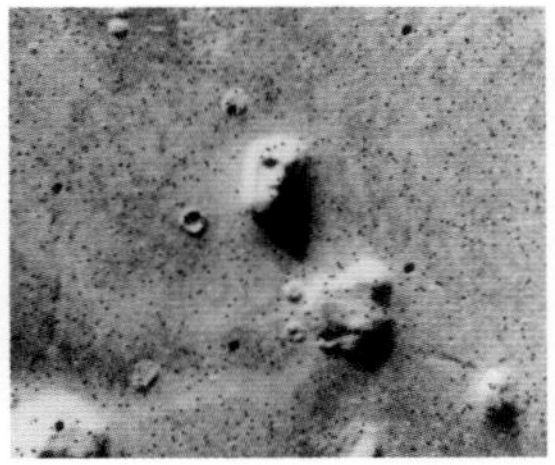

7.1

7.2

7.3

»Die Philosophie, sagte ich, beruht auf zwei Dingen: einem neugierigen Geist und einer Sehschwäche …«

BERNARD LE BOVIER DE FONTENELLE, *ENTRETIENS SUR LA PLURALITÉ DES MONDES*, 1686

amerikanischen Geschäftsmann, Mathematiker und Astronomen, der den Mars seit seiner Kindheit vom Dach seines Hauses in Boston beobachtet hatte. Im Jahr 1894 baute Lowell ein Observatorium in Flagstaff, Arizona (**7.7–7.9**). Diesen Ort wählte er wegen seiner Höhenlage und des trockenen, gleichmäßigen Klimas, das eine klarere Sicht in den Himmel versprach.

Durch ein 60-cm-Linsenteleskop betrachtet, begannen Schiaparellis mysteriöse *canali* sich auszubreiten und so auszurichten, dass sie ein dünnes, fadenartiges Netz bildeten, das Lowell in seinem Buch *Mars and Its Canals* (1906) als »Spinnennetz im Gras an einem Frühlingsmorgen« beschrieb. Er berechnete, dass die Kanäle mindestens eine Meile (ca. 1,6 km) bis mehrere Meilen breit und Hunderte bis Tausende Meilen lang waren. Manche bestanden aus einzelnen, manche aus doppelten Linien, die parallel zueinander verliefen. Er deutete auch an, dass er breite Vegetationsstreifen entlang der Wasserkanäle sehen könne, ähnlich der fruchtbaren Nilufer, und in den dunklen Verzweigungspunkten der Kanäle sah er etwas, das er Oasen nannte. Bemerkenswerterweise konnten derart komplexe Phänomene von keinem anderen Wissenschaftler gesehen werden. Lowell aber fand alle möglichen Gründe dafür, von schlechtem Sehvermögen und Ungeduld bis zu den schwierigen atmosphärischen Bedingungen auf der Erde, wegen derer man die Marsoberfläche selbst mit einer so hochmodernen Ausrüstung wie seiner nicht scharf sehen konnte. Der wahre Grund war natürlich, dass die Kanäle schlicht optische Täuschungen

7.1 Percival Lowell beobachtet den Himmel durch das Clark-Teleskop, ca. 1897.

7.2 Die mysteriöse »quadratische Konstruktion« auf dem Mars, fotografiert 2001 von der Raumsonde Mars Global Surveyor.

7.3 Das »Marsgesicht«, fotografiert von der Raumsonde Viking 1 der NASA am 25. Juli 1976.

7.4 Details der Marsoberfläche aus Schiaparellis *Memoria Prima*, 1878, Bildtafeln 2–5.

waren. Sie wurden von Wunschdenken konstruiert, und nicht durch die Hände von Marsianern. Aber Lowells detaillierte Karten (**7.10**, **7.17**) verliehen seinen Ideen eine Autorität, durch die sie sich in der Vorstellung der Menschen verbreitete. Lowell zog auch eine Schlussfolgerung bezüglich des Ursprungs und Zwecks der Kanäle: Sie waren nicht weniger als ein enormes technisches Bauprojekt einer verzweifelten Zivilisation auf einem sterbenden Planeten. Die Kanäle wurden angelegt, um

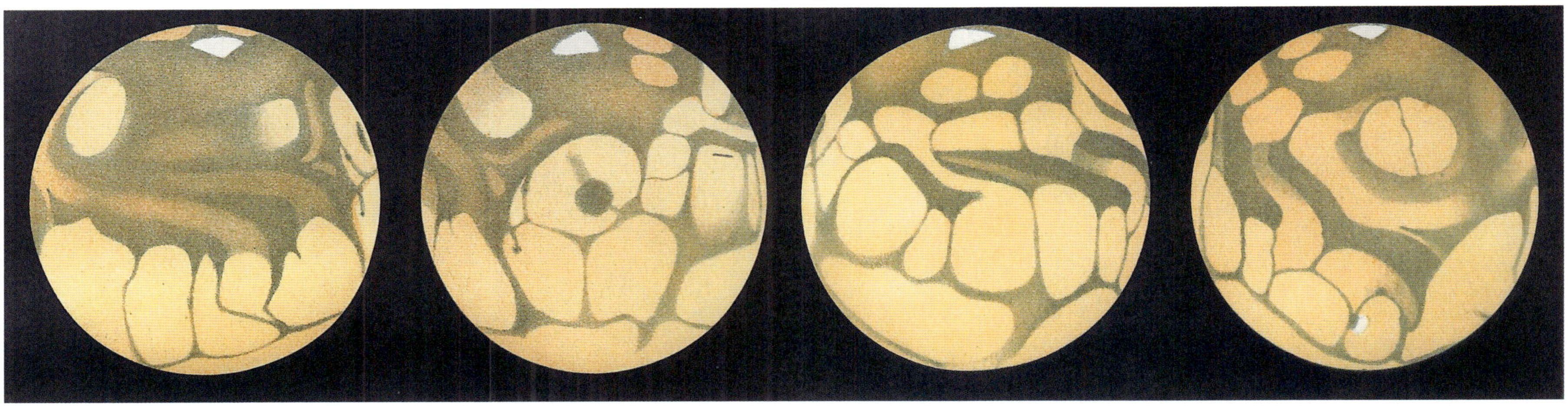

7.4

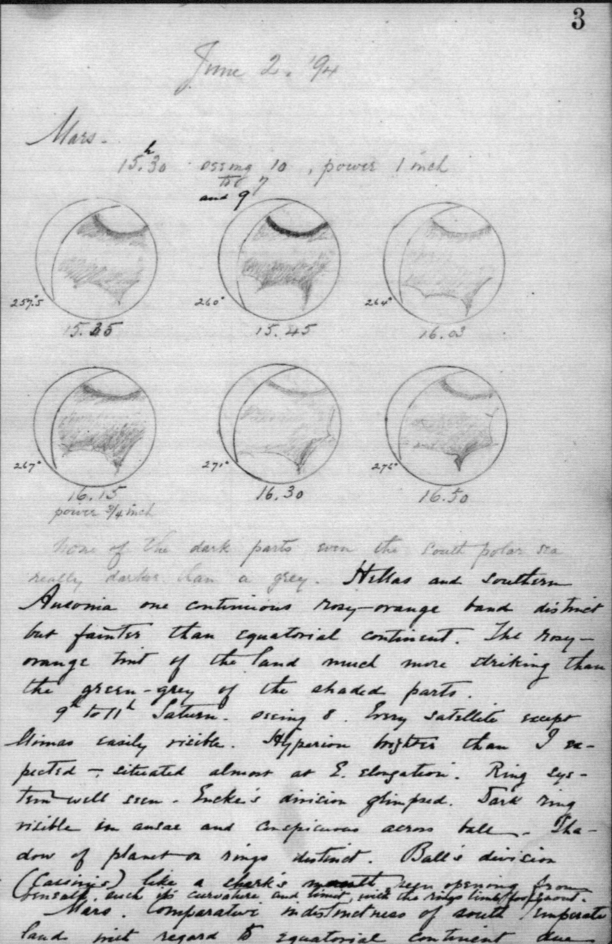

7.5 Die ersten Notizen von Percival Lowell zu seinen Beobachtungen des Mars, 1894.

7.6 Percival Lowells Beobachtungen des Mars aus dem *Logbook #18*, unter Verwendung des 60-cm-Clark-Linsenteleskops (21.–27. März 1905).

7.7, 7.8 Ein Mann bei einer Pause auf der Baustelle des Lowell-Observatoriums auf dem Mars Hill in Flagstaff (5. Mai 1894). Auf der Rückseite des Fotos befinden sich außerdem Informationen über den Bau der Teleskop-Kuppel.

7.9 Das Clark-Teleskop ist das älteste Teleskop im Lowell-Observatorium. Es wurde 1909 von E. C. Slipher fotografiert und spielte eine wichtige Rolle bei der Forschung und Öffentlichkeitsarbeit des Observatoriums.

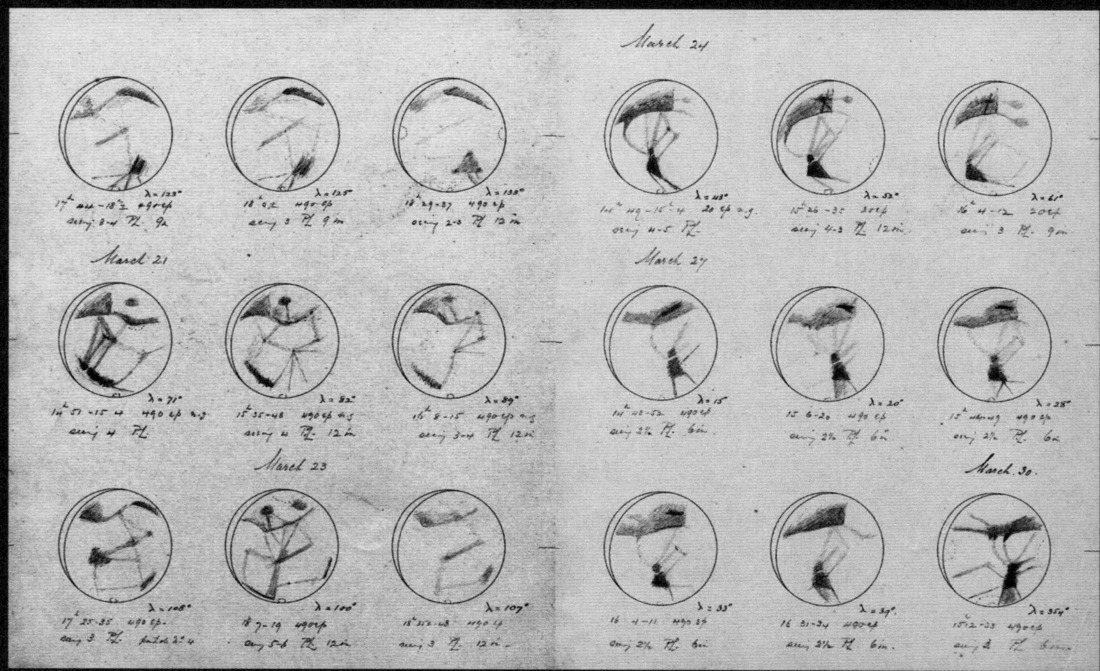

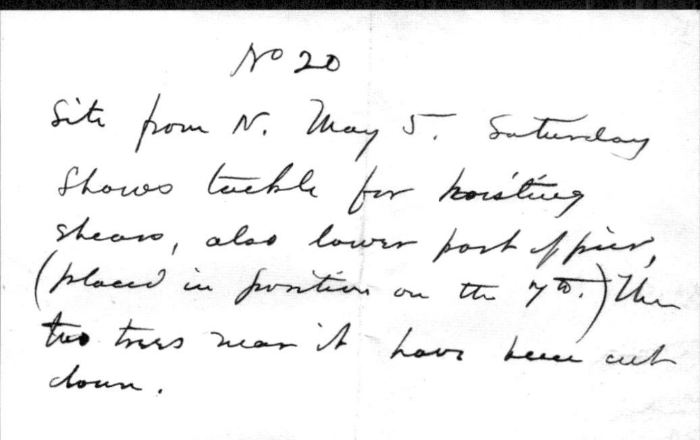
No 20
Site from N. May 5. Saturday
Shows tackle for hoisting
shears, also lower part of pier,
(placed in position on the 7th.) The
two trees near it have been cut
down.

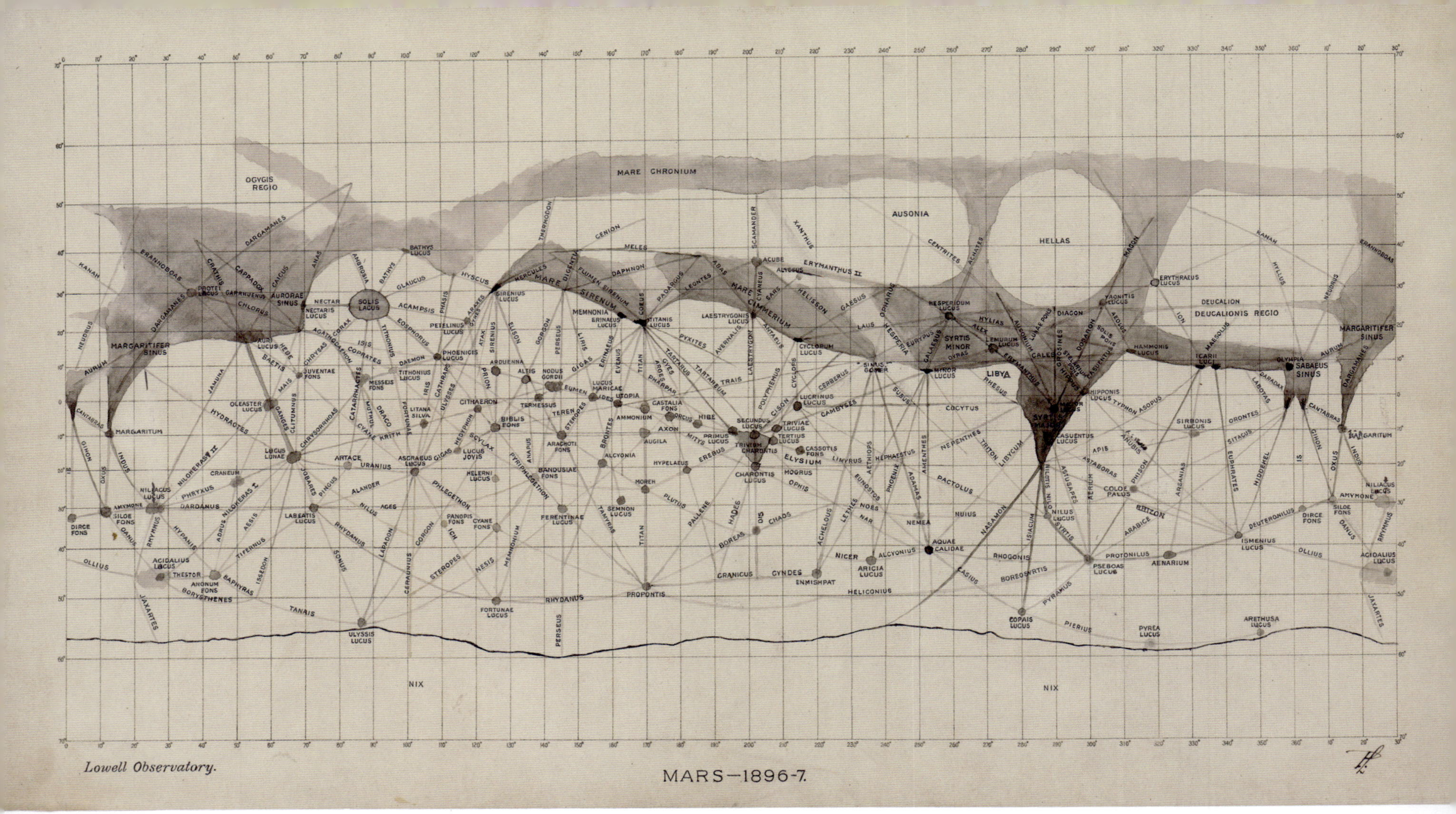

7.10 Percival Lowells von Hand gezeichnete Karte des Mars (1896–1897).

7.11 Zigaretten-Sammelbild aus der Serie »Romance of the Heavens«, das eine imaginäre Landschaft auf dem Mars zeigt.

7.12 »Dr. Lowell Tells of Canals, Indicating Irrigation« (Dr. Lowell spricht über Kanäle, die auf Bewässerung hinweisen), ein Artikel in der Zeitung *Morning Oregonian* aus dem Jahr 1916 über Lowells Vortrag an einer High School.

7.13 Auszug aus Lowells Artikel »Life in Mars. Professor Lowell's Defence of His Theories« (Leben auf dem Mars. Professor Lowells Verteidigung seiner Theorien) in der *Daily Mail*, worin er seine verschiedenen Theorien verteidigt, 26. März 1910.

Wasser von den Eiskappen in die wasserärmeren Regionen am Äquator zu leiten (7.12, 7.13). Dies wurde von den »sozialen Medien« der damaligen Zeit – den Magazinen, Zeitungen und Büchern – bereitwillig aufgenommen, und die Idee verankerte sich im Bewusstsein der Öffentlichkeit (7.14–7.16). Kein Wunder, dass die berühmt-berüchtigten Marsianer aus H. G. Wells' *The War of the Worlds* (*Krieg der Welten*) so erpicht darauf waren, die Erde zu besuchen.

Lowells Beobachtungen blieben jedoch nicht ungeprüft, besonders von dem großen viktorianischen Naturforscher Alfred Russel Wallace, dem zugeschrieben wird, unabhängig von Darwin zur selben Zeit die Evolutionstheorie entdeckt zu haben. In seinem Buch *Is Mars Habitable?* (Ist der Mars bewohnbar?) von 1907 demontiert Wallace auf elegante Weise Lowells Kanal-Hypothese: »Diese Idee hat all seine Schriften zu diesem Thema gefärbt oder bestimmt. Die unzähligen Fragen, die sie aufwirft, wurden entweder ignoriert oder mithilfe von schwachen Beweisen beiseitegeschoben.« Wallace wies auf die unvorstellbar raue Umgebung auf dem Mars hin, die komplexes Leben ausschließt, sowie auf die völlig unzureichende Wasserversorgung des Planeten. Er stellte noch einige weitere unbequeme Fragen: Welche Beweise gab es für die Existenz einer Zivilisation vor dem Bau der Kanäle? Warum entwickelte sich das riesige Kanalnetz nicht aus kleineren, lokalen Bewässerungsprojekten, die näher an der Wasserquelle gelegen waren? Wie konnten die Marsianer eine Bevölkerung entwickeln, die groß und gebildet genug war, um ein planetweites technisches Bauprojekt zu konstruieren? Komplexität, egal ob biologischer oder industrieller Natur, entsteht Schritt für Schritt und nicht über Nacht. Wallace kam zu dem Schluss, dass der Mars nicht nur unbewohnt, sondern auch unbewohnbar war.

Der Einzug der Fotografie in die Astronomie um die Jahrhundertwende machte Lowells Theorie schließlich ein Ende, wobei sie in der Vorstellung der Öffentlichkeit weiterhin ihren Platz als unterhaltsame Kuriosität und lehrhafte Geschichte hat: Egal, wie lauter unsere Motive sind und wie modern unsere Teleskope und Technologien, es geht nichts über eine gesunde Portion Skepsis.

»Doch jenseits der Kluft des Weltraums blickten Wesen, die wir so ansehen, wie uns sterbende Tiere ansehen, mit ihrem scharfen, kühlen und mitleidlosen Verstand und ihren missgünstigen Augen auf diese Erde und arbeiteten langsam und bestimmt ihre Pläne gegen uns aus.«

H. G. WELLS, *THE WAR OF THE WORLDS*, 1898

7.11

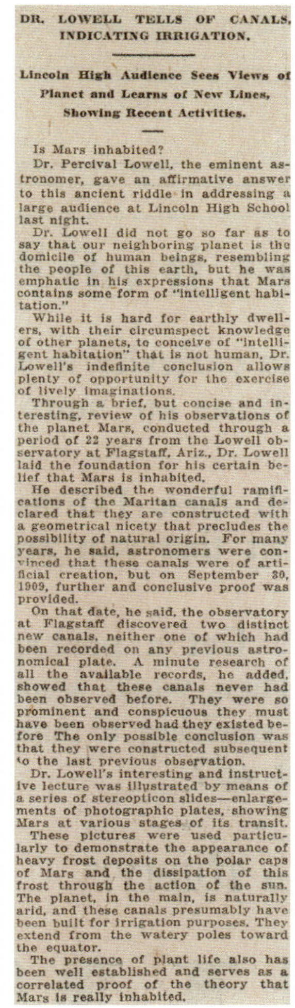

DR. LOWELL TELLS OF CANALS, INDICATING IRRIGATION.

Lincoln High Audience Sees Views of Planet and Learns of New Lines, Showing Recent Activities.

Is Mars inhabited?

Dr. Percival Lowell, the eminent astronomer, gave an affirmative answer to this ancient riddle in addressing a large audience at Lincoln High School last night.

Dr. Lowell did not go so far as to say that our neighboring planet is the domicile of human beings, resembling the people of this earth, but he was emphatic in his expressions that Mars contains some form of "intelligent habitation."

While it is hard for earthly dwellers, with their circumspect knowledge of other planets, to conceive of "intelligent habitation" that is not human, Dr. Lowell's indefinite conclusion allows plenty of opportunity for the exercise of lively imaginations.

Through a brief, but concise and interesting, review of his observations of the planet Mars, conducted through a period of 22 years from the Lowell observatory at Flagstaff, Ariz., Dr. Lowell laid the foundation for his certain belief that Mars is inhabited.

He described the wonderful ramifications of the Maritan canals and declared that they are constructed with a geometrical nicety that precludes the possibility of natural origin. For many years, he said, astronomers were convinced that these canals were of artificial creation, but on September 30, 1909, further and conclusive proof was provided.

On that date, he said, the observatory at Flagstaff discovered two distinct new canals, neither one of which had been recorded on any previous astronomical plate. A minute research of all the available records, he added, showed that these canals never had been observed before. They were so prominent and conspicuous they must have been observed had they existed before The only possible conclusion was that they were constructed subsequent to the last previous observation.

Dr. Lowell's interesting and instructive lecture was illustrated by means of a series of stereopticon slides—enlargements of photographic plates, showing Mars at various stages of its transit.

These pictures were used particularly to demonstrate the appearance of heavy frost deposits on the polar caps of Mars and the dissipation of this frost through the action of the sun. The planet, in the main, is naturally arid, and these canals presumably have been built for irrigation purposes. They extend from the watery poles toward the equator.

The presence of plant life also has been well established and serves as a correlated proof of the theory that Mars is really inhabited.

7.12

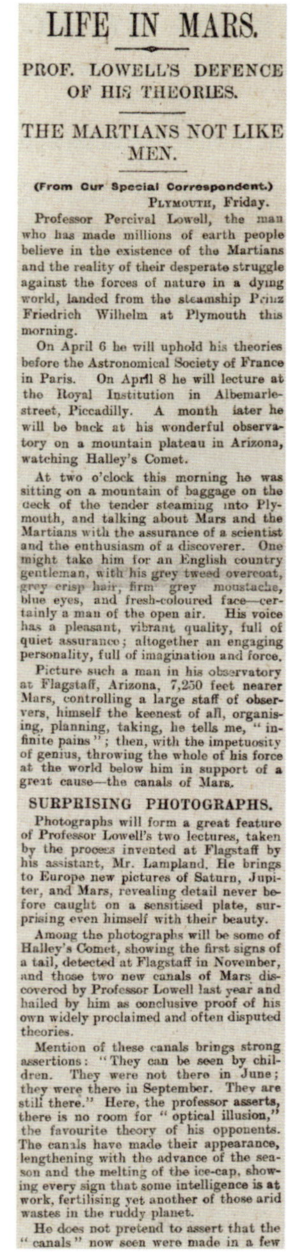

LIFE IN MARS.

PROF. LOWELL'S DEFENCE OF HIS THEORIES.

THE MARTIANS NOT LIKE MEN.

(From Our Special Correspondent.)

PLYMOUTH, Friday.

Professor Percival Lowell, the man who has made millions of earth people believe in the existence of the Martians and the reality of their desperate struggle against the forces of nature in a dying world, landed from the steamship Prinz Friedrich Wilhelm at Plymouth this morning.

On April 6 he will uphold his theories before the Astronomical Society of France in Paris. On April 8 he will lecture at the Royal Institution in Albemarle-street, Piccadilly. A month later he will be back at his wonderful observatory on a mountain plateau in Arizona, watching Halley's Comet.

At two o'clock this morning he was sitting on a mountain of baggage on the deck of the tender steaming into Plymouth, and talking about Mars and the Martians with the assurance of a scientist and the enthusiasm of a discoverer. One might take him for an English country gentleman, with his grey tweed overcoat, grey crisp hair, firm grey moustache, blue eyes, and fresh-coloured face—certainly a man of the open air. His voice has a pleasant, vibrant quality, full of quiet assurance; altogether an engaging personality, full of imagination and force.

Picture such a man in his observatory at Flagstaff, Arizona, 7,250 feet nearer Mars, controlling a large staff of observers, himself the keenest of all, organising, planning, taking, he tells me, "infinite pains"; then, with the impetuosity of genius, throwing the whole of his force at the world below him in support of a great cause—the canals of Mars.

SURPRISING PHOTOGRAPHS.

Photographs will form a great feature of Professor Lowell's two lectures, taken by the process invented at Flagstaff by his assistant, Mr. Lampland. He brings to Europe new pictures of Saturn, Jupiter, and Mars, revealing detail never before caught on a sensitised plate, surprising even himself with their beauty.

Among the photographs will be some of Halley's Comet, showing the first signs of a tail, detected at Flagstaff in November, and those two new canals of Mars discovered by Professor Lowell last year and hailed by him as conclusive proof of his own widely proclaimed and often disputed theories.

Mention of these canals brings strong assertions: "They can be seen by children. They were not there in June; they were there in September. They are still there." Here, the professor asserts, there is no room for "optical illusion," the favourite theory of his opponents. The canals have made their appearance, lengthening with the advance of the season and the melting of the ice-cap, showing every sign that some intelligence is at work, fertilising yet another of those arid wastes in the ruddy planet.

He does not pretend to assert that the "canals" now seen were made in a few

7.13

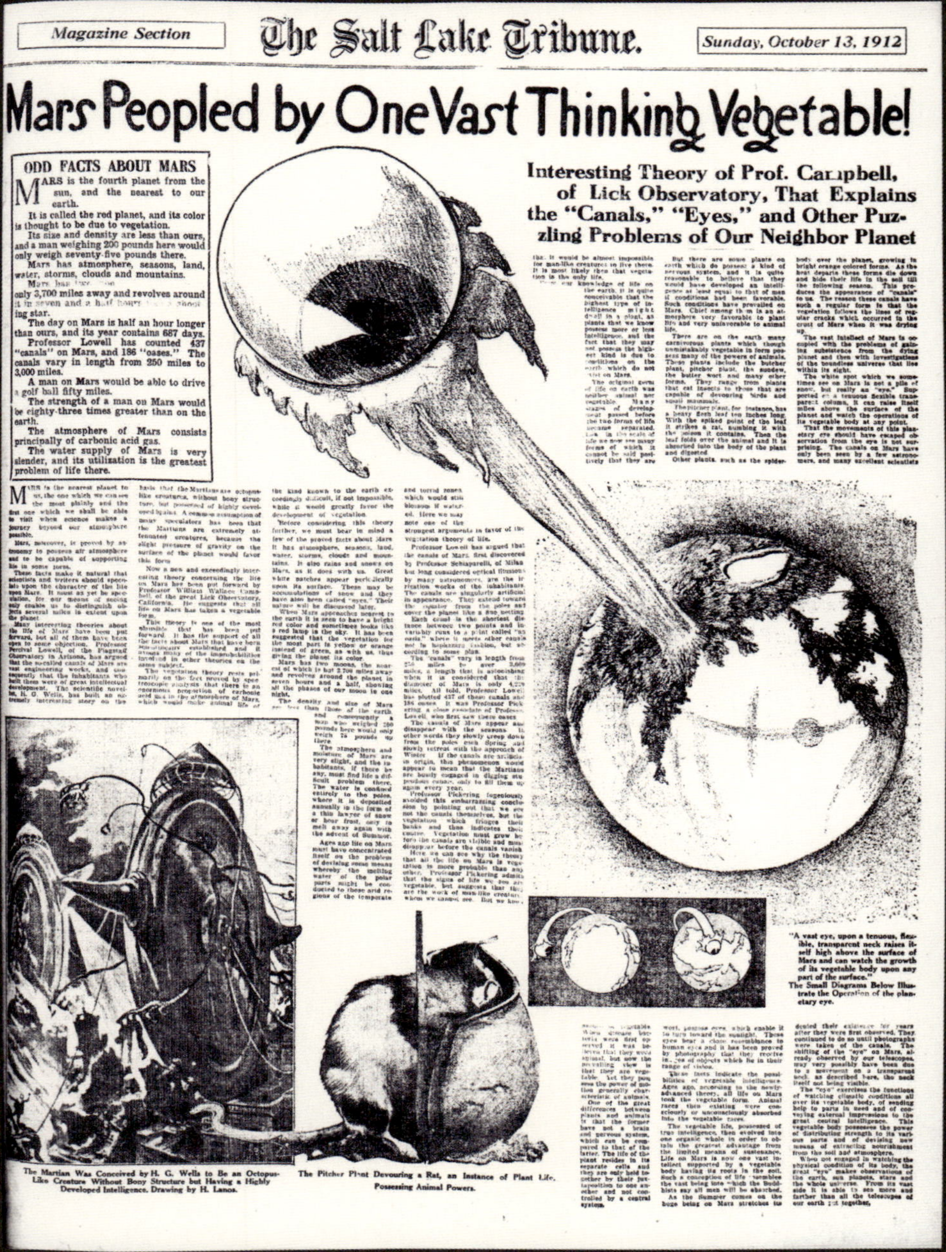
Magazine Section — The Salt Lake Tribune. — Sunday, October 13, 1912

Mars Peopled by One Vast Thinking Vegetable!

Interesting Theory of Prof. Campbell, of Lick Observatory, That Explains the "Canals," "Eyes," and Other Puzzling Problems of Our Neighbor Planet

ODD FACTS ABOUT MARS

MARS is the fourth planet from the sun, and the nearest to our earth.

It is called the red planet, and its color is thought to be due to vegetation.

Its size and density are less than ours, and a man weighing 200 pounds here would only weigh seventy-five pounds there.

Mars has atmosphere, seasons, land, water, storms, clouds and mountains.

Mars has [illegible] only 3,700 miles away and revolves around it in seven and a half hours [illegible] shooting star.

The day on Mars is half an hour longer than ours, and its year contains 687 days.

Professor Lowell has counted 437 "canals" on Mars, and 186 "oases." The canals vary in length from 250 miles to 3,000 miles.

A man on Mars would be able to drive a golf ball fifty miles.

The strength of a man on Mars would be eighty-three times greater than on the earth.

The atmosphere of Mars consists principally of carbonic acid gas.

The water supply of Mars is very slender, and its utilization is the greatest problem of life there.

"A vast eye, upon a tenuous, flexible, transparent neck raises itself high above the surface of Mars and can watch the growth of its vegetable body upon any part of the surface."
The Small Diagrams Below Illustrate the Operation of the planetary eye.

The Martian Was Conceived by H. G. Wells to Be an Octopus-Like Creature Without Bony Structure but Having a Highly Developed Intelligence. Drawing by H. Lanos.

The Pitcher Plant Devouring a Rat, an Instance of Plant Life, Possessing Animal Powers.

7.14

Scientists Sure Mars Is Inhabited

NOTED ASTRONOMER SAYS INTELLIGENT BEINGS ARE BUSY WITH THEIR OWN PROBLEMS ON NEIGHBORING WORLD.

(Staff Special)

Flagstaff, Ariz., Oct. 09.—
Mars is inhabited.

Intelligent beings, busy at the accomplishment of important plans in their own scheme of existence, are living on this planet, a neighbor of the Earth.

Twenty-two years ago an astronomer at Flagstaff, Arizona, announced this as theory and men laughed.

"That Mars is inhabited we have absolute proof," said Dr. Lowell.

Dr. Percival Lowell

The World Magazine

Scientists Now Know Positively That There Are

THIRSTY PEOPLE on MARS

Getting a Water Supply Is the Great Problem on the Dying Planet.
The Martians Have Mastered the Art of Making Water Run Up Hill.
The People Are Probably of a Much Higher Type than the Inhabitants of Earth.

The following article has been read and revised by Prof. Percival Lowell, director of Lowell Observatory and professor of astronomy at the Massachusetts Institute of Technology, who is a member of many scientific societies, and is recognised throughout the world as an authority on the solar system, and especially Mars.

7.15 / 7.16

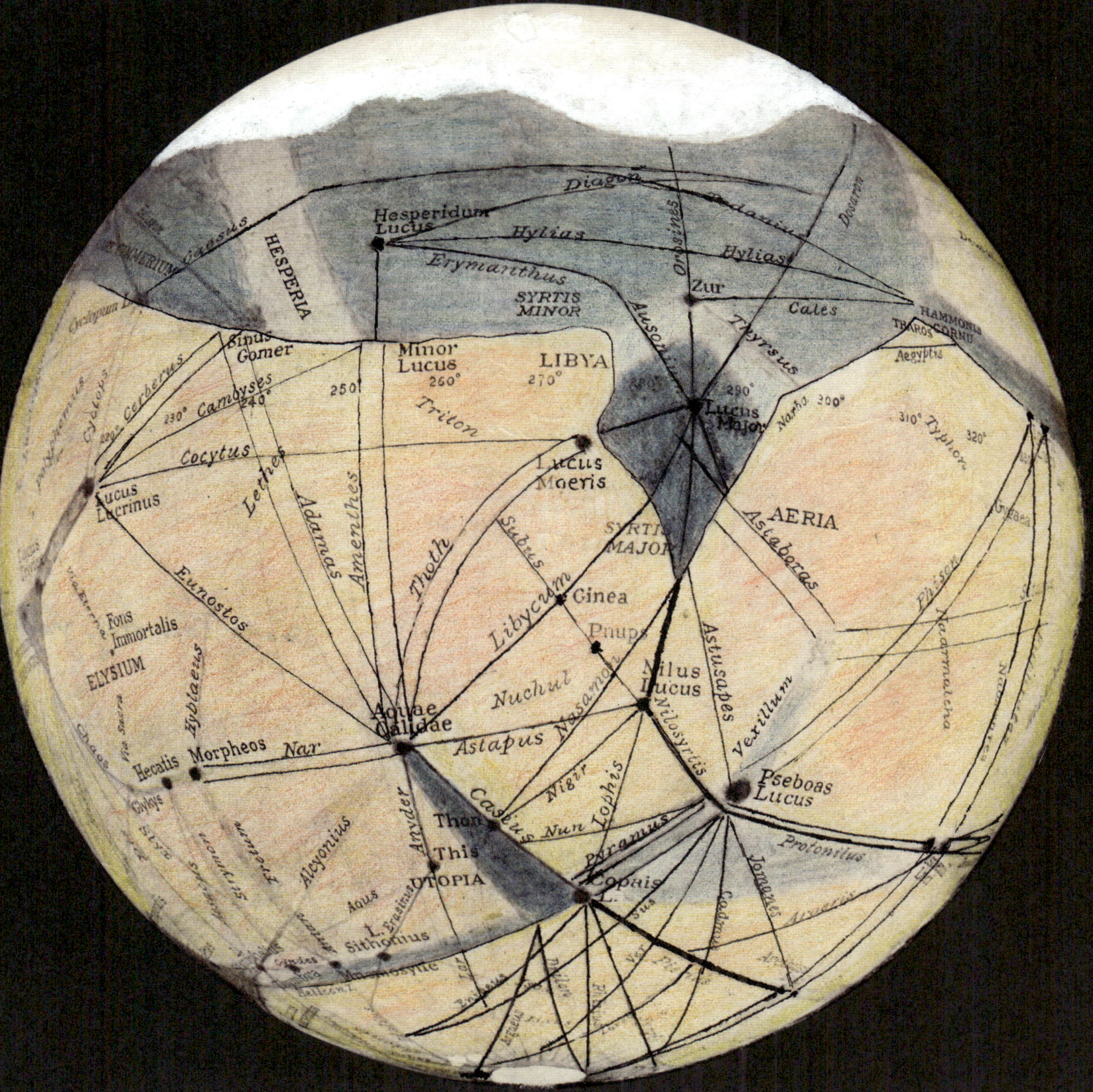

7.14 »Mars Peopled by One Vast Thinking Vegetable!« (Mars durch ein riesiges denkendes Gemüse bevölkert!), *Salt Lake Tribune*, 13. Oktober 1912.

7.15 »Scientists Sure Mars Is Inhabited« (Forscher sind überzeugt, dass der Mars bewohnt ist), *NEA. Pacific News Service*, 19. Oktober 1916.

7.16 »Thirsty People on Mars« (Durstiges Volk auf dem Mars), *World Magazine*, 8. Juli 1908.

7.17 Percival Lowell, Zeichnung des Mars mit Kanälen, 1905.
Die Benennungen von Lowells (und Schiaparellis) »Kanälen« und anderen marsianischen Besonderheiten gehen auf die Namen echter und mythischer Flüsse sowie Begriffe aus anderen mythischen und klassischen Quellen zurück.

7.17

MARY WARD

8.

Das Leben der Ehrenwerten Mrs. Ward war aufgeteilt zwischen dem Mikroskop und dem Teleskop. Sie schrieb und illustrierte einige schöne, heute aber größtenteils vergessene populärwissenschaftliche Bücher – Laienratgeber über den Gebrauch dieser wundersamen Instrumente, welche die entgegengesetzten Enden der Skala der Natur aufzeigen. Sie verdient es, als die beste Amateurwissenschaftlerin der viktorianischen Zeit in Erinnerung behalten zu werden. Ihre Beobachtungen waren wissenschaftlich und präzise, ihr Ton warm, geistreich und poetisch. Sie war Irlands First Lady der Linse, und ihr kurzes Leben verlief so strahlend wie ein Komet oder ein Leuchtkäfer.

Mary Ward (geborene King) wurde 1827 in der irischen Grafschaft Offaly in eine gut situierte Familie geboren. Zu jener Zeit wurde die formale Bildung für Mädchen ihres Standes von einer Gouvernante beaufsichtigt und beschränkte sich auf die Feinheiten des Lesens und Schreibens, die Bibellektüre und die Freuden des Landlebens. Der Zugang zu formaler wissenschaftlicher Bildung wurde nur Männern gewährt, ebenso der Zutritt zu den großen wissenschaftlichen Einrichtungen.

Wards Drang zu unabhängiger Erkundung nahm in den Gärten und Parklandschaften ihres Anwesens Gestalt an, wo sie, mit einem Schmetterlingsnetz, Skizzenbüchern und einem Vergrößerungsglas ausgerüstet, unterwegs war. Sie hatte Zugang zu einer Fülle von Zeitschriften und Zeitungen sowie zu örtlichen Bibliotheken. Es frustrierte sie jedoch, dass die Bücher zu Naturgeschichte und Astronomie in einem unzugänglichen Ton geschrieben und oft seit 100 Jahren überholt waren. Sie wusste, dass sie es besser machen konnte. Ihr großes Vorbild war ihr Cousin William Parsons, der 3. Earl of Rosse, der das damals weltweit größte Teleskop auf dem Gelände seines nahegelegenen Anwesens in Birr errichtete. Mary dokumentierte den Bau mit hochwertigen Zeichnungen. Parsons stellte sie auch einigen wichtigen Männern der Wissenschaft vor, deren Anerkennung sie mit ihrem außergewöhnlichen Wissen gewann. Später in ihrem Leben wurde ihr wegen ihres Rufes für wissenschaftliche Spitzenleistungen der Zugang zum Royal Observatory in Greenwich gewährt. Sie war zu dieser Zeit die einzige Frau, die Zutritt hatte.

Ward war ein selbstbewusstes Kind, und es war ganz natürlich für sie, ihr Wissen weiterzugeben: Voller Freude führte sie wissenschaftliche Demonstrationen für Freunde, Familie und Bedienstete durch. Ein Arbeiter spähte durch die Linse ihres Mikroskops und rief: »Das ist wunderschön … ist es

8.1

8.2

»Quicquid nitet notandum« (Was immer scheint, sollte aufgezeichnet werden)

WILLIAM HERSCHEL (1738–1822)

8.1 Mary Ward, fotografiert von Nelson & Marshall, 28. Januar 1861.

8.2 Mary Wards Zeichnung des Leviathan-Teleskops von Lord Rosse in Birr Castle, die als Vorlage für eine Illustration in David Brewsters *Life of Newton* (1855) diente.

8.3 Fotos, die die »Konstruktion von Spekula mit einer Apertur von sechs Fuß sowie einige damit ausgeführte Beobachtungen von Nebeln« von William Parsons, dem 3. Earl of Rosse, dokumentieren, aufgenommen von seiner Frau Lady Mary Rosse, 1861.

8.3

The Earl of Ro[illegible]

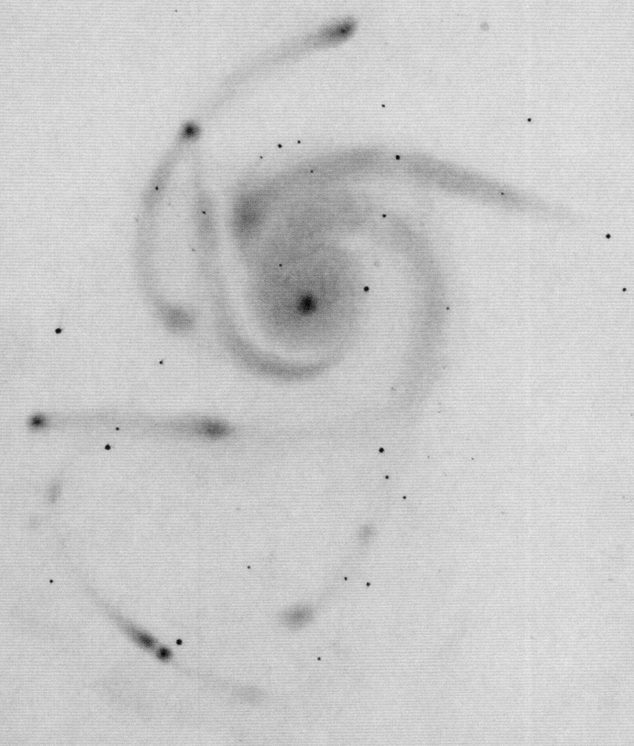

35

Phil. T[illegible]

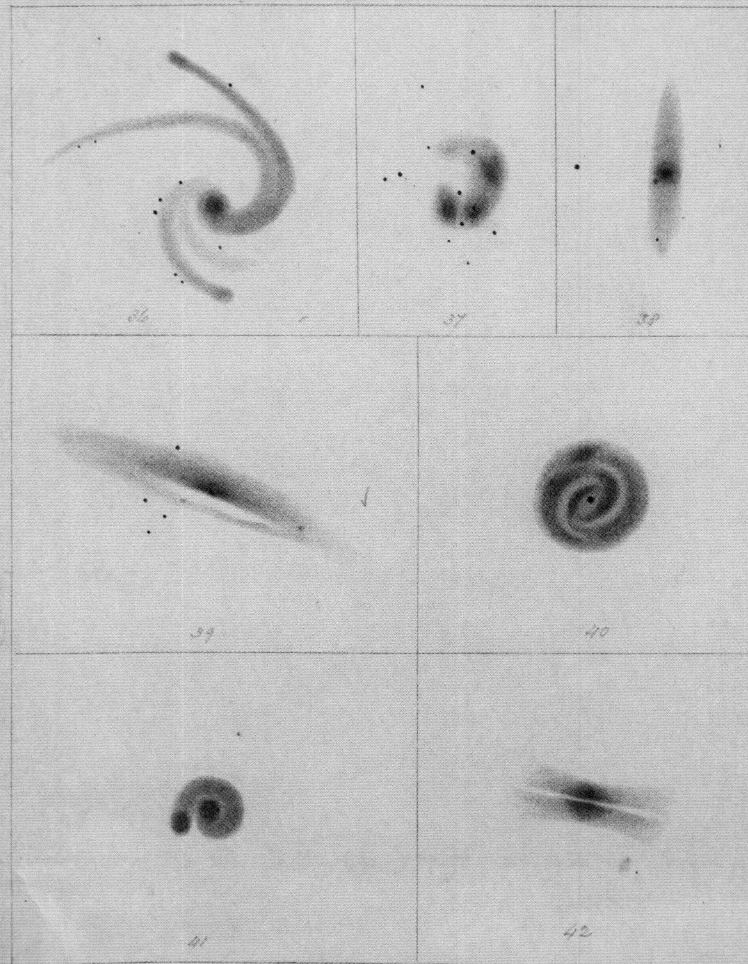

J. B[illegible]

»Wer kann sagen, welche Wunder der Schöpfung in diesen fernen Welten verborgen sein mögen? Welche erstaunlichen Schauplätze von Großartigkeit und Pracht, welche Siege grenzenloser Macht, welche Denkmäler liebender und unendlicher Güte!

Und denken wir daran, dass wir selbst mit dem größten Teleskop nur einen Teil des unendlichen Weltraums sehen können. Ja: Diese Universen, die wir hell oder unscharf sehen, sind nur ein Teil des Werks des Allmächtigen.

Es muss noch mehr geben, denn das All ist unendlich.«

TELESCOPE TEACHINGS, 1859

8.4–8.6 Zeichnungen des Earl of Rosse für seinen Aufsatz »On the construction of specula of six feet aperture; and a selection of observations of nebulae made therewith« (Über die Konstruktion von Spekula mit einer Apertur von sechs Fuß sowie einige damit ausgeführte Beobachtungen von Nebeln) von 1861. Mithilfe der Stärke des Teleskops konnten der Earl und sein Team von Assistenten zum ersten Mal beobachten, dass einige Nebel spiralförmig sind.

8.6

wirklich wahr?« Eine Magd rief aus: »Oh, Miss M., ich möchte vor Freude schreien!«

Ihre Arbeitswerkzeuge waren ein Ross-Mikroskop (das beste, das es damals gab) und ihr geliebtes 5-Zoll-Dollond-Teleskop. Mithilfe dieser beiden technischen Geräte begann sie, die komplizierten Muster und Strukturen der Natur mit der Welt zu teilen, vom Flügel eines Glühwürmchens bis zu den Ringen des Saturn. Im Laufe ihres Lebens schrieb sie zahlreiche Bücher, wobei die bekanntesten die *Microscope Teachings* und *Telescope Teachings* sind, sowie Artikel zu den verschiedensten Themen, vom Merkurtransit bis zur Kreuzkröte. Ihre produktivste Phase hatte sie nicht während ihrer sorgenfreien Jugend, sondern in der aufregenden und anstrengenden Zeit ihrer Ehe mit Henry Ward, dem 5. Viscount Bangor, und ihrer Mutterschaft. Trotz ihrer Heirat in den Adel war das Geld ständig knapp, und die Erziehung von acht Kindern verlangte ihr viel ab. Aber in der abendlichen oder morgendlichen Stille brachte sie ihre Gedanken zu Papier und führte den Leser durch den Himmel. Sie beschrieb die Sonne und wie man sicher nach Sonnenflecken Ausschau halten kann ebenso wie den Mond und die Planeten. Sie teilte außerdem detaillierte Beobachtungen des Kometen Donati von 1858, und all das illustrierte sie wunderschön mit farbigen Bildtafeln. Hinter den beobachtbaren Fixsternen oder den vom Kerzenlicht beschienenen Ansichten unter ihrem Mikroskop leuchtete für sie das Licht des Reiches Gottes. Wards Mission war es, die Schöpfung Gottes zu teilen, dessen Handschrift sie in der Natur erkennen konnte.

Es ist eine Tragödie, dass ihr Ruhm eher auf die seltsamen Umstände ihres Todes zurückzuführen ist als auf die Qualität ihrer Arbeit. Sie ging als erste Person in die Geschichte ein, die bei einem Unfall mit einem Kraftfahrzeug ums Leben kam. Im Jahr 1869, mit nur 42 Jahren, rutschte sie von einem experimentellen dampfbetriebenen Automobil, das ihr zu diesem Zeitpunkt bereits verstorbener Cousin konstruiert und gebaut hatte. Sie wurde von den Rädern zerquetscht und war sofort tot.

Mary Ward gehörte zu den ersten Popularisator:innen von Wissenschaft und Technik. Wir dürfen ihr Vermächtnis nicht vergessen: Wir *alle* sind eingeladen, durch das Fenster der Wissenschaft zu blicken.

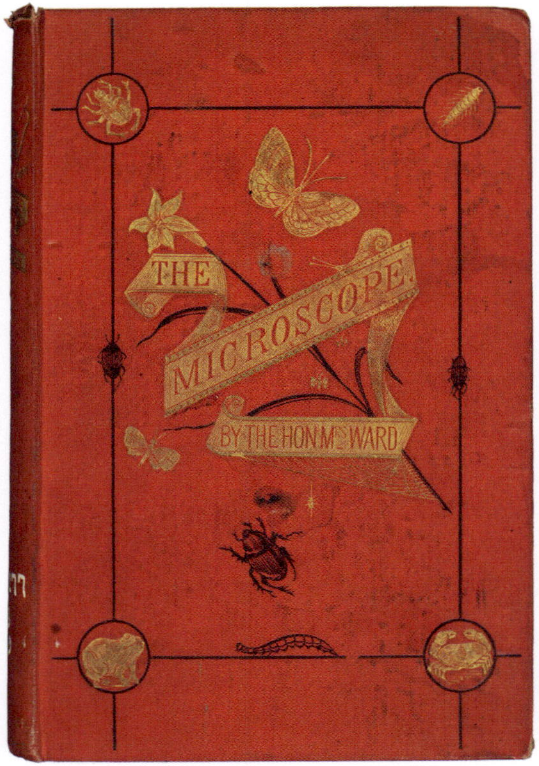

8.7

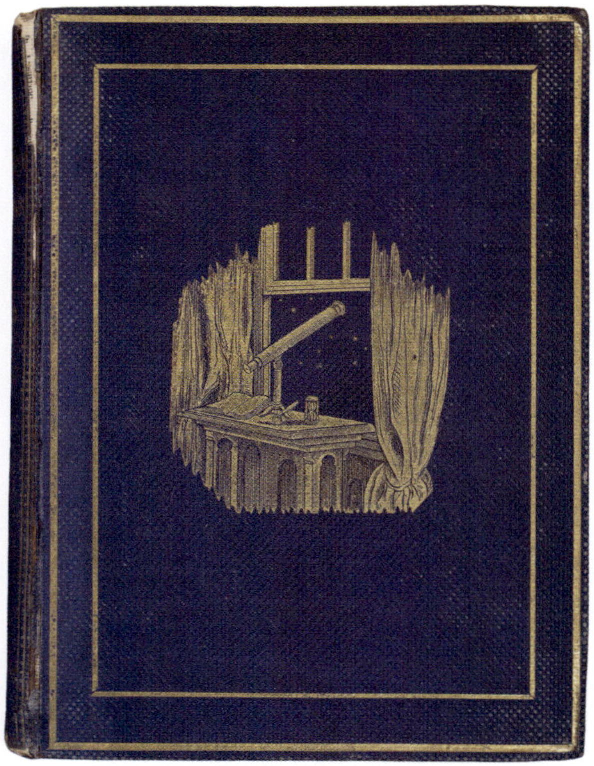

8.8

8.7 *The Microscope, or Descriptions of various objects of especial interest and beauty*, 1869, von der Ehrenwerten Mrs. Ward. Illustriert mit den Originalzeichnungen der Autorin.

8.8 Buchcover von *Telescope Teachings*, 1859.

8.9 »Miniaturkarte der anzunehmenden Bahn des Kometen Donati«, Bildtafel aus *Telescope Teachings*, 1859.

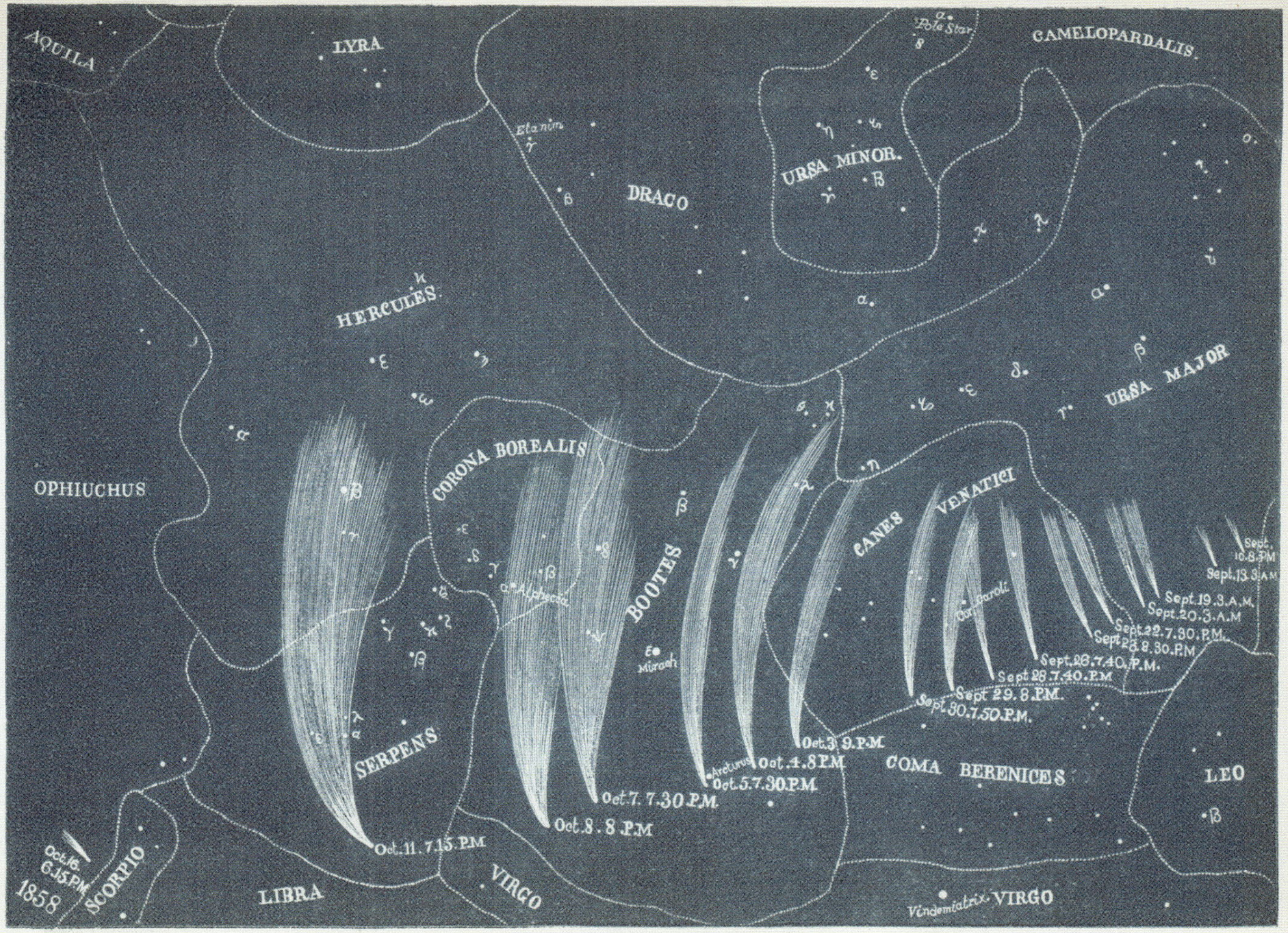

Miniature Chart of the apparent Path of Donati's Comet, during the greater part of the time it was visible in the British Isles. Intended to shew the successive changes of its position, form, and apparent dimensions during that period.

»Kann das Studium der Astronomie unterhaltsam sein? Hat schon einmal jemand versucht, aus Abhandlungen, die sich an nicht ganz Ungelehrte der Wissenschaft richten, Fakten, Anekdoten, die ›leichte Literatur‹ dieser großartigen Disziplin auszuwählen und diese Dinge in einfachen Worten darzustellen?«

TELESCOPE TEACHINGS, 1859

Bildtafeln aus *Telescope Teachings*, 1859:

8.10 »Der Komet von 1858, wie bei verschiedenen Gelegenheiten beobachtet«.
8.11 »Der Komet Donati von 1858«.
8.12 »Eine Sternschnuppe«.

(Folgende Doppelseite:)

8.13 »Der Mond«.
8.14 »Ausschnitte der Mondoberfläche«.
8.15 »Saturn«.
8.16 »Jupiter und seine Satelliten«.

Plate 11.

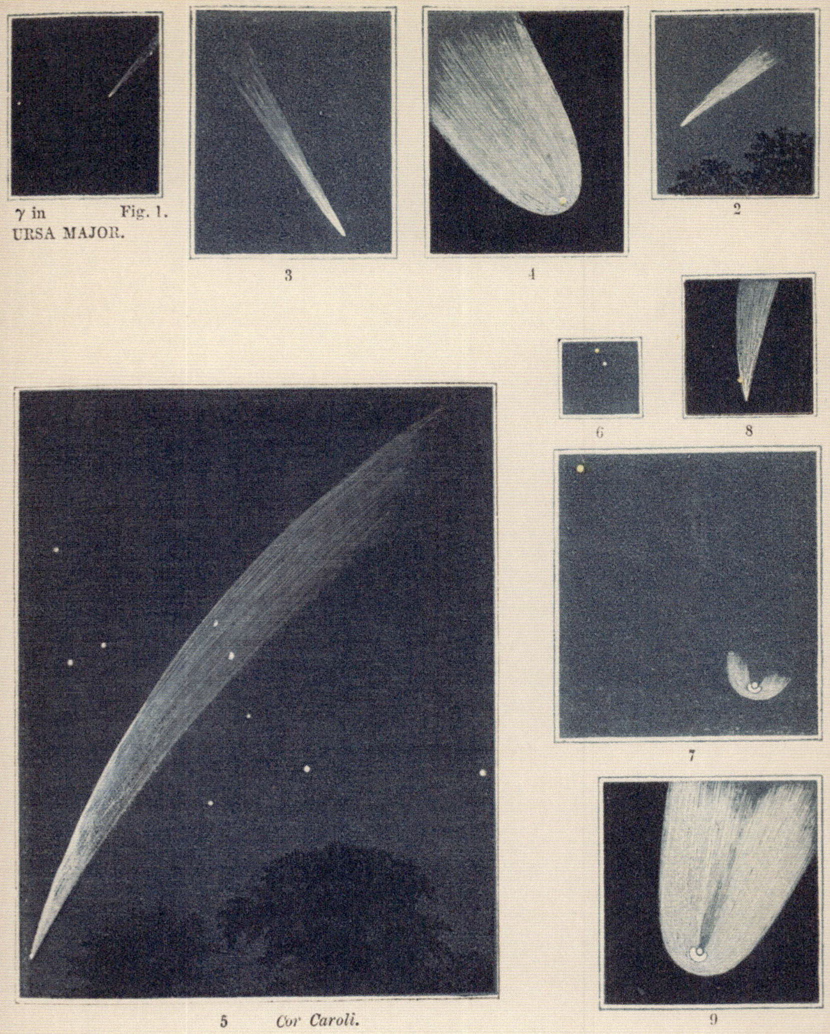

THE COMET OF 1858, AS OBSERVED ON VARIOUS OCCASIONS.

Fig. 1.—The Comet, as seen on Sept. 10th., at 8 p.m. Fig. 2.—As seen during moonlight, Sept. 18th., at 8 p.m. Fig. 3.—As seen after the moon had set, Sept. 20th., at 3.30 a.m. Fig. 4.—Head and nucleus of the Comet, as seen with the telescope, Sept. 20th., at 3.30 a.m. Fig. 5.—The Comet on Sept. 30th., at 7.30 p.m. Fig. 6.—Conjunction of Arcturus and the Comet, as seen almost in daylight, Oct. 5th., at about 5.50 p.m. Fig. 7.—The same, seen in the telescope. Fig. 8.—Arcturus and Comet, Oct. 5th., 6.30 p.m. Fig. 9.—Head and nucleus, seen in the telescope, Oct. 5th., 7.30 p.m.

8.10

Plate 12.

HERCULES. βγελα SERPENS. δ γβχρς CORONA BOREALIS.
εδγ *Alphecca.*

THE COMET OF 1858, (DONATI'S,)

and neighbouring stars, October 11th., 1858, at 7.15 p.m.

Plate 13

A FALLING OR SHOOTING STAR.

8.11

8.12

Plate 3.

PARTIAL ECLIPSE OF THE MOON,

9.50 p.m., Feb. 27th., 1858.

THE MOON,

Two days and twenty-one hours after New. 8 *p.m. April 16th.*, 1858.

Plate 5.

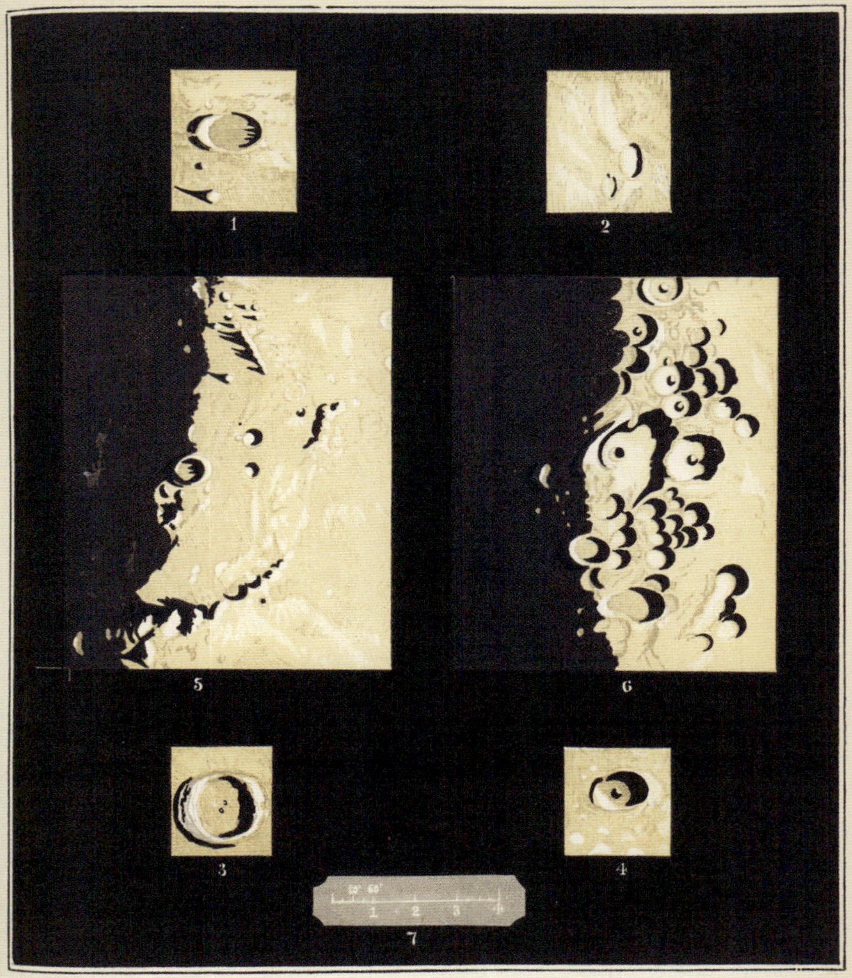

PORTIONS OF THE MOON'S SURFACE,

as seen through the night-glass of a Telescope two inches in diameter.

1. Plato, with the conical mountain of Pico. 2. Aristarchus. 3. Copernicus. 4. Tycho.
5. The craters of Archimedes, Aristillus, and Autolycus, with the Lunar Appenines and Alps, shewing the pointed shadows of the latter. 6. Portion of the mountainous region north of Tycho.
7. Scale in Minutes of a Degree, for figs. 5 and 6. Figs. 1, 2, 3, and 4, are on a slightly larger scale.

Plate 9.

SATURN AND ITS SATELLITE "TITAN,"
as observed Feb. 17th., 1857.

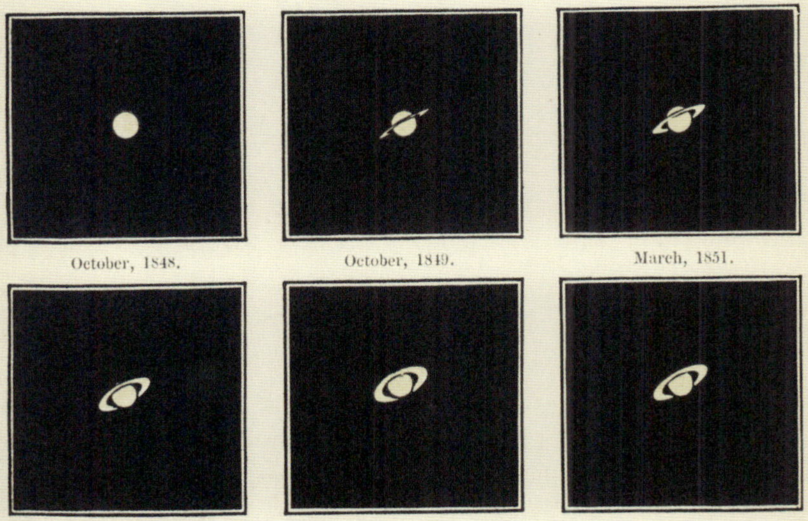

SATURN,
as observed from October, 1848, to February, 1858.
These drawings represent the planet as actually placed in the heavens.

Plate 8.

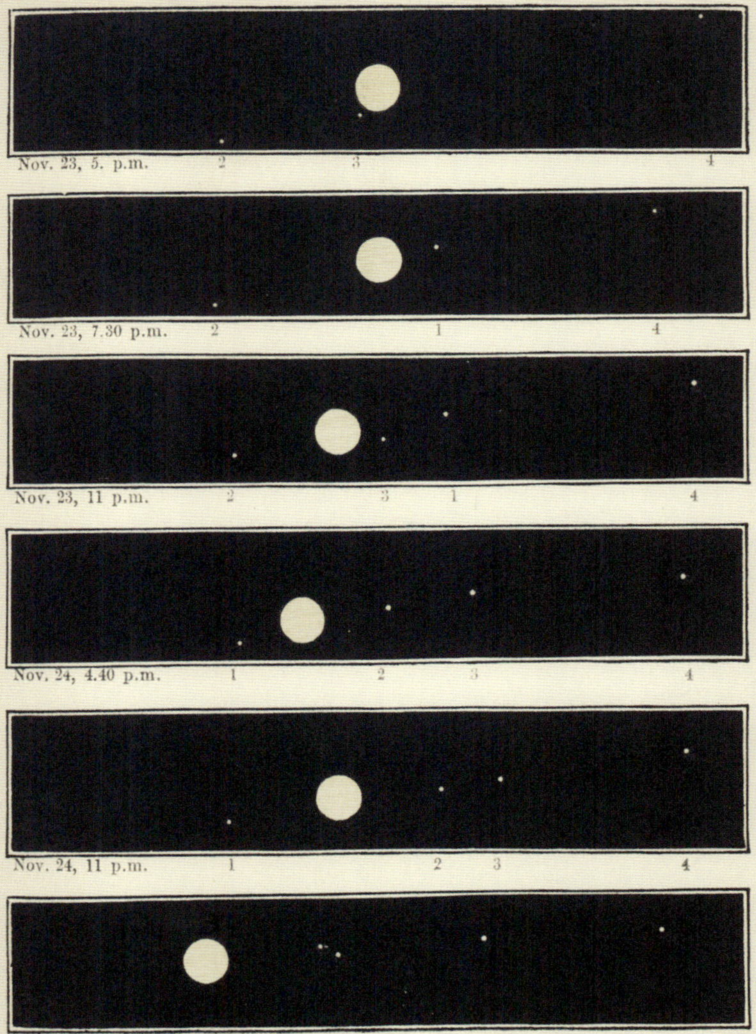

JUPITER AND ITS SATELLITES,
as seen on three successive evenings, in November, 1857.

8.15

8.16

SARA SEAGER

9.

Astronomie ist ein Zahlenspiel. In einer klaren Nacht kann man mit bloßem Auge vielleicht tausend Sterne sehen, einen winzigen Teil der Millionen Sterne, aus denen unsere Milchstraße besteht. Die Milchstraße wiederum ist nur eine von Milliarden von Galaxien im beobachtbaren Universum. Wissenschaftler (und Science-Fiction-Autoren) vermuten schon lange, dass die meisten Sterne ein Planetensystem haben, so wie unsere Sonne – eine unvermeidliche Folge der Sternentstehung. Wenn das stimmt, dann ist die Anzahl der Planeten im beobachtbaren Universum überwältigend, nämlich ungefähr 1.000.000.000.000.000.000.000. Es ist eine dieser verrückten Zahlen, deren Bedeutung man nach den ersten paar Nullen nicht mehr erfassen kann. Eine Zahl, die die MIT-Astronomin und Exoplanet-Wissenschaftlerin Sara Seager (geb. 1971) mehrere Leben lang beschäftigen könnte.

Sara wuchs in Toronto in Kanada auf. Ihre wissenschaftliche Laufbahn begann schon als kleines Kind: Auf langen Nachtfahrten mit ihrem Vater starrte sie aus dem Autofenster und fragte sich, warum der Mond ihr immer zu folgen schien, während sie fuhren. Sie erinnert sich an den beeindruckenden Nachthimmel beim Camping, weit weg von den Lichtern der Stadt. Solche Erlebnisse weckten Seagers Verlangen nach Antworten. Sie studierte Mathematik und Physik und wechselte dann an die Universität Harvard – ungefähr zu der Zeit, als Mitte der 1990er-Jahre die ersten Planeten entdeckt wurden, die andere Sterne als die Sonne umkreisen, und als die Erforschung dieser sogenannten Exoplaneten noch in den Kinderschuhen steckte.

Exoplaneten zu finden, ist eine Herausforderung. Sie zu studieren eine noch größere. In der Vergangenheit konnten Wissenschaftler ihre Existenz zum einen dadurch nachweisen, dass das »Wackeln« eines Sterns erkannt wurde (verursacht durch die Anziehungskraft eines großen Planeten im Umkreis des Sterns). Die andere Nachweismöglichkeit war die »Transitmethode«: Die beobachtete Helligkeit eines Sterns nimmt vorübergehend etwas ab, wenn ein Planet vor ihm vorbeizieht. Eine Messung dieser leichten Abschwächung kann uns etwas über die Größe des Planeten und seine Entfernung zu dem Stern sagen. Entdeckte man auf diese Weise zunächst nur hin und wieder einen Exoplaneten, gibt es mittlerweile bereits etwa 5000 nachgewiesene Exoplaneten und wahrscheinlich noch weit mehr, wenn Sie das hier lesen.

Spektakuläre Verbesserungen der Technologie haben zu einer Revolution auf diesem Gebiet geführt: Gestiegene Rechenleistungen und verbesserte mathematische Modelle, klug orchestrierte Laienbeobachtungen und Künstliche Intelligenz haben in den vergangenen 30 Jahren enorme Fortschritte ermöglicht. Besonders wichtig sind die immer leistungsfähigeren Observatorien auf der Erde und im Weltraum wie Hubble, TESS (Transiting Exoplanet Survey Satellite) und insbesondere das große Kepler-Weltraumteleskop, mit dem enorm viele neue Exoplaneten entdeckt wurden.

9.1

9.1 Sara Seager, kanadisch-amerikanische Wissenschaftlerin, mit einem Radioteleskop.

9.2 Im Jahr 2011 beobachtet NASA-Ingenieur Ernie Wright, wie die ersten sechs flugbereiten Primärspiegelsegmente des James-Webb-Weltraumteleskops für die abschließenden kryogenen Tests im Marshall Space Flight Center der NASA vorbereitet werden. Insgesamt 18 Segmente bilden den Primärspiegel des James-Webb-Weltraumteleskops der NASA.

9.2

Das James-Webb-Weltraumteleskop sammelt seit Kurzem noch detailliertere Daten über das Weltall.

Sterne mit Planeten scheinen die Norm zu sein. In unserem eigenen Sonnensystem liegen kleinere, steinige Planeten näher an der Sonne und die größeren Planeten weiter von ihr entfernt. Das scheint nur eine von vielen möglichen Anordnungen zu sein. Erwartungsgemäß sind große Planeten, die sehr nah um ihren Mutterstern kreisen, vergleichsweise leicht zu entdecken. Aber Seager ist auf der Suche nach kleineren, steinigen Planeten von der Größe der Erde, die gerade den richtigen Abstand zu ihrem Stern haben, sodass flüssiges Wasser und eine lebensfreundliche Atmosphären möglich sind. Es gibt bereits eine Menge passende Kandidaten, und von Zeit zu Zeit wird aufgeregt die Entdeckung der »Erde 2.0« verkündet. Das ruft Fantasien von Reisen im Weltraum hervor, zum Beispiel zum Planeten Kepler-186f (580 Lichtjahre entfernt), zu Kepler-452b (1.800 Lichtjahre entfernt) oder zu Trappist-1, einem System von sieben Planeten, die alle innerhalb einer orbitalen Entfernung zu ihrem Zentralstern liegen, die kleiner ist als die von Merkur zur Sonne. Selbst Proxima Centauri, unser nächstgelegener Stern (außer der Sonne), wird von einem womöglich erdähnlichen Planeten umkreist. Natürlich bleibt es allein unserer Fantasie überlassen, wie solche Planeten aussehen mögen. Wir haben keine Möglichkeit, die Oberfläche eines Exoplaneten aus so großer Entfernung detailliert aufzulösen, aber wir können die Lücken durch unsere Vorstellungskraft schließen – und mithilfe der 3D-Visualisierungen der Plattform »Eyes on Exoplanets« der NASA, die uns vom Sofa aus eine Tour jenseits unseres Sonnensystems ermöglicht.

Seagers Forschung ist tatsächlich motiviert durch eine der größten Herausforderungen der Wissenschaft: die Suche nach Leben. Zusammen mit anderen Wissenschaftlern analysiert sie die chemische Zusammensetzung von Exoplanet-Atmosphären, indem sie das passierende Sternenlicht untersucht. Durch Spektralanalyse können Biosignatur-Gase wie Methan, Wasserdampf, Ozon und Ammoniak ermittelt werden – Gase, die möglicherweise biologisch produziert wurden und nicht durch geologische oder andere Prozesse. Der hohe Sauerstoffanteil unserer Atmosphäre (20 Prozent) wäre für außerirdische Astrobiologen beispielsweise ein guter Hinweis auf vorhandenes Leben. Anfang 2025 verkündeten Astronomen begeistert, dass in der Atmosphäre des Exoplaneten K2-18b Dimethylsulfid (DMDS) nachgewiesen wurde, ein Gas, das von einfachen Meereslebewesen auf der Erde produziert wird. Eine ferne Wasserwelt, in der es von außerirdischem Leben wimmelt? Oder gibt es eine eher nüchterne Erklärung? Das letzte Wort ist noch nicht gesprochen.

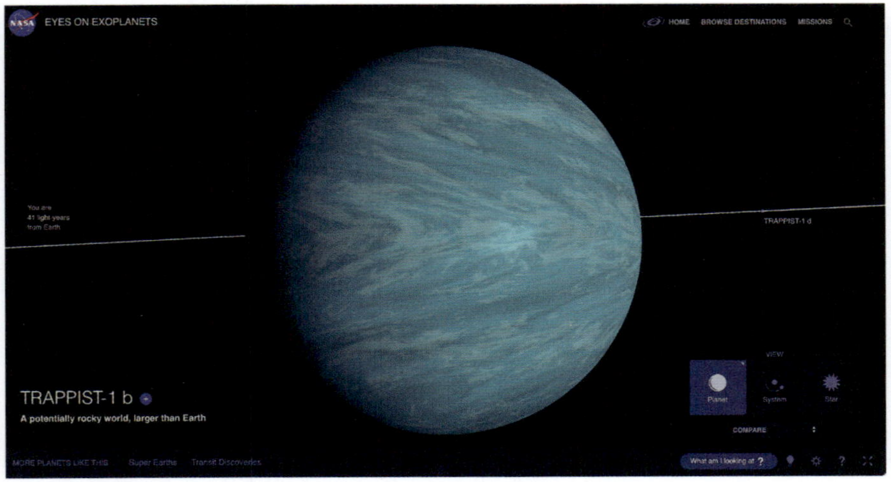

9.3

9.4

Seager stand auch an der Spitze exotischer ingenieurwissenschaftlicher Projekte, die uns bei der Suche helfen könnten. Ein Problem bei der direkten Beobachtung von Exoplaneten besteht darin, dass die Sterne uns blenden. Das Starshade-Projekt stellt eine lange ersehnte Lösung dieses Problems dar: eine 30 Meter große, blumenförmige Sonnenblende (**9.7, 9.8**). Theoretisch könnten wir mit ihrer Hilfe Planeten erkennen, die milliardenfach schwächer leuchten.

Sollten wir tatsächlich schlüssige Beweise für Leben außerhalb der Erde finden, haben wir dies Wissenschaftlern wie Sara Seager zu verdanken, die Begeisterung und Optimismus gekonnt mit wissenschaftlicher Vorsicht in Einklang bringen. Über die Jahre hinweg gab es oft falschen Alarm, aber jetzt verfügen wir über die Technologie, mit der wir eines Tages außerirdisches Leben unzweifelhaft bestätigen können. Was wird dann passieren? Damit muss sich die nächste Generation von Astronomen befassen. Das Wissen, dass anderswo auch Leben existiert, wird das Betrachten des Sternenhimmels noch bedeutungsvoller machen. Die Sterne haben uns immer Hoffnung gegeben. Sie verbinden uns mit etwas Größerem. Sie vermitteln uns einen Sinn in einem Universum von erschreckender Größe und Gleichgültigkeit.

Früher oder später stellt sich uns die Frage, ob wir exoplanetare Lebewesen besuchen können. Schon bei einer Distanz von nur vier Lichtjahren wird die Reise viele menschliche Leben dauern. Aber vielleicht ist es so wie mit der Wunschliste der irdischen Reiseziele, die man wahrscheinlich nie besuchen wird: Es ist allein schon ein Trost zu wissen, dass sie da sind.

9.3–9.6 Standbilder aus »Eyes on Exoplanets« der NASA mit Details zu den in diesem Text genannten Planeten.

→ **9.7** Dieses Bild zeigt das Skelett des ersten Starshade-Prototypen im Jet Propulsion Laboratory (Strahlantriebslabor) der NASA. Es wurde 2013 in der Einrichtung des Technologiepartners Astro Aerospace/Northrop Grumman im kalifornischen Santa Barbara aufgebaut. Die Positionsgenauigkeit der vier »Blütenblätter« im Bild wird mit Laserlicht gemessen. Wie an diesem 20-Meter-Modell zu sehen ist, können Sternenblenden viele verschiedene Formen und Größen haben. Die Blätter in diesem Design sind eher extrem geformt, um Sternenlicht für kleinere Teleskope korrekt abzulenken.

→ **9.8** Origami-Falten lassen die innere Scheibe des Starshade-Prototypen der NASA beim Start zu einem Zylinder zusammenklappen. Sobald Sternenlicht auf ein Weltraumteleskop trifft, entfaltet sie sich wieder und blockt das Licht ab. Fotografie von Craig Cutler.

9.5

9.6

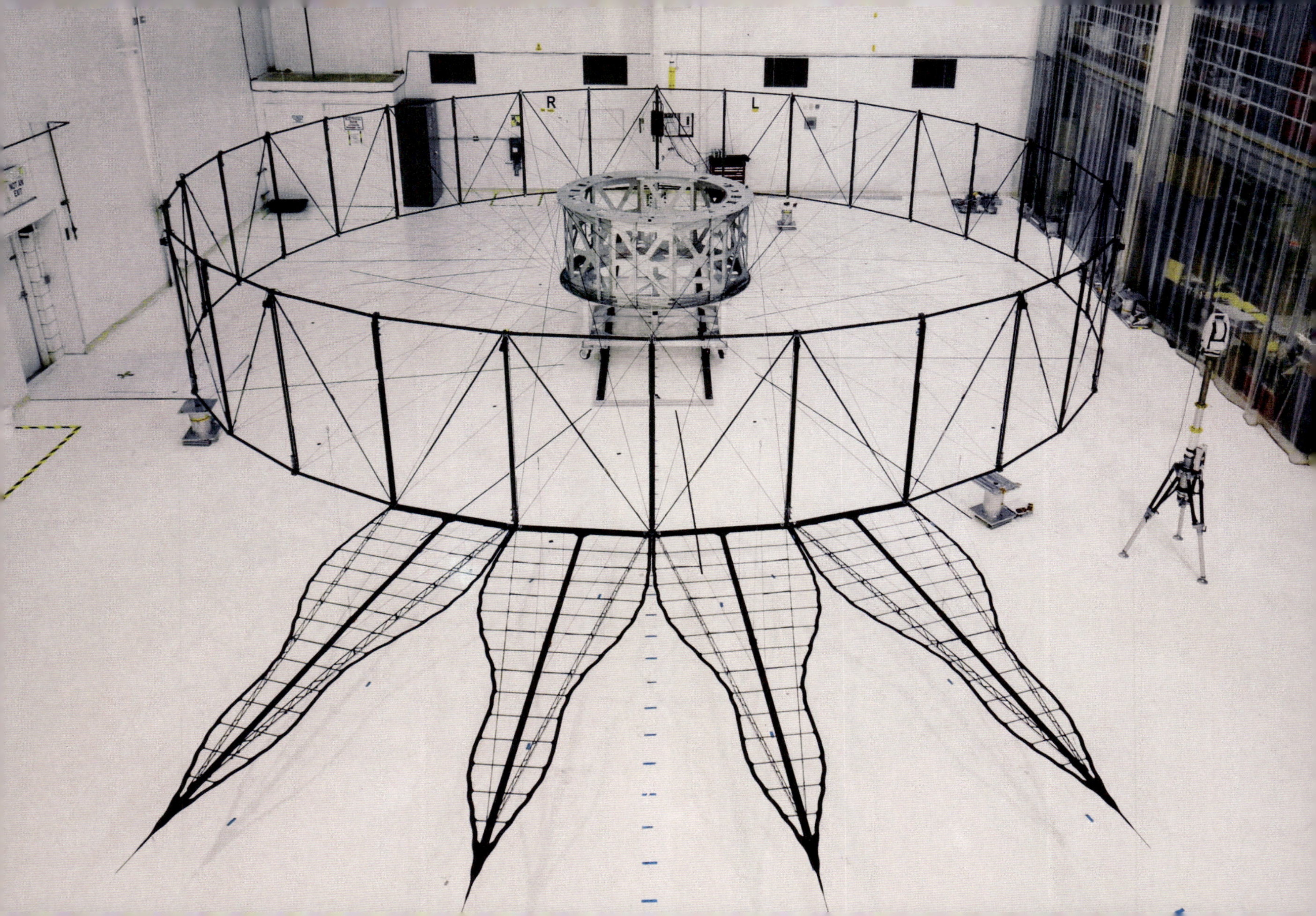
R
L
NOT AN EXIT

TEIL 3

IGNITIO

»ZÜNDUNG«

DIE ERDE VERLASSEN: RAKETENFORSCHER

KONSTANTIN ZIOLKOWSKI

10.

Geschichte lässt sich betrachten anhand einer langen Reihe von Was-wäre-wenn-Fragen zu unbedeutenden Ereignissen, die die Zukunft bestimmt haben: Was wäre gewesen, wenn der neunjährige Konstantin Eduardowitsch Ziolkowski, der sowjetische »Vater der Raumfahrt«, an jenem kalten Tag im Winter 1866 zu Hause geblieben und nicht zum Rodeln gegangen wäre? Die Erkältung, die er sich an diesem Tag zuzog, entwickelte sich zu Scharlachfieber, und er erlitt einen fast vollständigen Hörverlust. Diese Beeinträchtigung wirkte sich umfassend auf sein gesamtes späteres Leben aus. Er wurde verschlossen und unsicher und isolierte sich, zog sich zurück in die Welt seiner Bücher und seiner lebhaften Fantasie. Vielleicht war sein Lebenswerk deshalb auf eine einzige Idee fixiert: der Schwerkraft zu entfliehen. Die Beobachtung des Weltraums wurde zu seinem Vermächtnis.

Ziolkowski war der Sohn eines polnischen Immigranten, der Förster und Zimmermann war, und einer russischen Tatarin. Sie war es, die sein Interesse an Wissenschaft und Technik entfachte und an der Arbeit mit den Händen – am Modell- und Drachenbau, am Erfinden und Basteln. Seine physische und soziale Isolation führte dazu, dass er alle möglichen wissenschaftlichen Entdeckungen machte. Beispielsweise entwickelte er eine Theorie zu Gasen (wobei er nicht wusste, dass vieles von dem, was er für neu hielt, bereits Jahrzehnte zuvor entdeckt worden war).

Sein Leben spielte sich in Russland in der Zeit rund um die Revolution von 1917 ab, und er war Zeitgenosse einiger der großartigsten russischen Persönlichkeiten: Dostojewski und Tschaikowski, Mendelejew, Eisenstein und Stanislawski. In seinen späten Teenagerjahren ging er zum Studieren nach Moskau. Er lebte bescheiden und gab das Geld, das er von seinem Vater bekam, für Dinge aus, die er für seine Experimente benötigte. In der Russischen Staatsbibliothek lernte er den Philosophen Nikolai Fjodorow kennen, der eine utopische philosophische Bewegung namens Kosmismus anführte – eine breit gefächerte esoterische Schule, die Mystik, Transhumanismus und Wissenschaft lose miteinander verband. Im Mittelpunkt stand die Prämisse, dass das Schicksal der Menschheit jenseits der Grenzen der Erde liege und dass wir das Ziel der Unsterblichkeit verfolgen sollten, während wir uns im Universum ausbreiten.* Wissenschaft und Technik waren die Werkzeuge, mit deren Hilfe dieser Traum verwirklicht werden konnte, so wie das Teleskop unseren Vorfahren den unendlichen Kosmos offenbart hatte.

Die Spuren des Kosmismus sind überall in Ziolkowskis Schriften und Zeichnungen zu finden und ebenso im visuellen Symbolismus, der sich in der

* Ein wiederkehrendes Thema in der Geschichte der Raumfahrt, siehe Elon Musks Vision vom Menschen als einer multiplanetaren Spezies.

10.1

10.2 / 10.3 / 10.4

10.5

10.1 Konstantin Ziolkowski in seinem Arbeitszimmer, 1932.

10.2 Vietnamesische Briefmarke, die anlässlich des 25. Jahrestages des ersten bemannten Raumfluges gedruckt wurde, ca. 1986.

10.3 Briefmarke aus der UdSSR zur Feier des Tages der Kosmonauten, 1965.

10.4 Nordkoreanische Briefmarke, gedruckt ca. 1984.

10.5 Pawel Filonow, *Formula Kosmosa* (Formel des Kosmos), 1919. Im Jahr 1912 entwickelte der Maler und Kunsttheoretiker Pawel Filonow in seinem Aufsatz »Kanon i sakon« (Kanon und Gesetz) eine neue Theorie des analytischen Realismus. Er behauptete, dass »Evolution kreativ sein kann, das heißt, der Mensch oder jedes andere Lebewesen beobachtet die stattfindende Evolution und lenkt ihren Verlauf in Richtung der gewünschten höheren Form« – eine Idee, die von kosmistischen Prinzipien durchdrungen ist.

10.6

10.6 Die gigantische Kanone, mit der das Raumschiff Columbiad gestartet wurde. Bildtafel aus Jules Verne, *De la Terre à la Lune*, 1868.

10.7 Ziolkowskis Entwürfe für ein Raketenschiff von 1903, 1911 und 1914.

10.8 Das russischsprachige Wissenschaftsmagazin vom Mai 1903, in dem Ziolkowski seinen Aufsatz über »Die Erforschung des Weltraums mit reaktiven Geräten« veröffentlichte.

10.9 Cover von Ziolkowskis erster Streitschrift, in der er »Das einfachste Projekt eines rein metallischen Fluggeräts aus Wellblech« vorstellte, vom Autor selbst 1914 in Kaluga veröffentlicht.

russischen Geschichte der Raumfahrt widerspiegelt. In der Bibliothek, umgeben von Büchern, las Ziolkowski Jules Vernes *De la Terre à la Lune* (**2.4**). Ihm wurde klar, dass Vernes gigantische Kanone nicht funktionieren konnte: Die enormen Kräfte, die benötigt würden, um ein riesiges Geschoss mit einer einzigen Explosion mehr als 400 000 Kilometer weit zum Mond zu befördern, waren unerreichbar. Aber eine Art Newton'sches Triebwerk wie ein Düsentriebwerk oder eine Rakete würde die Lösung sein. Wenn Heißluftballons, Flugzeuge und Luftschiffe – die neueste Hochtechnologie des späten 19. und frühen 20. Jahrhunderts – uns von der Oberfläche der Erde abheben ließen, dann würde uns die Rakete es schaffen, uns noch viel weiter

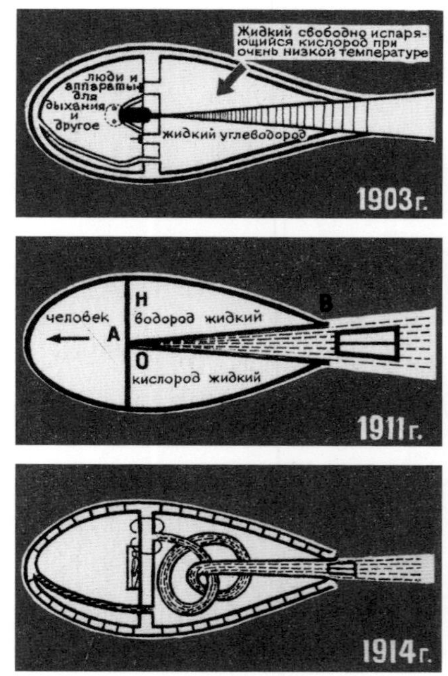

10.7

von der Erde wegzubefördern. So wurde die Rakete gewissermaßen zu einem religiösen Werkzeug, das die Menschheit von den zwei Dingen befreien würde, die uns schon immer gefangen genommen hatten: Entfernung und Zeit. Für Ziolkowski und die Kosmisten war die Raumfahrt – übrigens genauso wie der Tod – lediglich ein technisches Problem, das gelöst werden musste.

Im Jahr 1871 nahm er eine Stelle als Lehrer für Mathematik und Naturlehre in Borowsk an. Dort heiratete er Warwara Sokolowa. 1882 wechselte er zu einer Position in Kaluga, der Stadt, die später durch seinen Namen berühmt werden würde. Allen Berichten nach war er ein hervorragender Lehrer und Popularisator der Wissenschaft. Sein Leben wurde zum Balanceakt zwischen dem Unterrichten, seiner großen Familie** und seiner intensiven Tätigkeit als Autor und Ingenieur. Er schrieb zu praktischen Themen, etwa darüber, »Wie man empfindliche Gegenstände beim Fahren über Unebenheiten schützt« (1891), aber er stellte auch Überlegungen zur Aerodynamik und zu Flügen mit Starrflüglern an (ein Jahrzehnt vor den Gebrüdern Wright). Natürlich beschäftigte ihn auch die Raumfahrt. 1883 untersuchte er zum ersten Mal die Bewegung von Körpern im Weltall, befreit von Luftwiderstand und Schwerkraft. Noch eindrucksvoller als seine Schriften waren seine unfassbar schönen Zeichnungen und Skizzen: sonderbare Maschinen, durch den Weltraum taumelnde Körper und Entwürfe für einfache, biologisch aussehende und wie Luftschiffe geformte Raketen. Diese Notizen und Randzeichnungen gewähren uns einen unmittelbaren Einblick in seine Gedanken.

Im Jahr 1903 – dem Jahr des ersten Motorfluges, weit weg in Kitty Hawk, USA – veröffentlichte er seinen berühmtesten Aufsatz über »Die Erforschung des Weltraums mit reaktiven Geräten«. Darin ist seine Raketengrundgleichung zu finden, mit der die praktische Raumfahrt erst möglich wurde. Die Formel drückt das Verhältnis der variablen Masse einer Rakete zur Ausstoßgeschwindigkeit ihrer Abgase aus. Die Rakete wird ja leichter, während sie ihren Treibstoff verbrennt. Das Dilemma: Der Großteil der Masse einer Rakete besteht aus Treibstoff, von dem wiederum das meiste dazu benötigt wird, um all den Treibstoff in die Luft zu heben.

Ziolkowski stellte auch Theorien zu weiteren Grundlagen der Raketentechnik auf, etwa zum Bedarf an flüssigem Treibstoff und einem

** Einer Fußnote in seiner Autobiografie zufolge lebten elf Familienmitglieder in seinem kleinen Holzhaus!

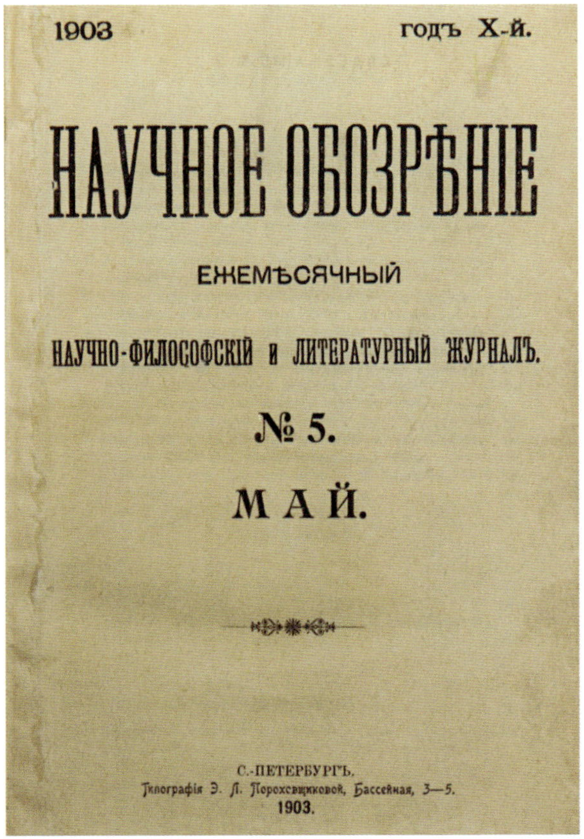
1903 годъ X-й.

НАУЧНОЕ ОБОЗРѢНІЕ

ЕЖЕМѢСЯЧНЫЙ

НАУЧНО-ФИЛОСОФСКІЙ и ЛИТЕРАТУРНЫЙ ЖУРНАЛЪ.

№ 5.

МАЙ.

С.-ПЕТЕРБУРГЪ.
Типографія Э. Л. Пороховщиковой, Бассейная, 3—5.
1903.

10.8

К. Ціолковскій.

Простѣйшій проектъ

ЧИСТО МЕТАЛЛИЧЕСКАГО АЭРОНАТА ИЗЪ ВОЛНИСТАГО ЖЕЛѢЗА.

ЦѢНА 10 КОП.

Калуга, Коровинская, д. № 61, К. Э. Ціолковскому.

ИЗДАНІЕ И СОБСТВЕННОСТЬ АВТОРА.

КАЛУГА.

10.9

»Die Erde ist die Wiege der Menschheit, aber der Mensch kann nicht ewig in der Wiege bleiben.«

KONSTANTIN ZIOLKOWSKI, 1911

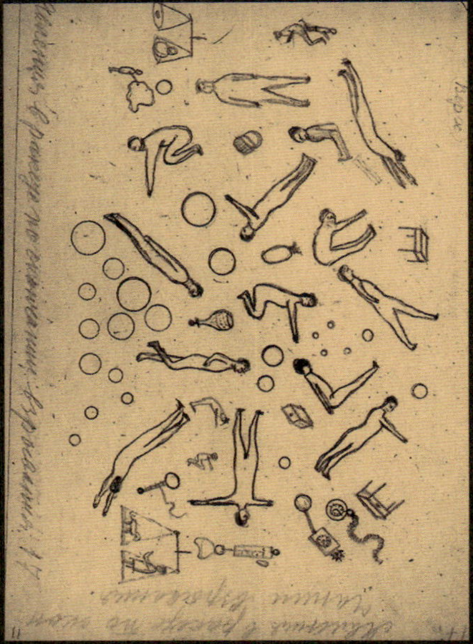

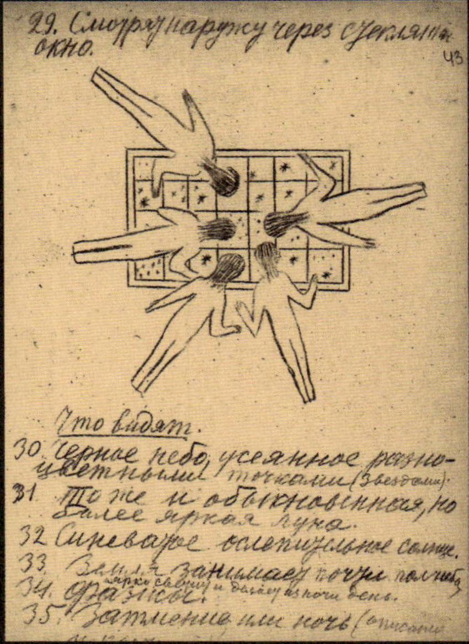

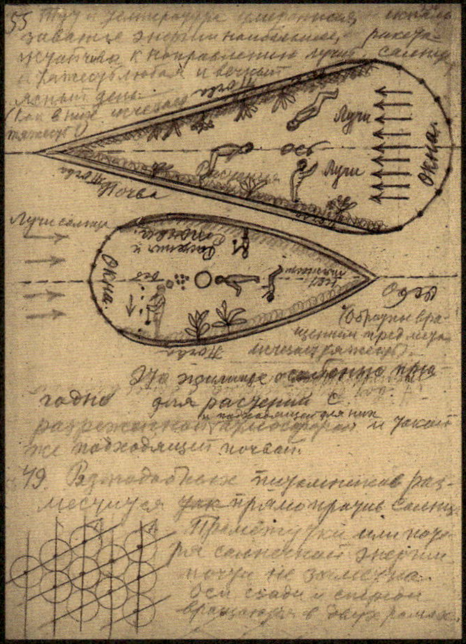

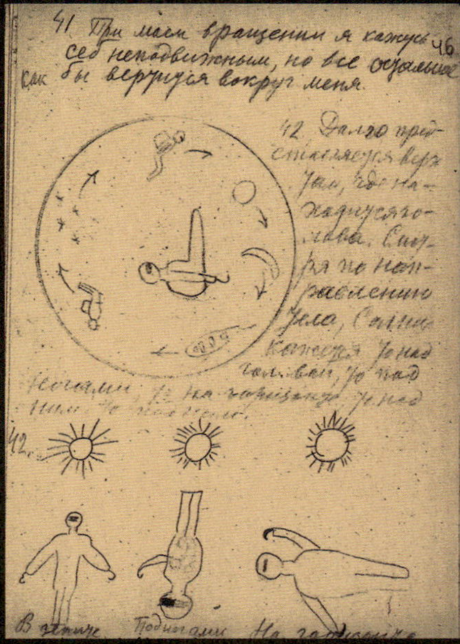

10.10–10.15 Seiten aus Ziolkowskis »Album der kosmischen Reisen«, 1933. Ziolkowski träumte von einer Menschheit, die, von irdischen Zwängen befreit, unbeschwert durch den Welt-

Снарядъ для путешествій въ свободномъ пространствѣ, который я сейчасъ опишу, будетъ служить для передвиженія человѣка и различныхъ предметовъ въ абсолютной пустотѣ и безъ тяжести, т. е. безъ неподвижной опоры и по желаемому направленію.

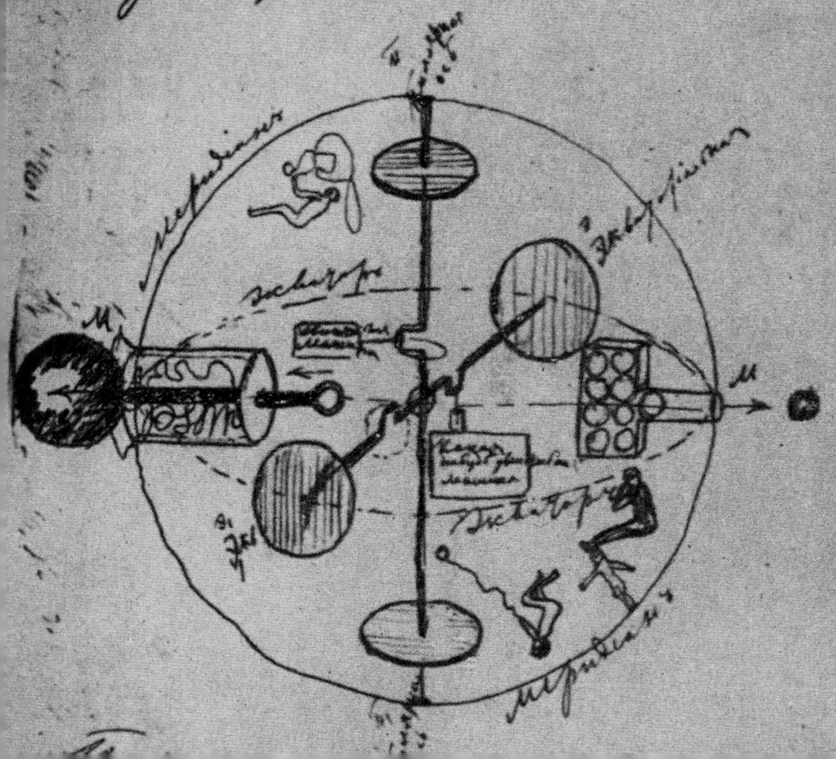

45. Игры на привязи вокруг ракеты.

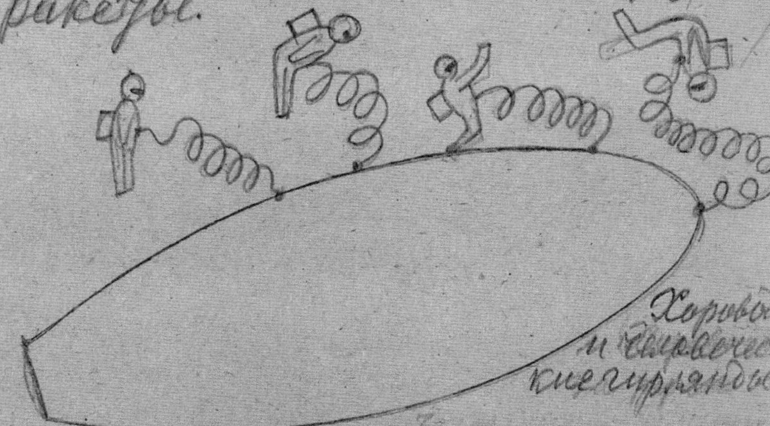

Хороводы и человеческие гирлянды.

46. Оторвалась привязь — погиб товарищ. Он блуждает кругом Земли, пока есть запас кислорода. Найти его трудно.

47. Другой раз своевременно схватились, поймали и спасли.

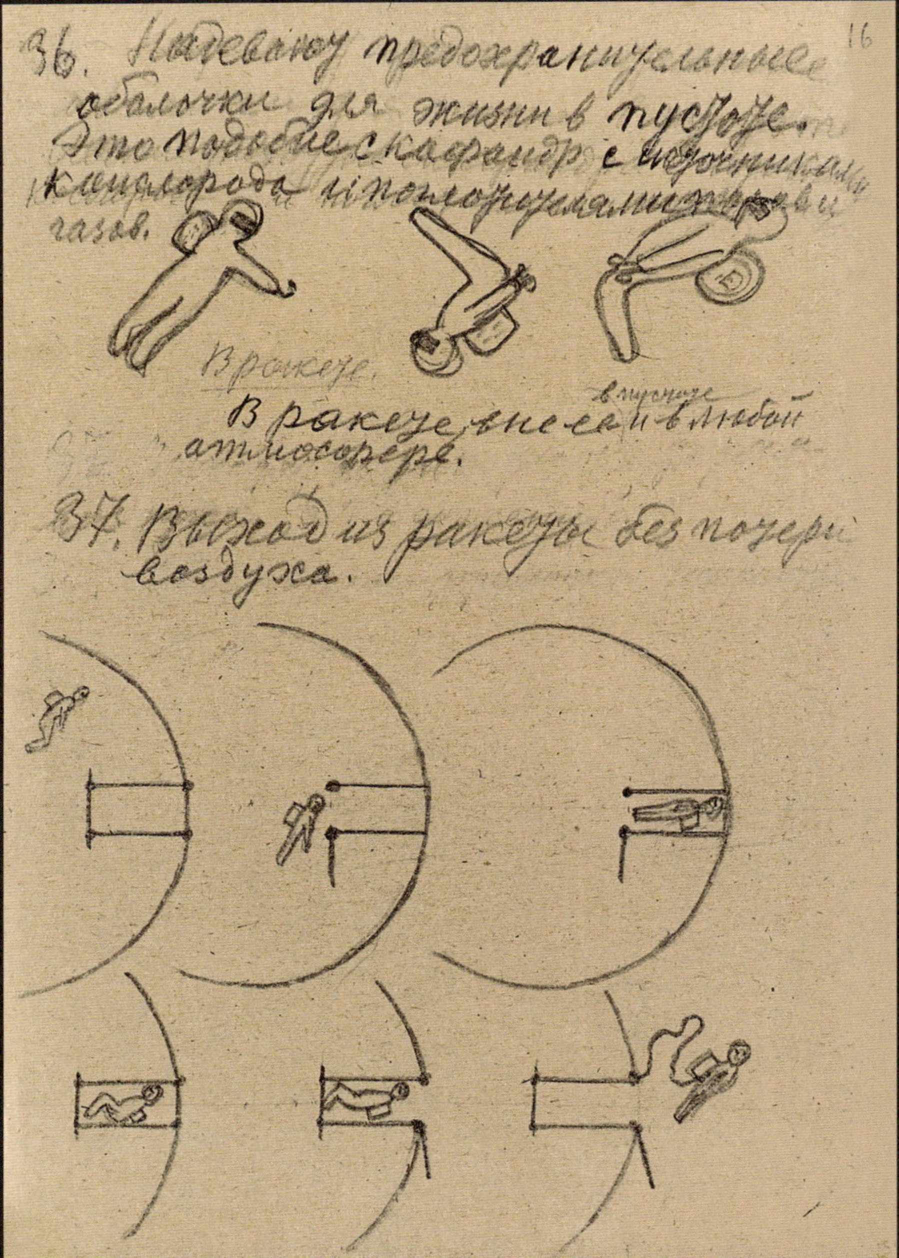

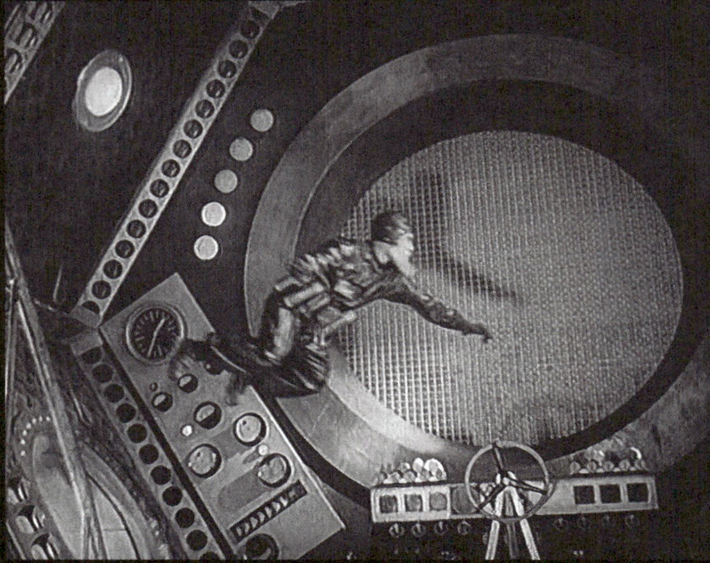

10.16 Zeichnung eines Kosmonauten beim Verlassen einer Rakete über eine Druckschleuse, aus Ziolkowskis »Album der kosmischen Reisen«, 1933, für den Film *Kosmitscheski reis* (Kosmische Reise).

10.17 Standbild aus dem Film *Kosmitscheski reis* (Kosmische Reise) von 1936.

10.18 Denkmal für Konstantin Ziolkowski in Kaluga, 1983.

Oxidationsmittel, zur Notwendigkeit von mehrstufigen Raketen (von ihm »Raketenzüge« genannt) zum Erreichen der Orbitalgeschwindigkeit und zu den Auswirkungen der Schwerelosigkeit. Zudem formulierte er eher esoterische Ideen zur angeblichen Bestimmung der Menschheit, sich zu einer Spezies von Raumfahrern zu entwickeln. Dabei verschwimmt häufig die Grenze zwischen Wissenschaft und Spekulation.

Sollten Sie eine wilde Idee zum Thema Raumfahrt haben, so stehen die Chancen gut, dass Ziolkowski dieselbe Idee schon vor 100 Jahren hatte. Der fragwürdige Visionär Ziolkowski wurde in einem breiteren kulturellen Umfeld akzeptiert, als sich die politischen Verhältnisse nach dem Ersten Weltkrieg dramatisch verschoben. Das Sowjetrussland, wie auch viele andere Länder der Welt, veränderte sich im folgenden Jahrzehnt. Radikale Ideen, Wissenschaft und Technik formten den Globus um. Es begann ein Zeitalter der Massenkommunikation, des Massentransports und der Luftfahrt. Die Forschung hatte tiefgreifende Auswirkungen sowohl auf die Realität als auch auf die Fantasie. Mithilfe des Fernschreibers ließen sich Nachrichten nicht nur in die ganze Welt, sondern vielleicht auch an andere Planeten versenden, wie die Eröffnungsszene des sowjetischen Films *Aelita* (*Der Flug zum Mars*) andeutet. Kino, Radio und Printmedien vermittelten dem begeisterten Publikum Visionen von Raumfahrt, außerirdischem Leben und technisch-utopischen bzw. dystopischen Ideen. Die Welt holte auf mit Ziolkowskis Vision, und zeitweise wurde er als wissenschaftlicher Berater (**10.10–10.16**) im Vorfeld des sowjetischen Films *Kosmitscheski reis* (Kosmische Reise, 1936) engagiert. Der Film wurde kurz nach seinem Tod uraufgeführt.

Es überrascht nicht, dass sich die weitreichende Perspektive des Raketenantriebs und das damit verbundene Interesse nicht auf Sowjetrussland beschränkte. Zu erwähnen sind vor allem der deutsche Wissenschaftler Hermann Oberth und der sich damals bereits zur Ruhe setzende amerikanische Wissenschaftler Robert H. Goddard, die unabhängig voneinander zu etwa derselben Zeit an ähnlichen Ideen arbeiteten und zu ähnlichen Schlussfolgerungen gelangten wie Ziolkowski, wenngleich in vollkommen anderen Kontexten.

Jenseits der Wissenschaft hat Ziolkowskis Geschichte eine auch politisch wichtige Funktion in einem »Gründervater«-Narrativ. Ziolkowksi war mit seiner bescheidenen, ländlichen Existenz und seiner Erscheinung als zerknitterter Professor mit selbstgebautem Hörrohr, Drahtgestellbrille, Bart und Fahrrad die passende Figur – nicht unähnlich dem großen, weisen Fjodorow. Bei der Maiparade im Jahr 1935 auf dem Roten Platz in Moskau wurde in Stalins Anwesenheit eine vorab aufgenommene Rede von Ziolkowski über Lautsprecher übertragen. Genauso wichtig wie die dargebotene militärische Stärke war seine Stimme – ein Ausdruck der neuen Macht der sowjetischen Wissenschaft und eine Zukunftsvision unter Stalin:

»Wir haben in der Sowjetunion viele junge Piloten ... (und) ich setze meine größten Hoffnungen in sie. Sie werden dabei helfen, meine Entdeckungen auf den neuesten Stand zu bringen und die begabten Baumeister des ersten Raumfahrzeuges vorzubereiten. Helden und mutige Männer werden die ersten Luftverkehrslinien einweihen: von der Erde zum Mond, von der Erde zum Mars und noch weiter, von Moskau zum Mond und von Kaluga zum Mars!«

Ziolkowski starb als Nationalheld im September desselben Jahres, lange bevor seine Ideen umgesetzt wurden. Im Jahr 1957 wurde nach dem Start des Sputnik-Satelliten eine Statue zu seinen Ehren in Kaluga aufgestellt. Sein bescheidenes Holzhaus ist als Museum erhalten und ein Pilgerort, den Kosmonauten im Rahmen ihrer Rituale vor Flügen ins All besuchen. Symbole und Geschichten machen Menschen unsterblich, nicht die Wissenschaft.

10.19–10.28 Polnische Briefmarkenserie von 2018 zum Thema Weltraumforschung und erste Satelliten, beginnend mit Ziolkowskis Entwurf eines Raketenschiffs von 1903.

10.29, 10.30 Sowjetisches Modell einer Rakete nach den Entwürfen und Notizen von Ziolkowski. Wenngleich in dem Modell der an Bord einer Rakete verfügbare Wohnraum stark überschätzt wird, vermittelt es einen Eindruck von den physischen Beschränkungen bei der Raumfahrt zu jener Zeit.

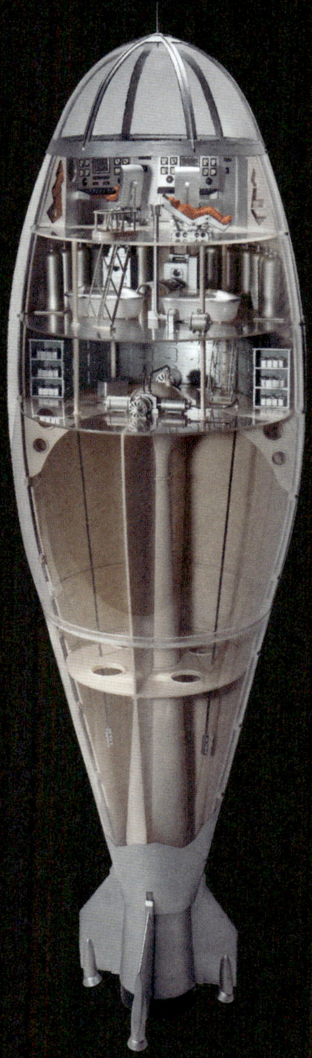

10.29

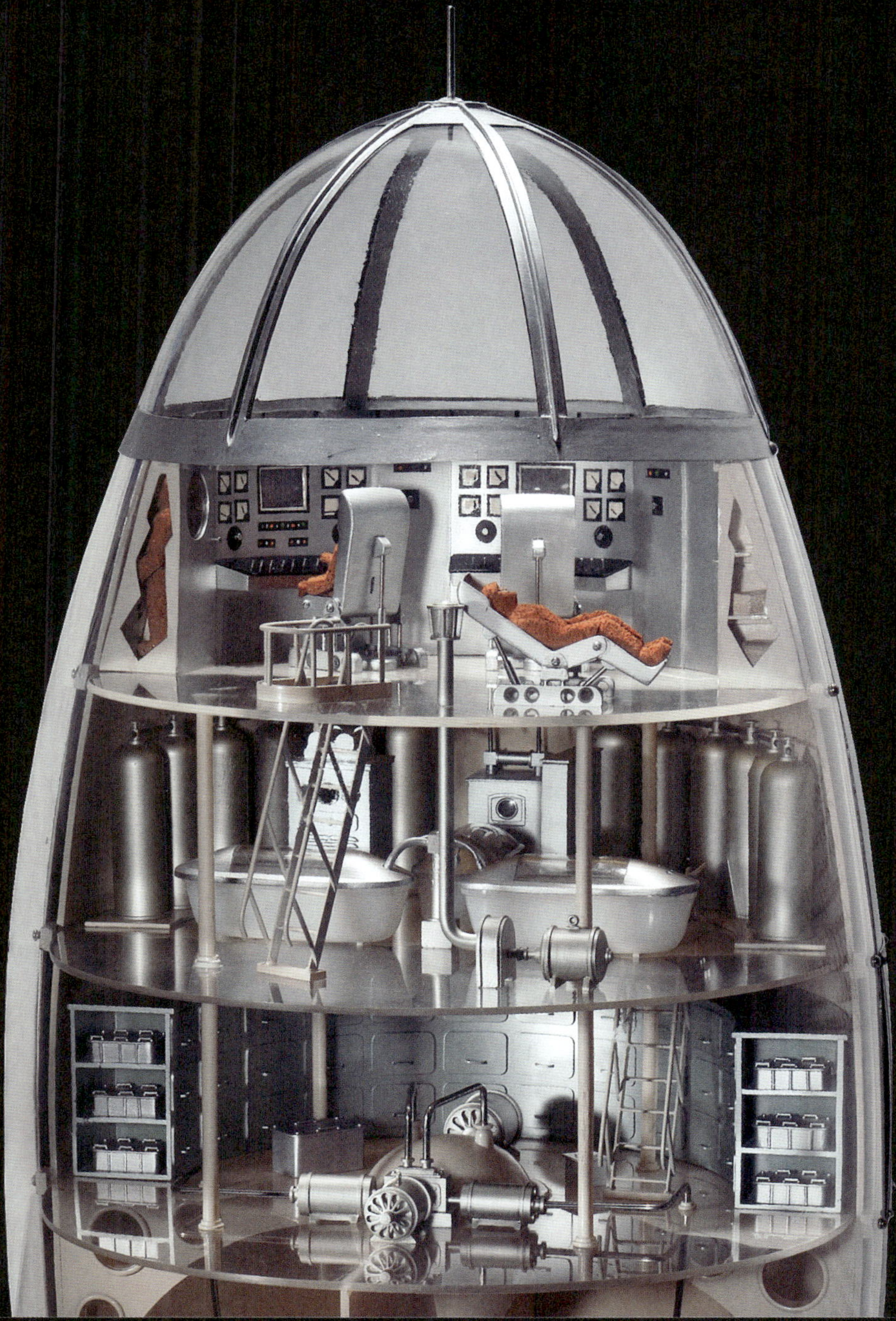

10.30

ROBERT H. GODDARD

Am 19. Oktober 1899 war der 17-jährige Robert Hutchings Goddard beim Schneiden des Kirschbaums im Garten seiner Verwandten in Worcester (Massachusetts) in Gedanken nicht bei der Sache, sondern bei drängenderen Themen, nämlich bei der kürzlich in der *Boston Post* veröffentlichten Serie »The War of the Worlds in and Near Boston« (**11.2**), einer zweitklassigen Adaption von H. G. Wells' *The War of the Worlds* (Krieg der Welten). Was Goddard beschäftigte: Wenn die Marsianer es schaffen, den langen Weg zu uns zurückzulegen, wie könnten umgekehrt wir eine Reise zu ihnen bewältigen? Wie könnte eine Maschine dafür aussehen und funktionieren? Von diesem Moment an beschäftigte ihn die Frage, wie Raumfahrt praktisch durchführbar sein könnte. Bis dahin hatte er sich mit anderen Formen des Untersuchens und Experimentierens befasst – mit Kaulquappenaufzucht, Vogelkunde, Zeichnen, Fotografie, dem Herstellen von Gasballons, Gewehrschießen, Teleskopen, elektrischen Experimenten und mit den Wundern im Geräteschuppen seines Onkels George. Er las sehr viel, am liebsten Zeitschriften wie *Scientific American*, *Wide World* und *Cosmopolitan*. Er lebte in einer Welt, in der völlig neue Gebiete der Physik entstanden und Astronomen begeistert waren von den Möglichkeiten von Kanälen auf dem Mars und einer Vegetation auf dem Mond. Eine aufregende Zukunft voller Wunder stand unmittelbar bevor.

Goddard war kein untätiger Träumer. Er wusste instinktiv: Wenn Raumfahrt möglich war, egal in welcher Form, dann mussten die Grundlagen dafür in der Physik und Mathematik zu finden sein, vor allem aber in Isaac Newtons drittem Gesetz der Bewegung. Für jede Aktion (in unserem Fall Antrieb im Vakuum des Weltraums – was zu jener Zeit prinzipiell nicht für möglich gehalten wurde) musste es eine gleiche, entgegengesetzte Reaktion geben, d. h. etwas muss in die entgegengesetzte Richtung ausgestoßen werden. Er stellte sich ein Gerät vor, das so funktionierte wie der Rückstoß (Reaktion) eines Gewehrs, das in Richtung Boden abgefeuert wird (Aktion).

11.1

Robert war nach eigener Aussage ein durchschnittlicher Schüler. Seine Schulzeit wies krankheitsbedingte Unterbrechungen auf, weswegen er Kurse in Mathematik und Physik belegte. Seine formale Bildung erhielt er weiter am Worcester Polytechnic Institute und an der Clark University (ebenfalls in Worcester), wo er promovierte und den größten Teil seiner akademischen Karriere verbrachte. Seine vielen Ideen, Experimente, Patente und Aufsätze beinhalteten auch futuristische Konzepte, von Magnetschwebebahnen (magnetbetriebene Züge, die sich durch Vakuumröhren bewegen) über Kreiselinstrumente in Flugzeugen, die Navigation im interplanetaren Raum, die Gewinnung von Wasserstoff und Sauerstoff aus der Mondoberfläche, Sonnensegel im Weltall, an Stratosphärenballons schwebende Ionenantriebssysteme und Raketenflugzeuge bis hin zu einer Migration zu anderen Sternen über mehrere Generationen hinweg. Seine sorgfältig geführten Protokolle und Tagebücher sind eine Fundgrube, die alles enthält vom Alltäglichen und Praktischen bis zu den wildesten Spekulationen.

Im Jahr 1919 wurde sein berühmtester Aufsatz über Raketenforschung veröffentlicht, für den er finanzielle Unterstützung von der Smithsonian Institution erhielt: *A Method of Reaching Extreme Altitudes* (Eine Methode zum Erreichen extremer Höhen, **0.1**). Darin erklärte er die Berechnung der minimalen Masse, die benötigt wird, um ein Gewicht von etwa einem halben Kilogramm in unendliche Höhen anzutreiben, und schlug den Mond als Zielmarke vor. Wie würden wir erkennen, dass eine Rakete auf dem Mond gelandet war? Natürlich mit etwas Blitzpulver – das explosive Material würde sich bei einem Aufprall entzünden und wäre auf der Erde durch ein Teleskop sichtbar (**11.4–11.6**). Dieser schlichte und vernünftige Zusatz machte Schlagzeilen, und Goddard zog ungewollt die Aufmerksamkeit sowohl von Wissenschaftlern wie Hermann Oberth in Deutschland auf sich, der an ähnlichen Ideen arbeitete, als auch die der Boulevardpresse, die nach Sensationen gierte (**11.7**). Goddard wurde zum »Mondmann«. Er hasste diesen Spitznamen, der ihm eine Flut von Anfragen von Menschen aus der ganzen Welt einbrachte, die unbedingt in den Weltraum reisen wollten. Sein Aufsatz sandte jedenfalls erstmals das wichtige Signal aus, dass Informationen zu

11.2

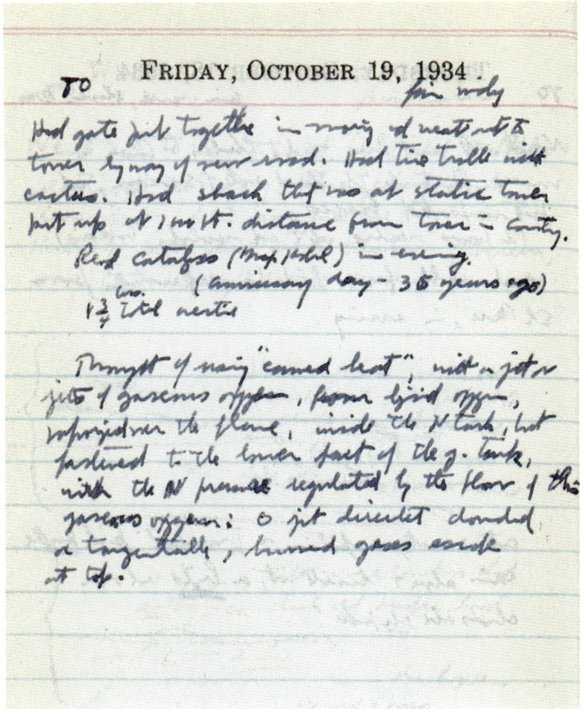

11.3

11.1 Dr. Robert H. Goddard beobachtet den Start einer Rakete von seinem Startsteuerungsschuppen in New Mexico aus, während er neben der Startkonsole steht, 1940.

11.2 Anzeige für »Fighters from Mars« bzw. »The War of the Worlds in and Near Boston« in der *Boston Post*, 3. Januar 1898.

11.3 Seite aus Goddards Tagebuch vom 19. Oktober 1934. Ab 1899 markierte Goddard den 19. Oktober als seinen »Jahrestag« – den Tag, an dem er beim Schneiden eines Kirschbaums beschlossen hatte, sein Leben der Erforschung großer Flughöhen zu widmen. »... (35. Jahrestag) Habe über ›abgefüllte Hitze‹ nachgedacht: Eine oder mehrere Düsen mit gasförmigem Sauerstoff (der aus flüssigem, über der Flamme verdampftem Sauerstoff gewonnen wird) im N-Tank, aber befestigt am unteren Teil des G-Tanks, wobei der N-Druck durch den Durchfluss dieses gasförmigen Sauerstoffs reguliert wird; die Sauerstoffdüse ist nach unten oder tangential ausgerichtet, die verbrannten Gase entweichen oben.«

Fig. 11.

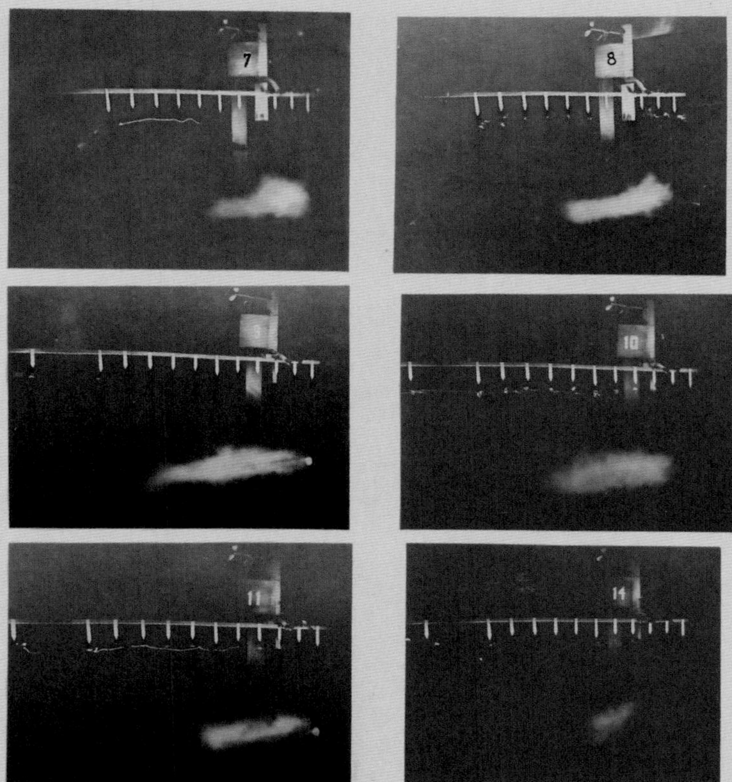

closing the primary switch at the left. The six-point switch at the right served to connect the tubes, in order, to the high-tension side of the coil.

The flashes were observed at a distance of 2.24 miles on a fairly clear night; and it was found that a mass of 0.0029 grams of Victor flash powder was visible, and that 0.015 gram was strikingly visible; all the observations being made with the unaided eye. The minimum mass of flash powder visible at this distance is thus surprisingly small.

From these experiments it is seen that if this flash powder were exploded on the surface of the moon, distant 220,000 miles, and a telescope of one foot aperture were used -- the exit pupil being not greater than the pupil of the eye (e.g., 2 millimeters) -- we should need a mass of flash powder of

2.67 lbs., to be just visible, and

13.82 lbs., or less, to be strikingly visible.

If we consider the final mass of the last "secondary" rocket plus the mass of the flash powder and its container, to be four times the mass of the flash powder alone, we should have, for the final mass of the rocket, four times the above masses. These final masses correspond to the "one pound final mass" which has been mentioned throughout the calculations.

The "total initial masses", or the masses necessary for the start at the earth, are at once obtained from the data given in Table VII. Thus if the start is made from sea-level, and the "effective velocity of ejection" is 7,000 ft/sec., we need 602 lbs. for every pound that is to be sent to "infinity".(6)

(6) A simple calculation will show that the total initial mass required to send one pound to the surface of the moon is but slightly less than that required to send the mass to "infinity."

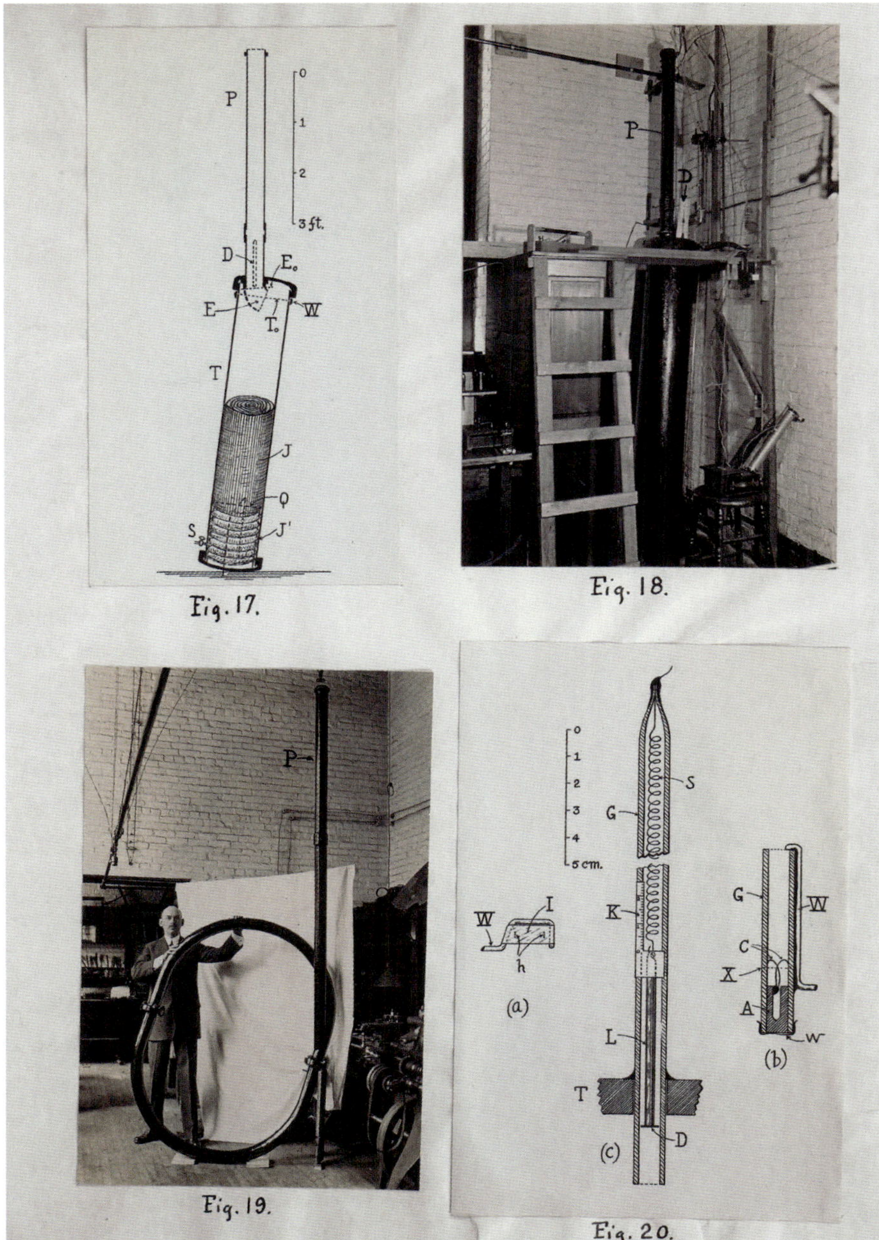

11.6

11.4–11.6 Seiten aus Goddards Manuskript von *A Method of Reaching Extreme Altitudes*, ca. 1919, mit Details zu seinen Experimenten mit Blitzpulver. Bemerkenswert ist das Wort »Unendlichkeit« unten auf der Seite. Trotz seiner vorsichtigen Ausrucksweise bewies er, dass der Himmel nicht länger eine Grenze darstellte. Raketen waren der Schlüssel zur Raumfahrt.

11.7 Zeitungsausschnitt aus *The Virginian* (Norfolk, Virginia), 18. Januar 1920.

“Shooting at the Moon” Seems to Be Most Popular Pastime This Winter

11.7

11.8

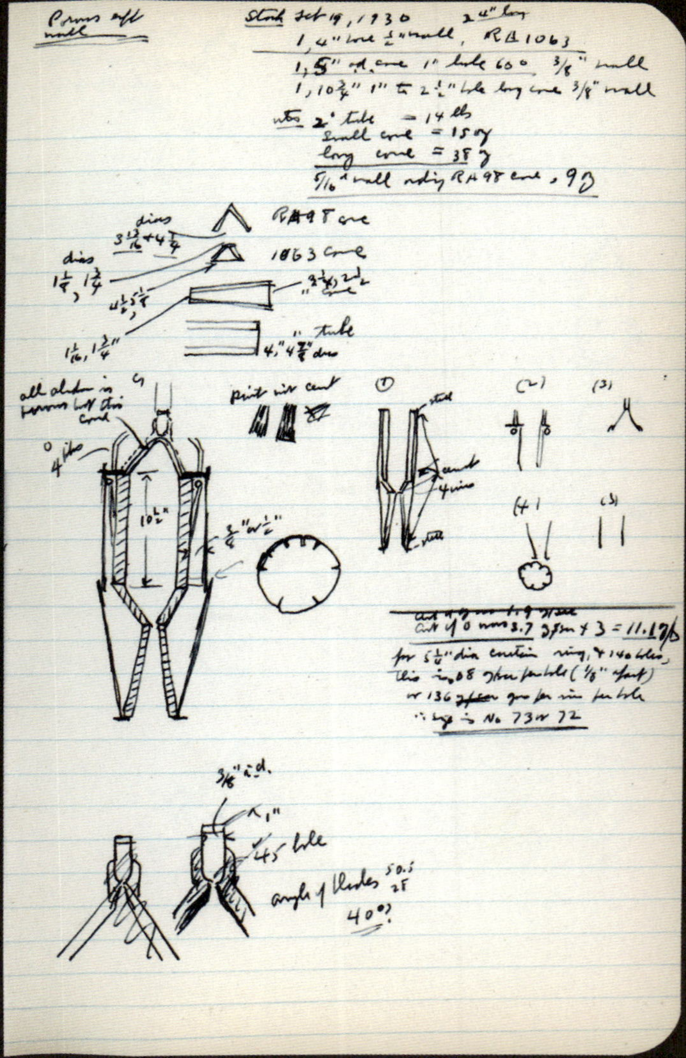

11.9

Weltraumraketen nicht mehr nur in Science-Fiction-Romanen zu finden waren, sondern auch auf den Seiten seriöser Wissenschaftsmagazine.

Goddard wusste, dass seine Mathematik in eine technische Form umgesetzt werden musste. Aber seine bahnbrechende experimentelle Rakete »Nell« sah völlig anders aus als die Raumschiffe, die wir heute kennen. Sie war eine spindeldürre Vorrichtung, benannt nach *Salvation Nell*, einem Musical über eine junge Frau, die von der Heilsarmee vor dem Ruin gerettet wird. Der Aufbau der Rakete unterschied sich noch komplett von späteren Modellen: Der schlanke Motor befand sich im oberen Teil der Konstruktion und die zwei kleinen Benzin- und Sauerstofftanks darunter, durch eine kegelförmige Abdeckung aus Asbest vor der Explosion geschützt. Diese beiden Teile waren durch zwei lange Treibstoffröhren miteinander verbunden, die der Rakete ihre vier Meter hohe, filigrane Struktur gaben. Es ist schwer zu erkennen, wo der Stützrahmen endet und wo die Rakete anfängt.

Datum: 16. März 1926. Ort: Tante Effies Farm außerhalb von Worcester. Das Wetter war kalt und der Boden mit etwas Pulverschnee bedeckt. Flugziel: Unendlichkeit (und darüber hinaus). Anwesend: Robert Goddard in seinem langen, schweren Militärmantel und seiner dazu passenden Kappe; Henry Sachs und Percy Roope, Roberts Maschinist und Assistent von der Clark University, sowie Roberts seit zwei Jahren Angetraute, Esther Kisk, welche die Aufgabe hatte, das Ereignis zu filmen. Die Rakete wurde am Ende eines langen Pfahls gezündet, und die Welt veränderte sich für immer. Eine kleine Flamme erschien und brannte mit gleichmäßigem Zischen. Nell machte sich bereit zum Start, stieg langsam auf in den Himmel, schoss dann wie ein Expresszug nach links und stürzte auf eine Schneefläche herab. Ergebnisse: 12,5 Meter in die Höhe und 56 Meter zur Seite in 2,5 Sekunden. Esther sagte, es sah aus wie eine »fliegende Fee«, »ein ästhetischer Tänzer«. Robert notierte, dass die Rakete ihren eigenen Willen zu haben schien, als wollte sie sagen: »Ich war jetzt lange genug hier. Ich glaube, ich gehe jetzt woanders hin, wenn du erlaubst.«

Nell war keineswegs die erste Rakete. Primitive Raketen und Feuerwerkskörper hatte es schon seit Jahrhunderten gegeben. Aber sie war die erste Rakete, die mit flüssigem Treibstoff funktionierte. Dieser war weitaus effizienter und kraftvoller als das explosive Schwarzpulver, das man bis dahin verwendet hatte. Goddard hatte den ersten Prototypen einer Maschine eingeführt, die theoretisch weiter fliegen konnte als Flugzeuge und Ballons (die auf eine tragende Atmosphäre angewiesen waren) und die vor allem bei einem Betrieb mit Flüssigsauerstoff im Weltraum fliegen konnte.

Im Jahr 1927, als seine Tests ambitionierter wurden, zog er nicht nur die Aufmerksamkeit seiner zunehmend verärgerten Nachbarn auf sich, sondern auch die des Luftfahrthelden Charles Lindbergh. Der war gerade von seinem Pionierflug über den Atlantik zurück und bereit für sein nächstes Abenteuer. Lindbergh besuchte die Goddards und half ihnen dabei, Fördermittel von dem Philanthropen Daniel Guggenheim zu beschaffen. Das führte zu einem Umzug von New England nach Roswell (New Mexico), einem trockenen, sonnigen Ort weit weg von neugierigen Blicken (**11.11–11.13**). Die 1930er-Jahre waren »goldene Jahre für die Goddards«, sagte seine Frau Esther. Hier im

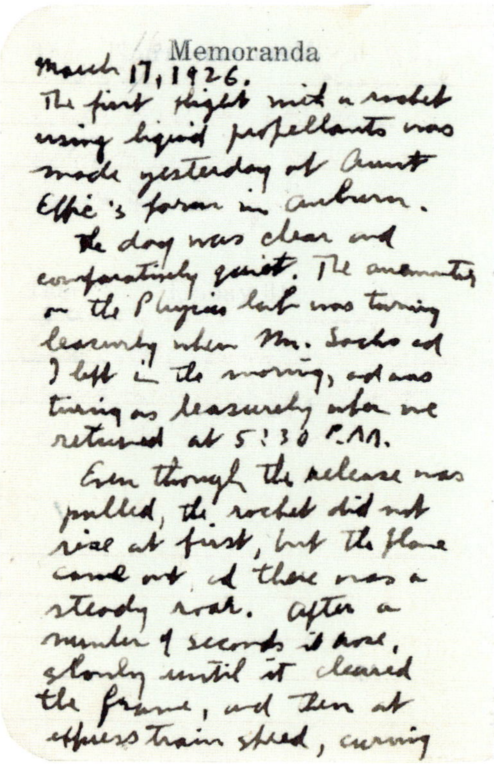
Memoranda
March 17, 1926.
The first flight with a rocket using liquid propellants was made yesterday at Aunt Effie's farm in Auburn.
The day was clear and comparatively quiet. The anemometer on the Physics lab was turning leisurely when Mr. Sachs and I left in the morning, and was turning as leisurely when we returned at 5:30 P.M.
Even though the release was pulled, the rocket did not rise at first, but the flame came out, and there was a steady roar. After a number of seconds it rose, slowly until it cleared the frame, and then at express train speed, curving

11.10

11.8 Goddard und Nell mit dem Rahmen, von dem aus die Rakete am 16. März 1926 abgefeuert wurde, in Auburn in Massachusetts.

11.9 Seite aus Goddards »groben Notizen«, 1927/28.

11.10 Goddards Tagebucheintrag vom 17. März 1926 nach dem erfolgreichen Start der Nell.

»Wir haben in einer schwedischen Zeitung gelesen, dass Sie diesen Sommer eine Reise zum Mond unternehmen wollen. Wir sind an dieser Reise interessiert und bitten hiermit, Sie begleiten zu dürfen.«

ZWEI JUNGE MÄNNER ZU ROBERT H. GODDARD, STOCKHOLM, SCHWEDEN, 1926

11.11 Goddard und seine Kollegen halten die Rakete des Flugs vom 19. April 1932.

11.12 Rakete von Goddard mit vier Antriebseinheiten. Diese Rakete erreichte im November 1936 bei einem Flug in Roswell (New Mexico) eine Höhe von 60 Metern. Von 1930 bis 1941 machte Goddard wesentliche Fortschritte bei der Entwicklung immer größerer, höher fliegender Raketen und verbesserte seine Geräte für die Führung und Steuerung, seine Schweißtechniken sowie seine Isolierung, Pumpen und weitere Details.

11.13 Goddard mit Kollegen in Roswell (New Mexico). Erfolgreicher Test vom 19. Mai 1937. Goddard hält die Raketenspitze und den Fallschirm des Piloten, Komponenten der erfolgreichen Operation.

Dr. Goddard and colleagues holding the Rocket used in flight of April 19, 1932. They are, from l. to r., L. Mansur; A. Kisk; C. Mansur; Dr. R. H. Goddard; and N. L. Jungquist.

Photo Courtesy of Mrs. Robert H. Goddard

Goddard rocket with four rocket motors. This rocket attained an altitude of 200 feet in a flight, November 1936, at Roswell, New Mexico. (This picture is displayed through the courtesy of Mrs. Robert H. Goddard).

11.11

11.12

Dr. Robert H. Goddard and colleagues at Roswell, New Mexico. Successful test of May 19, 1937. Dr. Goddard is holding the cap and pilot parachute, parts of the successful operation.

Photo Courtesy of Mrs. Robert H. Goddard

Südwesten der USA begann man, intensiv nach Lösungen für die Probleme der Raketentechnik zu suchen – für die Steuerung und Führung mithilfe von Kreiselinstrumenten, für bessere Benzinpumpen und Rettungsfallschirme. Die Raketen wurden größer, schneller und flogen höher: Bis zum Ende des Jahrzehnts hatten sie eine Flughöhe von etwa 2.745 Metern erreicht. Als die Welt in den Krieg zog, versuchte Goddard, das Militär vom praktischen Nutzen seiner Arbeit zu überzeugen, aber er stieß auf wenig Interesse. Er arbeitete jedoch für die US-Marine und entwickelte raketengestützte Vorrichtungen, die beim Start beladener Flugzeuge zusätzliche Schubkraft bereitstellten.

Goddards chronisch schlechter Gesundheitszustand holte ihn ein. Er lebte gerade noch lange genug, um eine von den Amerikanern beschlagnahmte deutsche V2-Rakete aus der Nähe betrachten zu können. Er äußerte sich zu Ähnlichkeiten in der Konstruktion und befeuerte damit endlose Spekulationen darüber, ob die Deutschen ihn ausspioniert und seine Patente zum eigenen Vorteil genutzt hatten. Leider erlebte er den Beginn des Weltraumzeitalters durch den Start des Sputnik-Satelliten im Jahr 1957 nicht mehr. Nur etwas über ein Jahrzehnt nach seinem Tod durch Kehlkopfkrebs im Jahr 1945 wurde dem Namen Robert Hutchings Goddard wieder Aufmerksamkeit verschafft von einer Nation, die mit ihrer eigenen »ersten« Geschichte der Raumfahrt gegen die Sowjets und die Deutschen antreten wollte. Im Jahr 1959 wurde er mit der Eröffnung des Goddard Space Flight Center der NASA offiziell zum »Vater der amerikanischen Raketentechnik«.

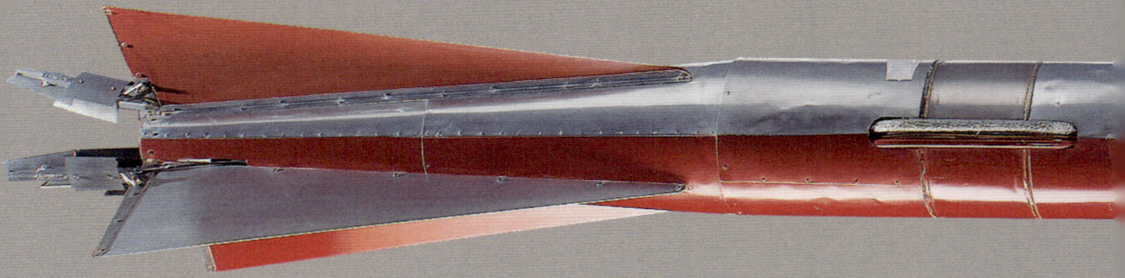

11.14–11.17 Dies ist wahrscheinlich die Rakete, die Goddard am 23. September 1935 in Roswell (New Mexico) zu starten versuchte, um seinen Unterstützern Charles Lindbergh und Harry Guggenheim ihr Leistungsvermögen zu demonstrieren. Ein technisches Problem verhinderte den Flug, aber durch Goddards frühere Erfolge waren sie davon überzeugt, dass er auf dem richtigen Weg war. Lindbergh überredete Goddard dazu, diese Flüssigkeitsrakete der A-Serie an die Museen der Smithsonian Institution zu spenden.

»Es ist schwer zu sagen, was unmöglich ist. Denn der Traum von gestern ist die Hoffnung von heute und die Wirklichkeit von morgen .«
ROBERT H. GODDARD, 1904

Es besteht kein Zweifel daran, dass Goddard ein brillanter Wissenschaftler und Ingenieur war. Etwa zur selben Zeit arbeiteten andere Experten an demselben Problem und kamen zu ähnlichen Schlussfolgerungen, aber sie arbeiteten auf einem industriellen Level. Goddard hingegen erreichte außergewöhnlich viel nur mit der Unterstützung seiner Frau und einer Handvoll Assistenten. Sein Vermächtnis reicht weit über die Raketenwissenschaft hinaus. Seine Aufzeichnungen geben uns einen wertvollen Einblick in einen kreativen Geist – in diese feine Balance zwischen der grenzenlosen Freiheit der Ideen und der Disziplin harter Arbeit und akademischer Präzision. Robert H. Goddard wusste: Nicht die Träume zählen, sondern das, was man nach dem Aufwachen mit ihnen macht.

HERMANN OBERTH

Hermann Oberths Bestimmung stand bereits vor seiner Geburt in den Sternen. Im Jahr 1869 machte sein Großvater Friedrich Krasser, ein Arzt und radikaler utopischer Sozialist, eine Vorhersage: In hundert Jahren würden seine Enkelkinder beobachten, wie Menschen auf dem Mond landen. Genau hundert Jahre später, im Juli 1969, wurde Krassers Enkelsohn von dessen früherem Protegé und Unterstützer des amerikanischen Raumfahrtprogramms, Wernher von Braun, ins Kennedy Space Center eingeladen. Dort durfte er als Ehrengast zuschauen, wie Neil Armstrong die Mondoberfläche betrat – ein Moment in der Geschichte, zu dem Oberth maßgeblich beigetragen hatte. Seine zeitgenössischen »Gründerväter«-Kollegen der Raketentechnik waren der Russe Konstantin Ziolkowski und der Amerikaner Robert H. Goddard, aber nur Oberth erlebte noch die Früchte ihrer visionären Arbeit.

Oberth wurde am 25. Juni 1894 in Siebenbürgen im heutigen Rumänien geboren. Als Kind verschlang er die fiktionalen Raumfahrtgeschichten von Jules Verne. Genau wie Ziolkowski wurde dem wissbegierigen Oberth schnell klar, dass die unglücklichen Insassen von Vernes ballistischer Mondkanone (**10.6**) von der Beschleunigungskraft sofort getötet werden würden. Das gab ihm zu denken. Wie könnten wir trotzdem zum Mond reisen? Er kam zu dem Schluss, dass das Reaktionsprinzip der Rakete das einzige realistische Mittel war, um dorthin zu gelangen. Newtons Berechnungen zeigten, dass das Raketenprinzip im Vakuum des Weltraums funktionierte – die Rakete benötigte keine Luft zum »Wegdrücken«, wie man gemeinhin glaubte. Aber Oberth wusste auch, dass das explosive Schwarzpulver (der Raketentreibstoff der damaligen Zeit) nicht genügend Energie erzeugen konnte, um ein Objekt in den Weltraum zu befördern. Leistungsstarke Flüssigtreibstoffe, kombiniert mit flüssigem Sauerstoff, würden benötigt werden. Er erkannte, dass mehrstufige Raketen die Lösung für das Erreichen der benötigten Geschwindigkeit für einen Orbitalflug sein würden. Der junge Hermann Oberth hatte natürlich keine Ahnung, dass auch andere schlaue Köpfe ähnliche Schlüsse gezogen hatten. Wie so oft wurde die Idee von mehreren Menschen gleichzeitig entwickelt, als sie reif war.

Bereits zur Mitte seiner Teenagerjahre hatte Oberth viele der grundlegenden Probleme der Raketenwissenschaft gelöst – zumindest auf dem Papier. Er beschäftigte sich viel mit der Physik der Raketentechnik, aber ihn interessierten auch die physiologischen Aspekte, mit denen sich ein Raumfahrer möglicherweise auseinandersetzen musste. Er versuchte, die Toleranzen der auf einen Astronauten wirkenden Beschleunigungskraft abzuschätzen, indem er sich aus verschiedenen Höhen rückwärts in ein Schwimmbecken fallen ließ und versuchte, Schwerelosigkeit unter Wasser zu simulieren – mit unterschiedlich großem Erfolg.

12.1 Hermann Oberth (vorne im Bild) mit Funktionären der Army Ballistic Missile Agency in Huntsville (Alabama), 1956.

12.2–12.7 Seltene handschriftliche Notizen des deutschen Raketenpioniers Hermann Oberth.

12.1

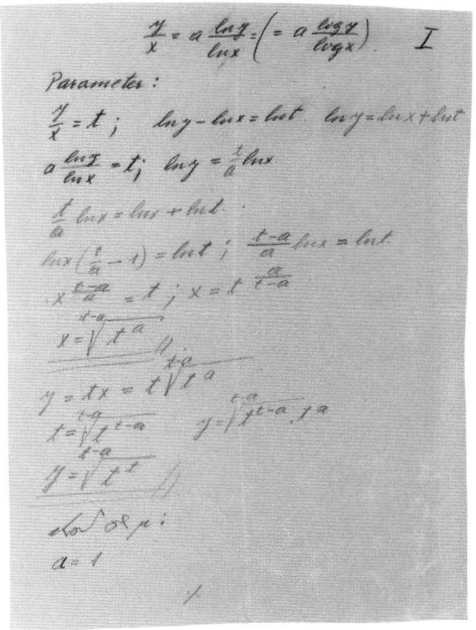

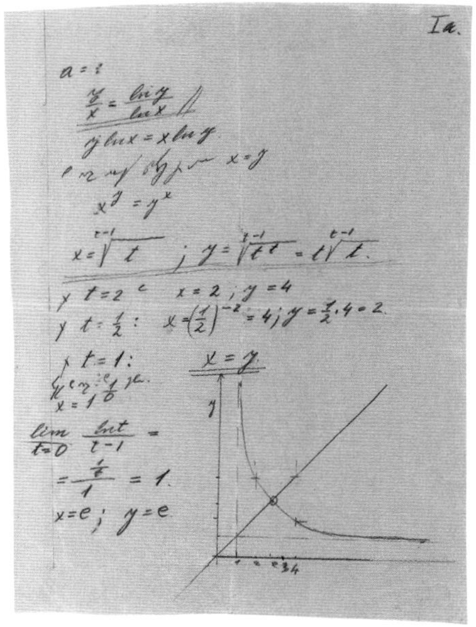

Sein Vater überredete ihn dazu, lieber Medizin als Physik oder Ingenieurwesen zu studieren, aber in seiner Freizeit beschäftigte er sich weiterhin mit den Problemen der Raumfahrt. Gegen Ende des Ersten Weltkrieges heiratete er Mathilde Hummel und kehrte der Medizin den Rücken, um sich auf die Physik und die Mathematik zu konzentrieren. Anfang der 1920er-Jahre zog er zum Studieren nach Göttingen und von dort weiter nach Heidelberg. Er experimentierte mit dem Bau von Prototypen und begann damit, seine Theorie der Raketenwissenschaft ernsthaft zu entwickeln. Seine Doktorarbeit wurde von der akademischen Welt als zu avantgardistisch angesehen. Mit Unterstützung einiger seiner Professoren entschied er sich dazu,

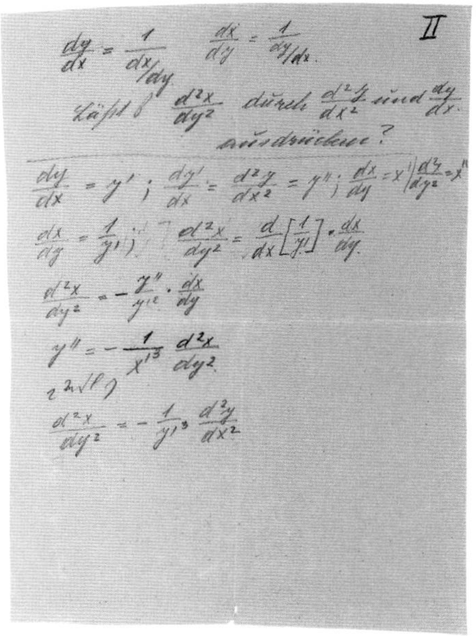

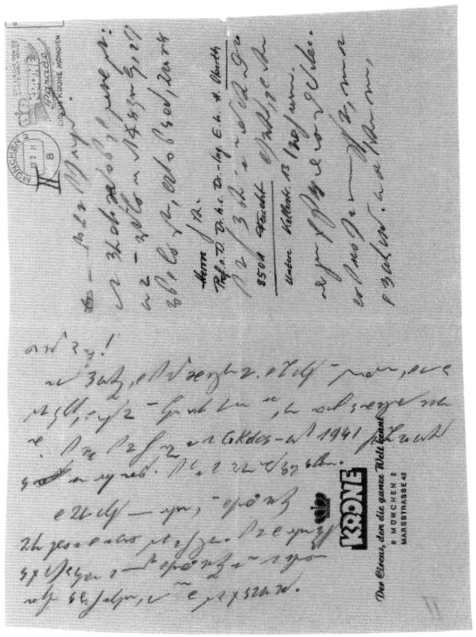

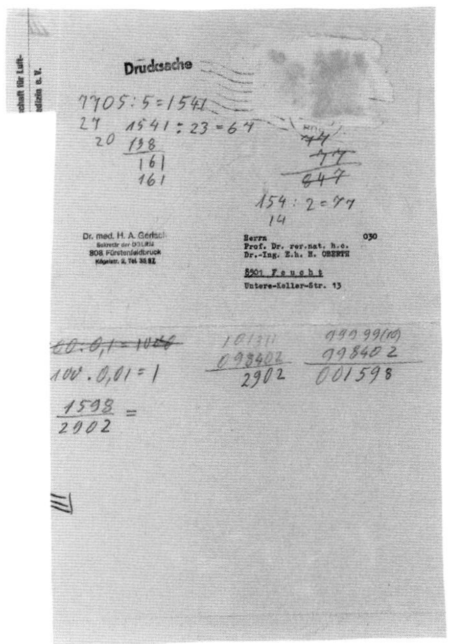

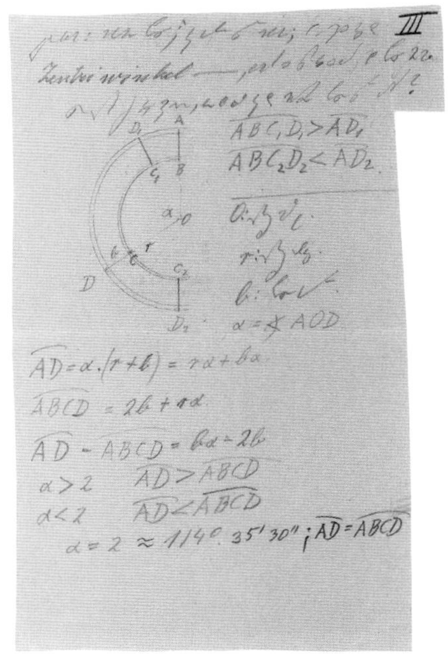

12.2-12.7

sie auf eigene Kosten zu veröffentlichen. Im Juni 1923 erschien der schmale, 92-seitige Band mit dem auffälligen schwarzen Cover und der dramatischen Frakturschrift: *Die Rakete zu den Planetenräumen*. Seine Arbeit wurde zum Fundament der modernen Raumfahrt. Das Buch beginnt mit vier gewagten Thesen:

1. *Beim heutigen Stande der Wissenschaften und der Technik ist der Bau von Maschinen möglich, die höher steigen können, als die Erdatmosphäre reicht.*
2. *Bei weiterer Vervollkommnung vermögen diese Maschinen derartige Geschwindigkeiten zu erreichen, daß sie – im Ätherraum sich selbst überlassen – nicht auf die Erdoberfläche zurückfallen müssen und sogar im Stande sind, den Anziehungsbereich der Erde zu verlassen.*
3. *Derartige Maschinen können so gebaut werden, daß Menschen (wahrscheinlich ohne gesundheitlichen Nachteil) mit emporfahren können.*
4. *Unter gewissen wirtschaftlichen Bedingungen kann sich der Bau solcher Maschinen lohnen. Solche Bedingungen können in einigen Jahrzehnten eintreten.*

Auf den Seiten des Buches wurden bahnbrechende theoretische Grundlagen der Raketentechnik und Raumfahrt dargelegt, die diese Thesen bestätigten. Eine erweiterte Version mit dem Titel *Wege zur Raumschiffahrt* wurde 1929 veröffentlicht und war an das breite Publikum gerichtet. Das Buch enthielt viele revolutionäre Ideen, die wir heute als selbstverständlich erachten: den Start von Raketen in östliche Richtung, um durch die Erdrotation an Geschwindigkeit zu gewinnen; die Rückkehr von Raumschiffen auf die Erde durch Nutzung der Atmosphäre als Bremse; Strahlruder für die Steuerung; eine gyroskopische Stabilisierung. Oberths Andeutungen, beispielsweise zu Raumanzügen, Problemen für Astronauten durch Strahlung und Meteoriten sowie zu elektrischen Ionenantrieben führten zu spekulativen Gebieten: Kommerzielle Raumstationen und riesige Weltraumspiegel könnten als Navigationshilfe dienen und sogar zur Beeinflussung des Wetters eingesetzt werden.

Wege zur Raumschiffahrt wurde zum intellektuellen Impuls für das deutsche Raketenfieber und krönte Oberth als geistigen Vater dieser neuen Bewegung, besonders im »Verein für Raumschiffahrt«. Zu diesem deutschen Amateur-Raketenverein gehörten Koryphäen wie der französische Raketenwissenschaftler Robert Esnault-Pelterie, der österreichische Physiker Max Valier, der mit raketenbetriebenen Autos experimentierte (**14.4**), der deutsch-amerikanische Wissenschaftsautor Willy Ley und natürlich Wernher von Braun, der eine Schlüsselfigur der Raumfahrtprogramme der Nationalsozialisten und der Amerikaner werden würde. Anders als die Arbeit des zurückhaltenden Robert Goddard, die weitgehend unbemerkt stattfand, löste Oberths Buch eine europäische Revolution der Raketentechnik aus. Es unterschied sich durch seine Themenbreite – bei gleichzeitig detaillierter Untersuchung der Themen – und durch seine Inspiration für andere Wissenschaftler, insbesondere wenn es um die Verankerung von Ideen der Raumfahrt in größeren Kulturräumen ging.

1929 wurde Oberth als wissenschaftlicher Berater für Fritz Langs Science-Fiction-Film *Frau im Mond* engagiert. Das Drehbuch schrieb Langs Frau, Thea von Harbou. Der prophetische Film über eine Gruppe Mondreisender war ein außergewöhnliches Porträt der Weimarer Politik, eingebettet in die Ästhetik der industriellen Moderne und Oberths revolutionäre Lösungen für die Raumfahrt. Lang wollte, dass der Film so wissenschaftlich akkurat

12.8 Hermann Oberth, *Die Rakete zu den Planetenräumen*, 1923.

12.9 Oberths Modell einer Weltraumrakete. Zeichnung aus *Die Rakete zu den Planetenräumen*.

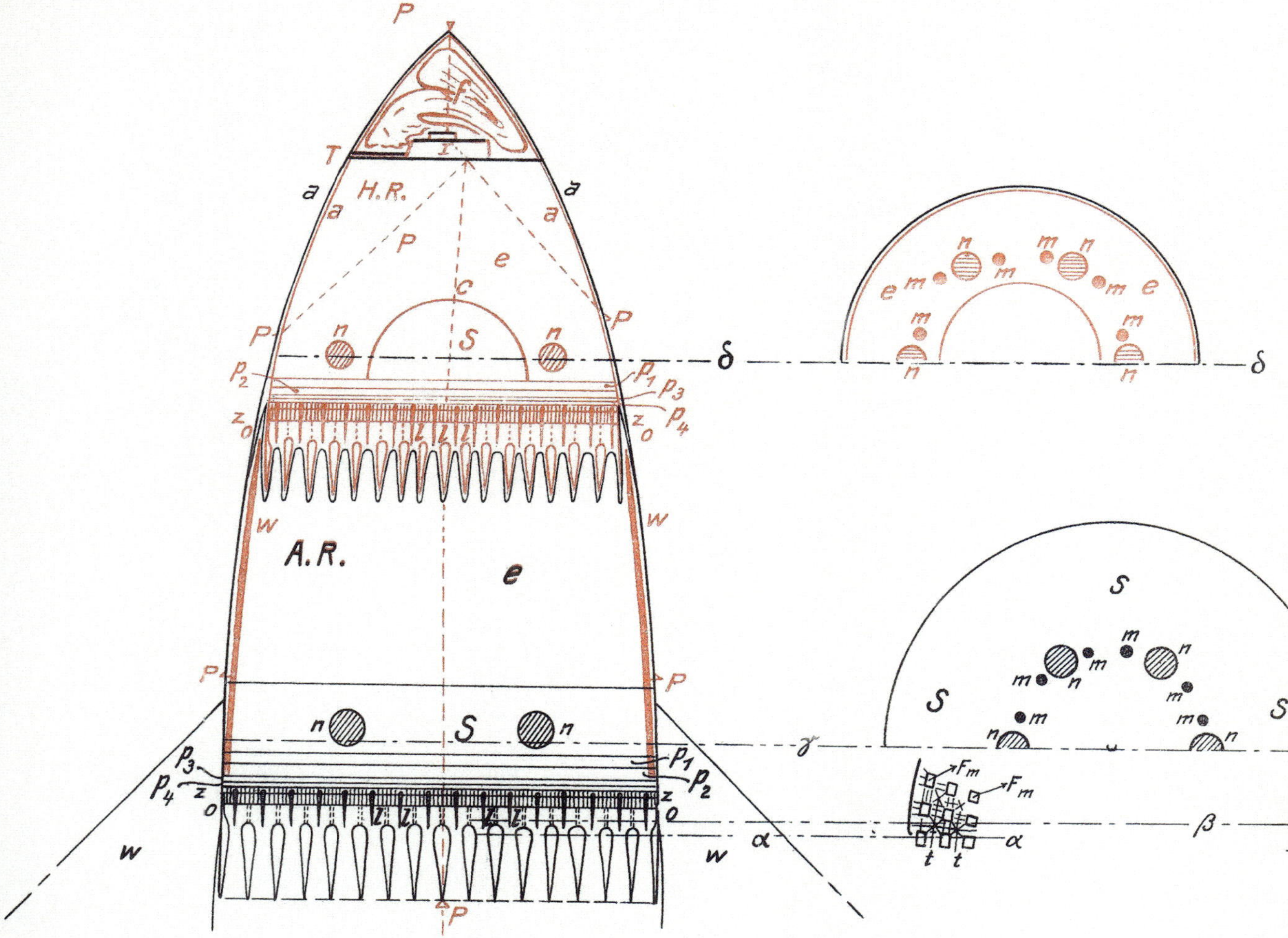

Fig. 53.

a: Spitze der A. R. und der H. R.
f: Fallschirm.
T: Zugang zu *I*.
e: Behälter für den Wasserstoff oder für das Alkoholwasser.
S: Sauerstoffbehälter.
I: Kammer für den Beobachter und für die Präzisionsinstrumente.
P: Periskope.
m, *n*: Heizgaspumpen.
$p_{1,2}$: Pumpkammern für den Brennstoff.
$p_{3,4}$: Pumpkammern für den Sauerstoff.
F_m: Kleinster Düsenquerschnitt.
z: Zerstäuber.
l: Regulierstifte.
t: Düsenwand.
v: Zufluß hinter *t* und Reguliervorrichtungen für den Zufluß.
w: Flossen.
o: Ofen.

Das Rotgezeichnete bezieht sich auf die Wasserstoffrakete, das Schwarzgezeichnete auf die Alkoholrakete.

Verlag von R. Oldenbourg, München und Berli

12.10 Die zweistufige Rakete Modell B, dafür konstruiert, der Schwerkraft zu entfliehen und über die Erdatmosphäre hinauszufliegen. Zeichnung aus *Die Rakete zu den Planetenräumen*.

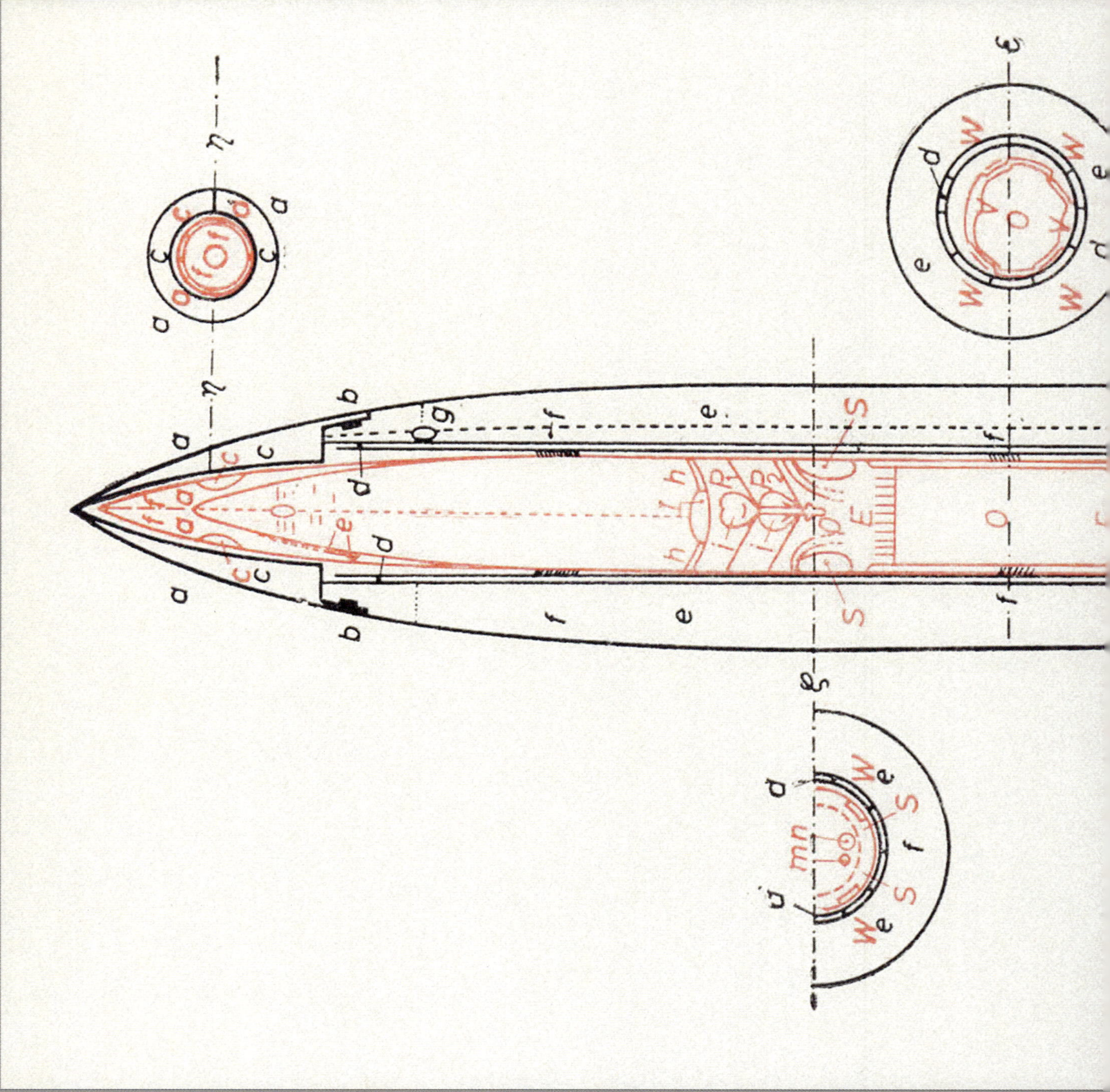

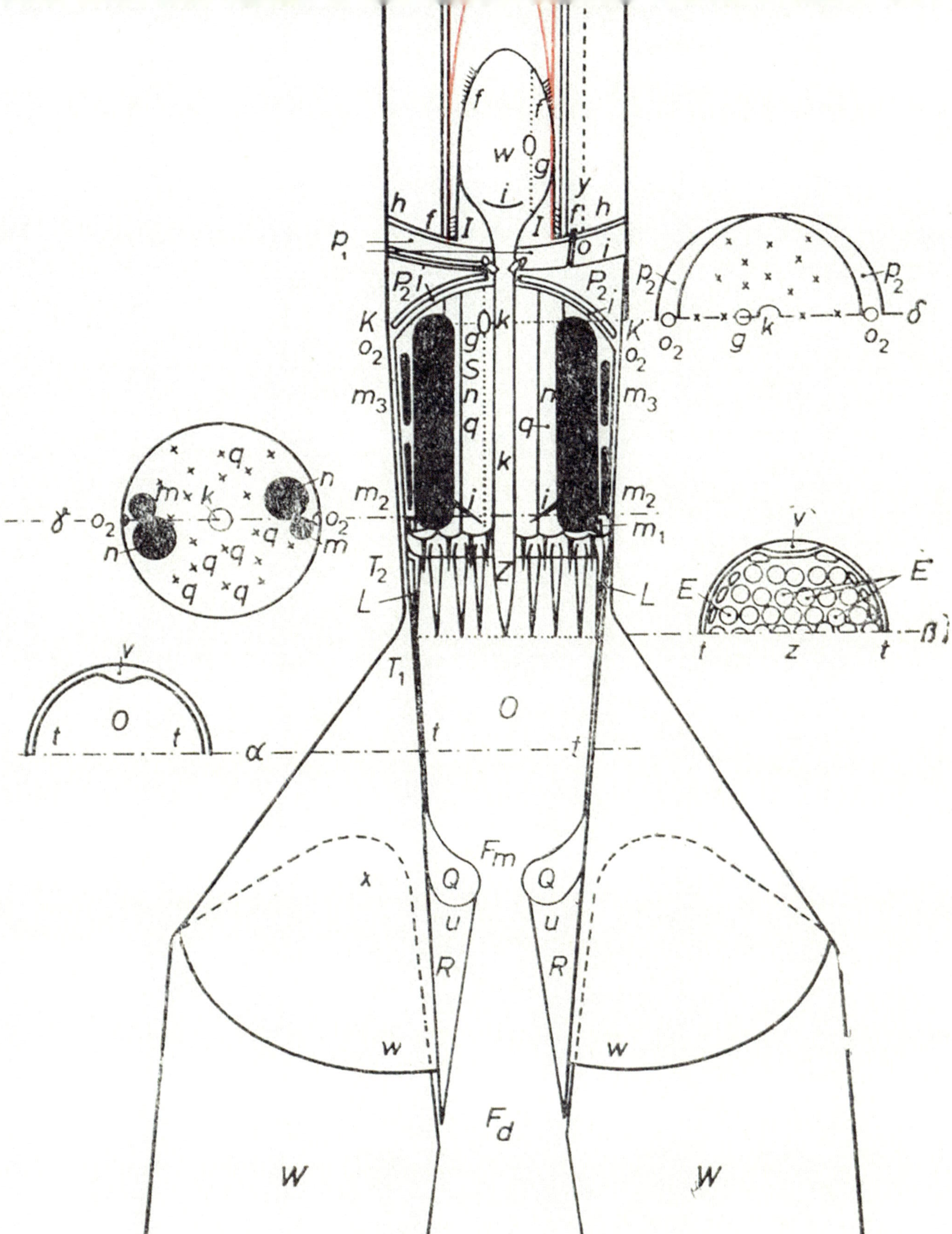

Modell B

wie möglich war. Von der Abteilung für Öffentlichkeitsarbeit des Studios erhielt Oberth Geld für den Bau einer echten Rakete, die bei der Filmpremiere gestartet werden sollte. Für Oberth und seine Assistenten bedeutete dies eine umfassende Finanzierung von Forschung und Konstruktion, einschließlich Experimenten mit Gemischen aus Benzin und flüssigem Sauerstoff zum Antrieb der Rakete (die für Oberth zu einem geplatzten Trommelfell und einer Verletzung seines linken Auges führten). Die Rakete wurde nicht rechtzeitig fertiggestellt. Interessant ist aber, dass letztendlich nicht die akademische Welt, sondern die der Kunst verantwortlich war für die Durchbrüche in der komplizierten Wissenschaft der Verbrennung von Raketentreibstoff sowie für die Herstellung des ersten Antriebs einer Flüssigtreibstoff-Rakete in Europa.

In *Frau im Mond* sind viele von Oberths Ideen wunderschön umgesetzt. Wir sehen Zeichnungen der Gravitationsfelder von Erde und Mond und detaillierte Karten der mit Kratern übersäten Mondoberfläche sowie die Flugbahn zum Mond und zurück in Form einer Acht, die tatsächlich bei den Apollo-Missionen genutzt wurde. Wir sehen den ersten Countdown von 10 bis 1 bei einem Raketenstart – eine Erfindung des Kinos und nicht der Wissenschaft. Die Astronauten im Film liegen beim Start mit dem Gesicht nach oben auf gefederten Pritschen, um die Beschleunigungskräfte auszuhalten, und sie tragen an Tauchanzüge erinnernde Raumanzüge – wie von Oberth vorhergesehen. Am beeindruckendsten ist jedoch die Aussicht aus dem Fenster des Raumschiffs »Friede« während des Fluges zum Mond. Lang zeigt dem Publikum den Blick vom Weltall auf die Erde und den unter ihr vorbeiziehenden Rand des Mondes – genau wie auf den berühmten *Earthrise*-Fotos der Apollo-8-Mission von 1968 (**20.17**, **20.18**). Die fiktionale Mannschaft hält bei dem Anblick einen Moment inne und denkt über seine Bedeutsamkeit nach, genau wie Jahrzehnte später das Publikum, als es das Bild in Wirklichkeit sah. Dies ist das erste Beispiel für die Wirkung der planetaren Gesamtübersicht, für die Ehrfurcht, die Astronauten empfinden, wenn sie aus dem All auf die Erde schauen.

Denn das ist das Ziel: Dem Leben jeden Platz zu erobern, auf dem es bestehen und weiter wachsen kann, jede unbelebte Welt zu beleben und jede lebende sinnvoll zu machen.«

MENSCHEN IM WELTRAUM, 1954

Das Kino und die Raumfahrt hatten einen langen Weg hinter sich gebracht seit Georges Méliès' Film *Voyage dans la Lune* von 1902 (**2.29**) nach der berühmten Geschichte von Jules Verne. Langs Film war der erste mit Bezug zu einer neuen Realität. Wissenschaft, Fantasie und zunehmend auch Politik und Wirtschaft waren deutlicher miteinander verflochten als je zuvor. Oberths utopisches Buch zeigte eine Vision der Vorteile der Raumfahrt. Doch als Sturmwolken aufzogen und ein weiterer Krieg nahte, schlug unser Weg zur Reise zu den Sternen, die wir bald antreten würden, einen viel dunkleren Pfad ein.

12.11 *Frau im Mond*, Filmposter, 1929.

12.12 Fritz Lang während der Dreharbeiten zu *Frau im Mond*, 1929. Die Kulisse der Weltraumkapsel hinter ihm wurde anhand von Oberths Entwürfen gebaut.

12.13 Gerda Maurus in *Frau im Mond* vor einem Plan der Flugbahn des Raumschiffs »Friede« von der Erde zum Mond.

12.14 Standbild aus *Frau im Mond*, das die Raumkapsel zeigt.

12.12

12.13 / 12.14

WERNHER VON BRAUN

Am 8. September 1944 stürzte Wernher von Brauns Werk in die Staveley Road Nr. 5 in Chiswick, einem grünen Vorort im Westen Londons. Es hinterließ einen neun Meter tiefen Krater, zerstörte ein Dutzend Häuser und tötete die Pensionärin Ada Harrison, einen Soldaten im Fronturlaub namens Bernard Browning und die dreijährige Rosemary Clarke. Es war die erste deutsche V2-Rakete, die in London einschlug. Die sogenannte »Wunderwaffe« ließ viel zu wünschen übrig: Ihr Bau war nahezu unerschwinglich, sie war sehr unpräzise und hatte einen geringen strategischen militärischen Wert. Sie war weit davon entfernt, den Krieg für Deutschland zu gewinnen – sie deutete vielmehr auf die schwindende Wahrscheinlichkeit eines deutschen Sieges hin. Die riesige, 14 Meter hohe V2-Rakete wirkte vor allem als psychologische Waffe – als Terrorinstrument gegen die Alliierten, auf die sie abgefeuert wurde, und als Motivationsinstrument für die Deutschen, die mehr als ein Jahrzehnt an ihr gebaut hatten. Aber für Wernher von Braun funktionierte sie auch technisch tadellos. Abgesehen davon, dass sie auf dem falschen Planeten landete.

Wernher Magnus Maximilian Freiherr von Braun (1912–1977) war der Sohn adeliger preußischer Eltern. Er war musikalisch, gut aussehend und charmant – Eigenschaften, die für seinen späteren Celebrity-Status in Amerika genauso wichtig sein würden wie es seine technischen Fähigkeiten in Deutschland waren. Als Teenager wurde er vom deutschen Raketenfieber der 1920er-Jahre erfasst und war fasziniert von Hermann Oberths Abhandlung über die Zukunft der Raumfahrt, *Die Rakete zu den Planetenräumen* (**12.8–12.10**). Im Jahr 1928 trat er dem Verein für Raumschiffahrt (VfR) bei, einer bunt gemischten Gruppe von Raketenwissenschaftlern und frühen Berühmtheiten der Raumfahrt, die mit neuen Ideen in der Raketentechnik experimentierten. Er war ein brillanter Akademiker und hatte mit 22 Jahren bereits zwei Ingenieurdiplome und einen Doktortitel in Physik erworben.

Bis 1932 hatten die experimentellen Aktivitäten des VfR die Aufmerksamkeit von hochrangigen Militärs auf sich gezogen, einschließlich des Generalmajors Walter Dornberger, der Artillerieoffzier im Ersten Weltkrieg gewesen war und einen Nachfolger für das sogenannte »Paris-Geschütz« suchte. Dieses war ein riesiges Fernkampfgeschütz, das ein Artilleriegeschoss 80 Kilometer weit feuern konnte. Der Versailler Vertrag verhinderte ein Wiederaufrüsten in Deutschland mit Schusswaffen – aber zu Raketen besagte er nichts. Raketen als Träger

»›Wenn die Raketen erst oben sind, wen kümmert es, wo sie herunterkommen? Dafür bin ich nicht zuständig!‹, sagt Wernher von Braun.«

TOM LEHRER, *WERNHER VON BRAUN*, 1965

für Bomben waren noch völlig unbekannt, selbst als Konzept. Aber das Interesse des Militärs war gleichzusetzen mit Geld. Dornberger erkaufte sich von Brauns Fähigkeiten, und für diesen bedeutete Geld umfassende Forschung und Entwicklung.

Im Jahr 1937 wurde der 25-jährige von Braun, inzwischen offzielles Mitglied der uneingeschränkt herrschenden nationalsozialistischen Partei, zum technischen Direktor in Peenemünde, einem riesigen neuen Raketentestgelände des Militärs auf einer entlegenen Halbinsel an der deutschen Ostseeküste. Hier fand unter der Leitung von Dornberger der erste Test einer ballistischen Rakete – der A3 aus von Brauns sogenannter »Aggregat«-Serie – statt. Sie war so konstruiert, dass sie ihre Ladung Hunderte Kilometer weiter schießen konnte als traditionelle Schusswaffen. Die A4 wurde zur berüchtigsten dieser Raketen. Sie hatte eine Reichweite von etwa 320 Kilometern und konnte einen eine Tonne schweren Sprengkopf transportieren, der beim Aufprall explodieren würde. Der Name der Rakete wurde geändert in V2 (V für »Vergeltungswaffe«, **13.6**). Am 3. Oktober 1942 fand der erste erfolgreiche Testflug der V2 statt. Die Luft war mit Donnergrollen erfüllt, als sie vom Prüfstand abhob und mit Erreichen einer Höhe von fast 90 Kilometern den Rand des Weltraums streifte. Dies war die Geburtsstunde des Raumschiffs.

In der Nacht des 17. August 1943 bombardierte die britische Luftwaffe Peenemünde, nachdem der wahre Zweck des Testgeländes geheimdienstlich bestätigt worden war, und beeinträchtigte den Betrieb dadurch erheblich. Die Raketenfabrik wurde daraufhin in eine unterirdische Anlage in einer alten Gipsgrube in Mitteldeutschland nahe der Stadt Nordhausen verlagert. Im Jahr 1944

13.1 Der deutschstämmige Raketenwissenschaftler Wernher von Braun, Direktor des Marshall Space Flight Center der NASA, in seinem Büro in Huntsville (Alabama), ca. 1965). Hinter ihm sind Modelle seiner Raketen aufgereiht.

13.2 Produktionsstätte der V1-Rakete im Konzentrationslager Mittelbau-Dora, die in einem Tunnel im Berg Kohnstein in Thüringen angelegt wurde, 1944.

13.3 Die Folgen der Explosion einer V2 in der Staveley Road in Chiswick, 9. September 1944.

13.2

13.3

produzierte die Mittelwerk GmbH mithilfe von Zwangsarbeitern aus dem Konzentrationslager Mittelbau-Dora Tausende von V2-Raketen. Die menschlichen Kosten des V2-Programms zeigten sich bereits in den Tunneln, wo die Raketen zusammengebaut wurden. Über 30.000 französische, polnische und russische Kriegsgefangene starben hier unter unvorstellbar brutalen und unmenschlichen Bedingungen.

Im Mai 1945 war Hitler tot, und der kurze aktive Dienst der V2 war zu Ende. Von Braun, Dornberger und andere hochrangige Mitarbeiter aus Peenemünde zogen sich in die Bayerischen Alpen in die Nähe der Stadt Oberammergau zurück. Zu ihren Füßen lagen die Ruinen des Deutschen Reichs. Deutschland wurde aufgeteilt, die Amerikaner näherten sich von Westen und die Sowjets von Osten. Beide Nationen wollten die Crème de la Crème unter den deutschen Wissenschaftlern für ihre eigenen militärischen Nachkriegsprojekte gewinnen. Die Nummer eins auf dieser Liste war von Braun, der seine Übergabe an die Amerikaner im Schutz der »Operation Paperclip« aushandelte, einer geheimen Initiative zur Gewinnung der besten deutschen Wissenschaftler für Amerikas neue Raketen- und Weltraumprogramme. Ihre Vergangenheit als wichtige Persönlichkeiten während des Nationalsozialismus wurde stillschweigend ignoriert. Der Kommunismus war die neue Bedrohung.

Zusammen mit den etwa 1600 rekrutierten Wissenschaftlern, Ärzten und Ingenieuren gewannen die USA einen wertvollen Bestand an V2-Raketen, und bereits 1946 hatte sich die V2 von einer Kriegswaffe zum Fundament des amerikanischen Raumfahrtprogramms entwickelt. Die Rakete wurde sowohl für wissenschaftliche als auch für militärische Zwecke getestet und verbessert. Auf dem Testgelände White Sands Missile Range in New Mexico befestigte Clyde T. Holliday, ein Ingenieur der Johns Hopkins University, eine Kamera an einer V2 und konnte damit das erste Bild der Erde aus dem Weltraum aufnehmen (**20.8**).

Innerhalb eines Jahrzehnts bauten sowohl die Sowjets als auch die Amerikaner eine neue Generation von Raketen, die nukleare Sprengladungen über Kontinente hinweg transportieren konnten. Es gab nun drei Nutzungsmöglichkeiten für Raketen: als Instrumente des Krieges, der Wissenschaft und der friedlichen Forschung. Von Braun war in allen drei Bereichen von zentraler Bedeutung, vor allem als erster Konstrukteur der Redstone-Raketen der US Army. Diese beförderten sowohl den ersten amerikanischen Satelliten (Explorer 1) als auch die ersten amerikanischen Menschen in den Himmel. Mithilfe der Saturn-V-Rakete der NASA landeten zwölf Amerikaner auf dem Mond.

13.4

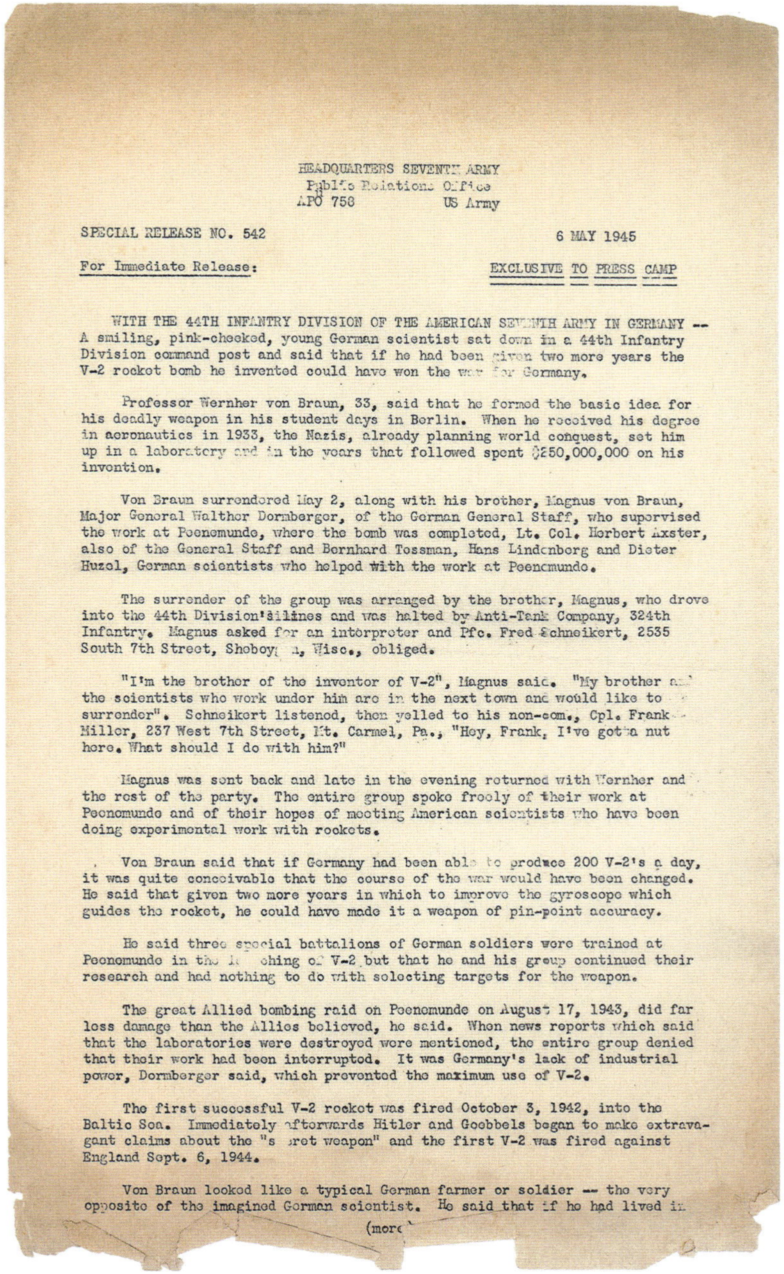

HEADQUARTERS SEVENTH ARMY
Public Relations Office
APO 758 US Army

SPECIAL RELEASE NO. 542 6 MAY 1945

For Immediate Release: EXCLUSIVE TO PRESS CAMP

WITH THE 44TH INFANTRY DIVISION OF THE AMERICAN SEVENTH ARMY IN GERMANY -- A smiling, pink-cheeked, young German scientist sat down in a 44th Infantry Division command post and said that if he had been given two more years the V-2 rocket bomb he invented could have won the war for Germany.

Professor Wernher von Braun, 33, said that he formed the basic idea for his deadly weapon in his student days in Berlin. When he received his degree in aeronautics in 1933, the Nazis, already planning world conquest, set him up in a laboratory and in the years that followed spent $250,000,000 on his invention.

Von Braun surrendered May 2, along with his brother, Magnus von Braun, Major General Walther Dornberger, of the German General Staff, who supervised the work at Peenemunde, where the bomb was completed, Lt. Col. Herbert Axster, also of the General Staff and Bernhard Tossman, Hans Lindenberg and Dieter Huzel, German scientists who helped with the work at Peenemunde.

The surrender of the group was arranged by the brother, Magnus, who drove into the 44th Division's lines and was halted by Anti-Tank Company, 324th Infantry. Magnus asked for an interpreter and Pfc. Fred Schneikert, 2535 South 7th Street, Sheboygan, Wisc., obliged.

"I'm the brother of the inventor of V-2", Magnus said. "My brother and the scientists who work under him are in the next town and would like to surrender". Schneikert listened, then yelled to his non-com., Cpl. Frank Miller, 237 West 7th Street, Mt. Carmel, Pa., "Hey, Frank, I've gotta nut here. What should I do with him?"

Magnus was sent back and late in the evening returned with Wernher and the rest of the party. The entire group spoke freely of their work at Peenemunde and of their hopes of meeting American scientists who have been doing experimental work with rockets.

Von Braun said that if Germany had been able to produce 200 V-2's a day, it was quite conceivable that the course of the war would have been changed. He said that given two more years in which to improve the gyroscope which guides the rocket, he could have made it a weapon of pin-point accuracy.

He said three special battalions of German soldiers were trained at Peenemunde in the launching of V-2 but that he and his group continued their research and had nothing to do with selecting targets for the weapon.

The great Allied bombing raid on Peenemunde on August 17, 1943, did far less damage than the Allies believed, he said. When news reports which said that the laboratories were destroyed were mentioned, the entire group denied that their work had been interrupted. It was Germany's lack of industrial power, Dornberger said, which prevented the maximum use of V-2.

The first successful V-2 rocket was fired October 3, 1942, into the Baltic Sea. Immediately afterwards Hitler and Goebbels began to make extravagant claims about the "secret weapon" and the first V-2 was fired against England Sept. 6, 1944.

Von Braun looked like a typical German farmer or soldier -- the very opposite of the imagined German scientist. He said that if he had lived in

(more)

13.4 Fotografie einer deutschen Militärgruppe, einschließlich von Braun (auf der rechten Seite, in Anzug und Krawatte) und Hitler, ca. 1933. Auf der Rückseite wird in deutscher Kurrentschrift der Ort als Kummersdorf angegeben, wo von Braun im Jahr 1932 seine Laufbahn als Raketenwissenschaftler begann.

13.5 Pressemitteilung des Hauptquartiers der 7. US-Armee zur Übergabe von Brauns, 6. Mai 1945.

13.6 Diese V2-Rakete wurde bei Kriegsende im nordwestlichen Teil von Washington, D.C., in der Nähe der 12th Street und Pennsylvania Avenue aufgebaut. Sie symbolisierte nicht nur das Ende des Krieges, sondern auch die Form der möglicherweise zu erwartenden Konflikte.

13.5

13.6

Von Braun war in der Lage, sich für die amerikanische Öffentlichkeit neu zu erfinden. In den 1950er-Jahren war die Nation gefesselt von den Geschichten und der Ästhetik der Raumfahrt. Das Hochglanzmagazin *Collier's* veröffentlichte von Brauns aufregende Visionen eines Weltraum-Utopia (**13.9**). Disney produzierte als Werbung für das neu eröffnete Disneyland eine Reihe von TV-Sendungen zum Thema Weltraum, denen von Braun sein Gesicht lieh. Mit seinem charismatischen Äußeren und starkem deutschen Akzent wurde von Braun zu einer weiteren Disney-Figur, dem exemplarischen »Raketenwissenschaftler«. Dies setzte er zu seinem Vorteil ein. Er erkannte: Wenn er Politiker davon überzeugen wollte, sich auf extrem teure Pläne wie die bemannte Raumfahrt einzulassen, musste die Öffentlichkeit sich ein Ticket kaufen und mit auf die Reise kommen.

Wernher von Braun war zweifellos brillant. Er war nicht nur ein Ingenieur und Visionär, sondern er hatte auch diese seltene, unermüdliche Energie, die Träume wahr werden lässt. Darüber hinaus war er ein meisterhafter Opportunist, der jeden Weg für seine Zwecke ebnen konnte, egal wie steinig er sein mochte. In der Öffentlichkeit erklärte er stets, seine Zeit als hochrangiger SS-Offizier sei nicht mehr gewesen als ein geeignetes Mittel zu einem lohnenden Zweck. Doch es besteht kein Zweifel: Mit seinem Wissen starben Tausende mehr Menschen beim Bau der V2-Raketen im Konzentrationslager Mittelbau-Dora als durch das Raketengeschoss selbst getötet wurden. Wernher von Braun entschied sich einfach dafür wegzuschauen.

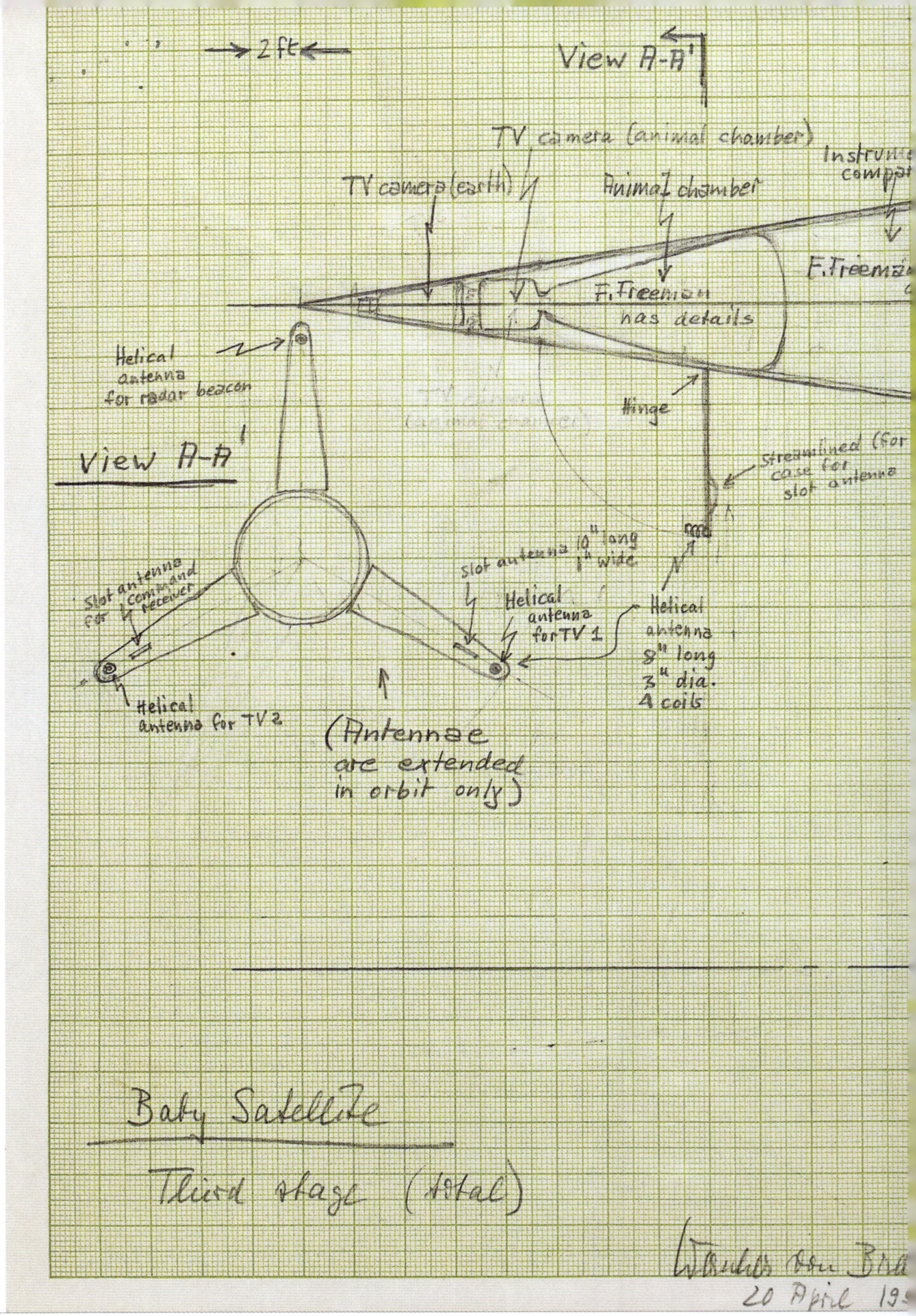

13.7

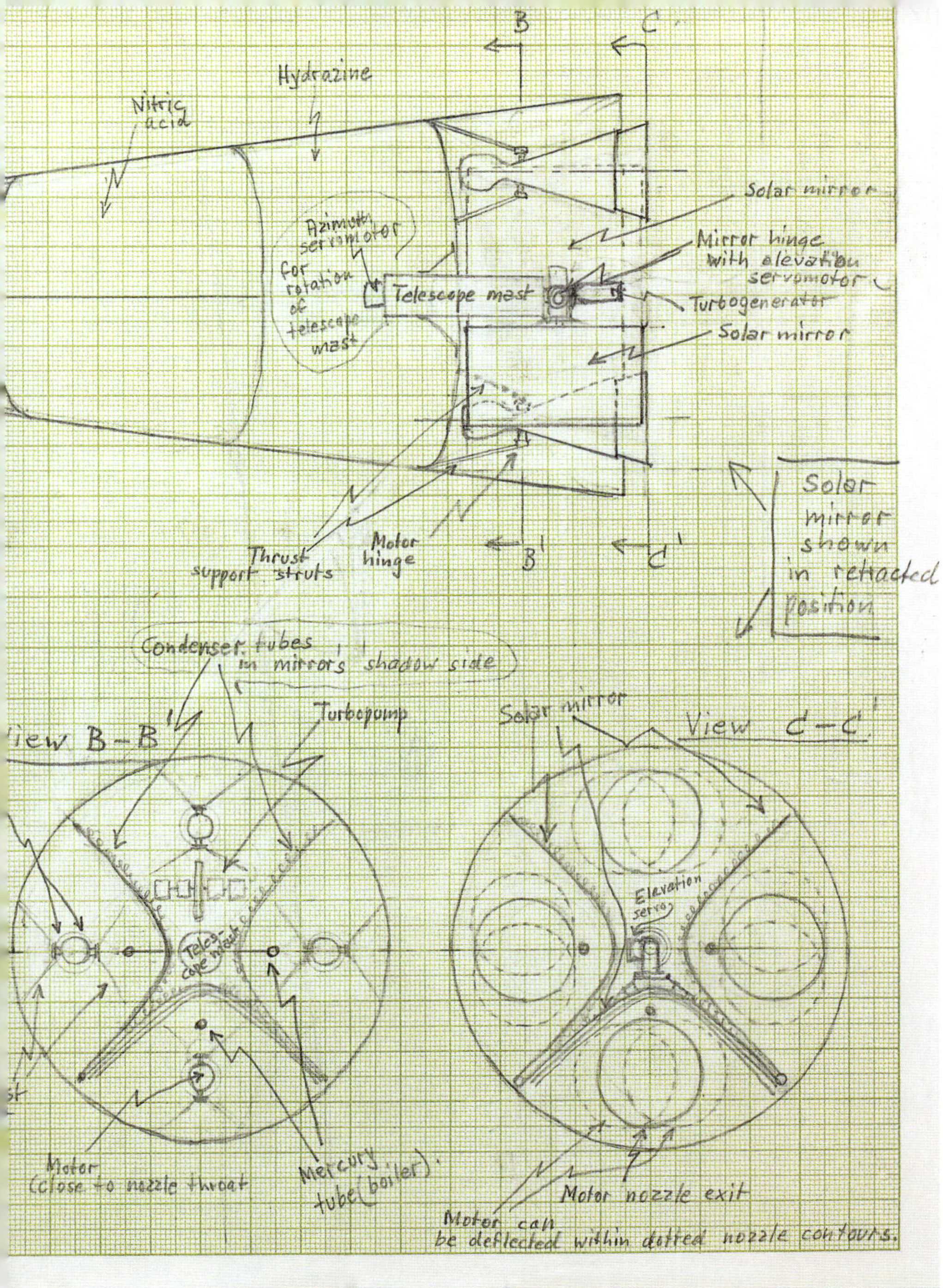

13.7 Wernher von Braun, »Baby Satellite Sketch«, 1953. Diese Zeichnung war die Grundlage für die Illustrationen des Künstlers Fred Freeman in der Ausgabe des Magazins *Collier's* vom 27. Juni 1953. Von Brauns Artikel über die »Baby Space Station« erschien in dieser Ausgabe als Teil der Serie »Man will Conquer Space Soon!« (Die Menschheit wird bald den Weltraum erobern!). In dem Artikel wurde ein kleiner Satellit beschrieben, der für einen 60-tägigen Aufenthalt im Orbit konstruiert wurde und drei Rhesusaffen, Fernsehkameras, Antennen, Solarspiegel und Geigerzähler transportierte. Die Zeichnung zeigt einen Querschnitt des Satelliten und drei weitere Ansichten.

13.8 Dr. von Brauns erster US-amerikanischer Führerschein von 1946 (Aufnahme: Barbara Diener, 2019).

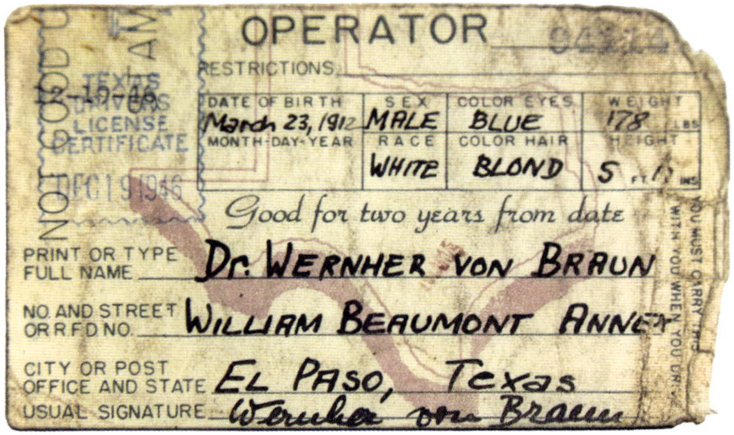

13.8

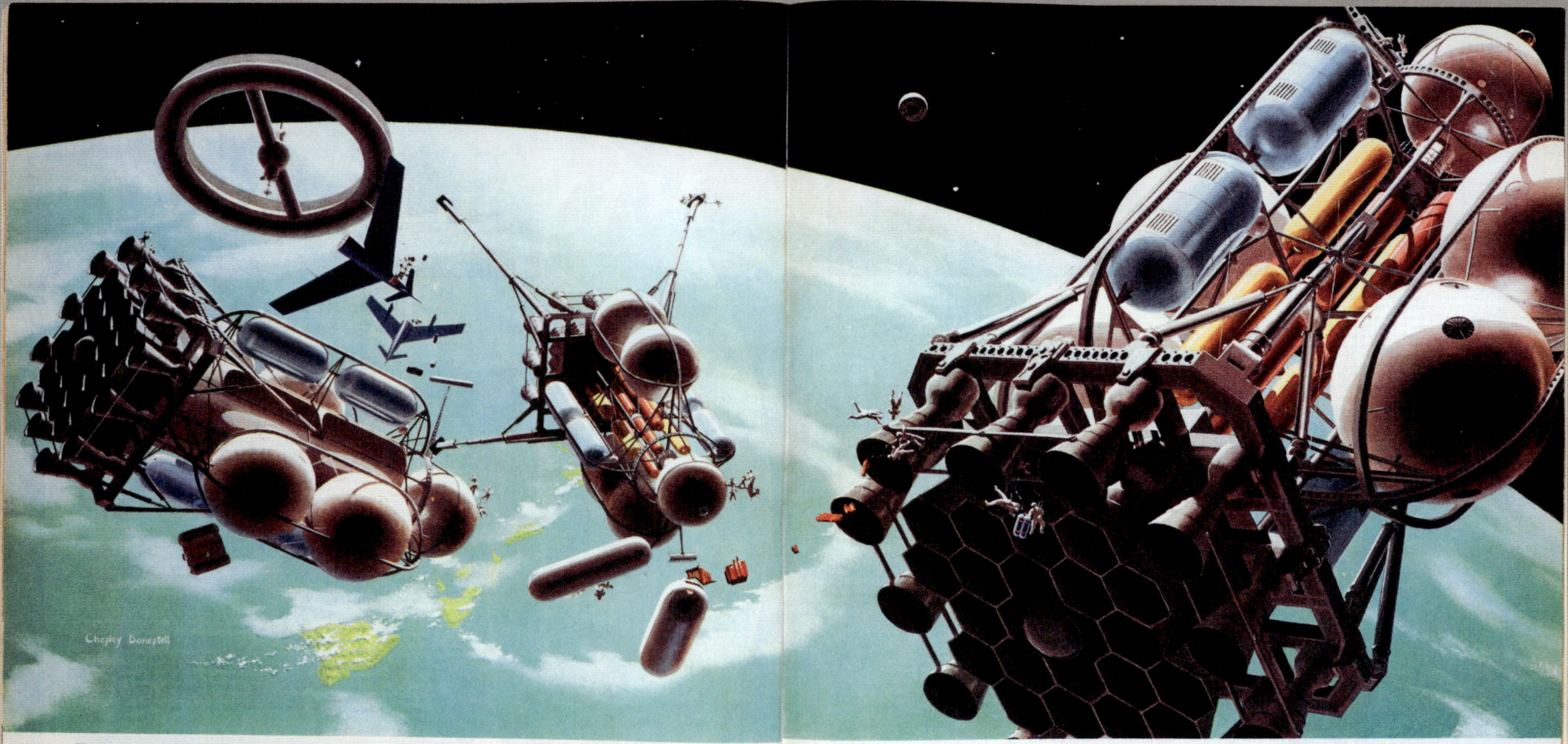

Weightless in orbit 1,075 miles above earth, workers in space suits assemble three moon ships. Hawaiian Islands lie below. Winged transports unload supplies near wheel-shaped space station top left. Engineers and equipment cluster around cargo ship lower left, passenger ships center and right

Man on the Moon

THE JOURNEY

By Dr. WERNHER von BRAUN

Technical Director, Army Ordnance Guided Missiles Development Group, Redstone Arsenal, Huntsville, Alabama

For five days, the expedition speeds through space on its historic voyage —50 men on three ungainly craft, bound for the great unknown

52

HERE is how we shall go to the moon. The pioneer expedition, 50 scientists and technicians, will take off from the space station's orbit in three clumsy-looking but highly efficient rocket ships. They won't be streamlined: all travel will be in space, where there is no air to impede motion. Two will be loaded with propellant for the five-day, 239,000-mile trip and the return journey. The third, which will not return, will carry only enough propellant for a one-way trip; the extra room will be filled with supplies and equipment for the scientists' six-week stay.

On the outward voyage, the rocket ships will hit a top speed of 19,500 miles per hour about 33 minutes after departure. Then the motors will be stopped, and the ships will fall the rest of the way to the moon.

Collier's for October 18, 1952

Such a trip takes a great deal of planning. For a beginning, we must decide what flight path to follow, how to construct the ships and where to land. But the project could be completed within the next 25 years. There are no problems involved to which we don't have the answers—or the ability to find them—right now.

First, where shall we land? We may have a wide choice, once we have had a close look at the moon. We'll get that look on a preliminary survey flight. A small rocket ship taking off from the space station will take us to within 50 miles of the moon to get pictures of its meteor-pitted surface—including the "back" part, never visible from the earth.

We'll study the photographs for a suitable site. Several considerations limit our selection. Because the moon's surface has 14,600,000 square miles—about one thirteenth that of the earth—we won't be able to explore more than a small area in detail, perhaps part of a section 500 miles in diameter. Our scientists want to see as many kinds of lunar features as possible, so we'll pick a spot of particular interest to them. We want radio contact with the earth, too; that means we'll have to stick to the moon's "face," for radio waves won't reach across space to any point the eye won't reach.

We can't land at the moon's equator because its noonday temperatures reach an unbearable 220-degrees Fahrenheit, more than hot enough to boil water. We can't land where the surface is too rugged, because we need a flat place to set down. Yet the site can't be too flat, either—grain-sized meteors constantly bombard the moon at speeds of several miles a second; we'll have to set up camp in a crevice where we have protection from these bullets.

There's one section of the moon that meets all our requirements, and unless something better turns up on closer inspection, that's where we'll land. It's an area called *Sinus Roris*, or Dewy Bay, on the northern branch of a plain known as *Oceanus Procellarum*, or Stormy Ocean (so called by early astronomers who thought the moon's plains were great seas). Dr. Fred L. Whipple, chairman of Harvard University astronomy department, says *Sinus Roris* is ideal for our purpose —about 650 miles from the lunar north pole, where the daytime temperature averages a reasonably pleasant 40 degrees and the terrain is flat enough to land on, yet irregular enough to hide

PAINTING BY CHESLEY BONESTELL

53

»Für mich ist [das Konzentrationslager Mittelbau-] Dora gegenwärtig. Engländer, Franzosen, Amerikaner und Russen haben mit den Wissenschaftlern und Technikern gearbeitet, die unsere Peiniger waren. Und ich konnte die Apollo-Mission nicht anschauen, ohne daran erinnert zu werden, dass dieser triumphale Spaziergang durch unser Erdulden unvorstellbaren Grauens ermöglicht wurde. … Mit dem Tribut aus Blut, Schweiß und Tränen, der an die Wissenschaftler und Techniker der Nazis gezahlt wurde, ist der Flug ins All heute möglich. Das Entkommen in den Weltraum hatte seine Ursprünge in den lebendig Begrabenen von Dora, die einst von einem Entkommen träumten, das unmöglich war.«

JEAN MICHEL, *DORA: THE NAZI CONCENTRATION CAMP WHERE SPACE TECHNOLOGY WAS BORN AND 30,000 PRISONERS DIED* (DORA: DAS NAZI-KONZENTRATIONSLAGER, IN DEM DIE RAUMFAHRTTECHNOLOGIE GEBOREN WURDE UND 30.000 INHAFTIERTE ZWANGSARBEITER STARBEN), 1975

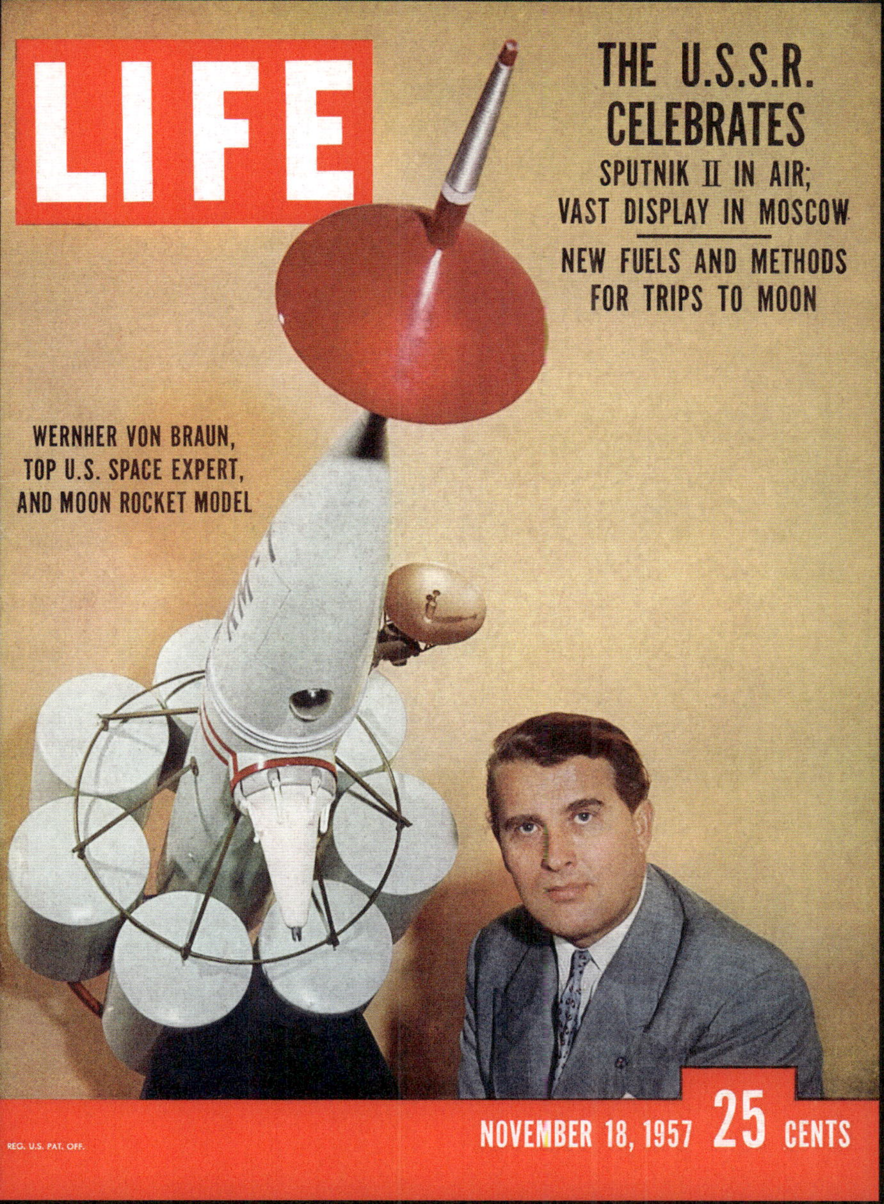

13.10

13.9 Wernher von Brauns Artikel »Man on the Moon: The Journey« wird im *Collier's*-Magazin vom 18. Oktober 1952 begleitet von Chesley Bonestells Illustration *Assembly of the Moonships 1,075 Miles Above the Hawaiian Islands*, 1952.

13.10 Cover eines *Life*-Magazins mit von Braun und seinem Modell einer Mondrakete, 18. November 1957.

GERHARD ZUCKER

14.1 Gerhard Zucker mit einem Modell seiner »Rakete« auf der International Air Post Exhibition, 1934.

14.2 Ergänzungsheft der Zeitschrift des Vereins für Raumschiffahrt, *Die Rakete: In 1½ Stunden um die Erde*, 1927.

14.3 Titelbild der Zeitschrift *Popular Science*, Juli 1932.

14.4 Der österreichische Ingenieur Max Valier in seinem Raketenauto in Burgwedel bei Hannover, 1929. Das Auto explodierte nach 50 Metern, aber Valier überlebte.

Das deutsche Raketenfieber der 1920er- und 1930er-Jahre fand seinen Weg an ungewöhnliche Orte, etwa die winzige schottische Insel Scarp. Sie liegt einen Steinwurf entfernt von der Westküste der Hebrideninsel Lewis and Harris und ist heute unbewohnt. In früheren Zeiten beherbergte sie jedoch eine der abgelegensten Siedlungen Großbritanniens. Im Jahr 1934 lebten dort 95 Familien, die ihren Lebensunterhalt mit Landwirtschaft, Fischerei und dem Weben von Harris-Tweed bestritten.

Die Lebensbedingungen waren hart auf dieser ungeschützten, felsigen Insel. Es gab kein fließendes Wasser, keinen Strom und vor allem kein Telefon. In der Nacht des 14. Januar 1934 gebar die Inselbewohnerin Christina McLennan eine Tochter. Kurz darauf verschlechterte sich ihr Gesundheitszustand, und ein anderer Inselbewohner machte sich schnell auf den Weg zur Nachbarinsel Harris, eine halbe Meile über das offene Wasser. Aber das Telefon auf der dortigen Landzunge Hushinish funktionierte nicht. Der Sohn des örtlichen Postboten fuhr 24 Kilometer auf einer einspurigen Straße bis nach Tarbert, dem Hauptort von Harris, um einen Arzt zu rufen. Der Arzt riet zu einem sofortigen Transfer in das nächstgelegene Krankenhaus. Und so transportierte man Christina auf einer alten Tür als behelfsmäßiger Trage über das aufgewühlte Wasser. Am Montag stellte sich der Grund für ihren schlechten Zustand heraus: Eine zweite Tochter wurde geboren. Zwei gesunde Zwillingsmädchen, die als Miss Lewis und Miss Harris bekannt wurden, waren in verschiedenen Wochen und an verschiedenen Orten geboren worden. Die Geschichte erregte die Aufmerksamkeit des jungen, charismatischen deutschen Raketen-Enthusiasten Gerhard Zucker, der sofort eine Gelegenheit witterte – eine, von der er selbst profitieren konnte und die zugleich Scarp bekannt machen würde.

Zucker wurde 1908 geboren und wuchs im Harz auf. Sein Vater besaß eine Molkerei und unterstützte ihn finanziell bei seinen Raketenexperimenten, zu denen er von Max Valier und dem Verein für Raumschiffahrt inspiriert wurde. Im Unterschied zu anderen war Zucker jedoch weder Wissenschaftler noch Ingenieur. Aber was ihm an technischem Know-how fehlte, machte er mit Enthusiasmus und kreativem Geschäftssinn mehr als wett. Deutschland lag nach dem Ersten Weltkrieg am Boden, und der Wall-Street-Crash von 1929 hatte weitreichende Auswirkungen auf die Wirtschaft. Es gab viele Insolvenzen, und die Zahl der Arbeitslosen war katastrophal. In dieser Zeit wurden Raketen nun nicht nur im Zusammenhang mit der Raumfahrt interessant, sondern auch zur Umgehung des Versailler Vertrages, der eine Wiederaufrüstung Deutschlands untersagte. Es gibt ein im April 1933 aufgenommenes Foto des 24-jährigen, tadellos gekleideten Gerhard Zucker am Strand von Duhnen bei Cuxhaven. Er steht

14.1

neben seinem selbst gebauten »Luft-Torpedo«, einer vier Meter langen Rakete, die er als die größte jemals gebaute Rakete bezeichnete. In Wirklichkeit war sie nicht viel mehr als ein von einer Handvoll Feuerwerkskörpern angetriebenes Metallrohr – nicht im Geringsten vergleichbar mit der an anderer Stelle entwickelten, ernstzunehmenden deutschen Raketentechnik, die bald die Welt verändern würde. Zur Begeisterung der Zuschauer flog Zuckers Rakete immerhin 15 Meter hoch – und stürzte dann ins Watt.

Was Zucker interessierte, waren nicht so sehr Bombenträger oder die Raumfahrt, sondern der Einsatz von Raketen zur Anbindung von schwer erreichbaren Orten und die faszinierende Möglichkeit, damit Geld zu verdienen. Raketenpost als Erweiterung der Luftpost war eine Idee, die schon seit Jahren angepriesen wurde, aber Zucker sah darin die Möglichkeit, im Bereich der Philatelie (dem Sammeln von Briefmarken) Profite zu machen. Alles in Verbindung mit Raketen war damals sehr gefragt, besonders wenn es fliegend transportiert worden war – wie auch heute noch. Zucker gab seine eigenen, wunderschön gestalteten Briefmarken und Etiketten in Auftrag, die auf Postkuverts angebracht werden konnten – ein großes Geschäft für Sammler und Händler. Er ließ sie bei seinen öffentlichkeitswirksamen Raketenvorführungen mitfliegen und verkaufte sie anschließend.

Nach einigen Teststarts in Deutschland und Europa wurde er im Mai 1934 nach London zur International Air Post Exhibition (APEX) eingeladen. Dort lernte er den deutschstämmigen

14.2

14.3

14.4

14.5 Für Zuckers Raketenpost kreierte Briefmarke, 1934.

14.6, 14.7 Raketenpost-Etiketten von Gerhard Zucker für die APEX-Ausstellung im Jahr 1934 in London.

14.8 Testflug in Rottingdean in Sussex, Ausschnitte aus dem *Daily Express*, 7. Juni 1934.

14.9 Eigener Scarp/Harris-Briefumschlag des Autors mit dem Gedenkstempel.

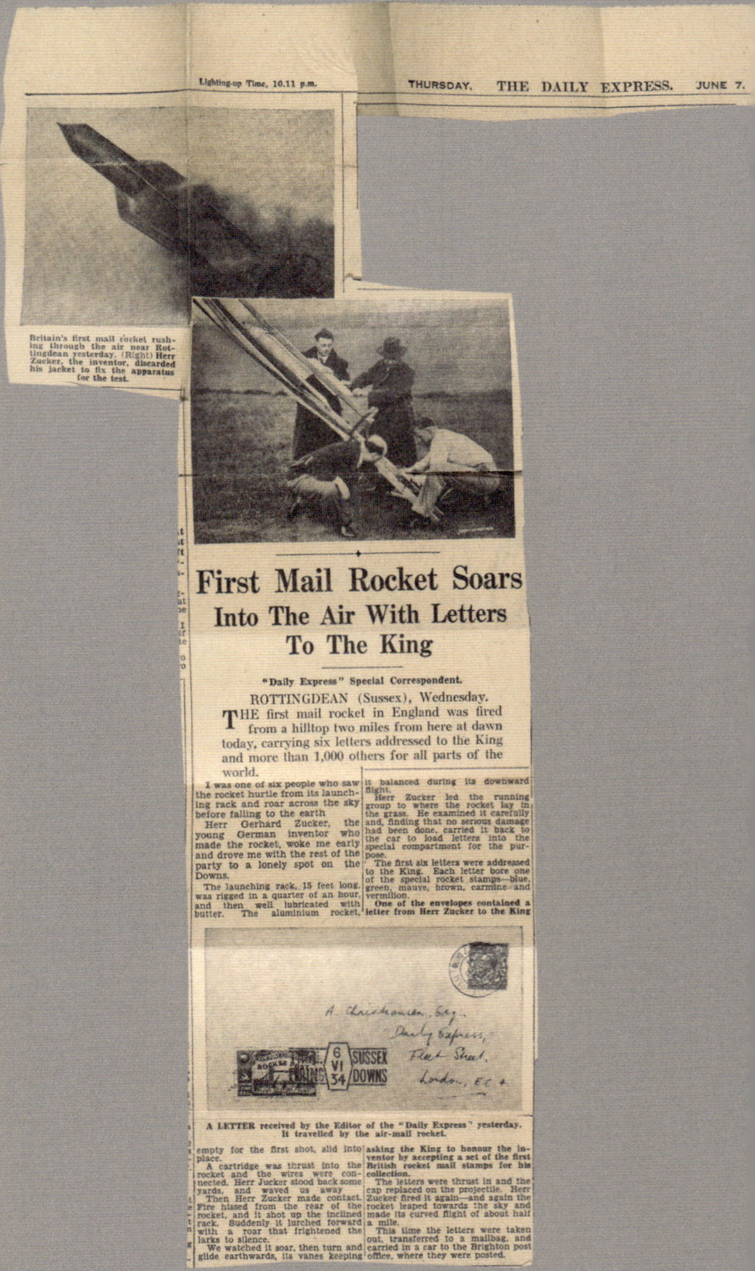

Lighting-up Time, 10.11 p.m. THURSDAY. THE DAILY EXPRESS. JUNE 7.

Britain's first mail rocket rushing through the air near Rottingdean yesterday. (Right) Herr Zucker, the inventor, discarded his jacket to fix the apparatus for the test.

First Mail Rocket Soars Into The Air With Letters To The King

"Daily Express" Special Correspondent.

ROTTINGDEAN (Sussex), Wednesday.

THE first mail rocket in England was fired from a hilltop two miles from here at dawn today, carrying six letters addressed to the King and more than 1,000 others for all parts of the world.

I was one of six people who saw the rocket hurtle from its launching rack and roar across the sky before falling to the earth

Herr Gerhard Zucker, the young German inventor who made the rocket, woke me early and drove me with the rest of the party to a lonely spot on the Downs.

The launching rack, 15 feet long, was rigged in a quarter of an hour, and then well lubricated with butter. The aluminium rocket, empty for the first shot, slid into place.

A cartridge was thrust into the rocket and the wires were connected. Herr Jucker stood back some yards, and waved us away

Then Herr Zucker made contact. Fire hissed from the rear of the rocket, and it shot up the inclined rack. Suddenly it lurched forward with a roar that frightened the larks to silence.

We watched it soar, then turn and glide earthwards, its vanes keeping it balanced during its downward flight.

Herr Zucker led the running group to where the rocket lay in the grass. He examined it carefully and, finding that no serious damage had been done, carried it back to the car to load letters into the special compartment for the purpose.

The first six letters were addressed to the King. Each letter bore one of the special rocket stamps—blue, green, mauve, brown, carmine and vermilion.

One of the envelopes contained a letter from Herr Zucker to the King asking the King to honour the inventor by accepting a set of the first British rocket mail stamps for his collection.

The letters were thrust in and the cap replaced on the projectile. Herr Zucker fired it again—and again the rocket leaped towards the sky and made its curved flight of about half a mile.

This time the letters were taken out, transferred to a mailbag, and carried in a car to the Brighton post office, where they were posted.

A LETTER received by the Editor of the "Daily Express" yesterday. It travelled by the air-mail rocket.

14.5 / 14.6

14.7

14.8

C. H. Dombrowski kennen, einen Briefmarkensammler und Impresario, der sich bereit erklärte, Zuckers Projekt finanziell zu unterstützen und ein offizielles, im Vereinigten Königreich ansässiges Raketenpostunternehmen zu gründen. Am 6. Juni 1934 wurde Englands erster »Raketenpost-Service« auf einem Hügel in den Downs von Sussex gestartet (**14.10**). Es waren sechs Zuschauer anwesend, der Wichtigste von ihnen ein Journalist des *Daily Express*, der für maximale Medienwirksamkeit sorgen sollte. Etwa tausend Briefe waren mit Zuckers Briefmarken geschmückt. Sechs davon waren an König George V. adressiert und enthielten die Bitte um seine Zustimmung zu dem Unternehmen. Die Aluminiumrakete war etwa einen Meter lang und hatte elegante, stabilisierende Flossen sowie eine Feder in der Spitze, um den Aufprall zu dämpfen. Angetrieben wurde sie von Feuerwerks-Schwarzpulver, das Zucker sich in England hatte beschaffen müssen. Sie wurde auf einem geneigten, 4,5 Meter langen und mit Butter eingeschmierten Metallrahmen gestartet. Nach einem erfolgreichen Teststart wurden die Briefe in die Rakete gepackt, und sie flog erneut. Sie röhrte in den Himmel und kam etwa einen Kilometer weit, bevor sie zurück auf die Erde fiel. Wie bei allen Raketenflügen von Zucker war die Ästhetik wichtiger als die Leistung. Die Briefe wurden aus dem Wrack eingesammelt, zum Postamt in Brighton gebracht und auf die übliche Art und Weise aufgegeben. Vom König vernahm man kein Wort dazu, aber die Geschichte wurde wie geplant in der Zeitung veröffentlicht.

Zurück nach Schottland: Im Juli desselben Jahres machte sich das Team auf zu den Äußeren Hebriden, um dort zwei Postflüge von Scarp nach Harris durchzuführen. Die Demonstration wurde unterstützt und besucht von Sir Thomas Wilson Ramsay, der als Abgeordneter des Parlaments für die Äußeren Hebriden zuständig war und die Interessen der Gemeinden dort vertrat. Die Presse war ebenfalls anwesend; die Journalisten warteten gespannt auf das Spektakel.

Am 28. Juli wurde die Rakete am Meeresufer aufgebaut, und sie wurde sogar mit noch mehr Postkuverts vollgestopft als bei der Demonstration in Sussex. Nach der Zündung explodierte die Rakete jedoch einfach, und die Briefe wurden wie Konfetti über den Strand verstreut (**14.15**). Einige Tage später, am 31. Juli, wurde ein weiterer Versuch unternommen, diesmal aus der anderen Richtung von Harris nach Scarp. Das Ergebnis war dasselbe. Was zunächst wie ein erbärmliches Scheitern des Vorhabens erschien, entpuppte sich jedoch als sehr lukrativ. Die angesengten, geschwärzten und vom Rauch beschädigten Briefe mit den Gedenkbriefmarken wurden mit einem dramatischen Extra versehen, nämlich mit einem Stempel auf der Rückseite: »Durch Explosion beschädigt«. Bis heute haben sie einen hohen Wert bei Briefmarkensammlern und Weltraumbegeisterten, die bereit sind, für den Besitz einer dieser Memorabilien tief in die Tasche zu greifen.

Nach den berüchtigten Scarp/Harris-Demonstrationen setzte Zucker sein Projekt auf dem Golfplatz von Lymington in Hampshire und danach auf der Isle of Wight fort. Anschließend wurde er aus Gründen der nationalen Sicherheit ausgewiesen und nach Deutschland zurückgeschickt.

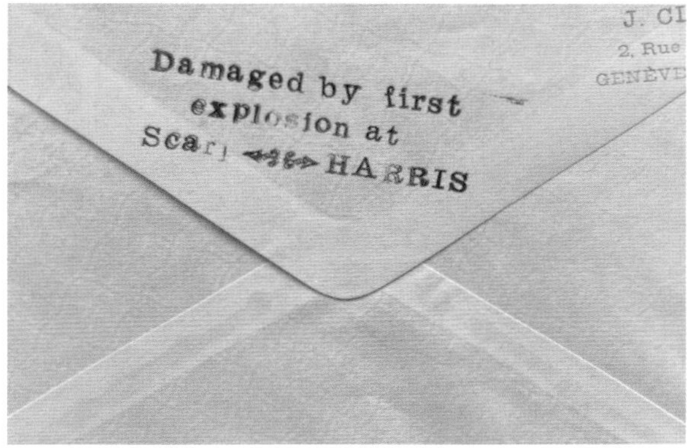

Über die Jahre wurde Zuckers Geschichte weiter ausgeschmückt mit dramatischen Elementen von Spionage, Verrat und Betrug. In der Tat verbrachte er in den 1960er-Jahren in Deutschland einige Zeit im Gefängnis wegen fahrlässiger Tötung, nachdem zwei seiner Assistenten bei einer Explosion während eines seiner Tests auf tragische Weise ums Leben gekommen waren – für ihn kein Grund, seine Leidenschaft für die Raketentechnik aufzugeben. Im Zweiten Weltkrieg diente er in der Luftwaffe, bis er wegen einer Verletzung ausgemustert wurde. Danach arbeitete er bis zu seinem Tod im Jahr 1985 als Möbelhändler.

Als Raketenwissenschaftler waren Zuckers Beiträge überschaubar. Als Unternehmer mit einem Riecher für ein gutes Geschäft hatte er wesentlich mehr Erfolg. Mit seinem guten Aussehen und seinen eleganten Anzügen verstand er es, sich in Szene zu setzen. Er erinnert uns daran, dass man es mit einer unterhaltsamen Geschichte und einer ordentlichen Portion Publicity (egal, ob gut oder schlecht) überraschend weit bringen kann.

14.9

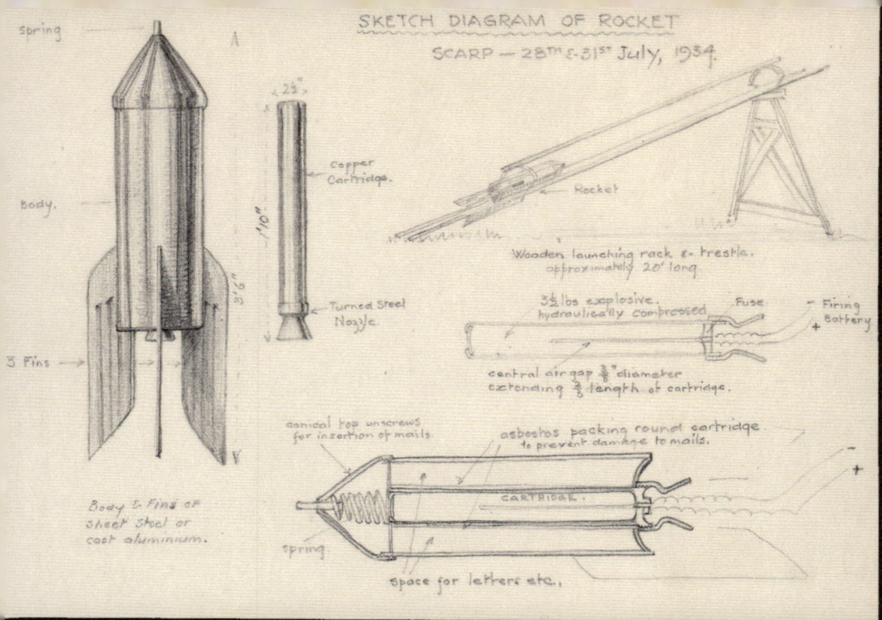

START OF UNSUCCESSFUL MAIL ROCKET TEST

The mail rocket invented by Herr G. Zucker (lying on ground and inset, left) being fired from Lymington golf course yesterday, carrying letters. It was hoped to reach the Isle of Wight, but the rocket fell on the mainland a mile away.

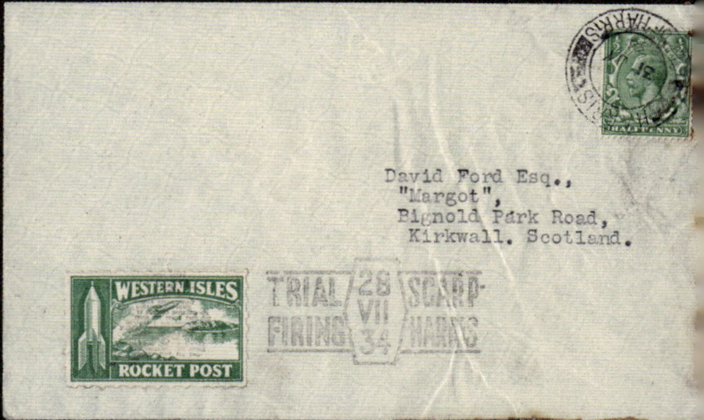

14.10 Gerhard Zucker, Zeichnungen einer Rakete, 1934.

14.11 Testflug in Lymington, Ausschnitt aus dem *Daily Telegraph*, Dezember 1934.

14.12–14.14 Angesengte Briefumschläge aus dem fehlgeschlagenen Testflug von der Insel Scarp nach Harris, 1934.

14.15 Zeitungsausschnitt über die Explosion der Postrakete, die von Scarp nach Harris fliegen sollte.

TENSE MOMENT.—A remarkable picture showing the explosion which occurred at the attempt to send off the first rocket at the Scarp to Harris rocket mail test. The effort miscarried, and thousands of letters were thrown into the air. Herr G. Zucker, the inventor, is seen holding the electric cable which set off the powder.—" Daily Record " photograph.

DER CHEFKONSTRUKTEUR

Ein orthodoxer Priester in vollem Ornat segnet die Sojus-Rakete auf der Startrampe mit Weihwasser. Als sie abhebt, schneller wird und an Höhe gewinnt, werden ihre vier ausgebrannten Booster abgetrennt und fallen von der zentralen Kernstufe ab. Dabei zeichnen sie aus Sicht der Zuschauer ein Kreuz in den Himmel. Dieses Phänomen ist bekannt als »Koroljowski Krest«, was wörtlich übersetzt Königliches Kreuz heißt. Zugleich ehrt dieser Begriff aber auch den Mann, dessen technisches Vermächtnis das Fundament der bemannten Raumfahrt bildet. Jahrelang blieb die Identität des Architekten des großen sowjetischen Raumfahrtprogramms hinter dem Eisernen Vorhang verborgen. Er war lediglich bekannt als der »Glawnij Konstruktor« – der »Chefkonstrukteur«. Seine Identität war so gut geschützt, dass sich manch einer im Westen fragte, ob es sich überhaupt um ein Individuum handelte. Vielleicht war es eine Gruppe von Menschen? Erst nach seinem Tod wurde der Name schließlich enthüllt, der für so viele sowjetische Premieren in der Raumfahrt stand.

Der 1907 geborene Chefkonstrukteur war im späten Teenageralter, als er unter der Anleitung des legendären Flugzeugkonstrukteurs Andrej Tupolew in Moskau Luftfahrttechnik zu studieren begann. Er fing an, ein Interesse für Raketentechnik und die Möglichkeiten der Raumfahrt zu entwickeln. Zusammen mit einer Gruppe engagierter Raketen-Enthusiasten, die unter der Abkürzung GIRD (Gruppe zur Erforschung reaktiver Antriebe) bekannt war, begann er, in den Wäldern nahe der Hauptstadt mit Flüssigkeitsraketen zu experimentieren. Die Erfolge der Gruppe erregten die Aufmerksamkeit der Roten Armee, und der Fokus verlagerte sich von Ideen der Raumfahrt hin zur Produktion von Waffen.

Im Jahr 1938, während des Großen Terrors unter Josef Stalin, wurde der Chefkonstrukteur in seiner Wohnung von der Geheimpolizei verhaftet und schwer verprügelt. Er war von einigen seiner Ingenieurkollegen denunziert worden und wurde aufgrund einer Reihe erdichteter Vorwürfe im berüchtigten Lubjanka-Gebäude inhaftiert, gefoltert und anschließend zu zehn Jahren Zwangsarbeit im Gulag verurteilt. Im Arbeitslager

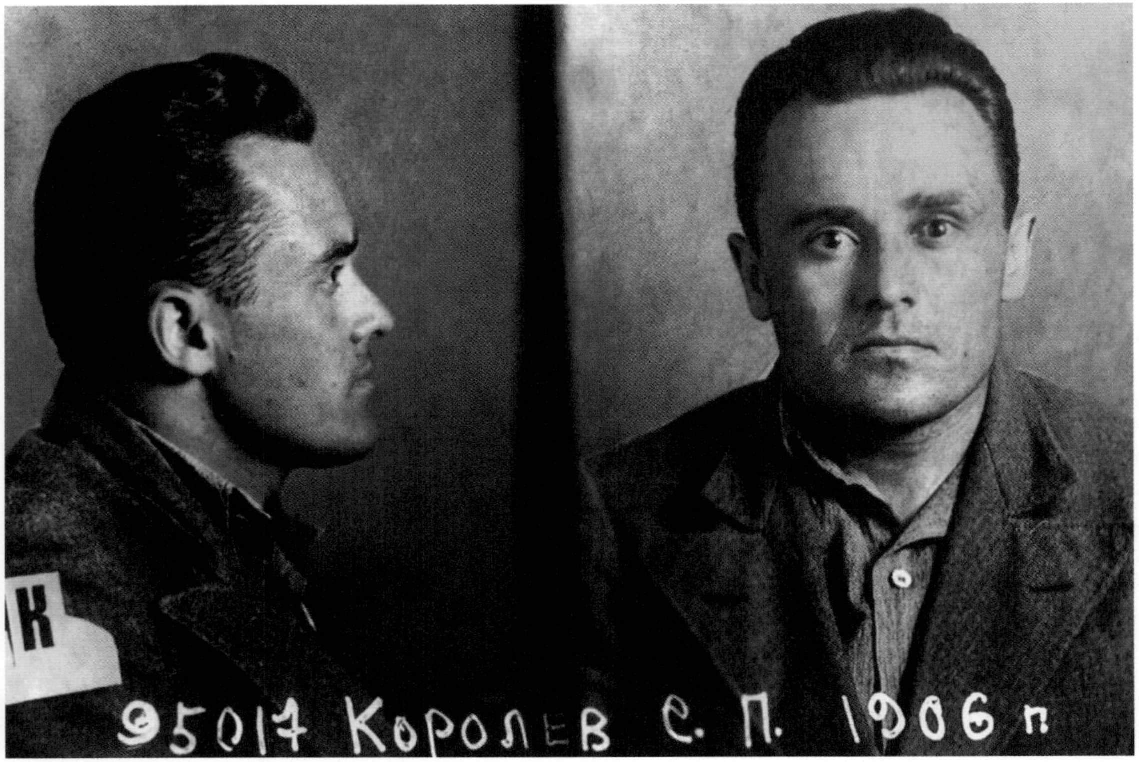

15.1

erkrankte er an Skorbut und verlor viele Zähne, sein Kiefer wurde gebrochen und möglicherweise erlitt er einen Herzinfarkt. Die Inhaftierung und der Tod vieler führender Kapazitäten der russischen Raketentechnik führte zu einem Stagnieren der Forschung und Zurückbleiben hinter dem Erfolg der Deutschen. Als der Krieg näherrückte und man zunehmend Ingenieure brauchte, wurde der Chefkonstrukteur vorzeitig aus dem Arbeitslager entlassen und in ein Gefängnis für Intellektuelle und Akademiker verlegt.

Direkt nach dem Zweiten Weltkrieg versetzte man die letzten deutschen V2-Raketenwissenschaftler, die nicht nach Amerika verschwunden

15.1 Polizeifoto des Chefkonstrukteurs nach seiner Verhaftung durch die Geheimpolizei des NKWD, 1938.

15.2 Die erste sowjetische Rakete mit einem Flüssigkeitstriebwerk, die GIRD-X, wurde 1933 gestartet. Sie war von einem Ingenieurteam unter der Leitung des herausragenden sowjetischen Wissenschaftlers Friedrich Arturowitsch Zander konstruiert worden. Obwohl Zander am 28. März 1933 verstarb, schloss das Team das Projekt ab.

15.3 Poster einer Farblithografie nach V. Viktorov, Moskau 1958: *Otchizna! ... Slava nauke, slava trudu! Slava sovetskomu stroju!* (Heimatland! … Ruhm der Wissenschaft! Ruhm der Arbeit! Ruhm dem Sowjetsystem!)

15.2

15.3

15.4 Ein sowjetischer Techniker bei der Arbeit am Satelliten Sputnik 1, 1957.

15.5 Kopie des sowjetischen »Ostereis« Luna 2. Das Objekt war so konstruiert, dass es beim Aufprall auf die Mondoberfläche explodierte und seine fünfeckigen Elemente großflächig verstreute.

waren, in die Sowjetunion. Im Rahmen eines neuen sowjetischen Raketenprogramms begannen die Arbeiten an einer Nachkonstruktion anhand der geborgenen Überbleibsel der V2-Raketen. Ziel war es, eine Interkontinentalrakete zu konstruieren, die einen Atomsprengkopf vom Nordpol bis auf amerikanischen Boden transportieren konnte. Aber der Chefkonstrukteur erkannte, dass das Potenzial einer so großen Rakete weit über die Konstruktion einer Waffe hinausging: Er sah den wissenschaftlichen Vorsprung und das nationale Ansehen, das von einer Rakete ausging, mit der der Weltraum erobert werden konnte.

Im August 1957 wurde die R-7 Semjorka enthüllt, die erste Interkontinentalrakete der Welt, die fast 35 Meter hoch war und deren zentrale Kernstufe von vier Boostern flankiert wurde. Man testete sie im Kosmodrom Baikonur, einem neuen Raketenstartplatz mitten in der kasachischen Steppe, weit weg von neugierigen Blicken. Nach einigen Fehlversuchen wurde am 4. Oktober 1957 der erste künstliche Satellit, Sputnik 1, gestartet. Die glänzende Metallkugel von der Größe eines Beachballs mit ihren charakteristischen vier Antennen wurde in den Orbit freigelassen und umrundete die Erde 16-mal pro Tag mit einer Geschwindigkeit von etwa 40 000 Kilometern pro Stunde. Ihr berühmtes Funksignal (»piep, piep, piep«) ließ sich auf der Erde registrieren, wenn sie ein Gebiet überflog.

Der Wettlauf ins All hatte begonnen. Im sich verschärfenden Kalten Krieg hatte Russland die technologische Oberhand gewonnen und signalisierte geschickt, dass nun kein Ort auf der Erde mehr außerhalb von Russlands Reichweite lag. Für sein bahnbrechendes Werk wurde der Chefkonstrukteur zweimal für den Nobelpreis vorgeschlagen, wurde aber dazu gezwungen abzulehnen, um seine Anonymität zu wahren. Die Arbeit des Raketeningenieurs ist für immer untrennbar mit den Einflüssen von Politik, Kultur und Konflikten verbunden.

Während des folgenden Jahrzehnts überwachte der Chefkonstrukteur das goldene Zeitalter der russischen Raumfahrtgeschichte. Eine Reihe historischer Premieren etablierte die Dominanz der Russen im Weltraum und ließ die Amerikaner immer mehr ins Hintertreffen geraten: der erste Mann und die erste Frau im Weltraum, die ersten Hunde im Weltraum, der erste Weltraumspaziergang eines Astronauten, die ersten Mannschaften mit zwei und drei Personen.

Die Sowjets betrachteten, ebenso wie die Amerikaner, den Mond als nächste große Herausforderung. 1959 war Luna 1 das erste Objekt, welches das Erde-Mond-System verließ (wenn auch ungewollt). Luna 2 war das erste menschengemachte Objekt, das den Mond berührte – oder eher: wie eine Bombe einschlug. An Bord der Raumsonde befand sich eine Art Fußball aus 72 fünfeckigen »Wimpeln« aus Titan. Jeder trug die kyrillischen Buchstaben »CCCP« (UdSSR) und das Datum »September 1959«. Das Objekt war so konstruiert, dass es beim Aufprall explodierte und die Wimpel großzügig in der Umgebung verteilte: Die erste menschliche Markierung auf dem Mond war eine sowjetische.

Während die Amerikaner sich bemühten, bis zum Ende der 1960er-Jahre einen Menschen auf dem Mond landen zu lassen, verfolgten die Sowjets ihren eigenen geheimen Plan. Dessen Herzstück war die Konstruktion der N1, einer 30 Meter langen Rakete, die zum Abheben dreißig simultan arbeitende Antriebe benötigte. Alle vier Testflüge schlugen fehl, aber 50 Jahre lang – bis zum Starship von SpaceX (**0.4**) – blieb sie das leistungsstärkste fliegende Objekt der Menschheit. Das sowjetische Mondlandeprogramm wurde schließlich eingestellt, wegen Unterfinanzierung und politischen Veränderungen. Bis zum Zusammenbruch der Sowjetunion blieb es so gut wie vollständig geheim. Der unsichtbare Chefkonstrukteur starb 1966 mit 59 Jahren. Im russischen Segment der ISS befinden sich, zwischen Ikonen und Kreuzen, drei Fotos der größten Helden der russischen Raumfahrt: Konstantin Ziolkowski, Juri Gagarin und »der Chefkonstrukteur« – Sergej Pawlowitsch Koroljow.

15.6 »Russland schießt ersten Erdsatelliten 560 Meilen hoch in den Himmel«. Titelseite der *Los Angeles Times* vom 5. Oktober 1957.

15.7 Titelseite der *Daily News* aus New York mit dem russischen Kosmonauten Alexej Leonow, dem ersten Spaziergänger im Weltraum, 1965.

15.8 Seite 3 der *Daily News*: »Ein zehnminütiger Spaziergang im Weltraum«.

Times Telephone Numbers
MAdison 5-2345 for all calls except those concerning classified advertising.
MAdison 5-4411 for all classified advertising calls.

Los Angeles Times

PART 1
ALL THE NEWS
ALL THE TIME

VOL. LXXVI — IN FOUR PARTS — CC ★ — SATURDAY MORNING, OCTOBER 5, 1957 — 44 PAGES — DAILY 10c

Russia Launches First Earth Satellite 560 Miles Into Sky

SATELLITE IN SKY—With Russian announcement that it has launched first earth satellite, this is artist's conception, superimposed on actual photograph of Southwestern United States from 140 miles up, of what the U.S. satellite would look like in flight. Drawing of 20-inch diameter globe was prepared at Naval Research Laboratory in Washington, D.C. Russian satellite is said to be 23 inches in diameter, weigh 185 pounds and orbit 560 miles above the earth.

'Moon' Carried Up by Multiple Rocket; Radio Signals Heard

MOSCOW, Oct. 5 (Saturday) (AP) — The Soviet Union announced today it has the world's first artificial moon streaking around the globe 560 miles out in space. A multiple-stage rocket launched the earth satellite yesterday, the Russians said, shooting it upward at about five miles a second.

They said the satellite, a globe described as 23 inches in diameter and weighing 185 pounds, can be seen in its orbit with glasses and followed by radio through instruments it carries.

In New York radio signals on the wave length of the Soviet moon—sounding as a deep "beep, beep, beep"—were picked up by electronic engineers of the National Broadcasting Co. The British Broadcasting Corp. in London reported similar reception.

Victory for Russia

In thus announcing the launching of the first earth satellite ever put in a globe-girdling orbit under man's controls, the Soviet Union claimed a victory over the United States. The two big powers had been in a hot but mainly secret race to be first to probe space with spheres laden with instruments.

The Moscow announcement said:

"The successful launching of the first man-made satellite makes a tremendous contribution to the treasure house of world science and culture . . .

Space Travel Predicted

"Artificial earth satellites will pave the way for space travel and it seems that the present generation will witness how the freed and conscious labor of the people of the new Socialist society turns even the most daring of man's dreams into reality . . . "

In a special bulletin early this morning the Soviet Tass agency said the Russian moon "is now revolving around the earth at the rate of one circuit every hour and 35 minutes.

The launching occurred just three months and four days after the opening of the International Geophysical Year.

In Cambridge, Mass., officials at the Smithsonian Astrophysical Observatory said that sightings of the satellite had been reported last night by moonwatch stations across the country, including Whittier, Cal., Terre Haute, Ind., and Columbus, O.

Will Launch More

The observatory is the central point for collection of data on satellite observation by teams of "moon-watchers" in many parts of the world.

The Russian broadcast said the Soviet Union plans to launch several more earth satellites in the next year. It declared the development will open a way for travel to the planets.

Moscow said the satellite is fitted with steel radio transmitters continuously sending signals earthward on the 15 and 7.5-meter wave lengths and easily received by a broad range of amateur sets. Its announced weight of about 185 pounds is more than eight times the weight of a projected U.S. earth satellite.

Moscow described the signals as of about 3/10 of a second long with a pause of the same length. The two frequencies alternate in signaling, Moscow radio said.

The broadcast said Soviet satellites planned later will

Turn to Page 4, Column 1

THREE-SECOND VIEW

2 Whittier Watchers Briefly See Satellite

Polish Capital Swept by Riots

20,000 Battle Police and Militia, Shouting 'Down With Gomulka'

Kuchel Gives Support to Knowland

First Major GOP Officeholder to Take Sides in Battle

BY ROBERT BLANCHARD

Riots Reveal Unrest, Says Exiled Leader

Turks Challenge Russ to Drop Mideast Policy

Firmly Deny Plotting to Attack Syria; Suggest Moscow Stop Sending Arms

Coty Bids Mollet Form New Cabinet in France

Cool Weather Continues as High Hits 75

Three Men Swept to Deaths by Slide on Highway

THE WEATHER

Buhl vs. Turley Today in Third Game of Series

BY FRANK FINCH

TEAMSTERS ELECT HOFFA PRESIDENT

Defiant Delegates Run Over Opposition, Dare AFL-CIO to Fulfill Expulsion Threat

BY HOWARD KENNEDY, Times Staff Representative

State of Siege Proclaimed in Buenos Aires

Nixon Secludes Self in Florida

Author Michener Among 13 on Ditched Plane

INDEX OF FEATURES

Pittsburgh Defeats SC Trojans, 20-14

ON OTHER PAGES

$35,000 CONTEST DETAILS INSIDE

★★★ [...]NAL

DAILY NEWS

NEW YORK'S PICTURE NEWSPAPER ®

10¢

[...]6. No. 229 Copr. 1965 News Syndicate Co. Inc. New York, N.Y. 10017, Friday, March 19, 1965★ WEATHER: Mostly sunny and cool.

[...]REDS SHOW OFF [...] SPACE FLOATER

[...]e Steps Outside for Cameras

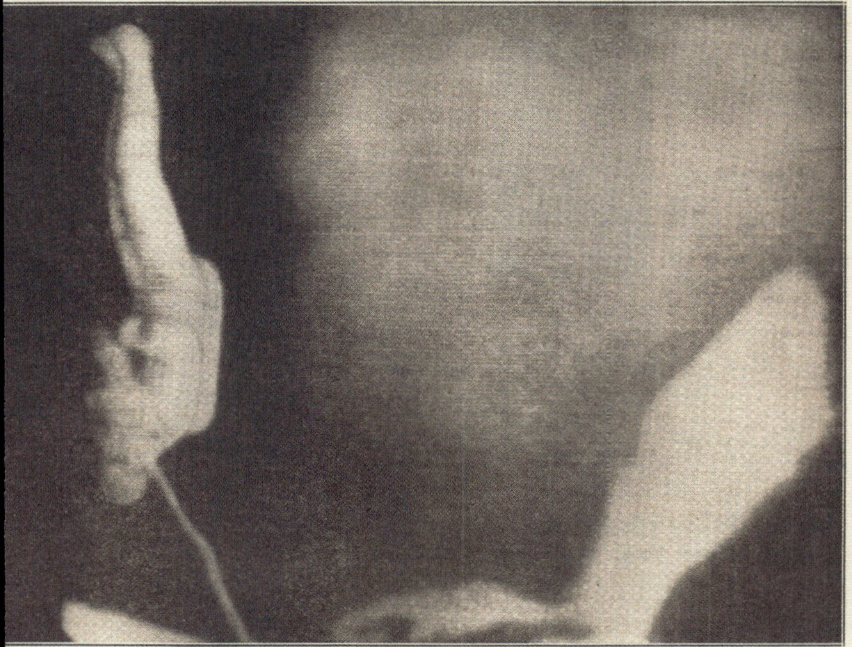

(UPI Cablefoto from Moscow)

[...]oing the Swim in Space. Tethered to spacecraft, Soviet cosmonaut Lt. Col. Alexi Leonov floats hundreds of miles above the earth while traveling 17,500 m.p.h. Pilot, Col. Pavel Belyayev, remained [...]ontrols of orbiting capsule while Leonov took mankind's first "swim" in outer space. *—Story p. 3; other pics. centerfold*

15.7

A 10-Minute Stroll in Outer Space

(Associated Press Cablefotos from Moscow)

Col. Belyayev (l.) and Lt. Col. Leonov in their space helmets.

Russian Takes Movies At 17,500 m. p. h.

Moscow, March 18 (UPI)—A Soviet astronaut stepped into space today and took a history-making flight at 17,500 miles an hour. His feat put the Soviets months ahead of the U.S. space program.

Television cameras on the Soviet spaceship Voskhod II flashed to earth pictures of Lt. Col. Alexei Leonov, 30, as he squeezed out of a hatch and appeared to float slowly away from the speeding capsule in his silver space suit.

Secured to the spaceship by a long lifeline, the spaceman stood on his head, did a near-somersault, took motion pictures and peered down at the earth hundreds of miles below him.

He stayed outside the capsule about 29 minutes, Tass reported, and spent 10 minutes floating free as far as 16 feet from the ship. A fellow astronaut, Col. Pavel Belyayev, 39, remained at the capsule's controls.

U. S. Try in 1966

The United States does not plan to match Leonov's float in space until the fifth Gemini flight, sometime in 1966. The first U. S. two-man shot is scheduled for next Tuesday.

There was speculation Leonov's walk was aimed at preparing for a linkup of two orbiting craft on a future flight.

Every spaceman risks his life going into orbit, but Leonov, an engineer-designer with a wife and 4-year-old daughter, took the greatest risk to date.

If the lifeline had snapped, Leonov probably would have slipped away from the capsule and gone drifting to his death in space.

Outer space, with no atmosphere, gives him nothing to push or pull against to get back. The same lack of resistance made it possible for him to withstand the 17,500-mile-an-hour speed of the capsule.

New Altitude Record

Leonov's space float overshadowed other details of the flight. The capsule set a new altitude record. Its orbit took it to a peak distance of 307 miles, the highest humans have ever gone.

The old record also was held by the Russians—255 miles in last October's triple flight.

The Voskhod (Sunrise) was launched from an undisclosed site at 10 A.M. Moscow time (2 A.M. New York time) for an expected one-day flight. It was orbiting the earth every 90.9 minutes.

At 9 P.M. (1 P.M. New York time), Tass announced, the spaceship had completed eight orbits. The agency said the Voskhod would not pass over Soviet territory between the eighth and 13th orbits, that at least 13 orbits were planned and that the spaceship would continue in orbit at least until tomorrow.

Belyayev, commander of the ship, is a former wartime fighter

(Continued on page 6, col. 4)

Moscow, March 18 (Reuters)—Pavel Belyayev, 39, commander of the new Voskhod spaceship, is the oldest cosmonaut yet launched into space.

Born June 26, 1925, he is nearly 10 years older than his space companion, Alexei Leonov, born May 30, 1934.

Both are members of the Communist Party, both are married and both are parachutists.

Belyayev was born in the Vologda region of northern Russia, and Leonov in the Kemerovo region.

After finishing school in 1942, Belyayev worked as a lathe operator in an arms factory, but joined the army a year later.

He was graduated from flying school in 1945 in time to be a fighter pilot in the war against Japan.

He and his wife, Tatiana, have two daughters, Irina, 15, and Ludmila, 10.

Leonov is a parachute instructor by training and is studying aviation engineering.

Moscow television said his father, Arkhip Leonov, 73, and his mother Yevdoria, 70, live on a pension in Kaliningrad with some of their nine children.

Leonov and his wife, Svetlana, have one daughter, Viktoria, 4.

Good Show Keeps Reds In the Lead

Washington, March 18 (UPI)—U. S. officials saluted Russia's new space spectacular and readily conceded today that it helps maintain the Soviet lead in manned flight.

The White House had no immediate comment. Press Secretary George E. Reedy referred all questions to the National Aeronautics and Space Administration.

Dr. Edward C. Welsh, executive director of the space council which advises President Johnson on U. S. space programs, gave this appraisal:

"This is a logical extension of the manned space program that they have. It helps them to maintain the lead they have over us in manned space flight. It shows that they have a space suit sufficiently well developed and designed to permit men to move outside their spacecraft."

U.S. officials were impressed with the Soviet achievement even though they had been expecting it for some time.

U.S. Readies Own Tandem

Cape Kennedy, Fla., March 18 (AP)—While Russian space twins soared through the skies, U.S. astronauts Virgil I. (Gus) Grissom and John W. Young staged a full-scale rehearsal today for their own tandem flight scheduled for Tuesday.

They donned their silver space suits and climbed into their Gemini 3 spacecraft to run through the entire three-orbit, 4-hour-52-minute, mission. The bell-shaped spacecraft is perched atop a 90-foot-tall Titan 2 rocket.

Excessive Cloudiness Seen

While the astronauts made preparations, meteorologists predicted excessive cloudiness over much of Florida for Tuesday.

If the clouds are too thick during the three-hour launching period starting at 9 A.M., the shot would be postponed, because camera coverage could not be obtained.

The weatherman predicted favorable conditions for the Ranger 9 moon probe, slated for Sunday.

Grissom and Young had no comment on the Russian spectacular in which one of the two cosmonauts stepped out of their orbiting spacecraft.

Could Support a Man

The suits that Grissom and Young will wear on their flight are capable of supporting a man outside the capsule. But because of the cautious approach of the U. S. program, the first exposure of an astronaut to the space elements is not planned until the second manned Gemini flight scheduled in June.

On that flight, astronaut James A. McDivitt is to open his hatch and briefly poke his head into space. The first full emergence is not slated until the seventh flight, late next year. Young is to make a preliminary test next week when he disconnects his suit from the main cabin support lines, pressurizes it and uses self-contained oxygen and other systems.

"QUICK. FOLLOW THAT CAB!"

(UPI Telefoto)

Cartoon in yesterday's London Evening Standard pokes fun at U. S. situation in space race.

H. H. Fowler Is Named Treasury Head

Washington, March 18 (AP)—Henry H. Fowler, a Virginia attorney, was nominated by President Johnson today to be Secretary of the Treasury. He is a former under-secretary and has also served in other government posts.

Fowler will succeed Douglas Dillon, who has said he wishes to leave the Cabinet March 31 to return to his family's banking business.

Fowler, 56, was born in Roanoke, Va., and was graduated from Roanoke College. He obtained his law degree at Yale.

During World War II he was assistant general counsel of the War Production Board and economic adviser for a U.S. mission to London.

Fowler was appointed under-secretary, the No. 2 Treasury job, by President Kennedy in 1961. He resigned last spring to return to private business in Virginia.

(Tass foto via A.P. Cablefoto)

Russian scientists in Moscow monitor signals from Voshkod II.

15.8

TEIL 4

ITER STELLARUM

»REISE ZU DEN STERNEN«
RAUMFAHRER UND RAUMFAHRERINNEN

SOWJETISCHE PREMIEREN

12. April 1961, Wostok 1, Tyuratam, Kasachstan. Eines der Lichter an der Luke leuchtete nicht – die Verriegelung war nicht gesichert. An der Spitze der Servicebrücke wechselten der Ingenieur Oleg Iwanowski und seine Assistenten fieberhaft die Riegel aus, um das Problem zu lösen. Unter ihnen war die modifizierte, für das Abschießen eines thermonuklearen Sprengkopfes konstruierte Interkontinentalrakete R-7 zum Leben erwacht. In einer Dampfwolke aus kryogenem Treibstoff stand sie ächzend und zischend auf der Startrampe bereit, wie ein Hund, der an seiner Leine zerrt. In der kugelförmigen Wostok-Kapsel saß ein gelassener Oberst Juri Gagarin (1934–1968). Der 27-jährige Sohn eines Zimmermanns hatte eine Ausbildung als Gießereitechniker absolviert und war später Pilot geworden. In seinem sackartigen orangefarbenen Raumanzug und dem großen weißen Helm pfiff er fröhlich zur Musik, die auf seinen Wunsch über Funk abgespielt wurde: »Rodina slyschit« (Das Heimatland hört es) von Schostakowitsch.

Auf dem Elektrokardiogramm wurde sein Herzschlag mit gleichmäßigen 64 Schlägen pro Minute ausgegeben – anders als bei der leblosen Puppe, die beim Teststart einen Monat zuvor mitgeflogen war. Seine Vorgaben waren simpel. Beobachten. Nichts anfassen. Am Leben bleiben. Technisch konnte eine Menge schiefgehen, und es gab keine Gewissheit darüber, wie der menschliche Geist auf solch eine fremdartige Umgebung reagieren würde. Wer wusste schon, welche Schrecken auf denjenigen warteten, der als Erster diese Schwelle überschreiten würde? Welche Auswirkungen solch eine außergewöhnliche Reise haben könnte? Vom Weltraum aus auf die Erde zu schauen oder mit der Unendlichkeit unserer Galaxie konfrontiert zu werden, könnte zu einer Art kosmischem Wahnsinn führen.

Um 9:07 Uhr Moskauer Zeit war das Lukenproblem gelöst, und die erste Stufe der Rakete erwachte röhrend zum Leben und begann, in Richtung Osten in die Höhe zu steigen. Dabei warf sie einen gespenstischen schwarzen Schatten über den Raketenstartplatz, der bald in Kosmodrom Baikonur umbenannt werden würde.

16.1 Sowjetische Kosmonauten während einer Fernsehshow, gesendet vom zentralen Fernsehsender in Moskau, März 1963. V.l.n.r.: Pawel Popowitsch, Juri Gagarin, Valentina Tereschkowa, Waleri Bykowski, Andrijan Nikolajew und German Titow.

16.2 Der erste Kosmonaut, Juri Gagarin, auf dem Kosmodrom Baikonur in Kasachstan, 1961.

»Pojechali!« war das erste Wort, das Gagarin in das knisternde Funkgerät sprach: »Los geht's!« Von diesem Moment an verließ die bemannte Raumfahrt das Reich von Fiktion und Fantasie und wurde Teil einer Welt der Politik und Propaganda. An diesem Tag würde Gagarin jeden Rekord brechen und höher, schneller und weiter fliegen als jemals irgendjemand zuvor. Eine menschliche Kanonenkugel, die um die Erde fliegen würde wie in Isaac Newtons berühmtem Gedankenexperiment (**6.7**).

Die Sowjets lagen im Wettlauf ins All zunächst aus zwei wichtigen Gründen vorne: Zum einen hatten sie stärkere Booster entwickelt als die Amerikaner, denn sie wollten schwere nukleare Sprengköpfe um den Erdball befördern. Kleine Satelliten, Hunde und Menschen konnten damit viel einfacher in den Orbit befördert werden. Zum anderen unterlag jedes Detail des sowjetischen Raumfahrtprogramms strengster Geheimhaltung. Nur die großen Erfolge gelangten durch die staatlich kontrollierten Medien an die Außenwelt. Umgekehrt konnten die Sowjets die Ambitionen und Erfolge, aber auch die zahlreichen Fehlschläge des amerikanischen Raumfahrtprogramms genauestens mitverfolgen – sie brauchten nur die Zeitung zu lesen oder das Radio einzuschalten.

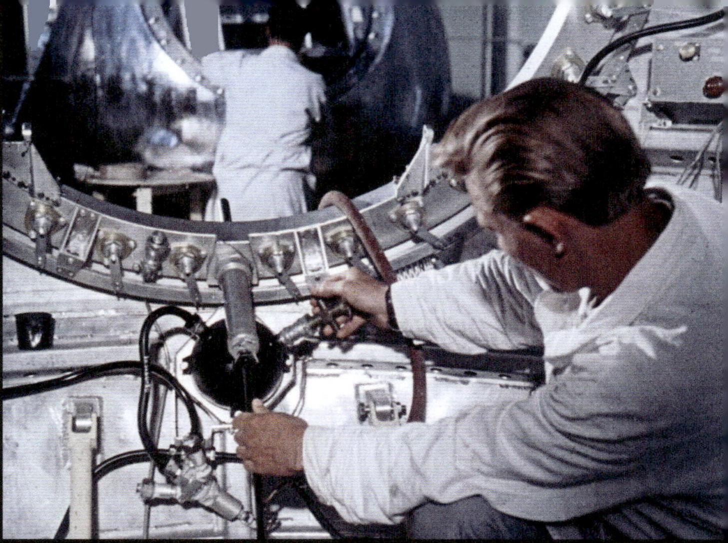

16.3–16.9 Arbeiten an der Kapsel Wostok 1 während der Vorbereitungen für Gagarins historischen Flug, 1961. Standbilder aus einem sowjetischen Propagandafilm über das Raumfahrtprogramm der Sowjetunion.

СССР
ПЕРВЫЕ
КОСМОНАВТЫ
МИРА
Ю. ГАГАРИН
и В. НИКОЛАЕВА-ТЕРЕШКОВА
- ГРАЖДАНЕ
СССР
VISIT THE USSR

СССР
ВОСТОК-6
СЛАВА
ПЕРВОЙ ЖЕНЩИНЕ-
КОСМОНАВТУ!

Nach Gagarins spektakulärer Erdumrundung arbeitete die Sowjetunion weiter an historischen Durchbrüchen, um ihren Vorteil aufrechtzuerhalten. Im Jahr 1963 wurde Valentina Tereschkowa (geb. 1937; **16.11**) zur ersten Frau im Weltraum, als sie auf ihrer dreitägigen Mission in der Wostok 6 die Erde 48-mal umrundete. Die Mission war so geheim, dass nicht einmal ihre eigene Mutter wusste, dass ihre Tochter sich im Weltraum befand. Sie erfuhr die triumphale Nachricht von ihrem Nachbarn, der sie im Radio gehört hatte. Die Kosmonauten der Wostok benutzten sogar Baumnamen als Codewörter im Funkverkehr. »Palme« bedeutete »Ich fühle mich nicht gut«, »Weißtanne« stand für »Notsinkflug anfordern« und »Himbeere« hieß »Meine Periode hat begonnen«.

Bei Tereschkowas Mission gab es eine Reihe technischer Probleme, die jahrzehntelang vor der Welt verborgen gehalten wurden. Aber sie waren alle unbedeutend im Vergleich zu jenen der Mission Woschod 2, die 1965 von Alexej Leonow (1934–2019) ausgeführt wurde. Leonow unternahm den ersten Spaziergang im Weltraum. Er verließ die Zwei-Personen-Kapsel und schwebte über der Erde, nur durch einen Versorgungsschlauch mit dem Raumschiff verbunden. Das endete beinahe in einer Katastrophe. Sein Raumanzug hatte sich durch den Druckunterschied aufgebläht und versteifte sich. Leonow verlor seine Beweglichkeit und konnte die tunnelförmige Druckschleuse nicht mehr betreten. Er saß draußen in der Falle und war dazu gezwungen, im Vakuum des Weltraums einen Teil der Luft aus seinem Raumanzug abzulassen, um sich wieder bewegen zu können. Fast hätte er es nicht geschafft. Aber damit nicht genug: Beim Wiedereintritt in die Atmosphäre verfehlte das Raumschiff sein vorgesehenes Landegebiet um Hunderte von Kilometern und geriet in eine entlegene, dicht bewaldete Region Russlands, die für eisige Temperaturen, Wölfe und Bären bekannt war. Zum Glück hatten Leonow und sein Kollege Beljajew ein Überlebentraining in der Wildnis absolviert und trugen auch eine Pistole bei sich.

Gagarin begann seine Rückkehr zur Erde, als er die Westküste Afrikas überflog. In einer einzigen Erdumrundung (in etwas unter zwei Stunden) hatte er die Ozeane und Kontinente beim Übergang in die Nacht und dann wieder in den Tag gesehen, und dabei ging ihm die ganze Zeit Schostakowitsch durch den Kopf. Aber es gab ein Problem: Die beiden Module der Wostok 1 trennten sich nicht ordnungsgemäß, sodass sich das Raumschiff wild zu drehen begann, bis die dicken Verbindungskabel der Module schließlich in der glühenden Hitze des Wiedereintritts durchbrannten. Eine sanfte Landung war trotzdem ausgeschlossen: Mit dem Gewicht eines Mannes an Bord überstieg das die Kapazitäten der Kapsel. Während sie an seinem Fallschirm durch die untere Atmosphäre fiel, öffnete sich ihre Luke, Gagarin wurde hinausgeschleudert und fiel an einem Fallschirm in Richtung Erde. Er landete in einem Feld in der Nähe der Stadt Engels im Bezirk Saratow – zum Schrecken einer Frau und ihrer fünfjährigen Enkelin, die dort Kartoffeln pflanzten. Er war körperlich unversehrt und wurde auf der Stelle zum Helden.

Die Fäden der Geschichte sind fein gewebt. Gagarin hätte an diesem Tag leicht umkommen können, und sein Name wäre für immer ein Staatsgeheimnis geblieben. Stattdessen wurde er zur lebenden Ikone, zum symbolischen Denkmal in einer von Ideolgien beherrschten Welt. Der Flug verschaffte ihm einen quasi religiösen Status und machte ihn zur Verkörperung des russischen Kosmismus. Der Mensch wird zum Raumfahrer.

Aber es hätte ganz anders kommen können – wenn der erste US-Astronaut, Alan Shepard, wie geplant am 24. März 1961 ins All geflogen wäre. Aus Vorsicht beließen es die Amerikaner an diesem Tag jedoch bei einem unbemannten Raketentest. Shepard flog seine suborbitale Mission Mercury-Redstone 3 in der Kapsel Freedom 7 schließlich am 5. Mai 1961 (**21.6**). Die Premiere in der Geschichte der Menschheit hatten da schon die Sowjets geleistet. Ihre Dominanz im Weltraum versetzte die westliche Welt in Aufruhr.

Gagarin war durch seinen Flug ins Weltall zwar nicht verrückt geworden, aber der Ruhm brachte die üblichen Probleme mit sich. Wie konnte es anders sein? Der Erste zu sein ist eine Auszeichnung, aber auch eine Bürde.

16.10 Gagarin und Tereschkowa auf einer sowjetischen Ansichtskarte. Diese Postkarte mit dem vertikalen Schriftzug »Besuchen Sie die UdSSR« wurde 1963 zur Tourismusförderung gedruckt.

16.11 Farbposter von Tereschkowa, veröffentlicht von einem staatlichen Kunstverlag in Moskau. Der tschechische Slogan lautet »Lang lebe die erste Kosmonautin der Welt!«.

16.12 Alexej Leonow, fotografiert beim Training in Moskau für seinen Woschod-2-Flug, März 1965.

EXTRA

A WALK IN SPACE

And a Russian Takes It

New York Journal-American
NEW YORK'S LARGEST EVENING NEWSPAPER
No. 27,930—DAILY THURSDAY, MARCH 18, 1965 10 CENTS
LATEST NEWS
(LATEST SCRATCHES)

THE TWO ORBITING RUSSIANS LOOK ABOUT LIKE THIS. (ARTIST'S CONCEPTION OF OUR OWN TWO-MAN SPACECRAFT). CHART BELOW

NASA Photo from AP

Steps Off Spacecraft Carrying 2

The Russians Who Made History—Story and More Photos, Manned Flights Up to Now—Page 2. U.S. Space Timetable: Picture Story—Page 23

From The Journal-American's World-Wide News Services

MOSCOW, March 18—The Soviet Union claimed another great stride in the space race today, announcing that a cosmonaut for the first time had stepped out of a two-man space ship in orbit and then returned to it.

It was like taking a stroll in space.

Soviet television stations showed a film of the feat with the curve of the earth and the blackness of deep space visible in the background.

Tass, the Soviet news agency, announced that Lt. Col. Alexei Leonov, 30-year-old co-pilot of the spaceship Voskhod-2, went 5 meters (16.4 feet) from the capsule. He apparently was attached to it by a line or cable.

The official announcement said he made observations and then returned safely to the ship. He was wearing a special "autonomous life-support" suit, the announcement said.

LT. COL. ALEXEI LEONOV

Completed One Orbit

With him in Voskhod-2 was Col. Pavel Belyayev, 39, the flight commander. Tass said a powerful rocket sent them into orbit at 10 a.m. (2 a.m. N. Y. Time) and Leonov stepped from the capsule 90 minutes later, at the end of the ship's first orbit of the earth.

"He successfully carried out the range of prescribed studies and observations and safely returned to the ship. Outside the ship and after returning to the ship, Leonov feels well," Tass said.

"Leonov's emergency into outer space, his work outside the ship and return to the ship were transmitted to the earth by means of the ship's television

Turn to Page 2, SPACE

INDEX AND WEATHER ON PAGE 2 TODAY

Subway Eyewitness

By DONALD B. FLYNN and MIKE PEARL
Journal-American Staff Writers

Brooklyn police and the District Attorney's office know the identity of an eyewitness in the subway murder of 17-year-old Andrew Mormile, The Journal-American learned today.

The witness was one of the 10 to 12 persons in the first car of an IND 8th ave. subway train when young Mormile was killed, allegedly by towering Christopher Lynch, 17, who was charged with the murder yesterday.

Detectives hope to bring the witness in to give a statement today, said a source in the Brooklyn District Attorney's office.

This new witness' testimony would "clinch the case against Lynch," the source said.

Police already have one witness, 18-year-old Terry Toomer of 1221 Jefferson ave., Brooklyn, a pal of Lynch's who said he was there when the Mormile boy was killed.

This new witness "was not a companion of Lynch and Toomer," the source in the District

Turn to Page 6, SUBWAY

U. S. Space Rehearsal

CAPE KENNEDY, Fla., March 18 (AP).—A second full-dress rehearsal for America's first attempt to put two men into earth orbit faces Astronauts Virgil Grissom and John Young here today.

This time the astronauts will go through the motions of their scheduled March 23 launching with two Soviet cosmonauts overhead, zipping around the earth every 90 minutes in the spaceship Voskhod-2.

Apparently to steal the thunder of world publicity from the launching of America's two-man Gemini spacecraft, the Russians put Voskhod-2 into orbit at 2 a.m. (New York time) today.

The United States has successfully orbited two unmanned Gemini space capsules with the Titan-2 rocket from Cape Kennedy.

Major Grissom, an Air Force officer, and Comdr. Young, a Navy Lieutenant Commander, are scheduled to make three orbits in the capsule next Tuesday, the first of three manned Gemini flights slated this year.

Unlike any previous space feat by the United States or Russia, Maj. Grissom, the flight commander, is to maneuver the

Turn to Page 2, GEMINI

J-A SPECIALS TODAY: Our Air—Odds For Cleaning It (Page 11); Answers to Taxpayers' Toughest Questions (Page 24); More of Pope John's Journal (Page 9)

16.13

16.14

»Das Heimatland hört es, das Heimatland weiß es, wohin ihr Sohn fliegt in den Wolken …«

DMITRI SCHOSTAKOWITSCH, 4 LIEDER, OP. 86: NR. 1, RODINA SLYSCHIT, 1951

16.13 Poster mit Gagarin zur Feier der ersten bemannten Weltraummission.

16.14 »Ein Spaziergang im Weltraum – und ein Russe unternimmt ihn«, Schlagzeile in *Journal American* nach Alexej Leonows historischem ersten Weltraumspaziergang im Jahr 1965.

16.15 Leonow außerhalb des Woschod-2-Raumschiffs beim ersten Weltraumspaziergang der Geschichte.

16.15

16.16 Die Kapsel des Raumschiffs Wostok 1 nach dem ersten bemannten Weltraumflug auf ihrem Landeplatz 700 Kilometer südöstlich von Moskau, 12. April 1961. Sie war leer, weil Gagarin in einer Höhe von 7000 Metern mit dem Fallschirm abgesprungen war.

16.17 Gagarin wird von Moskauer Bürgern begrüßt, 14. April 1961.

16.18 Juri Gagarin mit Frau Valentina und seiner Tochter Jelena beim Urlaub auf der Krim, Juni 1960.

16.19 Gagarin trägt mit Freunden und Familienmitgliedern eine Raketentorte, 1964.

Juri Gagarins Brief an seine Familie für den Fall seines Todes, 10. April 1961.

Hallo, meine süßen und so sehr geliebten Waletschka, Lenotschka und Galotschka,

ich habe beschlossen, Euch ein paar Zeilen zu schreiben, um meine Freude und mein Glück mit Euch zu teilen. Heute hat eine staatliche Kommission entschieden, mich als ersten Menschen ins All zu schicken. Weißt Du, Waljuscha, ich bin so glücklich und ich wünsche mir, dass Ihr Euch mit mir freut. Einem gewöhnlichen Mann wurde eine so große nationale Aufgabe anvertraut – den Weg ins Weltall zu bahnen! Kann man sich etwas Größeres wünschen? Das hier ist Geschichte, ein neues Zeitalter!

Übermorgen ist der Start. Ihr werdet dann Eure alltäglichen Dinge erledigen. Auf meinen Schultern liegt eine sehr große Aufgabe. Ich wünschte, ich hätte die Gelegenheit, davor noch eine kleine Weile mit Euch zusammen zu sein und mit Euch zu reden. Leider seid Ihr so weit weg. Aber trotzdem spüre ich Euch immer an meiner Seite.

Ich vertraue der Technik vollkommen. Sie wird nicht versagen. Aber es kann vorkommen, dass man auf ebenem Boden hinfällt und sich das Genick bricht. Auch hier könnte irgendeine Art von Unfall passieren. Ich persönlich glaube nicht daran. Wenn es aber doch so wäre, bitte ich Euch alle, und vor allem Dich, Waljuscha, Eure Zeit nicht damit zu verbringen, um mich zu trauern. So ist das Leben, und jeder kann morgen von einem Auto überfahren werden.

Pass gut auf unsere Mädchen auf; liebe sie so, wie ich es tue. Bitte erziehe sie nicht zu unselbstständigen Töchterchen, sondern zu echten Persönlichkeiten, die mit allem fertig werden, was das Leben ihnen in den Weg stellt. Sorge dafür, dass sie der neuen Gesellschaft würdig sind – dem Kommunismus. Der Staat wird Dir dabei helfen.

Was Dein persönliches Leben angeht, gestalte es so, wie Dein Herz es Dir sagt, und so, dass Du Dich gut dabei fühlst. Du hast mir gegenüber keine Verpflichtungen und ich glaube auch nicht, dass ich ein Recht darauf habe.

Dieser Brief erscheint mir zu traurig. So fühle ich mich nicht. Ich hoffe, Du wirst diesen Brief nie zu sehen bekommen, und ich werde mich nie für diesen schwachen Moment schämen müssen. Aber für den Fall, dass etwas schiefgeht, sollst Du alles wissen. Bis jetzt habe ich ein ehrliches und rechtschaffenes Leben geführt; ich habe den Menschen gedient, auch wenn dieser Dienst bescheiden war.

In meiner Kindheit habe ich einmal die Worte von Waleri Tschkalow [legendärer Testpilot] *gelesen: »Wenn Du es sein sollst, sei der Erste.« Nun, ich werde es versuchen, und zwar bis zum Ende. Waletschka, ich möchte meinen Flug den Menschen der neuen Gesellschaft widmen, dem Kommunismus, von dem wir bald ein Teil sein werden; unserem großartigen Heimatland, unserer Wissenschaft.*

Ich hoffe, wir werden uns in ein paar Tagen wiedersehen und glücklich sein. Waletschka, bitte vergiss meine Eltern nicht und unterstütze sie, wenn es Dir möglich ist. Grüße sie sehr herzlich von mir und bitte sie um Verzeihung, dass ich sie in Unkenntnis gelassen habe; sie durften nichts wissen.

Das scheint mir alles zu sein. Auf Wiedersehen, meine Lieben. Ich umarme Euch fest und küsse Euch. Euer Papa und Jura.

LAIKA

17.

17.1

… Wir kommen an Gagarins Kabine und der großen Sojus-Fertigungshalle vorbei. Von den Wänden blättert die Farbe ab … Aus Rissen im Beton sprießt Unkraut und bietet der Schwerkraft die Stirn. Überall sind kleine, drahtige Hunde, an Wände gepresst oder in der Sonne badend. Sie sehen glücklich aus, so als wollten sie für eine Gedenktafel oder für ein Zigarettenbild posieren. Der erste Hund im All, »Laika«, war ein Streuner aus Moskau. Wir stehen am Maschendrahtzaun und sehen von dort Gagarins Startplatz. Wir können den Atem der Sojus-Rakete in der Kälte sehen. … Das interessiert unsere neuen Freunde nicht, die die eiskalte Luft beschnuppern. Sie haben das alles schon mal gesehen. Wie wunderbar passend, dass die Streuner, als wären sie Nachkommen der heiliggesprochenen Satellitenhunde, immer noch hier und bereit zum Dienst sind. Nur für alle Fälle … Sergej und Konstantin sind nicht hier, um den Hunden zu sagen, dass es vorbei ist und sie nach Hause gehen können …

(Auszug aus dem Tagebuch des Autors, Dezember 2016, Kosmodrom Baikonur, Kasachstan)

»Kleines Hündchen, verloren für den Rest der Welt, zusammengerollt in deinem Satellitenkörbchen …« schrieb Denise Robins, die britische Liebesroman-Autorin – ihr sanfter Ton ein merklicher Kontrast zu der öffentlichen Empörung darüber, dass die Sowjets einen Hund ins Weltall sandten. »Warum nehmen sie nicht Kindesmörder?«, schlug Lady Munnings vor, während verschiedene Tierschutzorganisationen unzählige, ihre Telefonzentralen belagernde Anrufer beschworen, ihre Wut lieber gegen die russische Botschaft in London zu richten. »Ich verstehe das nicht. Hunde sind zum Essen da und nicht dazu, im Weltraum herumgekarrt zu werden!«, war offenbar die Reaktion eines vietnamesischen Bauers, wie in einem Artikel des *Time*-Magazins berichtet wurde.

Ironischerweise wurde ein Opferhund als erstes Wesen ausgewählt, das die Überlebensmöglichkeiten bei der Raumfahrt im Orbit demonstrieren sollte. Nach dem Start von Sputnik 1 im Oktober 1957 war Chruschtschow bemüht um eine Fortsetzung: Diese sollte die frühe Führungsposition der Sowjets im Wettlauf ins All konsolidieren und gleichzeitig mit dem 40-jährigen Jahrestag der Oktoberrevolution im November zusammenfallen. Was könnte das Funksignal des elektronischen Metronoms besser fortführen als ein Herzschlag?

»Laika« – unter diesem Namen würde die Hündin bekannt werden – kam aus bescheidenen Verhältnissen. Ljudmila Radkewitsch, damals eine junge Wissenschaftlerin am Staatlichen Institut für Luftfahrtmedizin in Moskau, erinnert sich daran, wie sie durch die Nebenstraßen der Hauptstadt fuhr und mit einem Lineal die Streuner vermaß.

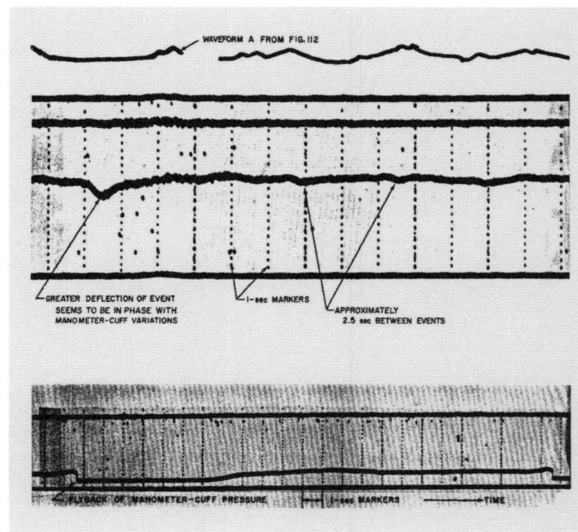

17.2

17.1 Laika, der erste sowjetische Hund im Weltraum.

17.2 Die ersten sowjetischen biomedizinischen Daten, die aus dem All abgefangen wurden, waren die von Laika. Dies sind Auszüge aus den abgefangenen Aufnahmen der USA: ihr Herzschlag (oben) und ihr Blutdruck (unten), 3. November 1957.

17.3 Ein Modell von Sputnik 2 im sowjetischen Pavillon auf der Weltausstellung in Brüssel, 16. April 1958.

17.4–17.6 Gedenkbriefmarken aus der Mongolei (ca. 1982), aus Polen (ohne Datum) und aus Ungarn (ca. 1982).

17.3

17.4 / 17.5 / 17.6

Sie durften nicht größer als 35 Zentimeter sein und mussten weniger als sechs Kilogramm wiegen. Laika wurde ausgewählt, weil sie ein ruhiges Naturell hatte und gut aussah. Ihr kleiner Körper passte perfekt in die Rakete, ihr dunkel geflecktes Fell bot einen nützlichen Kontrast auf Dokumentarfotos, und ihre elegante Haltung machte sie zur idealen Kandidatin für die Verewigung in der sowjetischen Agitprop, die die grausame Realität ihres Todes verschleierte. Sie war der erste von fast 50 Satellitenhunden, die als Vorhut der Menschheit ins All geschickt wurden. Aber wie bei vielem im sowjetischen Raumfahrtprogramm vergingen Jahrzehnte, bis Details über ihr wahres Schicksal ans Licht kamen. Ihre Heimreise war nie Teil des Plans, und die von den sowjetischen Behörden verbreiteten Berichte über ihren angeblich würdevollen und schmerzlosen Tod waren pure Propaganda.

Die komplexe Konstruktion eines Raumfahrzeugs, das einen Hund einigermaßen komfortabel am Leben erhalten konnte, war in der verfügbaren Vorbereitungszeit einfach unmöglich. Laika konnte sich nicht zusammenrollen oder bewegen. Sie war übersät mit Elektroden, die ihre Vitalwerte maßen, und ein Müllbeutel war an ihr befestigt. Mit einer Verzögerung von drei Tagen, die sie allein in der Rakete auf dem Kosmodrom verbringen musste, begann Laika am 3. November 1957 um 5:30 Uhr ihren Aufstieg in den Himmel, wobei ihre Herzfrequenz dramatisch anstieg. Das primitive Kühlsystem funktionierte nicht richtig und verwandelte die hastig zusammengebaute Raumkapsel erst in einen Ofen und dann in einen Sarkophag. Laika hätte im besten Fall ein paar Erdumrundungen überlebt. Fünf Monate später kehrte sie als Sternschnuppe über der Karibik auf die Erde zurück.

Die Sowjetunion hatte ihren ersten heiliggesprochenen Raumfahrer. Ein vollkommenes Geschöpf, das die Werte des Opfers und des Märtyrertums verkörperte. Es wurde ehrfurchtsvoll im Reich der Mythen und Legenden zur Ruhe gebettet.

17.7 Pressekonferenz mit den designierten sowjetischen Weltraumhunden Malischka, Linda und Kosjawka am 27. Juni 1957, vier Monate vor Laikas verhängnisvoller Reise in Sputnik 2.

17.8 »Der Weg für den Menschen ist offen!«: Poster von Konstantin Konstantinowitsch Iwanow mit den Weltraumhunden Weterok und Ugoljok, die vom 22. Februar bis 16. März 1966 an einem 22-tägigen Weltraumflug teilnahmen.

17.9 Ein Päckchen russischer Zigaretten, auf dem Laika und die Sputnik-Satelliten abgebildet sind (Aufnahme vom 18. September 1958).

17.10 Rumänische Briefmarken mit Laika,1957.

17.8 / 17.9

17.10

JOHN F. KENNEDY UND THEODORE C. SORENSEN

18.

»We choose to go to the moon« (Wir entscheiden uns dafür, zum Mond zu fliegen) ist eine Formulierung, die aus gutem Grund in die Geschichtsbücher einging. Sie ist eine starke Erklärung der Entschlossenheit und der Handlungsfähigkeit und erinnert an das gemeinschaftliche »We, the people« (Wir, das Volk), mit dem die Präambel der Verfassung der USA beginnt. Der Mond, schon immer ein Symbol des Unerreichbaren, war nun das Ziel amerikanischer Ambitionen. Kennedy wiederholte diese Worte mehrmals in seiner Rede an der Rice University in Texas, mit Nachdruck und den Applaus des Publikums übertönend. Sein Manuskript enthielt weitere kurze, prägnante Sätze und rhetorische Stilmitteln, die uns Schauer über den Rücken jagen: »Of course we can go to the Moon!« (Natürlich können wir zum Mond fliegen!). Der Weltraum wird als neuer Ozean beschrieben, den es zu überqueren gilt. Als Vergleiche werden große historische Herausforderungen in Erinnerung gerufen: George Mallory, der den Mount Everest besteigt, »weil er da ist«; Charles Lindbergh, der über den Atlantik fliegt. All dies entspricht einer typisch amerikanischen Idee – der Erschließung neuer Räume. Es ist auch eine Rede über die Einzigartigkeit Amerikas in einer Zeit, in der das Land als schwach angesehen wurde. Der Kommunismus rückte drohend näher, und nach Gagarins historischem Weltraumflug wollte Amerika sich im Kalten Krieg wieder Respekt verschaffen. »We choose to go to the moon« war die perfekte Zusammenfassung der Wünsche des neuen Präsidenten: So sollte der Rest der Welt Amerika sehen.

Bei Kennedys Ambitionen in der Raumfahrt ging es jedoch nicht nur darum, »die Russen zu schlagen« – vielmehr waren sie ein politisches Instrument zur Erweiterung der Eindämmungspolitik

18.1 Der designierte Präsident John F. Kennedy diskutiert mit Theodore Sorensen (rechts) die wirtschaftlichen Probleme von West Virginia, Dezember 1960.

18.2, 18.3 Zwei Seiten aus Ted Sorensens Entwurf von »We choose to go to the moon« mit Notizen von John F. Kennedy für seine Rede an der Rice University (Texas), 1962.

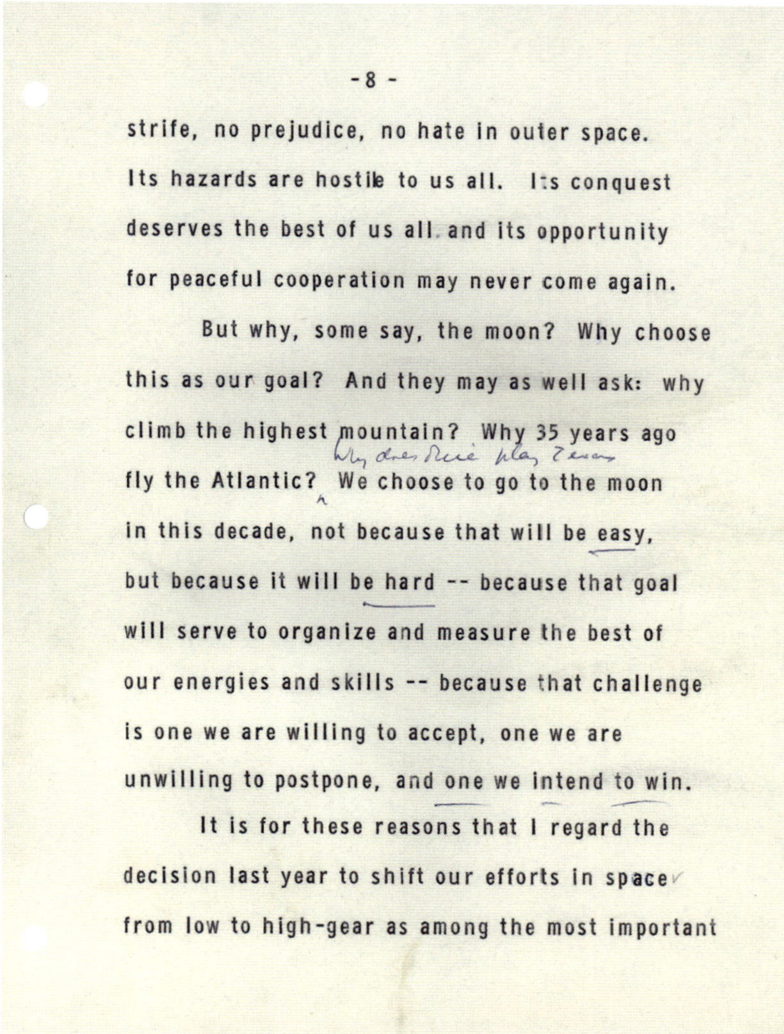

- 8 -

strife, no prejudice, no hate in outer space. Its hazards are hostile to us all. Its conquest deserves the best of us all and its opportunity for peaceful cooperation may never come again.

But why, some say, the moon? Why choose this as our goal? And they may as well ask: why climb the highest mountain? Why 35 years ago fly the Atlantic? Why does Rice play Texas We choose to go to the moon in this decade, not because that will be easy, but because it will be hard -- because that goal will serve to organize and measure the best of our energies and skills -- because that challenge is one we are willing to accept, one we are unwilling to postpone, and one we intend to win.

It is for these reasons that I regard the decision last year to shift our efforts in space from low to high-gear as among the most important

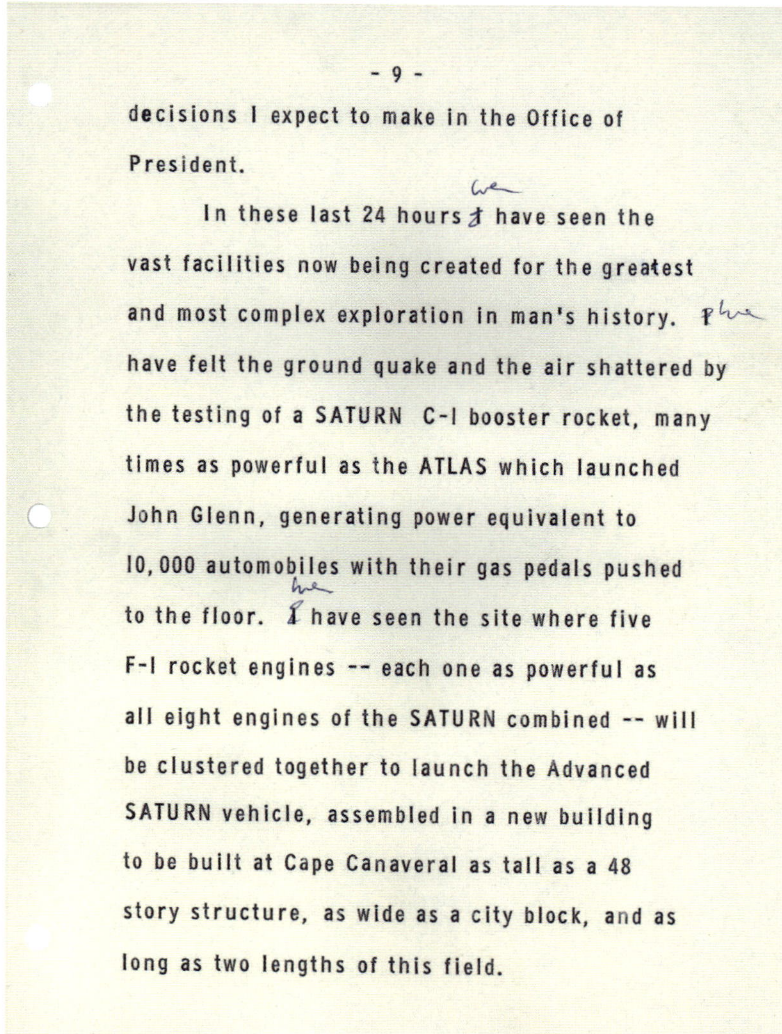

- 9 -

decisions I expect to make in the Office of President.

In these last 24 hours I have seen the vast facilities now being created for the greatest and most complex exploration in man's history. I have felt the ground quake and the air shattered by the testing of a SATURN C-I booster rocket, many times as powerful as the ATLAS which launched John Glenn, generating power equivalent to 10,000 automobiles with their gas pedals pushed to the floor. I have seen the site where five F-I rocket engines -- each one as powerful as all eight engines of the SATURN combined -- will be clustered together to launch the Advanced SATURN vehicle, assembled in a new building to be built at Cape Canaveral as tall as a 48 story structure, as wide as a city block, and as long as two lengths of this field.

gegenüber der Sowjetunion. Tatsächlich machte Kennedy während seiner kurzen Präsidentschaft immer wieder Andeutungen zu einem gemeinsamen Raumfahrtprogramm mit den Sowjets. Mit dieser Strategie wollte er sowohl eine Entspannung in der schwierigen Beziehung erreichen als auch eine mögliche Militarisierung des Weltraums verhindern – und die hohen Kosten aufteilen. 1961 sagte er in seiner Antrittsrede: »Lasst uns zusammen die Sterne erkunden«, und ein Jahr später bei einer Rede an der University of California in Berkeley: »Wir könnten die sterilen Dogmen des Kalten Krieges buchstäblich eine Viertelmillion Meilen hinter uns lassen.« Aber vor den Vereinten Nationen macht er im September 1963 seinen Standpunkt am eindringlichsten klar:

Warum sollte daher der erste Flug des Menschen zum Mond die Angelegenheit eines nationalen Wettstreits sein? Warum sollten sich die Vereinigten Staaten und die Sowjetunion bei der Vorbereitung solcher Expeditionen auf immense Doppelarbeit auf dem Gebiet der Forschung, der Konstruktion und der Ausgaben einlassen?

Gemeinsame Missionen von Sowjets und Amerikanern würde es eines Tages geben, aber Kennedy erlebte sie nicht mehr.

Seine Präsidentschaft bleibt nicht zuletzt wegen seines außergewöhnlichen Talents als Redner in Erinnerung. Dabei wurde er maßgeblich von seinem Chefberater und Redenschreiber Theodore »Ted« Sorensen (1928–2010) unterstützt. Dessen Sprachstil wurde zur vertrauten Stimme Kennedys. Sorensen war seit Mitte der 1950er-Jahre an

18.4 Präsident John F. Kennedy spricht während einer Besichtigung des Marshall Space Flight Center (MSFC) auf dem Redstone Arsenal in Huntsville (Alabama) mit dem Direktor des MSFC, Dr. Wernher von Braun (links); Vize-Präsident Lyndon B. Johnson steht rechts, und die Rakete Saturn C-1 befindet sich hinter ihnen. Präsident Kennedy besuchte das MSFC während einer zweitägigen Besichtigungsreise zu den Einrichtungen der National Aeronautics and Space Administration (NASA).

18.5 Blick auf die Testzündung eines Saturn-Boosters im MSFC. Im Vordergrund stehen Kennedy und weitere Zuschauer hinter einer Schutzwand.

18.6 Kennedy und der Astronaut John Glenn blicken am 23. Februar 1962 in das Mercury-Raumfahrzeug Friendship 7, drei Tage nach Glenns bahnbrechendem Flug.

ORBIT NUMBER
HOLD
COUNTDOWN
PROCEED
ELAPSED TIME
FLIGHT DIRECTOR
OPERATIONS DIRECTOR

18.7

18.7 Das Mercury Control Center in Florida hatte eine Schlüsselrolle im frühen Raumfahrtprogramm der Vereinigten Staaten. Das ursprüngliche Gebäude auf dem Gelände der Cape Canaveral Air Force Station wurde zwischen 1956 und 1958 erbaut und in den Jahren 1959 und 1963 erweitert. Die Anlage wurde am 26. Dezember 1963 offiziell an die NASA übergeben und diente bei allen Mercury-Missionen und bei den ersten drei Flügen des Gemini-Programms als Kontrollzentrum. Sie wurde später umbenannt in Mission Control Center.

18.8 Astronaut John Glenn besteigt Friendship 7 vor dem Start des Raumfluges MA-6 am 20. Februar 1962, der ihn zum ersten Amerikaner in der Erdumlaufbahn machte. Die Mission MA-6 war der erste bemannte Orbitalflug mit der Atlas-Trägerrakete, einer modifzierten Interkontinentalrakete. Während des fünf Stunden andauernden Fluges wurde die Erde drei Mal umrundet.

18.8

»Lasst uns zusammen die Sterne erkunden …«

PRÄSIDENT JOHN F. KENNEDY, 1961

18.9 Robert Rauschenberg, *Retroactive II*, 1963.

18.10 Präsident Kennedy spricht an der Rice University in Texas, 12. September 1962.

Kennedys Seite und arbeitete unauffällig hinter den Kulissen. Als junger Absolvent der Rechtswissenschaft war er nach Washington gekommen, um etwas zu verändern. Er spürte eine politische Verbundenheit mit dem Ivy-League-Absolventen Kennedy, dessen familiärer und finanzieller Hintergrund meilenweit von seinem eigenen entfernt war. Er war besonders beeindruckt von Kennedys engagiertem Dienst an der Öffentlichkeit. Während Kennedys Zeit als Senator tourten die beiden durch alle US-Staaten, und bald war Sorensen in der Lage, Kennedys Sätze zu Ende zu sprechen. Dabei war er Kennedys perfektes Gegenbild: Aus bescheidenen Verhältnissen im ländlichen Lincoln in Nebraska stammend, war er Unitarier, während Kennedy Katholik war. Sorensen war progressiver als der eher konservative Kennedy. Er war zudem zufrieden mit einer Existenz abseits des Rampenlichts, während Kennedy in seiner Rolle als charismatischer Politiker aufging. Trotz ihrer Unterschiede gingen sie politisch im Gleichschritt, und ihr Pflichtbewusstsein und Engagement für den Dienst an der Öffentlichkeit sowie ihr Respekt vor dem Gesetz und der Verfassung verbanden sie.

Das Geheimnis von Kennedys Reden liegt in dieser engen Partnerschaft begründet. Sorensen begleitete Kennedy auf Schritt und Tritt, um ein Gefühl dafür zu bekommen, was Kennedy zu verschiedenen Themen wohl gerne sagen würde. Danach ging er zurück in sein Büro und schrieb einen Entwurf. Kennedy fügte anschließend noch etwas hinzu oder strich etwas heraus (**18.2**, **18.3**). Die »We choose«-Rede wurde ursprünglich von der NASA und verschiedenen anderen Behörden entworfen, aber ihr kulturelles Vermächtnis hat sie Sorensens schlichter Ausdrucksweise zu verdanken. Die Sprache ist gehoben im Sinne großer Redekunst – niemals befremdlich, stets ökonomisch und auf den Punkt gebracht und für einen Redner geschrieben, nicht für einen Leser. Sorensen und Kennedy entwickelten sich zu einem Redenschreiber-Duo, das den legendären Musik-Libretto-Partnerschaften ähnelte.

Das Attentat auf Kennedy am 22. November 1963 beschrieb Ted Sorensen als einen der traumatischsten Tage seines Lebens. Obwohl Kennedy die Verwirklichung seiner Träume der Raumfahrt nicht mehr erlebte, assoziieren wir sein Gesicht mit dem Erfolg der Apollo-Missionen, nicht das seines Nachfolgers Lyndon B. Johnson (**0.6**) oder das von Richard Nixon, in dessen Amtszeit das Ende des Apollo-Programms fiel. Ein wesentlicher Grund dafür sind seine wegweisenden Reden. Über die Jahrzehnte hinweg haben sie die Kennedy-Mythologie mit befeuert. Sorensen hat das Schreiben von Kennedys Reden nie öffentlich für sich beansprucht, das hätte seiner Loyalität widersprochen. Aber Sorensen legte Kennedy die Worte in den Mund, und Kennedy erweckte Sorensens Worte zum Leben.

Was macht die Rede an der Rice University so unvergesslich? Letztlich wirkt eine Rede durch die in ihr dargelegten Ideen und Überzeugungen. Kennedy und Sorensen versprachen der Welt den Mond. Vielleicht mehr als alles andere überzeugte die Kraft des gesprochenen Wortes die Menschen davon, dass dieses Versprechen eingehalten werden würde.

18.10

NASA

Die National Aeronautics and Space Administration (NASA) öffnete ihre Türen am 1. Oktober 1958, fast genau ein Jahr nach dem Start des ersten sowjetischen Satelliten Sputnik. Dieser Start fand während des Internationalen Geophysikalischen Jahres statt, einer 18-monatigen Forschungsinitiative, die viele der weltweit führenden Wissenschaftler zusammenbrachte und die Erforschung der Erde und der Atmosphäre sowie deren Beziehung zur Sonne vorantreiben sollte. Neue Fortschritte in der Raketentechnik trugen dazu bei, die Physik der oberen Atmosphäre besser zu verstehen. Sowohl die USA als auch die Sowjetunion hatten bekanntgegeben, kleine Satelliten im Rahmen des Projekts starten zu wollen. Die Sowjets nutzten den sich bietenden propagandistischen Vorteil und starteten heimlich als Erste. Das brachte US-Präsident Eisenhower ins Schwitzen, und er hatte nun einiges aufzuholen. Bereits im Dezember reagierte Amerika mit dem Start des Satelliten Vanguard TV3 der US-Marine. Die Rakete erreichte eine Höhe von gut einem Meter, fiel dann auf die Startrampe zurück und explodierte. Dabei wurde der winzige Satellit von der Größe einer Grapefruit in einen nahegelegenen Sumpf katapultiert. Die Amerikaner hatten einen ungünstigen Start in dem später sogenannten »Wettlauf ins All«, aber am 1. Februar 1958 gelang ihnen der Durchbruch mit dem erfolgreichen Einsatz des Satelliten Explorer 1.

Sputnik hatte keinen wissenschaftlichen Zweck, er sollte lediglich den Westen mit seinem berühmten piepsenden Funksignal beeindrucken und verunsichern. Seine Botschaft war, dass nun kein Ort auf der Erde mehr außerhalb der Reichweite sowjetischer Raketen lag. Diese »Raketenlücke« und ein zunehmendes Bewusstsein für das Potenzial wissenschaftlicher Forschung motivierten

19.1

19.2

»Zur Bereitstellung der Erforschung von Problemen des Fliegens innerhalb und außerhalb der Erdatmosphäre und zu anderen Zwecken.«

NATIONAL AERONAUTICS AND SPACE ACT OF 1958, PUBLIC LAW #85-568, 72 STAT. 426. UNTERZEICHNET VOM PRÄSIDENTEN AM 29. JULI 1958

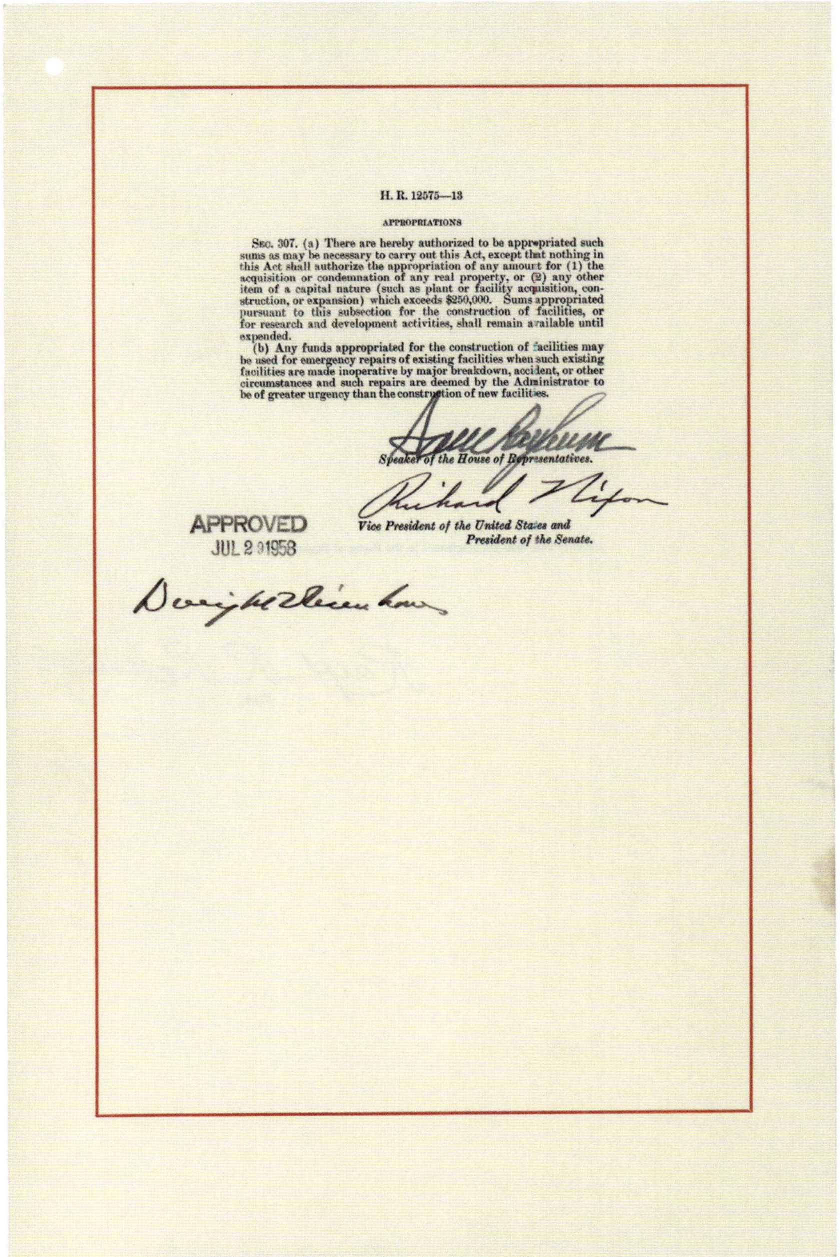

H. R. 12575—13

APPROPRIATIONS

Sec. 307. (a) There are hereby authorized to be appropriated such sums as may be necessary to carry out this Act, except that nothing in this Act shall authorize the appropriation of any amount for (1) the acquisition or condemnation of any real property, or (2) any other item of a capital nature (such as plant or facility acquisition, construction, or expansion) which exceeds $250,000. Sums appropriated pursuant to this subsection for the construction of facilities, or for research and development activities, shall remain available until expended.

(b) Any funds appropriated for the construction of facilities may be used for emergency repairs of existing facilities when such existing facilities are made inoperative by major breakdown, accident, or other circumstances and such repairs are deemed by the Administrator to be of greater urgency than the construction of new facilities.

Speaker of the House of Representatives.

Vice President of the United States and President of the Senate.

APPROVED
JUL 29 1958

19.3

19.1 Dezember 1957: Einwohner von Toronto lesen in der Zeitung über den Fehlstart der amerikanischen Vanguard-Rakete in Cape Canaveral (Florida).

19.2 Der Feuerball beim Fehlstart der Vanguard-Rakete, die Amerikas ersten Satelliten in den Orbit befördern sollte.

19.3 Gesetz vom 29. Juli 1958 zur Gründung der NASA (National Aeronautics and Space Act of 1958), das die Erforschung von Problemen des Fliegens innerhalb und außerhalb der Erdatmosphäre bereitstellte.

Eisenhower dazu, eine umfassendere zivile Verwaltung von Amerikas langfristigen Interessen im Weltraum zu schaffen. Die neue Raumfahrtbehörde übernahm das National Advisory Committee for Aeronautics (NACA), das bis dahin für alle Angelegenheiten der Luftfahrt zuständig gewesen war, und entrang den drei Teilstreitkräften des Militärs die Aktivitäten der Nation im Weltraum. Thomas Keith Glennan wurde erster Administrator der Behörde und Hugh Dryden, der frühere Direktor der NACA, sein Stellvertreter.

Eine brandneue Behörde mit hochgesteckten Zielen brauchte eine starke visuelle Identität. Im September 1958 wurden die Mitarbeiter aufgerufen, Vorschläge für ein neues Logo einzureichen. James »Jim« Modarelli war Künstler und Designer und leitete damals die Abteilung für Forschungsberichte, die später Teil des Glenn Research Center der NASA wurde. Bei einem Besuch des Ames Research Center inspirierte ihn die futuristische Ästhetik eines Modells für die Flügel eines Überschallflugzeug, das dort ausgestellt war (**19.5**). Es hatte die Form eines gewölbten Pfeiles mit einer angehobenen Spitze und stammte von dem Luftfahrtingenieur Elliott Katzen. In der Zwischenzeit hatte ein anderer NASA-Designer, Harry DeVoto, einige Ideen skizziert: den kreisförmig angeordneten Namen der Behörde (da das Logo rund sein musste) und eine Kugel mit einem Objekt in ihrer Umlaufbahn vor dem blauen Hintergrund eines Sternfeldes. Modarelli übernahm diese Idee und ergänzte sie mit Katzens Flügelform in Gestalt eines leuchtend roten Bogens, der als »Vektor« bekannt ist – ein Symbol für das anhaltende

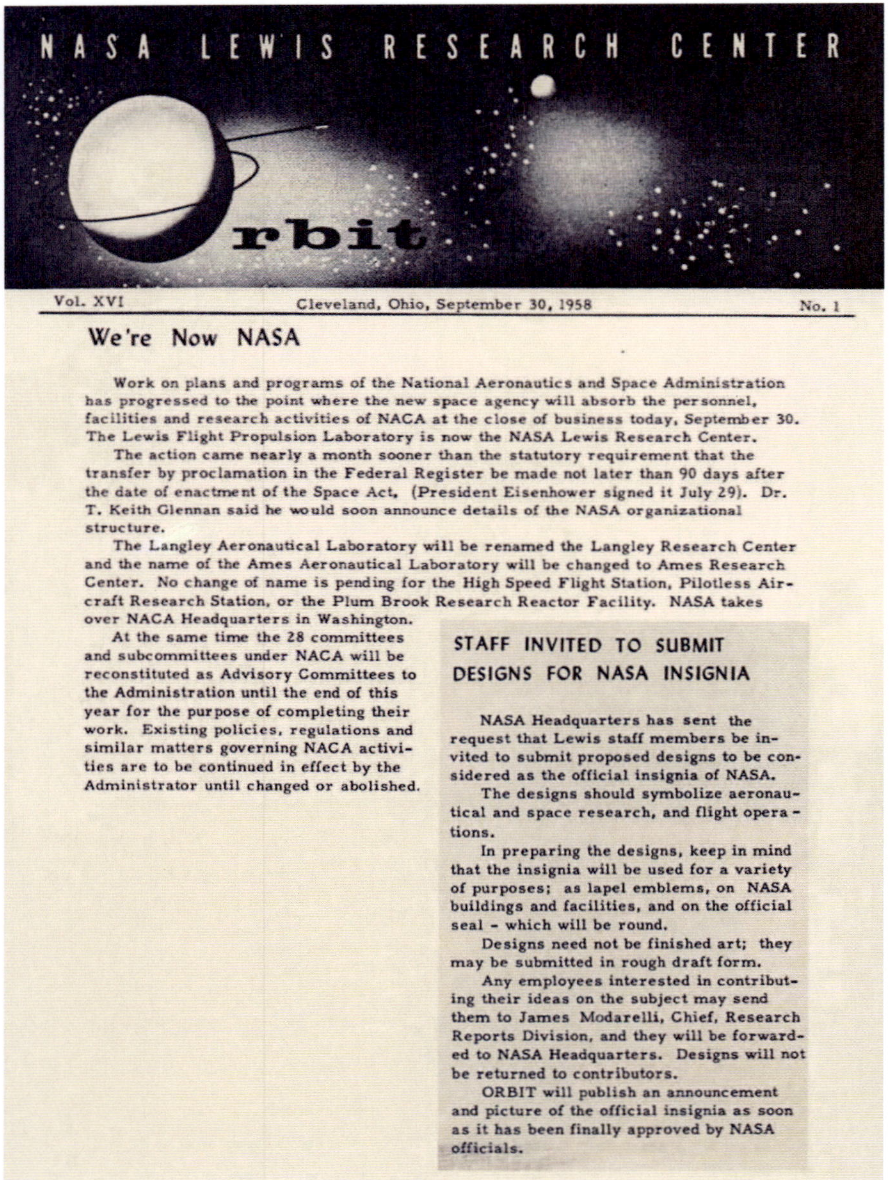

NASA LEWIS RESEARCH CENTER

Orbit

Vol. XVI — Cleveland, Ohio, September 30, 1958 — No. 1

We're Now NASA

Work on plans and programs of the National Aeronautics and Space Administration has progressed to the point where the new space agency will absorb the personnel, facilities and research activities of NACA at the close of business today, September 30. The Lewis Flight Propulsion Laboratory is now the NASA Lewis Research Center.

The action came nearly a month sooner than the statutory requirement that the transfer by proclamation in the Federal Register be made not later than 90 days after the date of enactment of the Space Act. (President Eisenhower signed it July 29). Dr. T. Keith Glennan said he would soon announce details of the NASA organizational structure.

The Langley Aeronautical Laboratory will be renamed the Langley Research Center and the name of the Ames Aeronautical Laboratory will be changed to Ames Research Center. No change of name is pending for the High Speed Flight Station, Pilotless Aircraft Research Station, or the Plum Brook Research Reactor Facility. NASA takes over NACA Headquarters in Washington.

At the same time the 28 committees and subcommittees under NACA will be reconstituted as Advisory Committees to the Administration until the end of this year for the purpose of completing their work. Existing policies, regulations and similar matters governing NACA activities are to be continued in effect by the Administrator until changed or abolished.

STAFF INVITED TO SUBMIT DESIGNS FOR NASA INSIGNIA

NASA Headquarters has sent the request that Lewis staff members be invited to submit proposed designs to be considered as the official insignia of NASA.

The designs should symbolize aeronautical and space research, and flight operations.

In preparing the designs, keep in mind that the insignia will be used for a variety of purposes; as lapel emblems, on NASA buildings and facilities, and on the official seal - which will be round.

Designs need not be finished art; they may be submitted in rough draft form.

Any employees interested in contributing their ideas on the subject may send them to James Modarelli, Chief, Research Reports Division, and they will be forwarded to NASA Headquarters. Designs will not be returned to contributors.

ORBIT will publish an announcement and picture of the official insignia as soon as it has been finally approved by NASA officials.

»Auf einer Scheibe aus blauem Himmel, bestreut mit weißen Sternen, rechts eine große gelbe Kugel mit einer roten Flugsymbol-Spitze oben rechts und Flügeln, die die Kugel umhüllen und einen graublauen Schatten auf sie werfen, alles teilweise umringt von einer horizontalen weißen Umlaufbahn, links eine kleine hellblaue Kugel; die Scheibe umgibt ein weißes Band mit goldenem Rand und der Inschrift ›National Aeronautics and Space Administration U.S.A.‹ in roten Buchstaben.«

EXECUTIVE ORDER 10849, 27. NOVEMBER 1959

Engagement der Behörde in den Bereichen Luft- und Raumfahrt (**19.6**).

Es wurden etliche Designs eingereicht, und Glennan persönlich kürte Modarellis Vorschlag zum Gewinner. Beim Institute of Heraldry der Army (einem eigenen Institut für Wappenkunde) wurden noch kleinere Änderungen vorgenommen, die standardmäßig für die Zustimmung des Präsidenten erforderlich waren. Anschließend erfolgte eine Begutachtung durch die Commission of Fine Arts, einem Gremium von Kunstexperten, das die Regierung bis heute in Fragen der Ästhetik berät. Das Design wurde genehmigt – wenn auch widerstrebend, da es zu sehr »moderner kommerzieller Werbung ähnelte« –, und der Präsident gab das offizielle Siegel am 27. November 1959 frei.

Es sollte im offiziellen Rahmen Verwendung finden, zum Beispiel auf Flaggen, Orden und Rednerpulten, aber man bat Modarelli zusätzlich um den Entwurf eines vereinfachten, informellen Logos, das universeller verwendet werden konnte. Er behielt die Hauptelemente des Siegels bei: das blaue Sternfeld, das elliptische Orbit-Motiv und seinen geliebten roten Flügel. Zusätzlich verlief quer über die Mitte des Siegels der Schriftzug »NASA« in einer eigens kreierten, breiten Serifenschrift. Dieses Design wurde unter dem liebevollen Namen »Fleischbällchen« bekannt und ist eines der weltweit bekanntesten Beispiele für Grafikdesign (**19.7**). In den 1960er-Jahren, als die bemannten Raumfahrtprogramme der NASA die Welt faszinierten, verband man mit dem Logo eine aufregende Vision von Amerikas neuem Selbstbewusstsein im Weltraum. Es war ein Symbol für das Weltraumzeitalter, das sich rasch in der Populärkultur ausbreitete. Bemerkenswert ist die legendäre Ausgabe des Magazins *Harper's Bazaar* vom April 1965, die exemplarisch für die Swinging Sixties und das Verschmelzen der neuen Ästhetik der NASA mit Mode, Kunst, Musik und Literatur steht. Das britische Model Jean Shrimpton zierte das Cover mit einem pinkfarbenen, fluoreszierenden Raumfahrerhelm als Kopfschmuck. Im Magazin trägt sie den legendären silbernen Raumanzug des Mercury-Programms. Die darauf sichtbaren Abzeichen wurden von der NASA an Art Director Ruth Ansel ausgeliehen. In den Augen der Öffentlichkeit war Jean Shrimpton die erste Frau im Weltraum. Das Fleischbällchen war seiner Rolle als staatliches Kennzeichen entschlüpft und wurde Teil der Sprache einer progressiven kulturellen Revolution.

Bis Mitte der 1970er-Jahre war das Logo in Gebrauch, danach wurde es ausgemustert. Im Rahmen eines staatlichen Programms war man bemüht, das Erscheinungsbild verschiedener Ministerien und staatlicher Behörden zugunsten eines einheitlicheren, moderneren und effizienteren Erscheinungsbildes aufzufrischen. Die

19.4 Lewis Research Center der NASA, »Wir sind jetzt die NASA«, 30. September 1958.

19.5 Flügelmodell für ein Überschallflugzeug, Inspiration für das NASA-Siegel.

19.6 Das von James Modarelli entworfene NASA-Logo.

19.7 Finale Version des NASA-Logos.

19.8 Der umstrittene NASA-Schriftzug von Richard Danne und Bruce Blackburn.

Seiten aus dem *Graphics Standards Manual* der NASA von 1976:

19.9 Pressemappen/Leitfäden
19.10 Aufnäher für NASA-Uniformen
19.11 Beschriftungen für Kraftfahrzeuge
19.12 Beschriftungen für NASA-Luftfahrzeuge
19.13 Beschriftungen für NASA-Raumfahrzeuge

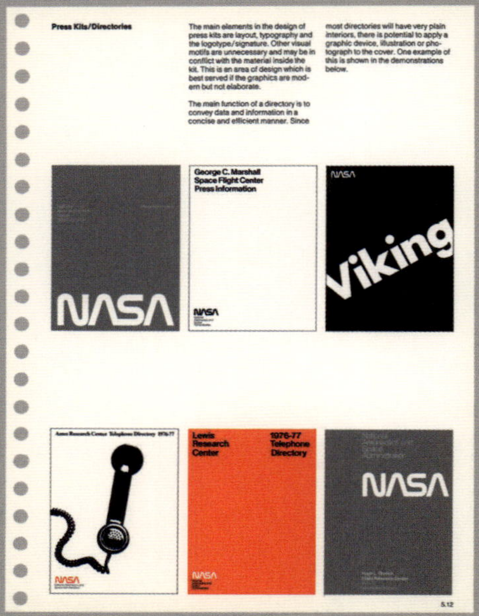

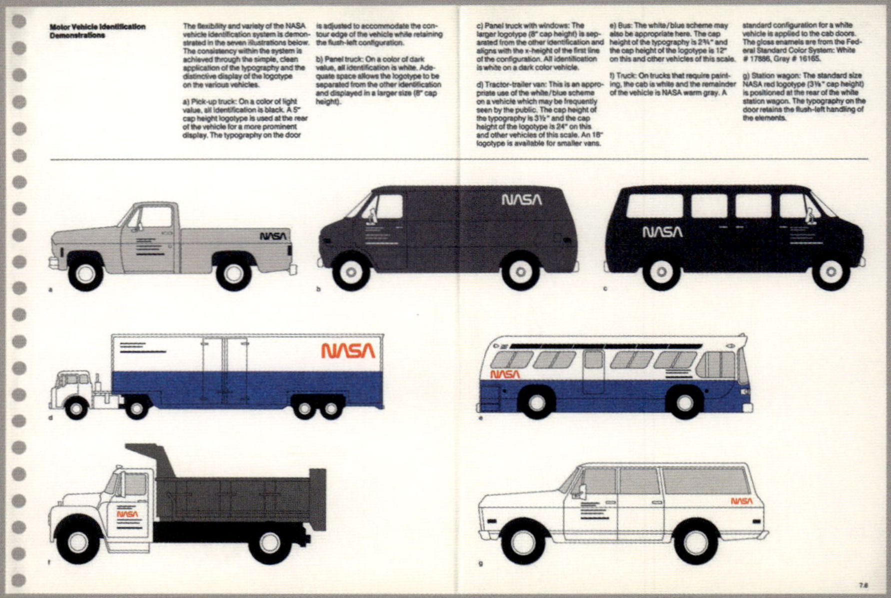

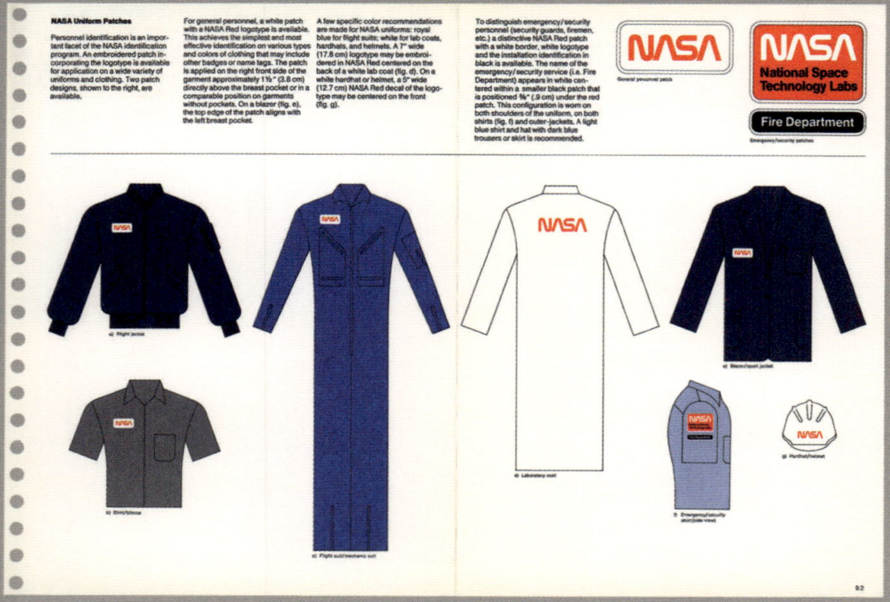

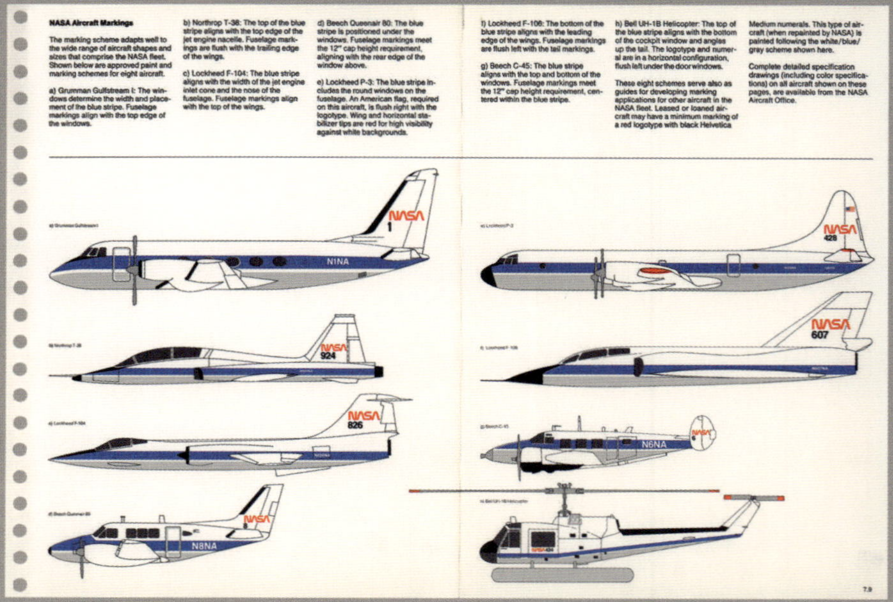

NASA Spacecraft Markings

The marking of NASA spacecraft vehicles is essential, critical, and difficult. It is quite important that any identification or markings which appear on spacecraft be consistent with the overall goals of the NASA Unified Visual Communications System. These vehicles represent tangible evidence of many of NASA's most interesting programs. As such, they are the focus of considerable public and media attention and should be marked in simple but effective ways.

Another important consideration is that the vehicle be marked so that it can be identified from different angles, whether in a launch mode or in outer space.

Of course, the overriding consideration is that the markings not interfere or impede the scientific mission of the craft. This principle applies to maintenance as well as the operational qualities of the craft when performing in space. This objective is very achievable as demonstrated on the Space Shuttle shown below.

Only a few isolated areas were designated for graphics by flight engineers and scientists. Working within these serious constraints, the Shuttle Orbiter is fully marked with all of the basic identifiers: The NASA Logotype, the American flag, United States, USA, plus the name of the particular craft. Helvetica Medium is the typeface used on the spacecraft.

Note that the NASA Logotype appears in NASA Gray so as not to conflict with the red of the American flag. The flag is equal to the height of the capital letters on the side, top, and bottom of the craft. The placement of these identifying elements is responsive to technical requirements as well as being harmonious with the basic shape and form of the Shuttle.

On the following gatefold you will see examples of other spacecraft which employ one or several of the available markings. Though they vary in size, shape, and configuration, they nevertheless maintain a strong overall relationship within the NASA Unified Visual Communications System.

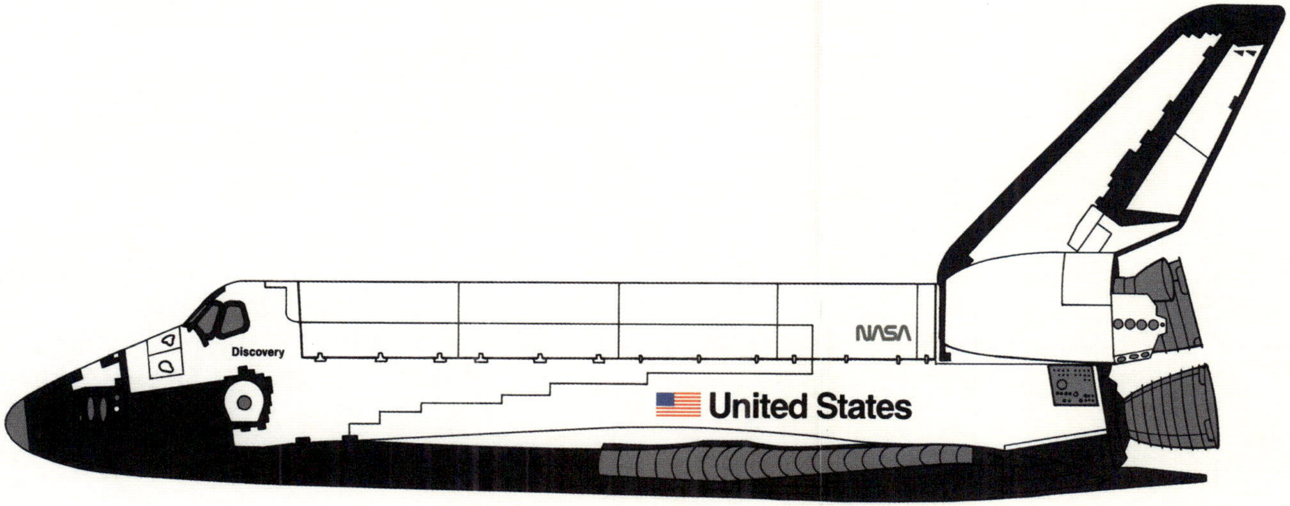

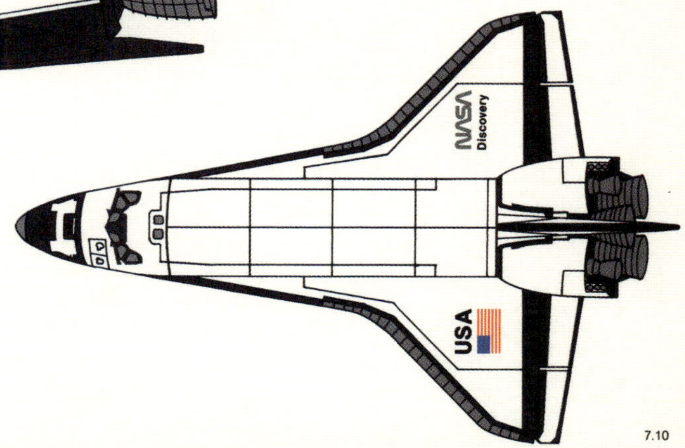

7.10

Designfirma Danne & Blackburn machte sich daran, die visuelle Identität der NASA mit einem Schriftzug wiederzubeleben, der unter seinen Kritikern als der »Wurm« bekannt wurde. Die stark vereinfachten Buchstaben »NASA« bekamen eine rote Farbe und fließende Formen, wobei das A ohne Querbalken einer aufsteigenden Raketenspitze ähneln sollte. Es sollte für Modernität, Präzision und Einheitlichkeit stehen, war innovativ und futuristisch. Es ließ sich auch leicht standardisieren und war einfach zu reproduzieren. Gleichermaßen geliebt und gehasst wurde der Schriftzug zum neuen Logo der NASA. Für das breitere Publikum war er am häufigsten auf dem Space Shuttle und auf den Raumanzügen der Astronauten zu sehen (**19.15**). Nach der Challenger-Katastrophe von 1986 wurde jedoch der Ruf nach einem erneuten Wechsel im visuellen Auftritt der Behörde laut. 1992 forderte der neue NASA-Administrator Dan Goldin die Wiedereinführung des alten, geliebten Fleischbällchen-Logos, das ein Symbol für die Werte und das Erbe der NASA ist:

Das geliebte Fleischbällchen wird das glatte NASA-Logo ersetzen, das langsam am Horizont verschwinden und nie wieder zu sehen sein wird.

Mit dieser Entscheidung sollte sich auch die Stimmung in einer Behörde bessern, die schon bessere Tage gesehen hatte. Aber der Wurm verschwand nicht. 2020 tauchte er auf der schlanken, weißen SpaceX-Rakete Falcon 9 wieder auf. Als erste amerikanische Rakete nach dem Space-Shuttle-Programm brachte sie die Astronauten Doug Hurley und Bob Behnken zur Internationalen Raumstation ISS. Damit begann ein neues Kapitel in der amerikanischen Raumfahrt. Im Zeitalter von Instagram wurde das eigentlich überholte Logo zum Inbegriff für schönes Design. Die 2017 veröffentlichte Neuauflage des *Graphics Standards Manual* der NASA (**19.9–19.13**) ist in den Bücherregalen vieler designaffiner Millenials zu finden.

Das Fleischbällchen und der Wurm existieren nun nebeneinander. Sie sprechen verschiedene Generationen an, und doch sagen sie dasselbe aus: Die NASA ist mehr als eine Raumfahrtbehörde. Das Akronym überwindet nationale und kulturelle Grenzen. Nur wenige Menschen (abgesehen von jenen mit einem größeren Interesse am Weltraum, wie Sie) können sagen, wofür die Buchstaben überhaupt stehen. Aber jeder auf der Erde weiß, was NASA bedeutet. Es ist eine visuelle Sprache, die gleichbedeutend geworden ist mit etwas viel tiefer in der menschlichen Kultur Verwurzeltem. NASA ist ganz einfach die Kurzform für Weltraumforschung und steht für Abenteuergeist.

19.14 Die SpaceX-Rakete Falcon 9 mit dem berüchtigten »Wurm«-Schriftzug der NASA im Kennedy Space Center in Florida.

19.15 Fünf Astronauten und zwei Nutzlast-Spezialisten waren am 28. Januar 1986 an Bord der Raumfähre Challenger. Hinten v. l. n. r.: Ellison S. Onizuka, S. Christa McAuliffe, Gregory B. Jarvis und Judith A. Resnik. Vorne v. l. n. r.: Michael J. Smith, Francis R. Scobee und Ronald E. McNair. McAuliffe und Jarvis waren die Nutzlast-Spezialisten und repräsentierten das Projekt »Teacher in Space« (Lehrer im Weltraum) bzw. die Firma Hughes.

NASA
EL ONIZUKA
MIKE SMITH
DICK
RON McNAIR
USA

NEIL ARMSTRONG UND DAS VERMÄCHTNIS VON APOLLO

20.

»Er denkt, er handelt, es ist erledigt.«
NEIL ARMSTRONGS HIGH-SCHOOL-JAHRBUCH

Zwischen 1969 und 1972 geschah etwas Einmaliges: Von intellektueller Kreativität angetrieben, gelang es den Menschen vom Planeten Erde, mehr als 385 000 Kilometer leeren Weltraum zu überwinden und eine andere Welt zu betreten. Für einen kurzen Moment wurden wir zu einer Spezies, die auf mehreren Himmelskörpern lebt, und erfüllten damit die Träume unzähliger Generationen von Dichtern und Philosophen vor uns. Seither hat uns kaum ein anderes menschliches Vorhaben so sehr in seinen Bann gezogen, bis ins kleinste Detail wurde es dokumentiert und untersucht. Etwa 400 000 Menschen waren am Apollo-Programm beteiligt. In einem problembeladenen Jahrhundert war es ein monumentaler Moment, der die Aufmerksamkeit der gesamten Welt auf sich zog.

Wie sollen wir über das Apollo-Projekt denken, wenn die lebendige Erinnerung daran verblasst und es zur Legende wird? Was bedeutete es damals? Und wie sehen wir es heute, über 50 Jahre später? Welche Bedeutung hat es in der Evolution unserer Spezies? Gab es seither auch auf einem anderen, weit entfernten Planeten intelligentes Leben mit dem Willen und den Fähigkeiten für eine solche Unternehmung? Apollo sollte uns sicherlich in Erinnerung bleiben für die Perspektive, die es uns zu unserem Platz im Kosmos vermittelt hat.

Im Jahr 1948 befestigte Clyde T. Holliday (**20.7**), ein Ingenieur der Johns Hopkins University, in White Sands (New Mexico) eine Kamera an einer V2-Rakete und fing damit das erste körnige Bild der Erde aus dem Weltraum ein (**20.8**). Während der Apollo-Flüge wurde diese Ansicht lebendiger und aufsehenerregender. Es wurde oft gesagt, dass die *Earthrise*-Fotos (**20.17**, **20.18**),

20.1 Apollo-11-Kommandant Neil Armstrong in der Mondlandefähre nach der Landung auf der Mondoberfläche, 20. Juli 1969.

20.2 Cover von T. A. Bergstralh, *Photography from the V-2 rocket at altitudes ranging up to 160 kilometers*, 1947. Der Bericht enthält die ersten veröffentlichten, aus dem All aufgenommenen Fotos der Erde.

20.3 Die V2-Rakete Nr. 21 auf ihrer Startrampe. Eine Kamera ist auf dem Mittelteil montiert.

→ **20.4** Ein Panoramabild aus vier Einzelaufnahmen, aus einer Höhe von 162 Kilometern aufgenommen. Es deckt etwa 1,3 Millionen Quadratkilometer des Südwestens der USA und des Nordens von Mexiko ab.

→ **20.5** »Fotografie 11«, aufgenommen 227 Sekunden nach dem Start aus derselben Höhe von 162 Kilometern, einschließlich eines Overlays (**20.6**) mit Landmarken in New Mexico, Arizona und dem Golf von Kalifornien.

20.1

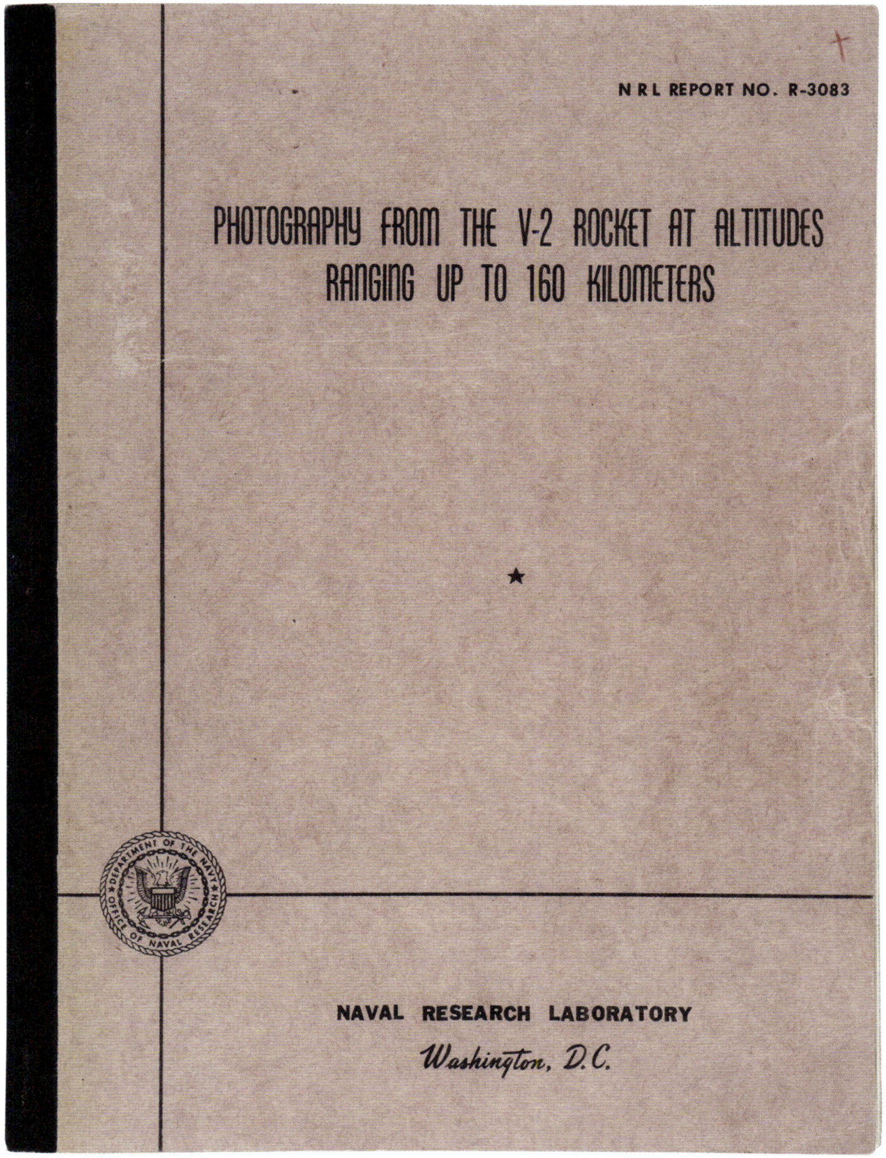

NRL REPORT NO. R-3083

PHOTOGRAPHY FROM THE V-2 ROCKET AT ALTITUDES RANGING UP TO 160 KILOMETERS

★

DEPARTMENT OF THE NAVY · OFFICE OF NAVAL RESEARCH

NAVAL RESEARCH LABORATORY

Washington, D.C.

20.2

20.3

20.4

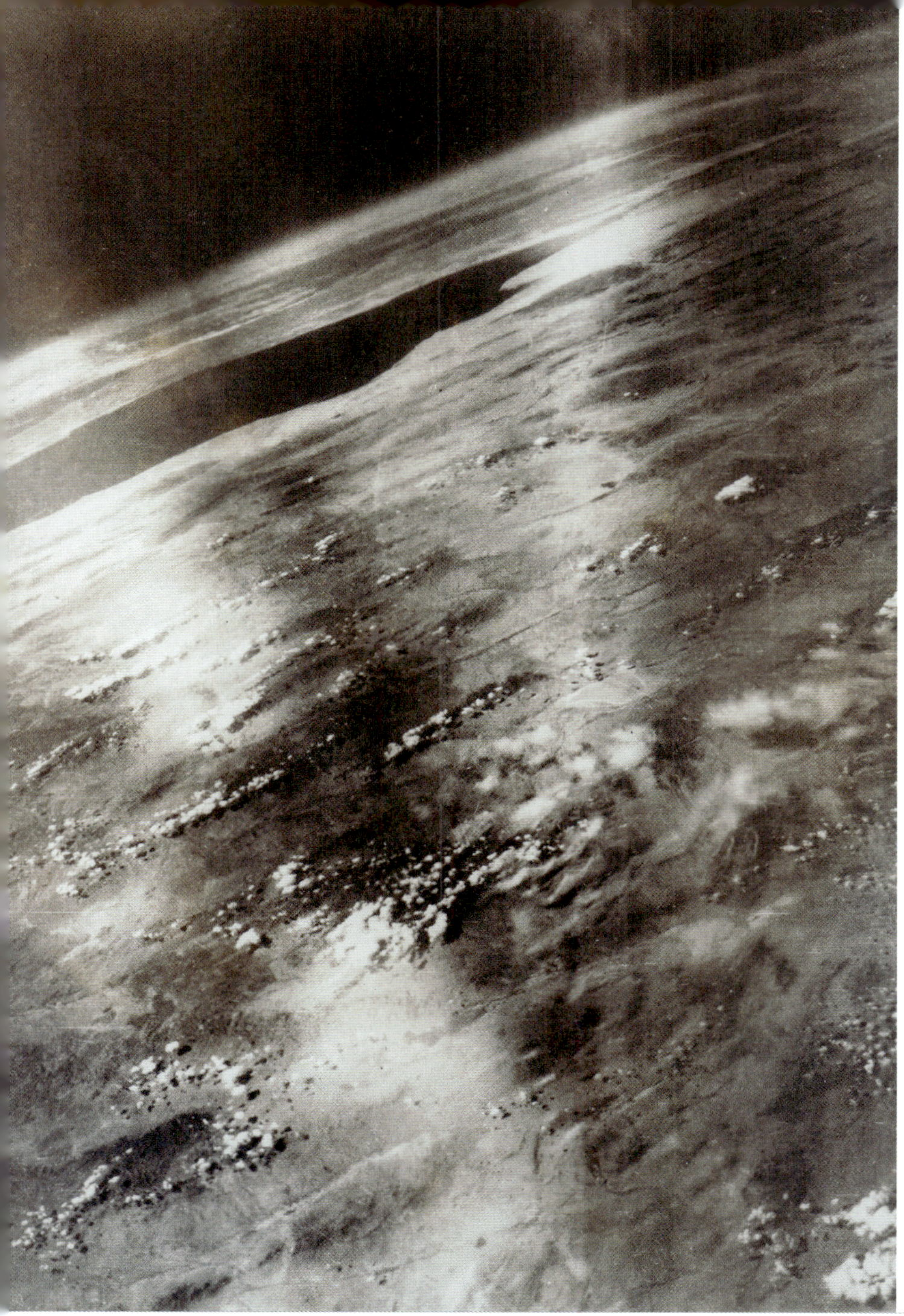

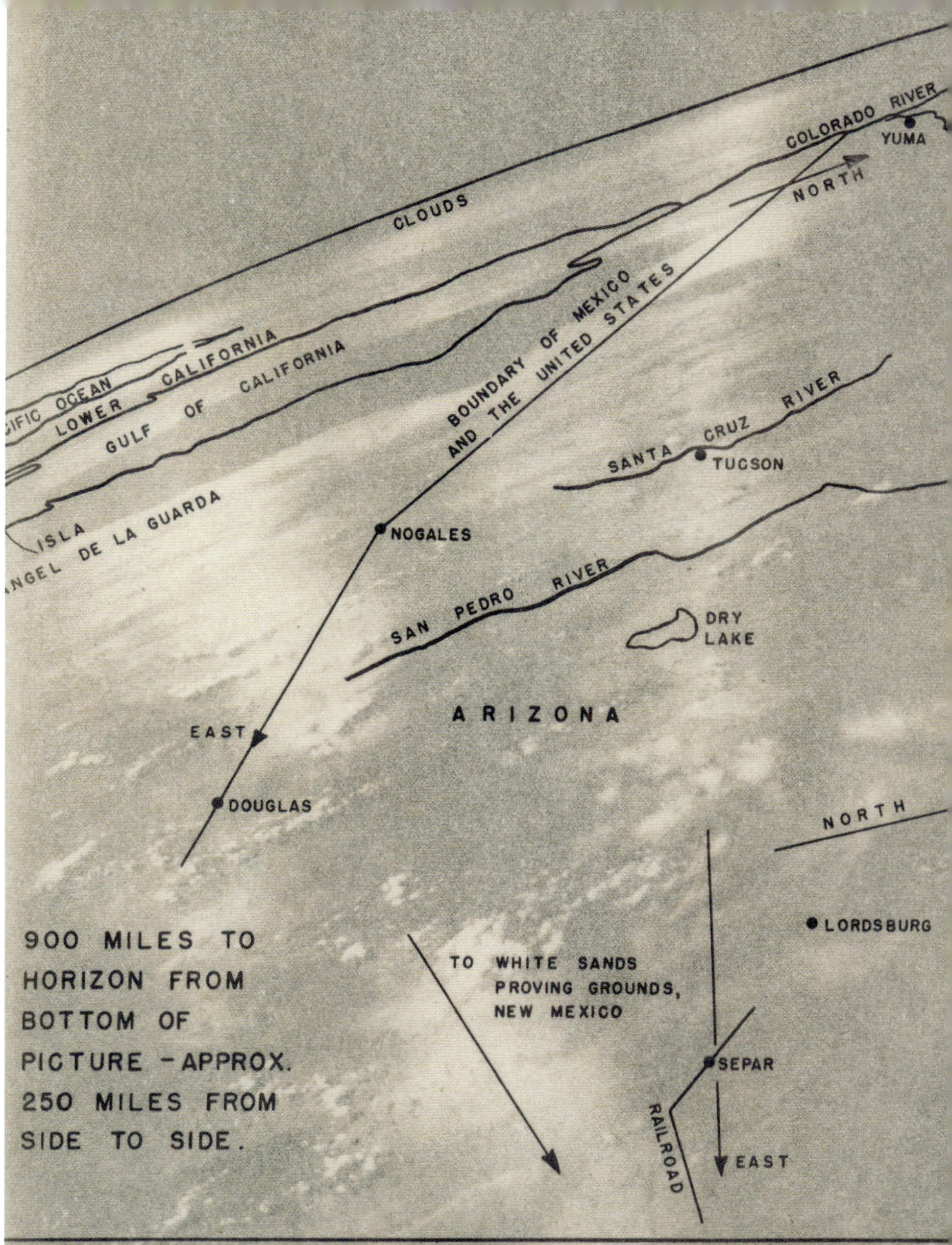

Figure 11. A photograph taken 227 seconds after takeoff at an altitude of 162 kilometers (101 miles). The rocket was then within a quarter of a kilometer of the peak of its trajectory. The camera was pointed southwest.

20.5

20.6

20.7 Pressefoto von Holliday mit folgender Nachricht auf der Rückseite: »Redakteure: Erst am Sonntag, 24. Okt. veröffentlichen … Mr. Clyde T. Holliday vom Applied Physics Laboratory der Johns Hopkins University in Silver Springs/Maryland inspiziert hier zwei Kameras, die für die Filmsequenz verwendet wurden.«

20.8 Eines der ersten Fotos aus Hollidays Experiment, das von der Nachrichtenagentur Associated Press verbreitet wurde: »Raketenkamera fotografiert die Erdkrümmung«, 3. Oktober 1948. Auf der Rückseite wurde vermerkt: »In einer Höhe von rund 57 Meilen schoss eine Serienbildkamera in der Aerobee-Rakete, die vom White-Sands-Testgelände gestartet war, diese Aufnahmen, die deutlich die Erdkrümmung und den Dunst über der Erdoberfläche zeigen.«

20.9 Am 26. Juli 1948 stellte Holliday über 200 Fotos zusammen, die von einer automatischen Kamera auf einer V2 aus etwa 100 Kilometern Höhe aufgenommen wurden. Ein anderer Satz Fotos wurde etwas mehr als eine Stunde später von einer Aerobee-Rakete der Marine aus etwa 110 Kilometern Höhe aufgenommen. Nach drei Monaten des Vergleichens und Zusammenfügens wurden die zwei dramatischen Panoramabilder am 19. Oktober veröffentlicht.

20.10 Einzelbild aus dem Filmmaterial vom Flug der V2 Nr. 56, die am 18. November 1949 vom White Sands Missile Range startete. Das Foto wurde aus einer Höhe von etwa 65 Kilometern aufgenommen, weniger als zwei Minuten nach dem Start. Die Erdkrümmung ist noch nicht erkennbar.

20.7

20.8

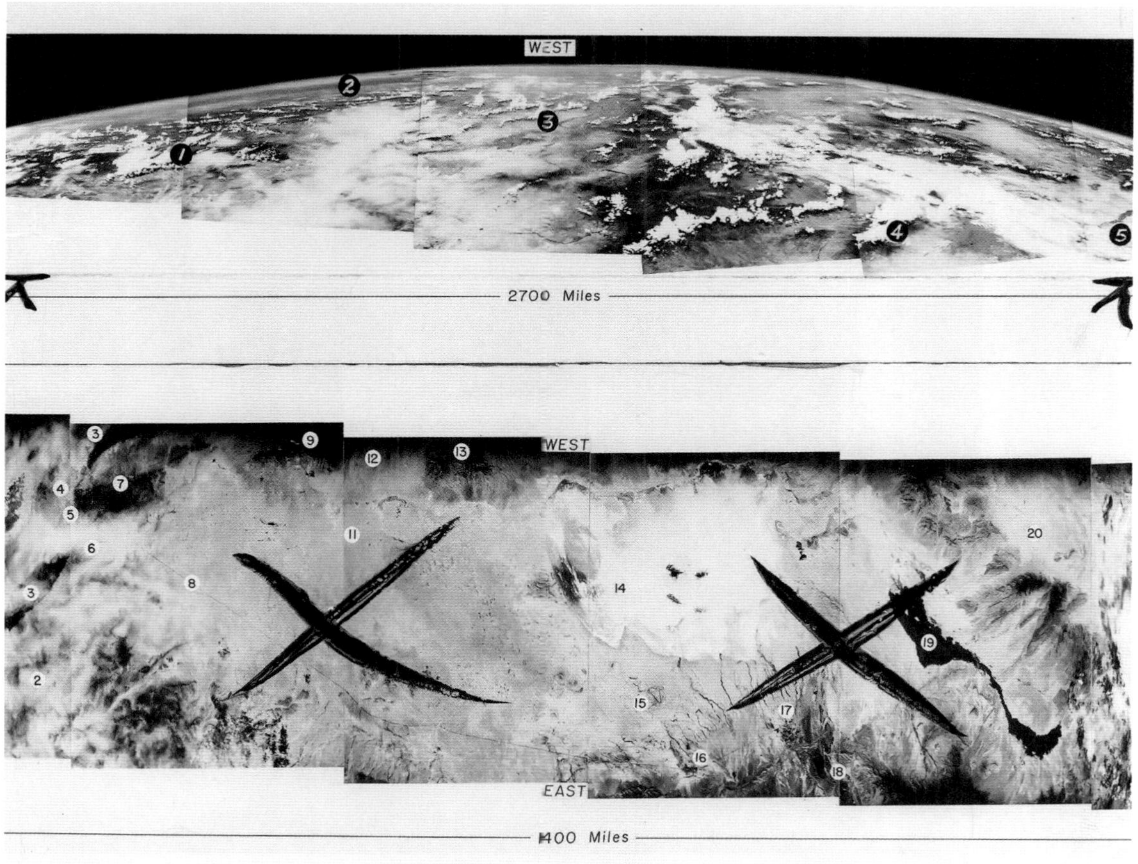

aufgenommen während des Fluges der Apollo 8 im Jahr 1968, die Umweltschutzbewegung mit angestoßen haben, weil sie die isolierte Zerbrechlichkeit unseres Planeten zeigen. Dieser Eindruck setzte sich mit dem Foto *Blue Marble* fort, das während der Apollo-17-Mission aufgenommen wurde und die gesamte beleuchtete Oberfläche der Erde zeigt – eines der wichtigsten Fotos, das je gemacht wurde und passend zum Ende des Apollo-Programms.

Wir können Apollo im Kontext einer Welt sehen, in der nach dem Zweiten Weltkrieg Nationen und Ideologien um Positionen und Einfluss kämpften. Das Eis zwischen Amerika und der Sowjetunion wurde immer dicker, und die Angst, der Weltraum könnte militarisiert werden, war sehr real. Gleichzeitig wurde die Erforschung des Weltraums als potenzielles Mittel zur politischen Annäherung angesehen – als eine Möglichkeit zu einer »friedlichen Koexistenz« mit dem Feind. Neben der Geopolitik betraf der Wettlauf ins All aber auch die Sozialpolitik. Waren die enormen Ausgaben es wert? Keine andere Unternehmung (abgesehen von Kriegen) war so teuer wie Apollo. Warum wurden die Milliarden von Dollars nicht für wichtigere oder gerechtere Dinge ausgegeben? Zu jener Zeit steckte Amerika im festgefahrenen Vietnamkrieg und sah sich an mehreren Fronten mit Unruhen in der Bevölkerung konfrontiert. Das Attentat auf Martin Luther King im Jahr 1968, nur wenige Monate bevor die Apollo 8 zum Mond und wieder zurückflog, sorgte für eine Verschärfung des Rassenkonflikts. Das Apollo-Programm rief viel Missgunst und öffentlichen Protest hervor. Das Protestgedicht »Whitey on the Moon« (1970) von Gil Scott-Heron bringt dies gut auf den Punkt.

Apollo wird aber sicherlich auch wegen der Wissenschaft in Erinnerung bleiben. Aus jeder Mission sollte so viel Wissen wie möglich gewonnen werden. Auf der Oberfläche des Mondes wurden

20.9

20.10

die Astronauten sowohl zu Forschern als auch zu Botschaftern. Es wurden Retroreflektoren installiert, mit deren Hilfe von der Erde aus die Entfernung des Mondes unter Verwendung von Laserpulsen präzise gemessen werden konnte. Daneben wurden verschiedene Geräte für die Untersuchung der Mondumgebung aufgebaut. Während der sechs Missionen sammelte man insgesamt 382 Kilogramm Mondgestein, das den Geologen dabei half, die Entstehung des Sonnensystems besser zu verstehen. Ein großer Teil dieses Materials wird unangetastet für die Wissenschaftler der Zukunft verwahrt. Aber so wertvoll diese Daten auch sind, waren sie keine Rechtfertigung dafür, das enorm kostspielige Apollo-Programm fortzuführen. Apollo war vor allem ein Ingenieurprojekt, das mit vielen Fragezeichen konzipiert wurde: Würde eine einzige, riesige Direktflug-Rakete uns zum Mond und wieder zurück befördern? Oder wäre ein Mondumlaufbahn-Rendezvous (**20.12**) mit einem kleineren Mondlandefahrzeug die bessere Lösung? Wie würden all die benötigten Systeme zusammenarbeiten? Und wie könnten wir einen Rechner bauen, der in der Lage wäre, all diese Systeme zu verwalten? Es gab ja noch keine Mikrocomputer. Die unerbittlichen Fristen des Apollo-Programms zwangen dazu, verschiedene technische Hürden zu überwinden, die ansonsten vielleicht nicht angegangen worden wären. Um wie viele Jahrzehnte hat Apollo uns wohl in die Zukunft katapultiert?

Das Apollo-Programm ist eine der großen Sagen unserer Zeit. Der dramatische Handlungsbogen aus dem wahren Leben füttert unseren hungrigen Geist, und ein großes Vorhaben entfaltet sich elegant in Szenen und Akten. Es enthält die klassischen Zutaten einer packenden Geschichte: den Kampf gegen alle Widrigkeiten und das Wettrennen gegen die Zeit, um den Mond noch vor dem Ende des Jahrzehnts zu erreichen. Es gibt die Guten und die Bösen, je nachdem hinter welche Seite des Eisernen Vorhanges man schaut. Es müssen metaphorische Drachen getötet und Tragödien betrauert werden, etwa das schreckliche Feuer in der Apollo 1, in dem die Astronauten Ed White, Gus Grissom und Roger Chaffee umkamen. Es gibt Momente der Spannung und Ungewissheit, in denen wir mitfiebern und hoffen, dass die Mannschaft der beschädigten Apollo 13 heil zurückkommt. Und dann gibt es natürlich den Höhepunkt, die großartige Szene im Juli 1969, als

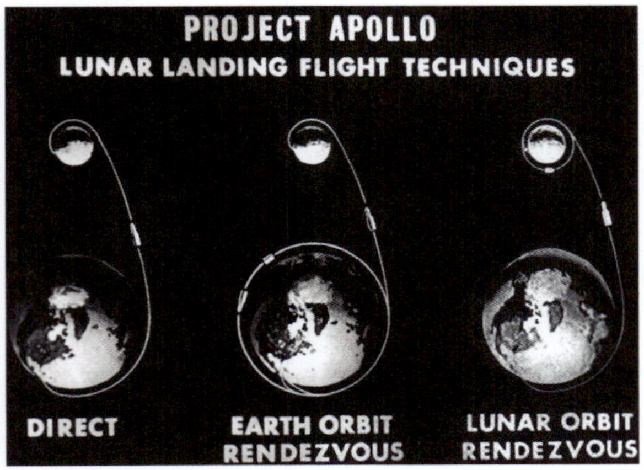

20.11 Nahaufnahme der Mondgesteinsprobe 72415 aus der Apollo-17-Mission: ein Bruchstück einer Dunit-Brekzie mit einem Gewicht von etwas über 32 Gramm.

20.12 Darstellung möglicher Flugtechniken für die Mondlandungen des Apollo-Programms, 14. Januar 1960.

20.13 Neil Armstrong im Simulator der Mondlandefähre im Kennedy Space Center, 16. Juni 1969.

20.14 Armstrong schwebt unversehrt zum Boden, als das Lunar Landing Research Vehicle Nr. 1 am Luftwaffenstützpunkt Ellington abstürzt, 6. Mai 1968.

→ **20.15** Armstrong packt Mondgesteinsproben ein – eines der wenigen Fotos, die ihn auf dem Mond zeigen.

→ **20.16** Der Pilot der Mondlandefähre, Edwin »Buzz« Aldrin, geht über die Oberfläche des Mondes. Armstrong nahm dieses Foto mit einer 70-mm-Mondoberflächenkamera auf – sein Spiegelbild ist in Aldrins Visier zu sehen.

→→ **20.17, 20.18** Diese beiden Bilder der *Earthrise*-Sequenz zeigen, wie die Erde über dem Horizont des Mondes auftaucht. Das abgebildete Mondgelände liegt im Gebiet des Smyth-Meeres auf der Mondvorderseite. Um die tatsächliche Perspektive der Astronauten zu sehen, drehen Sie dieses Buch so um 90 Grad, dass der Mond rechts steht.

der erste kleine Schritt auf der Oberfläche des Mondes gemacht wurde. Es verwundert nicht, dass das Apollo-Projekt noch immer eine unendliche Menge an Material sowohl für Hollywood als auch für die Geschichtsschreibung bereitstellt.

Apollos Drama wird auf den Schultern seiner Protagonisten ausgetragen. Einer der zwölf Menschen, die den Mond betreten haben, trug besonders viel von dieser Last – weil er der erste war. Neil Armstrong (1930–2012) war ein adretter Ingenieurstudent aus einer Kleinstadt in Ohio. Er diente als Marinepilot in Korea, bevor er das experimentelle Raketenflugzeug X-15 flog und dem Astronautenkorps beitrat. Für die Öffentlichkeit verkörperte er die amerikanischen Werte von harter Arbeit, Mut, Bescheidenheit und Pflichtbewusstsein. Im Rahmen von Apollo spielte sein persönlicher Charakter eine wichtige Rolle: Seine Fähigkeit, in riskanten und gefährlichen Situationen einen klaren Kopf zu bewahren, machte ihn berühmt. Als Kommandant der Rendezvous- und Docking-Mission Gemini 8 gelang es ihm, die wilde Rotation des Raumschiffs unter Kontrolle zu bekommen, die bei der Ankoppelung an den Agena-Zielsatelliten entstanden war. Während des Trainings für den Flug mit der Apollo-Mondlandefähre verließ er routiniert per Schleudersitz das defekte Lunar Landing Research Vehicle (Mondlandungs-Versuchsfahrzeug) und landete mit dem Fallschirm unweit der brennenden Trümmer (**20.14**). Am selben Nachmittag saß er schon wieder in seinem Büro und erledigte Schreibarbeiten.

Aber Armstrongs größter Moment kam, als die ganze Welt zuschaute: beim Aufsetzen der Mondlandefähre Eagle auf der Oberfläche des Mondes. Mit fast leerem Treibstofftank steuerte er das Raumschiff manuell über ein Feld von Gesteinsbrocken und landete sicher im Mondmeer der Ruhe. Das Raumfahrtkontrollzentrum in Houston meldete sich über Funk: »Hier sind einige Kerle kurz davor, blau anzulaufen. Wir atmen wieder.« Und auch die ganze Welt atmete weiter. Am 20. Juli 1969 stieg Armstrong aus der Mondlandefähre und setzte den Stiefel seines Raumanzugs auf die pulverige Mondoberfläche, zum Wohl der gesamten Menschheit.

Auf dem Weg zu diesem großen Moment hatte Armstrong mit persönlichen Herausforderungen zu kämpfen: Er verlor seine kleine Tochter durch eine Krebserkrankung sowie enge Freunde im Astronautenkorps, insbesondere Ed White. Aber auch das Leben nach Apollo war nicht einfach. Armstrongs ruhiges, überlegtes Aufreten wurde oft als distanziert oder scheu interpretiert. Er sprach bedächtig und seine Berühmtheit war ihm unangenehm. Gleichzeitig akzeptierte er seine historische Rolle. Er verstand, dass Apollo von der Öffentlichkeit bezahlt worden war und sich dadurch Ansprüche ergaben. Doch Armstrong wollte als Ingenieur und Pilot in Erinnerung bleiben, nicht als raumfahrender Held.

Apollos Vermächtnis ist ambivalent: Abenteuer, Verschwendung, Triumph, Verschwörung und Heldentum existieren hier parallel. Das Unmögliche wurde möglich gemacht, gewöhnliche Männer unternahmen außergewöhnliche Reisen. Neil Armstrong war der perfekte Repräsentant dafür: ein Held mit vielen Gesichtern.

20.15

20.16

RYAN NAGATA

21.

Es gibt kaum jemanden, der sich über das Handwerk des Raumanzugschneiderns mehr Gedanken gemacht hat als der amerikanische Künstler, Requisitenmacher und Cosplay-Ausstatter Ryan Nagata (geb. 1981). Seine Name steht für außergewöhnliche Raumanzug-Replikate, die in privaten Sammlungen, Museen und Filmen gezeigt werden, zum Beispiel in Neil Armstrongs Filmbiografie *First Man* von 2018 (*Aufbruch zum Mond*) und in der romantischen Komödie *Fly Me to the Moon* von 2024 (dt. *To the Moon*). Nagatas Besessenheit von der Raumanzugherstellung begann im Alter von 14 Jahren, als er den Film *Apollo 13* anschaute. Die Form und die Ästhetik der Apollo-Raumanzüge faszinierten ihn. Beim Verlassen des Kinos dachte er: Es wäre cool, so einen Anzug selbst zu machen. Wie schwer konnte das schon sein? Er ist immer noch dabei, das herauszufinden.

Ein Raumanzug ist eigentlich kein »Anzug«. Er wird als tragbares, kleinstmögliches Raumfahrzeug beschrieben. Denn er muss die eng gefassten Parameter menschlichen Lebens in der extremsten aller Umgebungen unterstützen. Er muss im Vakuum des Weltraums oder auf der Mondoberfläche Sauerstoff zum Atmen bereitstellen, Kohlendioxid abführen, Temperaturschwankungen regulieren und Schutz vor Mikrometeoriten bieten. Er muss

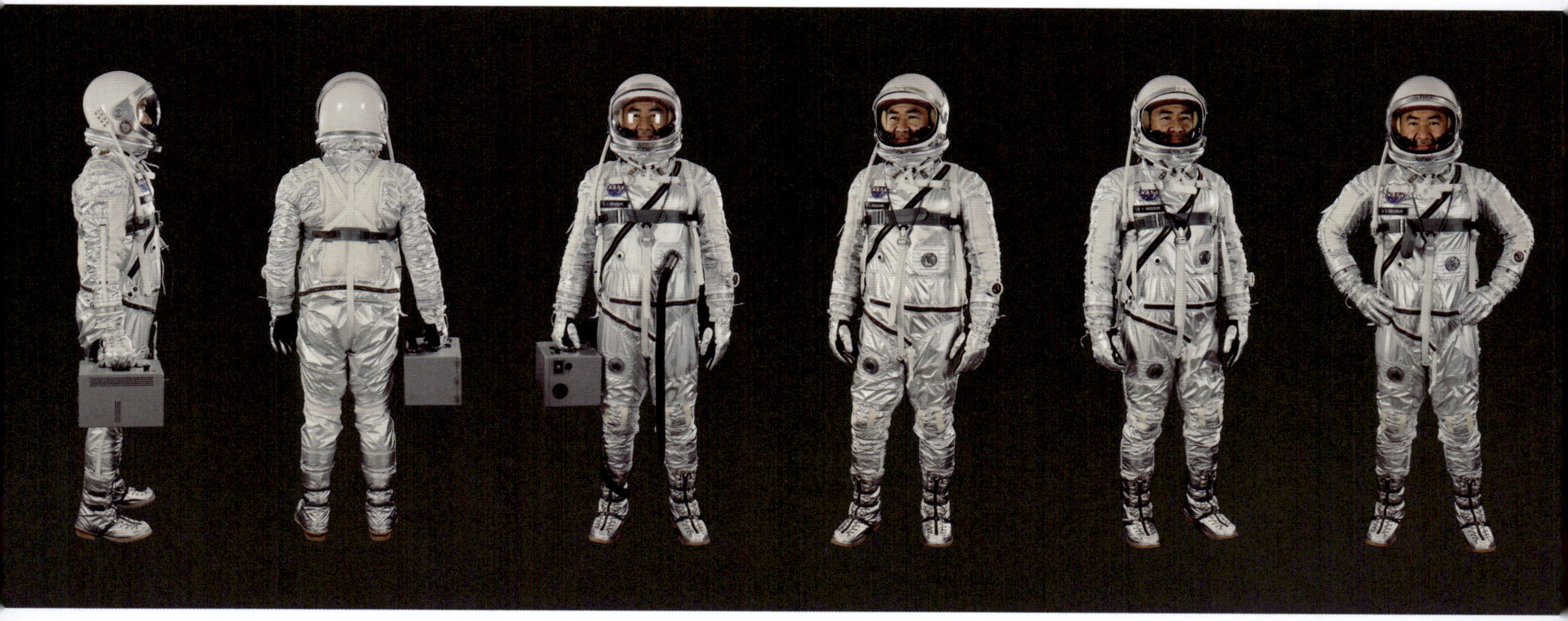

21.2

21.3

21.1 Ryan Nagata führt seine Nachbildung eines vollständigen Mark-IV-Druckanzugs der US-Marine vor (dem Vorläufer des berühmten silbernen Mercury-Raumanzugs), der aus Resten von aluminisiertem Nylongewebe aus dem Film *First Man* hergestellt wurde, 2018.

21.2 Nagata führt seine Nachbildung des Druckanzugs von Wiley Post aus dem Jahr 1934 vor, hergestellt für das Stafford Air and Space Museum.

21.3 Der Amerikaner Wiley Post flog als erster Pilot alleine um die Welt. Er war auch bekannt für seine Höhenflüge. Auf diesem Bild trägt er den dritten Druckanzug, den er mitentwickelte, ca. 1934.

eine luftdichte Blase mit atmosphärischem Druck aufrechterhalten, die dem Astronauten genügend Bewegungsmöglichkeit bietet und gleichzeitig ein konstantes Volumen behält. Dazu müssen ungewöhnliche bewegliche Materialien vernäht und verklebt werden. Bei den Apollo-Raumanzügen übernahmen dies hochspezialisierte Näherinnen der International Latex Corporation (ILC, siehe Kapitel 22). Kurz gesagt: Ein Raumanzug ist ein echtes Wunder der Technik.

Die Geschichte des Raumanzugs beginnt mit den Anfängen der Luftfahrt, insbesondere mit Wiley Post, einem Rekorde brechenden Piloten der 1930er-Jahre, dessen merkwürdig aussehender, selbstgebauter Druckanzug als Urahn heutiger Raumanzüge gilt. Mit Flügen in die Stratosphäre und darüber hinaus begann die Entwicklung des Höhendruckanzugs. Der glanzlose, salbeigrüne Mark IV der US-Marine bekam eine Aluminiumbeschichtung, die den Piloten der X-15-Raketenflugzeuge und den Astronauten des Mercury-Programms einen silbrigen Buck-Rogers-Look verlieh. Als Amerika seine Aufmerksamkeit zum Mond richtete, gab es eine ganze Welle von Ideen, Designs und Konzepten für Raumanzüge, die ausprobiert und verworfen, verbessert und erneut getestet wurden. Im Ames Research Center der NASA entwickelte der Designer Hubert »Vik« Vykukal Ende der 1970er-Jahre außergewöhnliche Prototypen: »harte« Anzüge, die wie futuristische Rüstungen aussahen, mit »Ofenrohr«-Gelenken und handgemalten Grafiken (**21.10–21.13**). Sie wurden schließlich durch die berühmten A7L-Druckanzüge abgelöst, die von den Apollo-Astronauten auf dem Mond getragen wurden. Nach dem Krieg aufkommende künstliche Materialien wie Nylon, Dacron, Teflon, Mylar und Neopren (**21.14**) machten sie möglich.

Der Raumanzug ist seit Langem ein wichtiges Symbol in der Populärkultur und seit den

21.4 Die erste Astronautengruppe, die von der NASA öffentlich bekannt gemacht wurde. Sie wurde im April 1959 für das Mercury-Programm ausgewählt. Vordere Reihe, v. l. n. r.: Walter M. Schirra Jr., Donald K. Slayton, John H. Glenn Jr. und M. Scott Carpenter. Hintere Reihe, v. l. n. r.: Alan B. Shepard Jr., Virgil I. Grissom und L. Gordon Cooper Jr. Slaytons und Glenns Raumanzugstiefel waren bei diesem Shooting für das *Life*-Magazin noch nicht fertig. In einem örtlichen Geschäft wurden zwei Paar gewöhnliche Arbeitsstiefel gekauft und schnell mit silberner Farbe eingesprüht.

21.5 Diesen Raumanzug trug der Astronaut Alan Shepard während des ersten bemannten Raumfluges der USA, der am 5. Mai 1961 startete. Der Mercury-Raumanzug war ein eng anliegender, zweischichtiger vollständiger Druckanzug. Die B. F. Goodrich Company entwickelte ihn aus ihrem Mark-IV-Druckanzug, der bei der US-Marine verwendet wurde. Der Anzug wurde 1959 von der NASA für den Einsatz im Mercury-Projekt ausgewählt. Im Verlauf des Mercury-Programms wurden kleinere Änderungen vorgenommen, hauptsächlich im Schulterbereich.

21.6 Der Astronaut Alan B. Shepard Jr. erhält Hilfe, während er in die untere Hälfte seines Druckanzugs steigt.

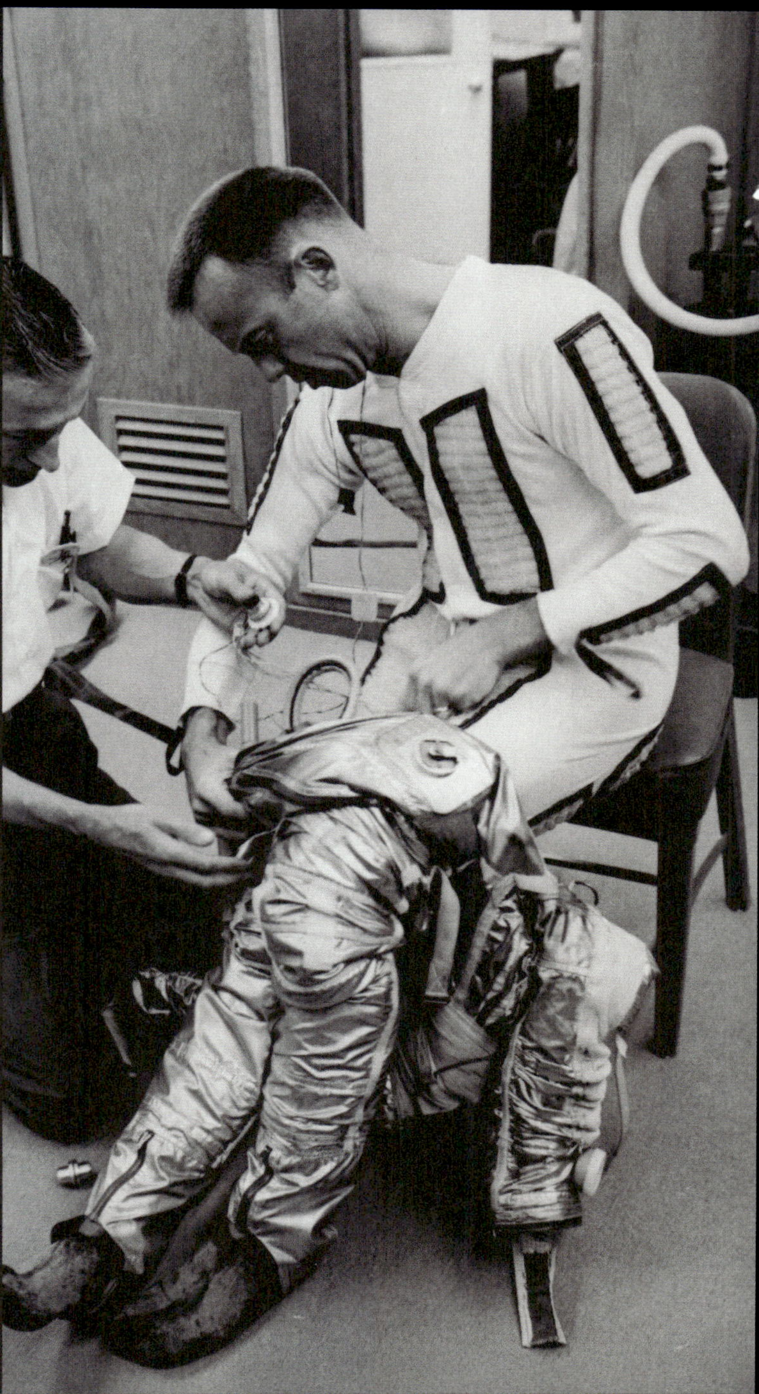

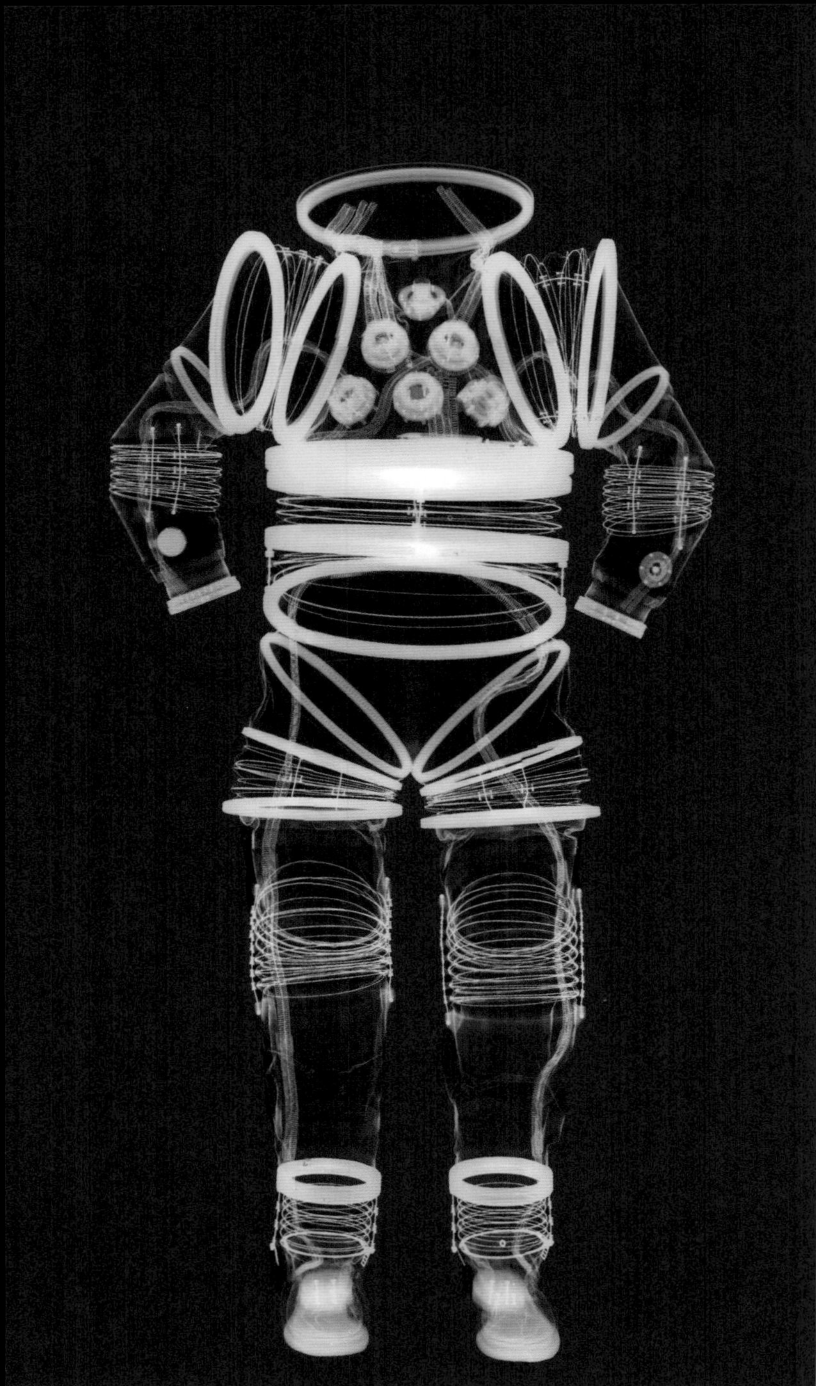

21.7 Ein Röntgenbild des EX1-A-Anzugs aus dem Apollo-Anwendungs-Programm von 1968 zeigt sein »toroidales Gelenksystem«. Das System gewährleistete maximale Beweglichkeit für den Astronauten.

21.8, 21.9 Hubert »Vic« Vykukals bewegliche Gelenke des Raumanzugs, US-Patent Nr. 4.091.464, veröffentlicht am 30. Mai 1978.

21.10–21.13 Vykukal führt den AX-3-Raumanzug im Ames Reseach Center vor, 22. Juli 1977.

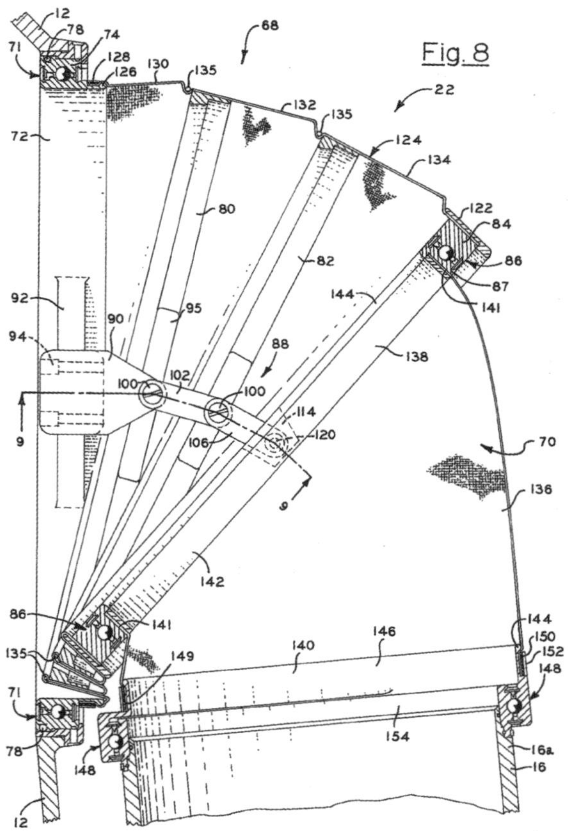

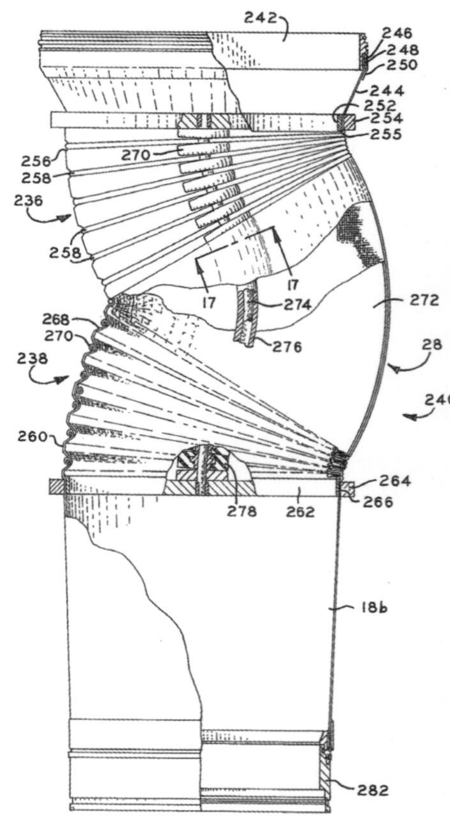

21.7

21.8

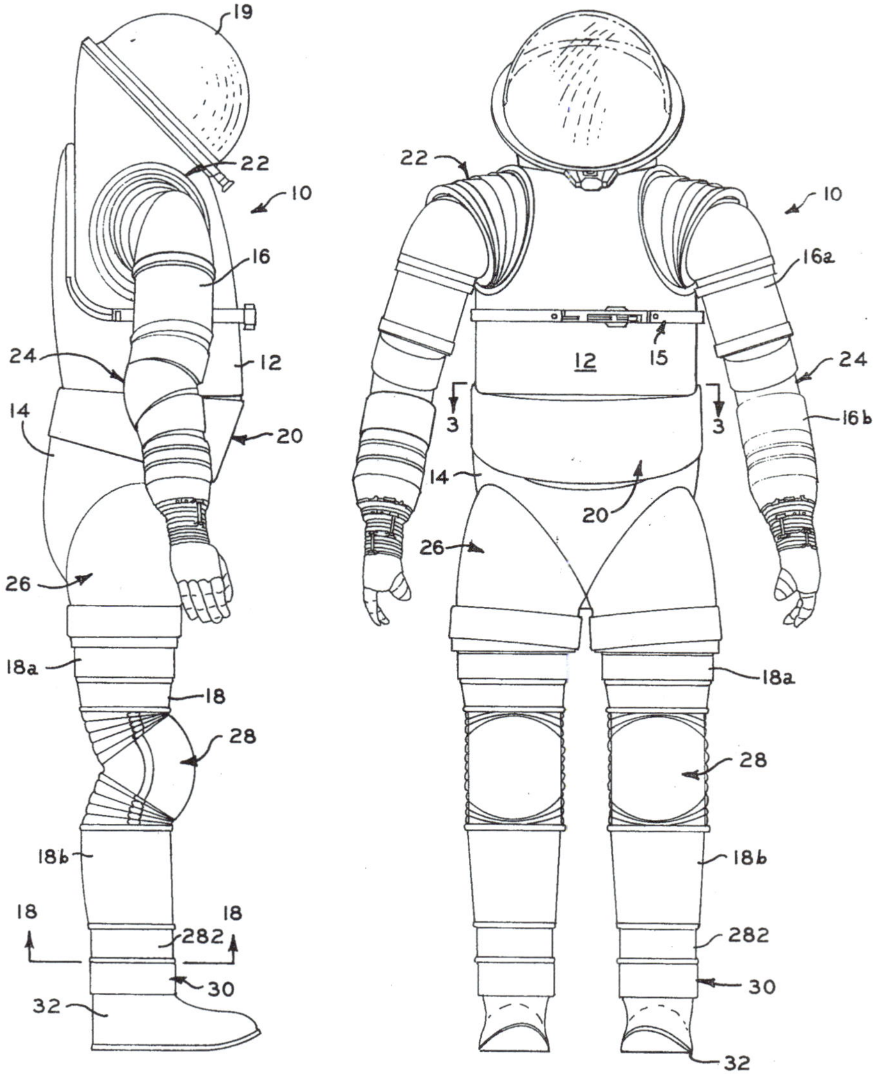

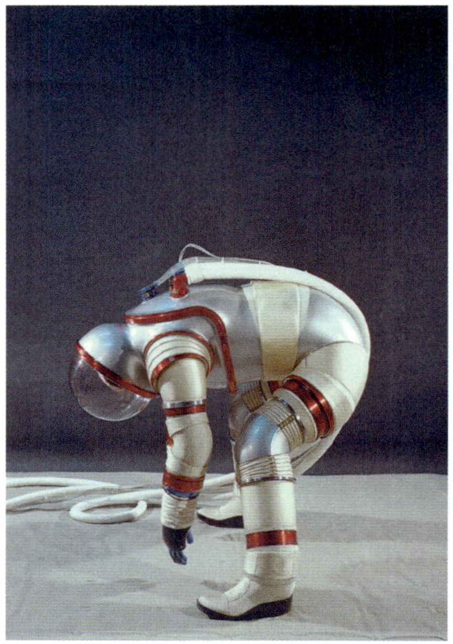

21.9

21.10–21.13

Anfängen des Kinos ein wesentlicher Bestandteil von Science-Fiction-Filmen. Es ist kein Zufall, dass die neuen, schnittigen SpaceX-Anzüge von Hollywood-Kostümdesigner Jose Fernandez (**32.8**) mit entworfen wurden. Die nächste Generation von Mondanzügen wurde von dem Raumfahrtunternehmen Axiom Space entwickelt, das sich im Designprozess mit dem Modehaus Prada zusammengetan hat und damit die Tradition von Form, Funktion und Ästhetik fortführt.

Nagatas originalgetreue Nachbildungen haben ihre eigene Entwicklung durchgemacht. Sie ahmen das Gewicht des Originalanzugs nun besser nach durch ähnlichere Stoffe und die verschiedenen komplexen und oft vergessenen technischen Verfahren, die für die Herstellung erforderlich sind. Sie sind Meisterstücke mit Liebe zum Detail. Dank Instagram hat Nagatas Arbeit ein riesiges Publikum gefunden, wodurch der Raumanzug als wichtiges kulturelles Objekt herausgestellt wird. Aber seine Nachbildungen fanden auch den Beifall der Luft- und Raumfahrtunternehmen, die die Originalanzüge hergestellt haben, ebenso wie von den Restauratorinnen Cathleen Lewis und Lisa Young von der Smithsonian Institution, die viel dafür getan haben, um das Vermächtnis des Raumanzugs zu erhalten und zu dokumentieren.

In Nagatas Werkstatt hinter seinem Haus in einem Vorort von Los Angeles steht sein bisher bestes Werk: eine hyperrealistische Nachbildung des mehrschichtigen und unglaublich komplexen Apollo-A7L-Raumanzugs. Bei ihm handelt es sich nicht nur um eine oberflächliche Nachahmung. Der Anzug kommt dem Original so nahe wie möglich. Die berühmte Außenschicht aus Beta-Gewebe wurde entfernt, sodass der Blick frei ist auf das verborgene Innenleben des Raumanzugs – auf die Druckblase, die Verkabelung, die ringförmigen Gelenke, die maschinell bearbeiteten, geätzten und eloxierten Anschlüsse aus Metall und auf den Kragenring. Ein Zeugnis ingenieurwissenschaftlicher Archäologie auf höchstem Niveau. Dieser Raumanzug könnte Sie auf dem Mond vielleicht sogar am Leben erhalten. Auf jeden Fall sehen Sie gut aus, während Sie es herausfinden.

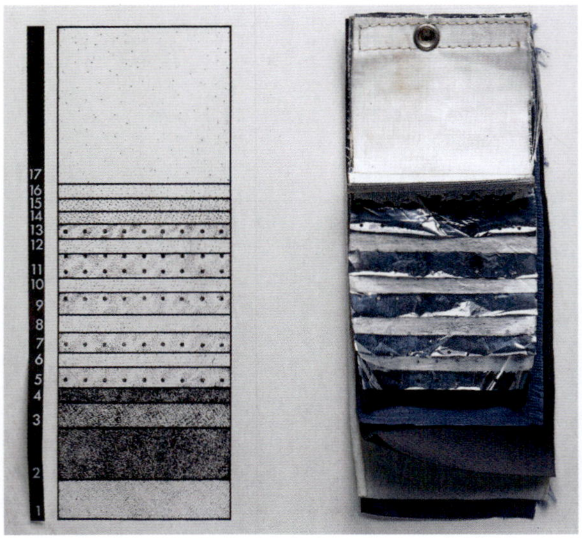

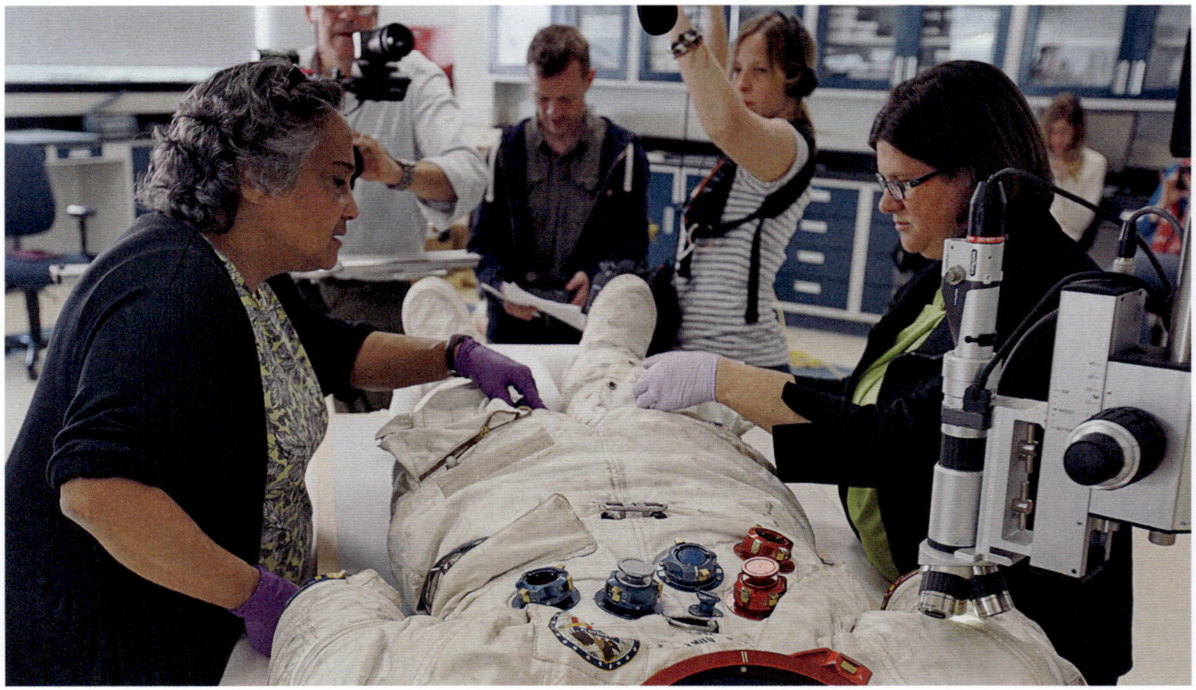

21.14

21.15

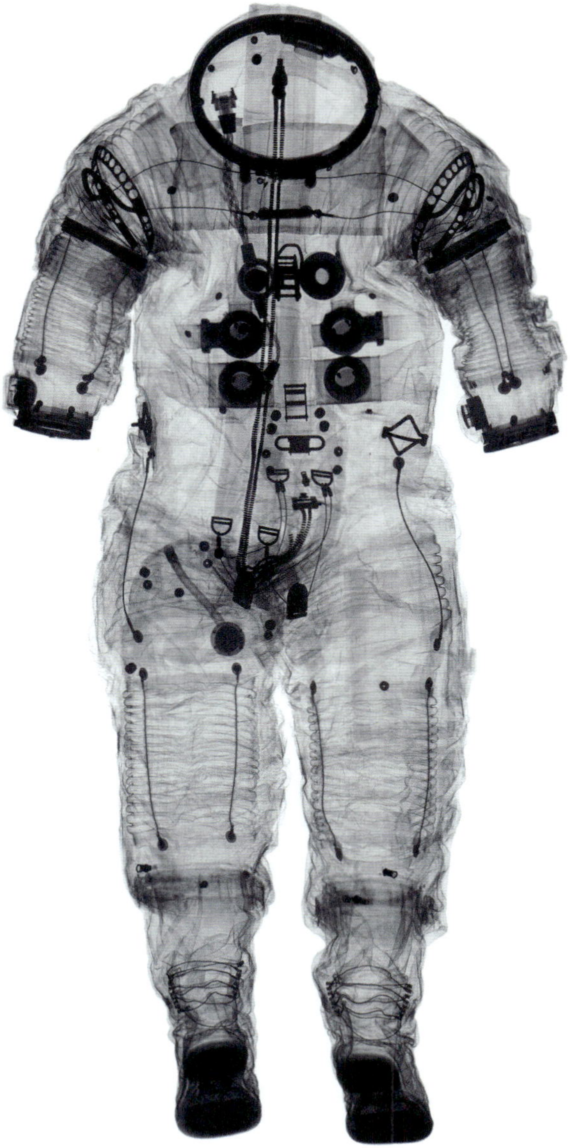

21.14 Ausschnitt des Apollo-EVA-Raumanzugs für Außenbordeinsätze, der bei den Gemini-Missionen der NASA von 1965 und 1966 verwendet wurde. Die drei inneren Schichten bilden den Druckanzug, bestehend aus einem leichten, hitzebeständigen Nomex-Material, einer gasdichten Blase aus neoprenbeschichtetem Nylon und einer Rückhalteschicht aus Nylon. Letzere verhindert, dass sich der unter Druck stehende Anzug nach außen aufbläht. Die nächsten zwölf Schichten bilden das Thermal Micrometeoroid Garment (TMG) zum Schutz vor Mikrometeoriten, und die letzten beiden äußeren Schichten aus Beta-Gewebe und Teflonfasern schützen vor Abrieb.

21.15 In der Smithsonian Institution untersuchen Cathleen Lewis und Lisa Young den Mondstaub, der immer noch an den Fasern von Charlie Dukes Apollo-16-Raumanzug haftet, 2014.

21.16 Ein Röntgenbild von Alan Shepards Apollo-14-Raumanzug lässt Kuratoren und Restauratoren in den Anzug »hineinschauen«. Bis dahin spähte man mithilfe einer Taschenlampe durch den Hals- oder Armausschnitt.

21.17 Eine Herzensangelegenheit. Ryans selbst gemachte, hyperrealistische Nachbildung des Apollo-11-A7L-Raumanzugs ohne die äußere Schicht aus Beta-Gewebe. Sieben Jahre Planung und unzählige Arbeitsstunden flossen in dieses außergewöhnliche Projekt.

21.16 21.17

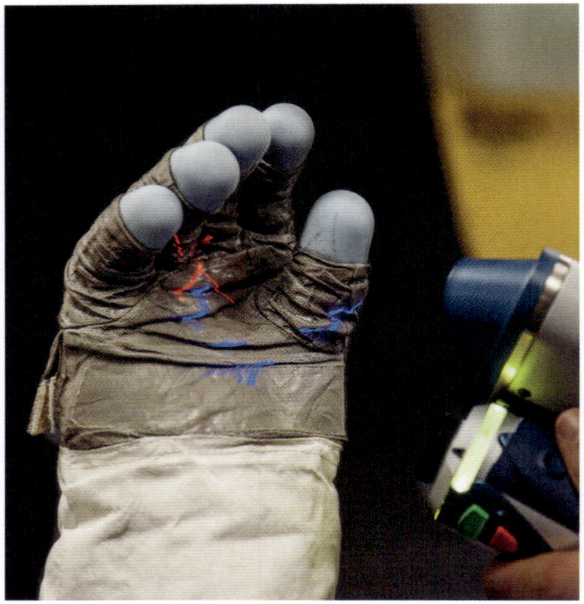

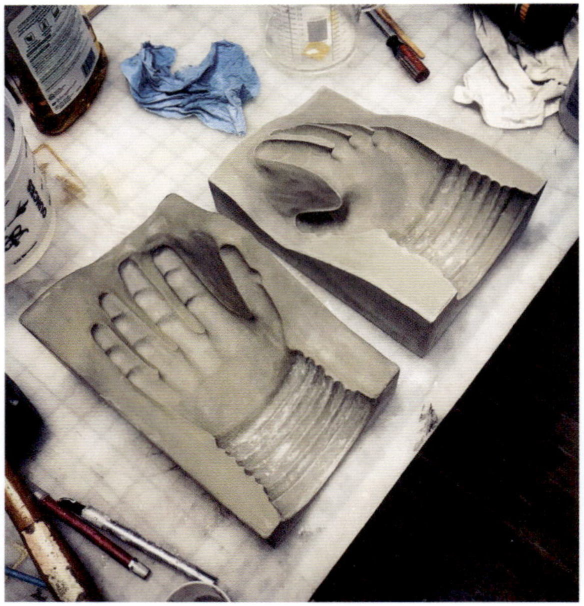

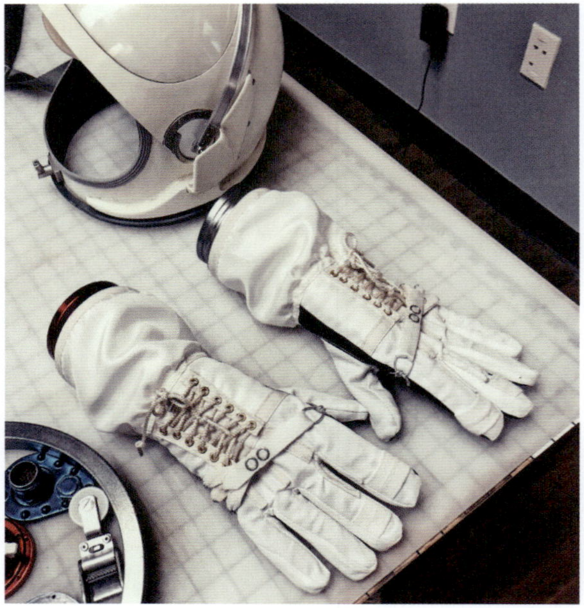

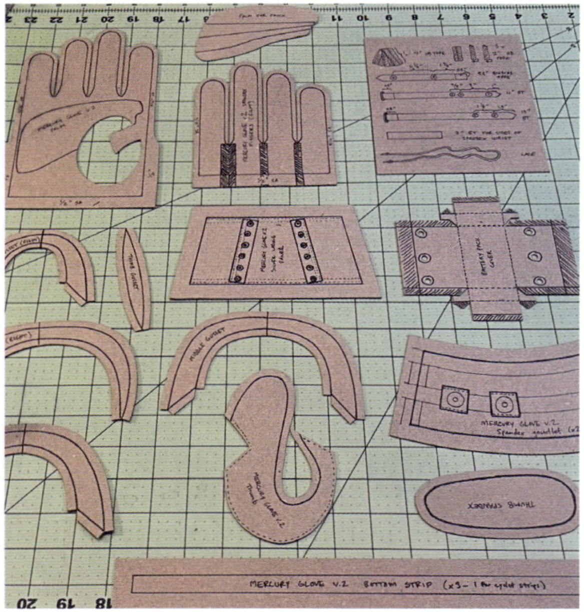
MERCURY GLOVE V.2 BOTTOM STRIP

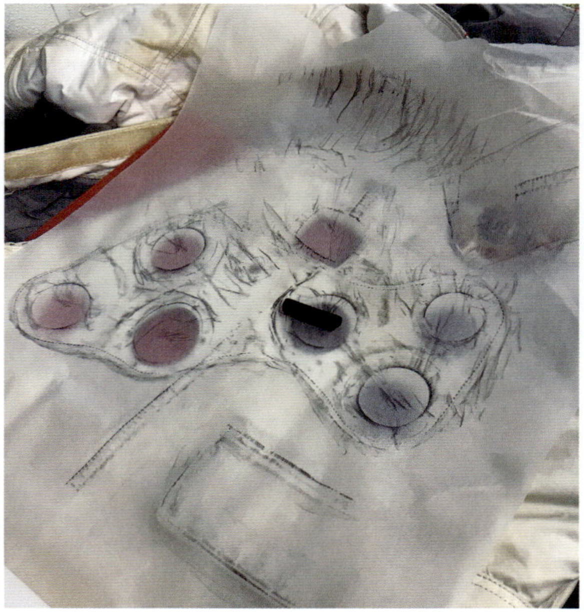

NASA

21.18 Ein Faro Laserscanner erzeugt 3D-Daten von Neil Armstrongs Apollo-11-Außenbordhandschuh im National Air and Space Museum, Smithsonian Institution, 2016.

21.19 Gipsform von Nagata für den Guss von Neoprenhandschuhen, die im Inneren des Apollo-Raumschiffs zum Einsatz kamen.

21.20 Nagatas Nachbildung von Gemini-Handschuhen.

21.21 Schnittmuster von Nagata für Mercury-Handschuhe.

21.22 Abriebzeichnung, die Nagata im Jahr 2019 bei ILC Dover von einem echten A7LB-Raumanzug anfertigte.

21.23 Nagata legt seine Nachbildung eines Gemini-G4C-Raumanzugs an.

21.24 Nagata führt seine originalgetreue Nachbildung des Apollo-A7LB-Raumanzugs in seiner Werkstatt vor.

21.24

»LITTLE OLD LADIES«

Die geschlechts- und klassenbezogene Arbeitsteilung in der Raumfahrtindustrie der 1960er-Jahre spiegelte die Verhältnisse in der Gesellschaft wider. Im Allgemeinen wurden hochtechnologische Arbeiten von gebildeten Männern ausgeführt und sich wiederholende Aufgaben, die Geschicklichkeit und Konzentration erforderten, oder solche, die man mit Handarbeit und Häuslichkeit verband, wurden von Frauen erledigt. Man findet aber im Apollo-Fotoarchiv auch bemerkenswerte Ausnahmen: Poppy Northcutt, die Missionsplanerin, die unter den ausschließlich männlichen Kollegen im Kontrollzentrum in Houston hervorsticht, oder Margaret Hamilton, die auf einem Foto neben einem Turm von ausgedrucktem Maschinencode steht – nicht als Bürokraft, sondern als Software-Ingenieurin mit MIT-Abschluss, die jede Programmzeile selbst für Apollo entwickelt hat.

22.1

22.2

Die Arbeit der Näherinnen (**22.4–22.6**) war für das Gelingen des Apollo-Projekts ebenso entscheidend wie die der Astronauten und Raketenwissenschaftler. Die International Latex Corporation in Delaware, ein wichtiger Auftragnehmer der NASA, war verantwortlich für die Herstellung der Raumanzüge. Frauen, die das Nähen an der High School oder von ihren Müttern und Großmüttern gelernt hatten, wurden bei Playtex für das Raumfahrtprogramm abgeworben. Sie hatten dort in der Fertigung gearbeitet und Mieder oder Babykleidung genäht. Andere kamen von örtlichen Firmen, wo sie Gepäckstücke und Boxhandschuhe angefertigt hatten. Für die Herstellung der mehrschichtigen, maßgefertigten Raumanzüge waren neue Fertigkeiten gefragt, darunter das Verkleben (flüssig oder mit Klebeband) oder Vernähen exotischer Materialien des Weltraumzeitalters: Beta-Gewebe, Nomex, Kapton, Dacron, aluminisierte Mylar-Folie und Chromel-R. Sie waren teuer, empfindlich und schwierig zu verarbeiten und mussten mit einem gesteigerten Maß an Sorgfalt und Respekt behandelt werden. Es war eine steile Lernkurve für die Näherinnen. Nicht nur ihr Können mit Nadel und Faden wurde auf die Probe gestellt, sondern auch ihr Konzentrationsvermögen und ihre Fähigkeit, unter extremem Druck zu arbeiten. Für die Mission entscheidende Schnitt- und Näharbeiten mussten sehr akkurat innerhalb einer Toleranz von zwei Millimetern ausgeführt werden, und es wurde

»Mithilfe von Raketen, die noch nicht konstruiert, und Legierungen, die noch nicht erfunden sind, mit Navigations- und Andocksystemen, die noch nicht entwickelt sind, werden wir einen Menschen in eine unbekannte Welt befördern …«

CARL SAGAN, *THE GIFT OF APOLLO*, 1994

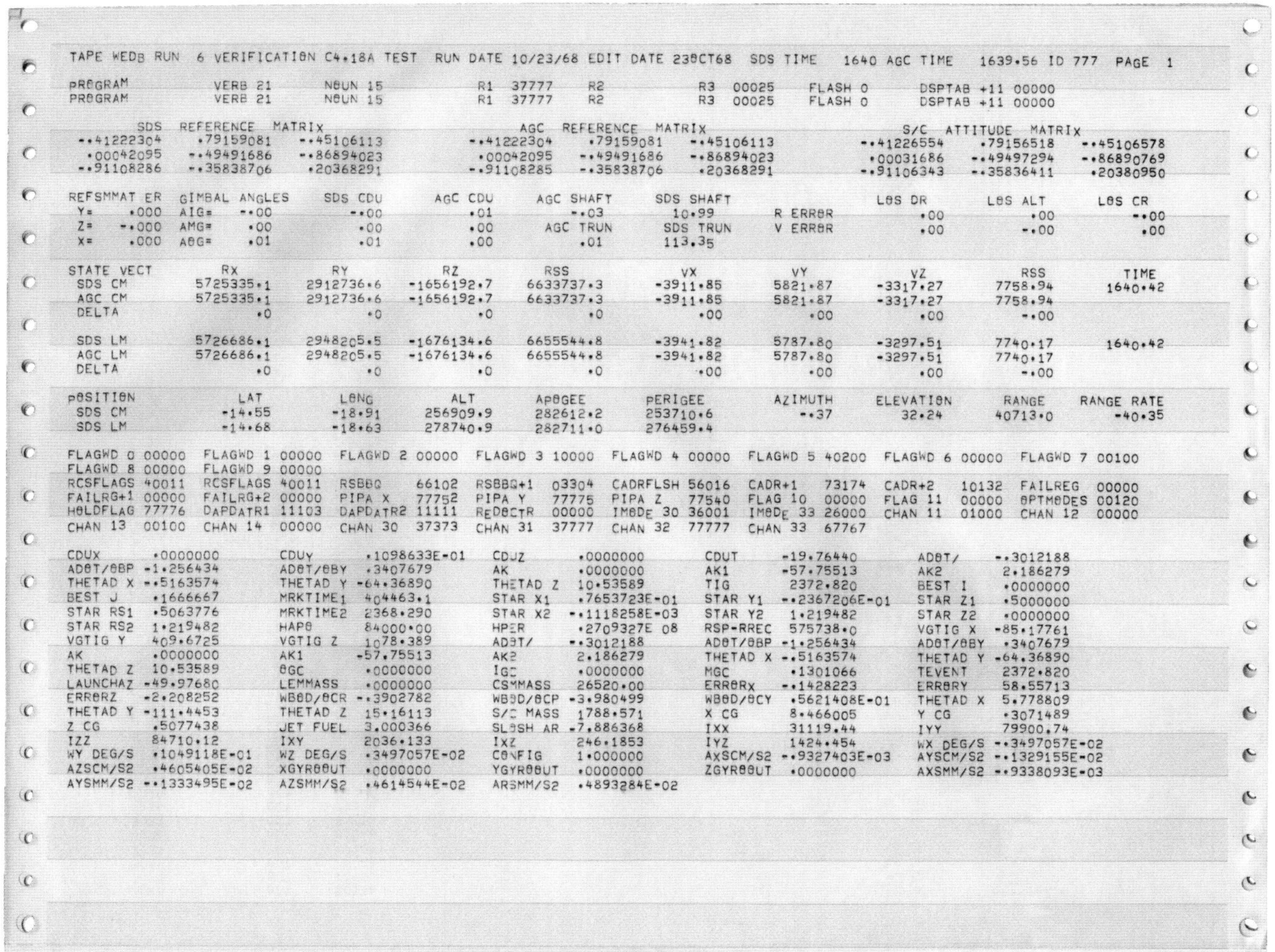

```
TAPE WEDB RUN  6 VERIFICATION C4.18A TEST  RUN DATE 10/23/68 EDIT DATE 23OCT68  SDS TIME   1640 AGC TIME   1639.56 ID 777  PAGE  1

PROGRAM         VERB 21     NOUN 15          R1  37777     R2          R3  00025    FLASH 0      DSPTAB +11 00000
PROGRAM         VERB 21     NOUN 15          R1  37777     R2          R3  00025    FLASH 0      DSPTAB +11 00000

      SDS  REFERENCE  MATRIX                     AGC  REFERENCE  MATRIX                      S/C  ATTITUDE  MATRIX
  -.41222304   .79159081   -.45106113      -.41222304   .79159081   -.45106113      -.41226554   .79156518   -.45106578
   .00042095  -.49491686   -.86894023       .00042095  -.49491686   -.86894023       .00031686  -.49497294   -.86890769
  -.91108286  -.35838706    .20368291      -.91108285  -.35838706    .20368291      -.91106343  -.35836411    .20380950

REFSMMAT ER  GIMBAL ANGLES   SDS CDU   AGC CDU   AGC SHAFT   SDS SHAFT              LOS DR    LOS ALT    LOS CR
 Y=   .000   AIG=  -.00       -.00       .01       -.03       10.99     R ERROR      .00        .00       -.00
 Z=  -.000   AMG=   .00        .00       .00     AGC TRUN    SDS TRUN   V ERROR      .00       -.00        .00
 X=   .000   AOG=   .01        .01       .00        .01       113.35

STATE VECT       RX          RY          RZ          RSS          VX        VY        VZ        RSS       TIME
 SDS CM      5725335.1   2912736.6  -1656192.7   6633737.3    -3911.85   5821.87  -3317.27   7758.94   1640.42
 AGC CM      5725335.1   2912736.6  -1656192.7   6633737.3    -3911.85   5821.87  -3317.27   7758.94
 DELTA              .0          .0          .0          .0         .00       .00       .00      -.00

 SDS LM      5726686.1   2948205.5  -1676134.6   6655544.8    -3941.82   5787.80  -3297.51   7740.17   1640.42
 AGC LM      5726686.1   2948205.5  -1676134.6   6655544.8    -3941.82   5787.80  -3297.51   7740.17
 DELTA              .0          .0          .0          .0         .00       .00       .00      -.00

POSITION         LAT        LONG       ALT        APOGEE     PERIGEE     AZIMUTH   ELEVATION    RANGE   RANGE RATE
 SDS CM        -14.55     -18.91    256909.9    282612.2    253710.6      -.37      32.24      40713.0    -40.35
 SDS LM        -14.68     -18.63    278740.9    282711.0    276459.4

FLAGWD 0 00000  FLAGWD 1 00000  FLAGWD 2 00000  FLAGWD 3 10000  FLAGWD 4 00000  FLAGWD 5 40200  FLAGWD 6 00000  FLAGWD 7 00100
FLAGWD 8 00000  FLAGWD 9 00000
RCSFLAGS 40011  RCSFLAGS 40011  RSBBQ     66102  RSBBQ+1   03304  CADRFLSH 56016  CADR+1    73174  CADR+2    10132  FAILREG  00000
FAILRG+1 00000  FAILRG+2 00000  PIPA X    77752  PIPA Y    77775  PIPA Z   77540  FLAG 10   00000  FLAG 11   00000  OPTMODES 00120
HOLDFLAG 77776  DAPDATR1 11103  DAPDATR2  11111  REDOCTR   00000  IMODE 30 36001  IMODE 33  26000  CHAN 11   01000  CHAN 12  00000
CHAN 13  00100  CHAN 14  00000  CHAN 30   37373  CHAN 31   37777  CHAN 32  77777  CHAN 33   67767

CDUX       .0000000       CDUY       .1098633E-01   CDUZ       .0000000       CDUT       -19.76440      ADOT/      -.3012188
ADOT/OBP  -1.256434       ADOT/OBY   .3407679       AK         .0000000       AK1        -57.75513      AK2        2.186279
THETAD X  -.5163574       THETAD Y  -64.36890       THETAD Z   10.53589       TIG        2372.820       BEST I     .0000000
BEST J     .1666667       MRKTIME1   404463.1       STAR X1    .7653723E-01   STAR Y1    -.2367206E-01  STAR Z1    .5000000
STAR RS1   .5063776       MRKTIME2   2368.290       STAR X2   -.1118258E-03   STAR Y2    1.219482       STAR Z2    .0000000
STAR RS2   1.219482       HAPO       84000.00       HPER       .2709327E 08   RSP-RREC   575738.0       VGTIG X   -85.17761
VGTIG Y    409.6725       VGTIG Z    1078.389       ADOT/     -.3012188       ADOT/OBP  -1.256434       ADOT/OBY   .3407679
AK         .0000000       AK1       -57.75513       AK2        2.186279       THETAD X  -.5163574       THETAD Y  -64.36890
THETAD Z   10.53589       OGC        .0000000       IGC        .0000000       MGC        .1301066       TEVENT     2372.820
LAUNCHAZ  -49.97680       LEMMASS    .0000000       CSMMASS    26520.00       ERRORX    -.1428223       ERRORY     58.55713
ERRORZ    -2.208252       WBOD/OCR  -.3902782       WBOD/OCP  -3.980499       WBOD/OCY   .5621408E-01   THETAD X   5.778809
THETAD Y  -111.4453       THETAD Z   15.16113       S/C MASS   1788.571       X CG       8.466005       Y CG       .3071489
Z CG       .5077438       JET FUEL   3.000366       SLOSH AR  -7.886368       IXX        31119.44       IYY        79900.74
IZZ        84710.12       IXY        2036.133       IXZ        246.1853       IYZ        1424.454       WX DEG/S  -.3497057E-02
WY DEG/S   .1049118E-01   WZ DEG/S   .3497057E-02   CONFIG     1.000000       AXSCM/S2  -.9327403E-03   AYSCM/S2  -.1329155E-02
AZSCM/S2   .4605405E-02   XGYROOUT   .0000000       YGYROOUT   .0000000       ZGYROOUT   .0000000       AXSMM/S2  -.9338093E-03
AYSMM/S2  -.1333495E-02   AZSMM/S2   .4614544E-02   ARSMM/S2   .4893284E-02
```

22.1 Die Amerikanerin Frances »Poppy« Northcutt, hier aufgenommen im Jahr 1969, war die erste Frau, die als Ingenieurin im Kontrollzentrum der NASA arbeitete. Sie wurde später Anwältin und spezialisierte sich auf Frauen- und Bürgerrechte.

22.2 Die Informatikerin und Computer-Ingenieurin Margaret Hamilton mit Software des Apollo-Computers, 1969.

22.3 Eine der vielen Seiten mit Margaret Hamiltons Programmzeilen aus den Apollo Guidance Computern, zu finden in der »Apollo Flight Guidance Computer Software Collection« der Smithsonian Institution. Diese Sammlung besteht aus Berichten, Notizen und weiterem Material zur Dokumentation der Apollo-Flugführungssoftware, die in den späten 1960er- und den frühen 1970er-Jahren von Margaret Hamiltons Team im MIT Instrumentation Laboratory (später Charles Stark Draper Laboratory) entwickelt wurde.

22.4

22.5

22.4, 22.5 Die Näherinnen bei ILC zeichnen Muster auf Nylon und nähen Schichten aus aluminisiertem Plastik zusammen. Aus einer Fotoserie von Ralph Morse, veröffentlicht im *Life*-Magazin, 9. August 1968.

22.6 Hazel Fellows beim Nähen eines Apollo-A7L-Raumanzugs bei ILC, 1968.

22.7, 22.8 Detailaufnahmen von Buzz Aldrins A7L-Raumanzug aus der Apollo-11-Mission, fotografiert 2014 von der Smithsonian Institution. Sie zeigen das Gewebe des Stoffes und die Nähte im kleinsten Detail. Diesen Anzug, eines der berühmtesten technischen Objekte des 20. Jahrhunderts, erkennt man sofort.

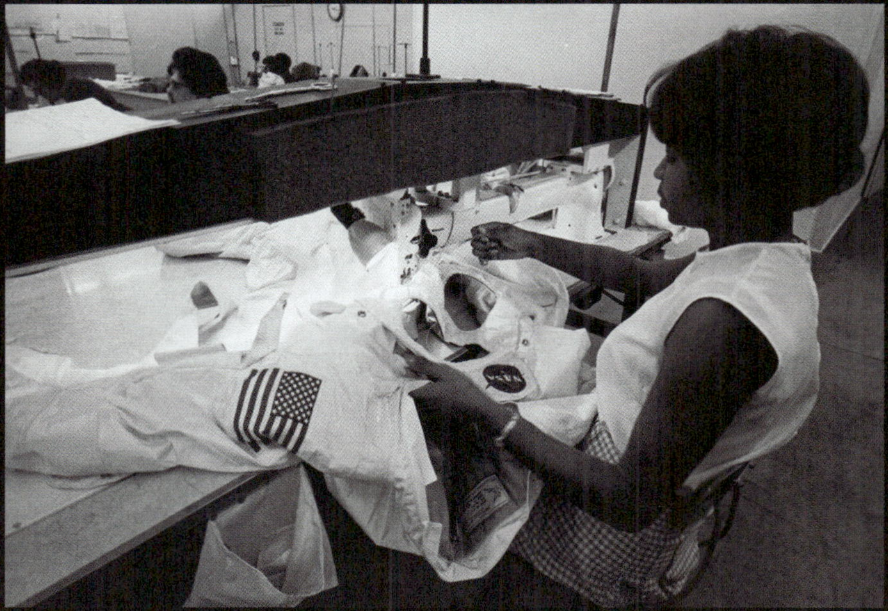

22.6

22.7 / 22.8

in einem sehr langsamen, gleichmäßigen Tempo an den industriellen Singer-Nähmaschinen gearbeitet, um die Materialien nicht zu beschädigen und sicherzustellen, dass die Arbeitsergebnisse tadellos waren. Das Leben der Astronauten und der Erfolg von Apollo hingen am seidenen Faden.

Eleanor Foraker war eine der Aufseherinnen, die regelmäßig 80 Stunden pro Woche arbeitete, um die engen Abgabefristen einzuhalten. Zu ihren Aufgaben gehörte die strenge Überwachung der Stecknadeln: Sie musste sicherstellen, dass sie vollzählig waren und keine in einem Anzug zurückblieb. Trotz des großen Drucks war die Zusammenarbeit kollegial, und man war stolz, Teil von etwas so Bedeutendem zu sein. Die Frauen scherzten mit den Astronauten, die für die Anprobe zu ihnen kamen. Iona Allen gebührt der Ruhm, persönlich Neil Armstrongs Stiefel genäht zu haben – Stiefel, die die berühmtesten Abdrücke in der Geschichte der Menschheit hinterließen. Jahre später wurde aufgedeckt, dass einige Näherinnen heimlich ihren Namen auf den in den Anzugschichten verborgenen Stoff geschrieben hatten.

In Waltham (Massachusetts) rekrutierte die Elektronikfirma Raytheon Frauen, die bei dem Uhrenhersteller Waltham Watch Company gearbeitet hatten, für die Mitarbeit am Bau des Apollo Guidance Computers (AGC), der die Navigations- und Führungssysteme der Raumschiffe steuern sollte. Der AGC wurde am Massachusetts Institute of Technology (MIT) konstruiert und verwendete integrierte Schaltkreise – eine Erfindung, die die Elektronikindustrie revolutionierte, als Computer noch ganze Räume füllten.

Schon der englische Mathematiker Charles Babbage (1791–1871) hatte sich von den Lochkarten der Jacquard-Webstühle des frühen 19. Jahrhunderts zu einer analytischen Maschine inspirieren lassen. Auf ihnen war das Muster des Gewebes gespeichert. Um einen zuverlässigen Computerspeicher für die Reise zum Mond zu bauen, webte man Informationen physisch in ein Kupferdrahtgeflecht, den sogenannten Core-Rope-Speicher. An einem speziellen Webstuhl (der ebenfalls mit Lochkarten gesteuert wurde), fädelten die Frauen

22.9

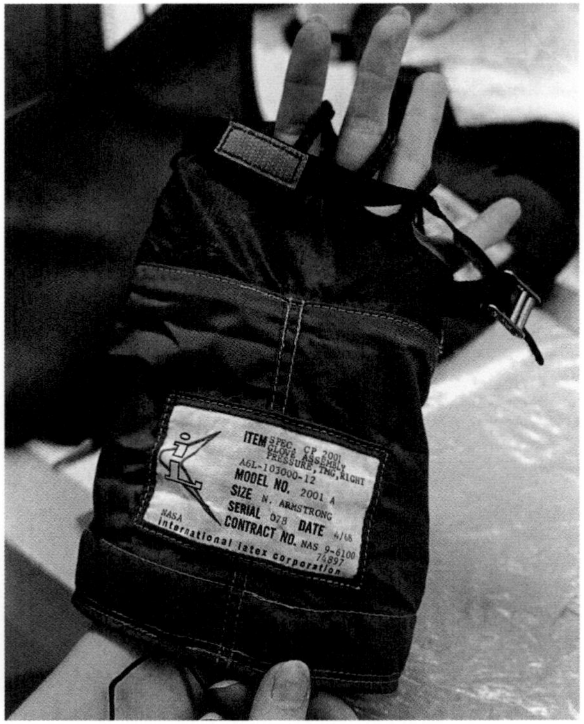

22.10

22.9 Die Aufseherin Eleanor Foraker in der Apollo-Produktion, 1967.

22.10 Teil des rechten Handschuhs von Neil Armstrongs A6L-Raumanzug, der von ILC speziell für seine Rolle als Ersatzkommandant der Apollo 8 angefertigt wurde.

22.11 Die Handschuhe wurden anhand von Gipsabgüssen der Hände der Astronauten hergestellt. Die Abdrücke tragen den Namen des jeweiligen Astronauten. Foto von Ralph Morse, *Life*-Magazin, 9. August 1968.

22.12 Die Schichten der Anzüge wurden links ausgelegt (= wie umgekrempelt), von den äußeren Schichten vorne rechts zu den innersten Schichten hinten links. Foto von Ralph Morse, *Life*-Magazin, 9. August 1968.

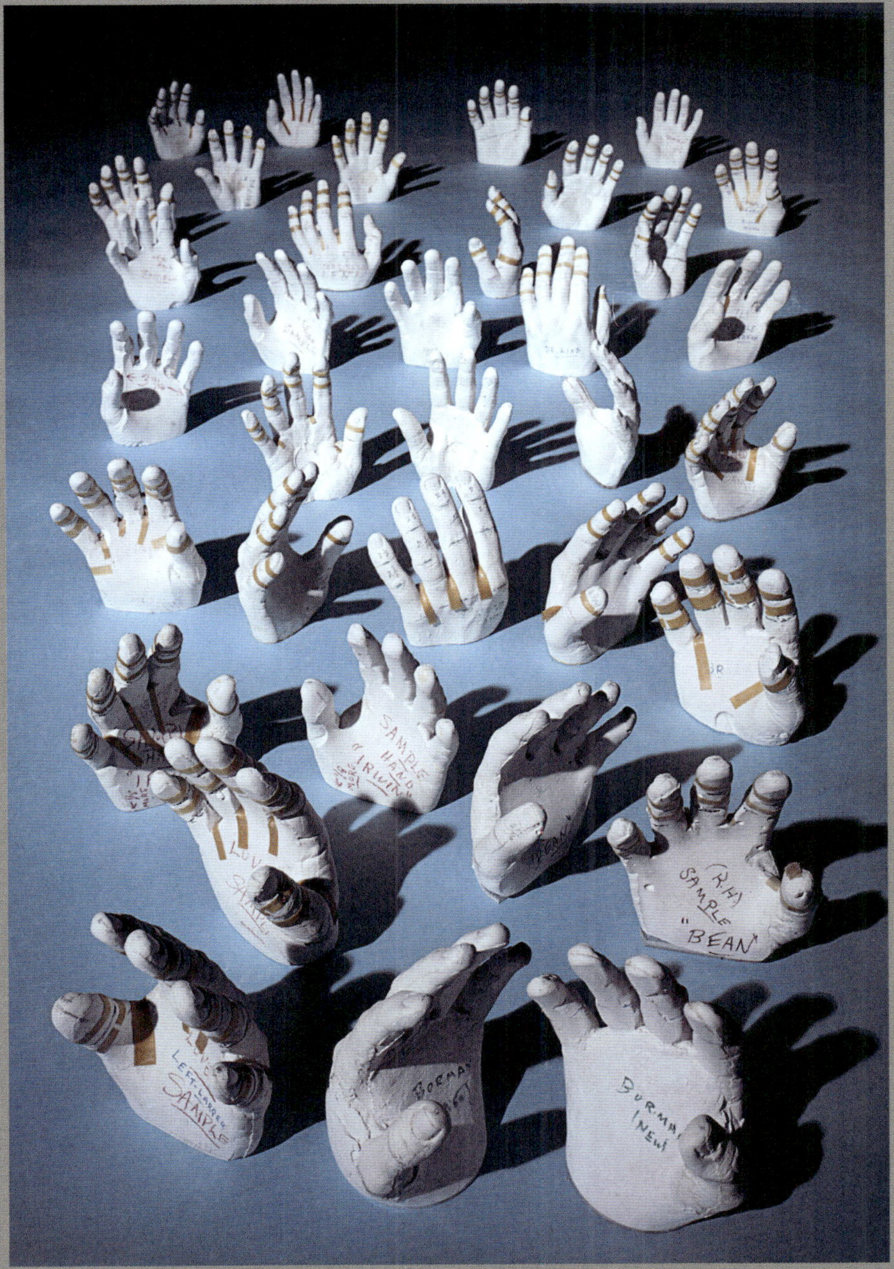

22.11

22.12

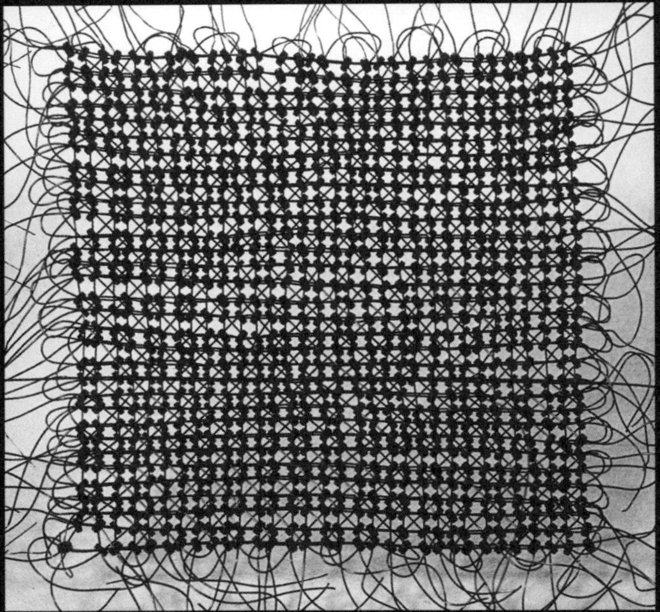

22.13–22.16 Fotos aus den DDC Magnetic Core Memory Archiven am Massachusetts Institute of Technology (MIT). Im Uhrzeigersinn von oben links: Speicherplatte P74-27; 64 × 64 Modul-Matte F-2942; Ferrit-Speicherplatte P74-113; Speicherplatte P74-20.

22.17 Ein Core-Rope-Speicher funktioniert durch das Magnetisieren kleiner Ringe mittels elektrischem Strom.

22.18, 22.19 In einer Pressemeldung von Raytheon aus dem Jahr 1969 wird eine »Näherin des Weltraumzeitalters« gezeigt und der »Webeprozess« beim Core-Rope-Speicher der Apollo Guidance Computer beschrieben.

22.20 Die Core-Rope-Speicher wurden von Hand gewebt.

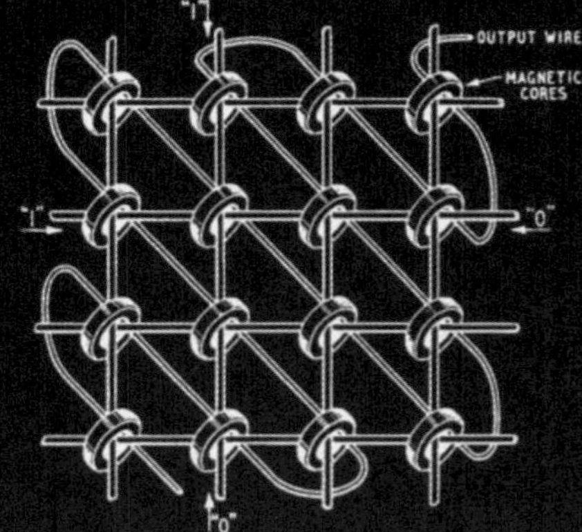

in Waltham dünnen Kupferdraht durch eine Hohlnadel und führten diese durch und um eine Matrix aus kleinen magnetischen Ferrit-»Kernringen«. Der Pfad des Drahtes bezeichnete eine binäre 0 oder 1 in Abhängigkeit davon, ob er durch den Kern verlief oder ihn umging. Dieser Arbeitsprozess erforderte Geschicklichkeit, Geduld und Genauigkeit, und das Ergebnis war ein hochkomplexes, dicht gewebtes Kupfergeflecht. Es war ein physisch geschriebener Speicher, der nicht verändert werden konnte. Die Technik wurde liebevoll als »Little Old Ladies«-Methode bezeichnet – in Anlehnung an die »kleinen alten Damen«, welche die Arbeit ausführten.

Die in frühen Weltraummissionen eingesetzten traditionellen kunsthandwerklichen Techniken haben ein wichtiges kulturelles Erbe hinterlassen und sind für die moderne Luft- und Raumfahrtindustrie nach wie vor von entscheidender Bedeutung. Aerothreads ist ein von Frauen geführtes Unternehmen in Maryland, wo Künstler und Ingenieure mehrschichtige Isolierdecken für Raumfahrzeuge entwerfen und herstellen. Eine der Angestellten, Morgan Betsill, arbeitete im Jet Propulsion Laboratory (dem Strahlantriebslabor der NASA) an der Raumsonde Europa Clipper, die 2024 zur Erforschung des eisigen Jupitermondes Europa gestartet wurde. Entscheidend bei dieser Mission ist die Wärmedecke, mit der die Systeme des Raumfahrzeugs in der extremen Umgebung des Weltraums geschützt werden. Um zu verstehen, wie man passende Stoffe für die ungewöhnlichen Maße eines Raumfahrzeugs herstellt und dabei die technischen Anforderungen erfüllt, braucht man sowohl die Fähigkeiten eines Kunsthandwerkers als auch die eines Ingenieurs. So stützen sich unsere zukunftorientiertesten Technologien bezeichnender Weise nach wie vor auf eine der ältesten Fertigkeiten der Menschheit und auf Verfahren, die in unserem kollektiven Gedächtnis ihren Platz haben und uns für immer dienen werden, wo auch immer wir hingehen mögen.

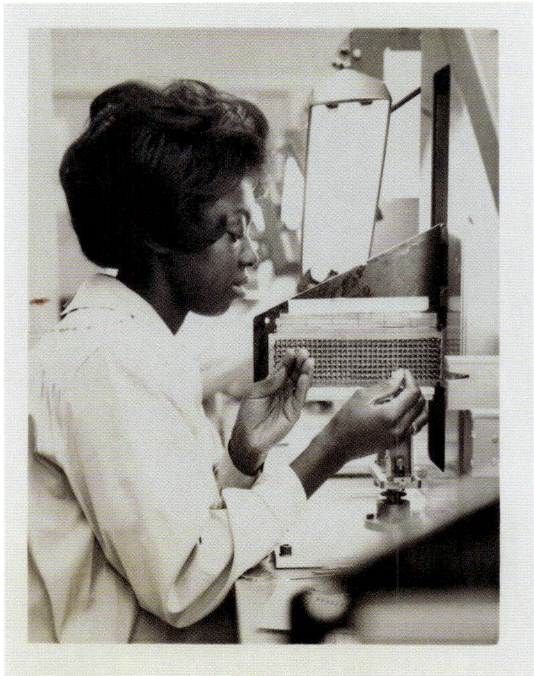

22.18

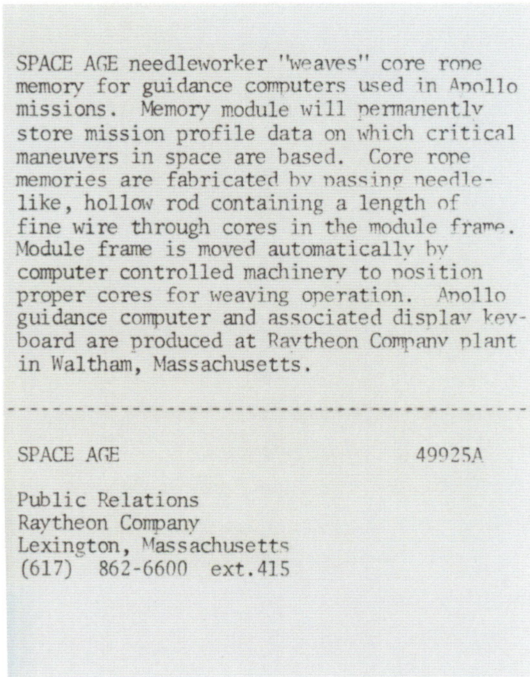

SPACE AGE needleworker "weaves" core rope memory for guidance computers used in Apollo missions. Memory module will permanently store mission profile data on which critical maneuvers in space are based. Core rope memories are fabricated by passing needle-like, hollow rod containing a length of fine wire through cores in the module frame. Module frame is moved automatically by computer controlled machinery to position proper cores for weaving operation. Apollo guidance computer and associated display keyboard are produced at Raytheon Company plant in Waltham, Massachusetts.

SPACE AGE 49925A

Public Relations
Raytheon Company
Lexington, Massachusetts
(617) 862-6600 ext.415

22.19

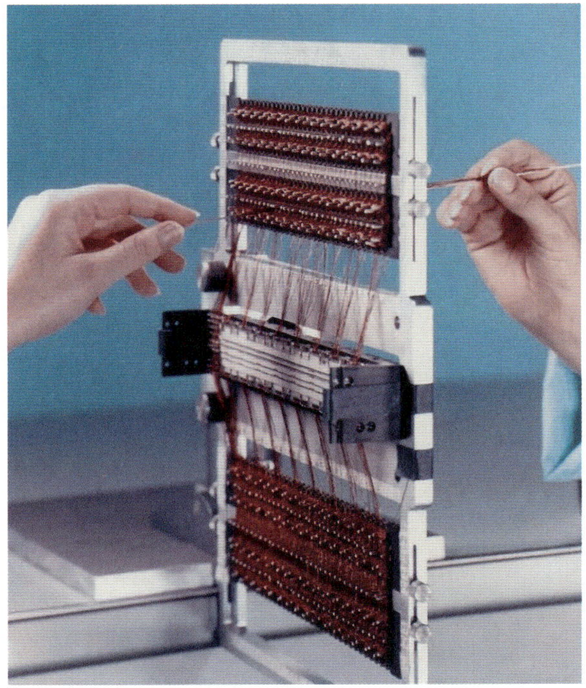

22.20

TREVOR BEATTIE

Trevor Beattie (geb. 1958) wuchs im Birmingham der 1960er- und 1970er-Jahre auf. Er war fasziniert von den Marionetten in den TV-Serien *Thunderbirds* und *Fireball XL5*, in denen Figuren mit aufregenden Namen wie »Colonel Steve Zodiac« vorkamen. Sie brachten ihn dem Weltraum am nächsten. Kinder konnten damals die Namen sämtlicher Astronauten herunterrasseln, kannten alle Fakten zum Thema Weltraum und waren stolz auf ihre Weltraum-Sammelkarten aus den Teepackungen der Firma Brooke Bond. Den entscheidenden Anstoß gab für Beattie aber ein Geografie-Projekt in der Schule. In seinem Arbeitsheft (**23.7–23.13**) dokumentierte er gewissenhaft die Geschichte des frühen Weltraumzeitalters mit Aufsätzen, Zeitleisten, Ausschnitten und Porträts. Am Ende stand die Frage: »Was wird die Zukunft bringen?« Darunter war ein leeres Feld, das ausgefüllt werden sollte, wenn die Zukunft schließlich da sein würde. Beattie war davon überzeugt, dass seine Zukunft die Reise in den Weltraum einschließen würde. Sein Lehrer gab ihm dafür eine enttäuschende 2+ mit der Bemerkung »gute Arbeit«. Warum hatte der Lehrer ihm nicht die Note 1 gegeben?

Beattie fragte sich, wie seine Zukunft als Weltraumreisender wohl aussehen könnte. Ihm war klar, dass die Zukunft teuer sein würde. Das war sie immer. In Nicolas Roegs Film *The Man who Fell to Earth* (*Der Mann, der vom Himmel fiel*) von 1976 muss der Außerirdische, gespielt von David Bowie, enorme Geldmittel für den Bau eines Raumschiffs aufbringen, das ihn zu seinem Heimatplaneten zurückbringen würde. In den 1990er-Jahren hatte auch Beattie durch seine Arbeit in der Werbebranche ein beträchtliches Vermögen aufgebaut. Er war der kreative Kopf hinter einigen der größten Kampagnen des Jahrzehnts. Im Jahr 2004 begannen die Sterne, günstig für ihn zu stehen. Der Ansari X Prize – ein Wettbewerb, bei dem 10 Millionen Dollar an das erste private Unternehmen vergeben wurden, das ein wiederverwendbares Raumfahrzeug baute – wurde von Burt Rutan gewonnen, und sein Entwurf wurde zum Fundament von Richard Bransons Virgin Galactic, der ersten »Raumfluglinie« überhaupt, die suborbitale Flüge für zahlende Kunden anbot. Beattie war einer der ersten auf der Warteliste. Aber niemand wusste, wie lange die Wartezeit sein würde.

Das Raumschiff von Virgin Galactic erinnert an experimentelle Raketenflugzeuge der frühen 1960er-Jahre, etwa die X-15, die den Rand des Weltraums erreichte und von Legenden in silbernen Anzügen wie Scott Crossfield, Joe Engle und Neil Armstrong geflogen wurde. Die X-15 wurde

23.1 Trevor Beattie im Fluganzug für das Training zur Vorbereitung auf den Flug, 2023.

23.2 Das goldene Ticket von Virgin Galactic.

23.3–23.6 Bildkarten von Brooke Bond, »The Race Into Space« (Wettlauf ins All), 1971.

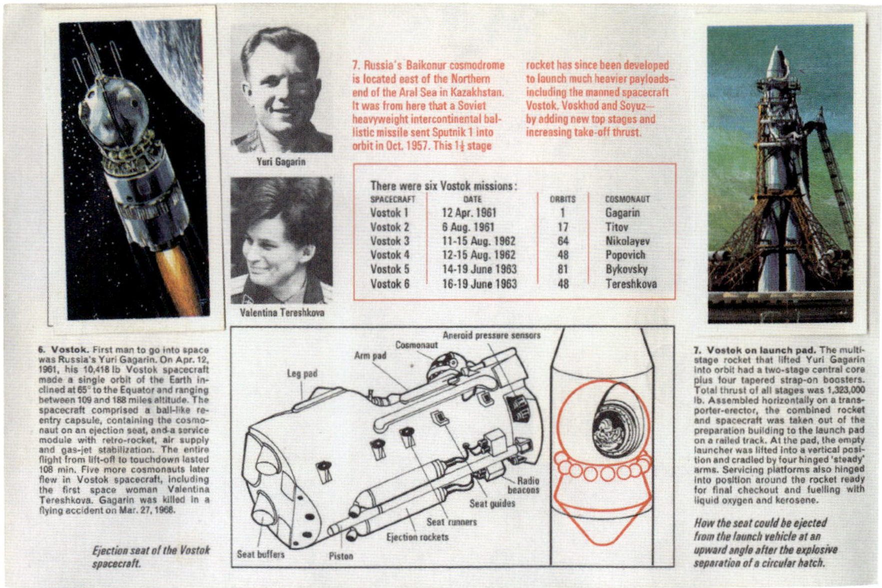

Yuri Gagarin

Valentina Tereshkova

7. Russia's Baikonur cosmodrome is located east of the Northern end of the Aral Sea in Kazakhstan. It was from here that a Soviet heavyweight intercontinental ballistic missile sent Sputnik 1 into orbit in Oct. 1957. This 1½ stage rocket has since been developed to launch much heavier payloads—including the manned spacecraft Vostok, Voskhod and Soyuz—by adding new top stages and increasing take-off thrust.

There were six Vostok missions:

SPACECRAFT	DATE	ORBITS	COSMONAUT
Vostok 1	12 Apr. 1961	1	Gagarin
Vostok 2	6 Aug. 1961	17	Titov
Vostok 3	11-15 Aug. 1962	64	Nikolayev
Vostok 4	12-15 Aug. 1962	48	Popovich
Vostok 5	14-19 June 1963	81	Bykovsky
Vostok 6	16-19 June 1963	48	Tereshkova

6. Vostok. First man to go into space was Russia's Yuri Gagarin. On Apr. 12, 1961, his 10,418 lb Vostok spacecraft made a single orbit of the Earth inclined at 65° to the Equator and ranging between 109 and 188 miles altitude. The spacecraft comprised a ball-like re-entry capsule, containing the cosmonaut on an ejection seat, and a service module with retro-rocket, air supply and gas-jet stabilization. The entire flight from lift-off to touchdown lasted 108 min. Five more cosmonauts later flew in Vostok spacecraft, including the first space woman Valentina Tereshkova. Gagarin was killed in a flying accident on Mar. 27, 1968.

Ejection seat of the Vostok spacecraft.

7. Vostok on launch pad. The multi-stage rocket that lifted Yuri Gagarin into orbit had a two-stage central core plus four tapered strap-on boosters. Total thrust of all stages was 1,323,000 lb. Assembled horizontally on a transporter-erector, the combined rocket and spacecraft was taken out of the preparation building to the launch pad on a railed track. At the pad, the empty launcher was lifted into a vertical position and cradled by four hinged 'steady' arms. Servicing platforms also hinged into position around the rocket ready for final checkout and fuelling with liquid oxygen and kerosene.

How the seat could be ejected from the launch vehicle at an upward angle after the explosive separation of a circular hatch.

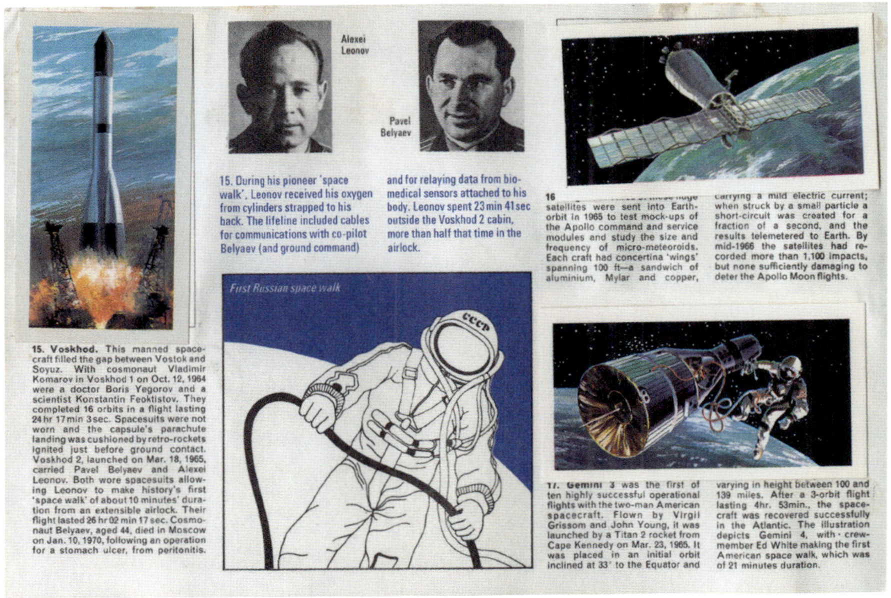

Alexei Leonov

Pavel Belyaev

15. During his pioneer 'space walk', Leonov received his oxygen from cylinders strapped to his back. The lifeline included cables for communications with co-pilot Belyaev (and ground command) and for relaying data from bio-medical sensors attached to his body. Leonov spent 23 min 41 sec outside the Voskhod 2 cabin, more than half that time in the airlock.

16 satellites were sent into Earth-orbit in 1965 to test mock-ups of the Apollo command and service modules and study the size and frequency of micro-meteoroids. Each craft had concertina 'wings' spanning 100 ft—a sandwich of aluminium, Mylar and copper, carrying a mild electric current; when struck by a small particle a short-circuit was created for a fraction of a second, and the results telemetered to Earth. By mid-1966 the satellites had recorded more than 1,100 impacts, but none sufficiently damaging to deter the Apollo Moon flights.

First Russian space walk

15. Voskhod. This manned spacecraft filled the gap between Vostok and Soyuz. With cosmonaut Vladimir Komarov in Voskhod 1 on Oct. 12, 1964 were a doctor Boris Yegorov and a scientist Konstantin Feoktistov. They completed 16 orbits in a flight lasting 24 hr 17 min 3 sec. Spacesuits were not worn and the capsule's parachute landing was cushioned by retro-rockets ignited just before ground contact. Voskhod 2, launched on Mar. 18, 1965, carried Pavel Belyaev and Alexei Leonov. Both wore spacesuits allowing Leonov to make history's first 'space walk' of about 10 minutes' duration from an extensible airlock. Their flight lasted 26 hr 02 min 17 sec. Cosmonaut Belyaev, aged 44, died in Moscow on Jan. 10, 1970, following an operation for a stomach ulcer, from peritonitis.

17. Gemini 3 was the first of ten highly successful operational flights with the two-man American spacecraft. Flown by Virgil Grissom and John Young, it was launched by a Titan 2 rocket from Cape Kennedy on Mar. 23, 1965. It was placed in an initial orbit inclined at 33° to the Equator and varying in height between 100 and 139 miles. After a 3-orbit flight lasting 4hr. 53min., the spacecraft was recovered successfully in the Atlantic. The illustration depicts Gemini 4, with crew-member Ed White making the first American space walk, which was of 21 minutes duration.

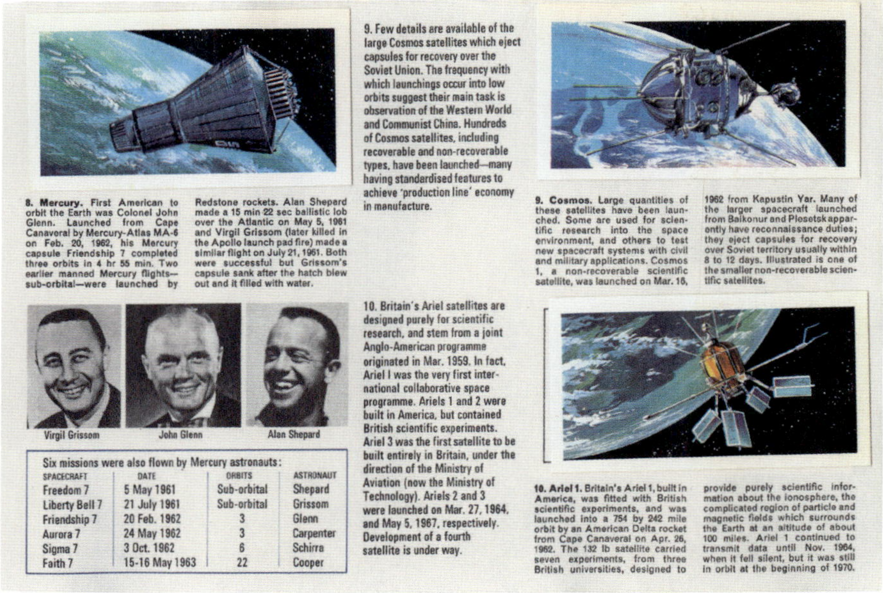

8. Mercury. First American to orbit the Earth was Colonel John Glenn. Launched from Cape Canaveral by Mercury-Atlas MA-6 on Feb. 20, 1962, his Mercury capsule Friendship 7 completed three orbits in 4 hr 55 min. Two earlier manned Mercury flights—sub-orbital—were launched by Redstone rockets. Alan Shepard made a 15 min 22 sec ballistic lob over the Atlantic on May 5, 1961 and Virgil Grissom (later killed in the Apollo launch pad fire) made a similar flight on July 21, 1961. Both were successful but Grissom's capsule sank after the hatch blew out and it filled with water.

9. Few details are available of the large Cosmos satellites which eject capsules for recovery over the Soviet Union. The frequency with which launchings occur into low orbits suggest their main task is observation of the Western World and Communist China. Hundreds of Cosmos satellites, including recoverable and non-recoverable types, have been launched—many having standardised features to achieve 'production line' economy in manufacture.

9. Cosmos. Large quantities of these satellites have been launched. Some are used for scientific research into the space environment, and others to test new spacecraft systems with civil and military applications. Cosmos 1, a non-recoverable scientific satellite, was launched on Mar. 16, 1962 from Kapustin Yar. Many of the larger spacecraft launched from Baikonur and Plesetsk apparently have reconnaissance duties; they eject capsules for recovery over Soviet territory usually within 8 to 12 days. Illustrated is one of the smaller non-recoverable scientific satellites.

Virgil Grissom

John Glenn

Alan Shepard

Six missions were also flown by Mercury astronauts:

SPACECRAFT	DATE	ORBITS	ASTRONAUT
Freedom 7	5 May 1961	Sub-orbital	Shepard
Liberty Bell 7	21 July 1961	Sub-orbital	Grissom
Friendship 7	20 Feb. 1962	3	Glenn
Aurora 7	24 May 1962	3	Carpenter
Sigma 7	3 Oct. 1962	6	Schirra
Faith 7	15-16 May 1963	22	Cooper

10. Britain's Ariel satellites are designed purely for scientific research, and stem from a joint Anglo-American programme originated in Mar. 1959. In fact, Ariel I was the very first international collaborative space programme. Ariels 1 and 2 were built in America, but contained British scientific experiments. Ariel 3 was the first satellite to be built entirely in Britain, under the direction of the Ministry of Aviation (now the Ministry of Technology). Ariels 2 and 3 were launched on Mar. 27, 1964, and May 5, 1967, respectively. Development of a fourth satellite is under way.

10. Ariel 1. Britain's Ariel 1, built in America, was fitted with British scientific experiments, and was launched into a 754 by 242 mile orbit by an American Delta rocket from Cape Canaveral on Apr. 26, 1962. The 132 lb satellite carried seven experiments, from three British universities, designed to provide purely scientific information about the ionosphere, the complicated region of particle and magnetic fields which surrounds the Earth at an altitude of about 100 miles. Ariel 1 continued to transmit data until Nov. 1964, when it fell silent, but it was still in orbit at the beginning of 1970.

23.3–23.6

23.7

23.8

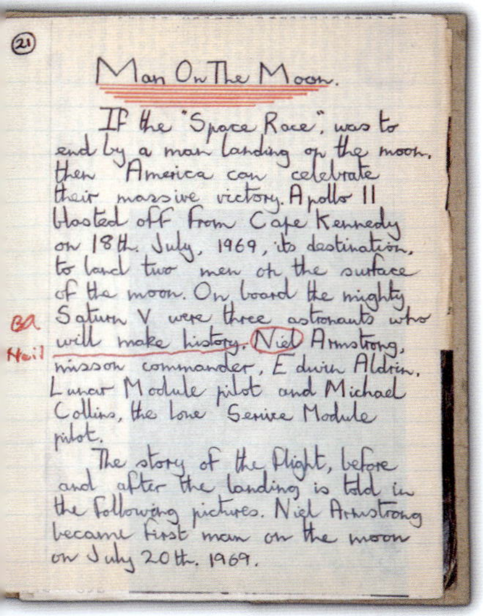

23.9

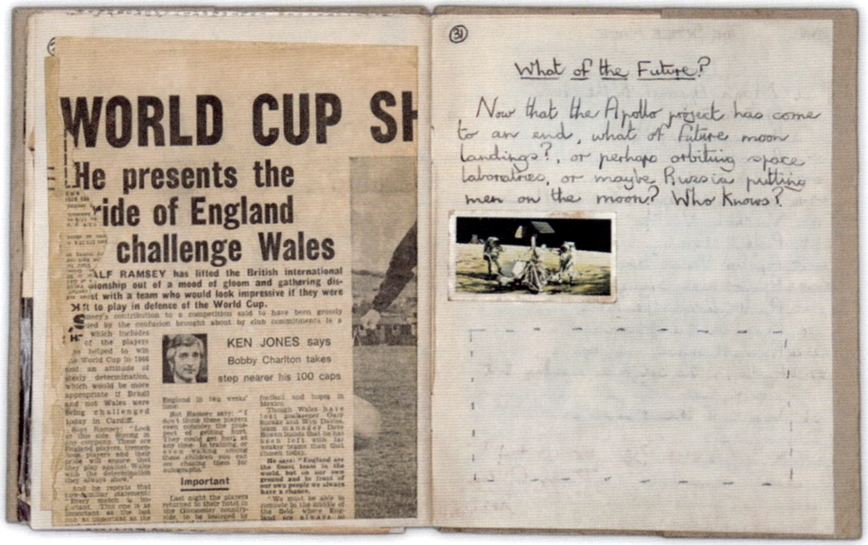

23.10

23.11

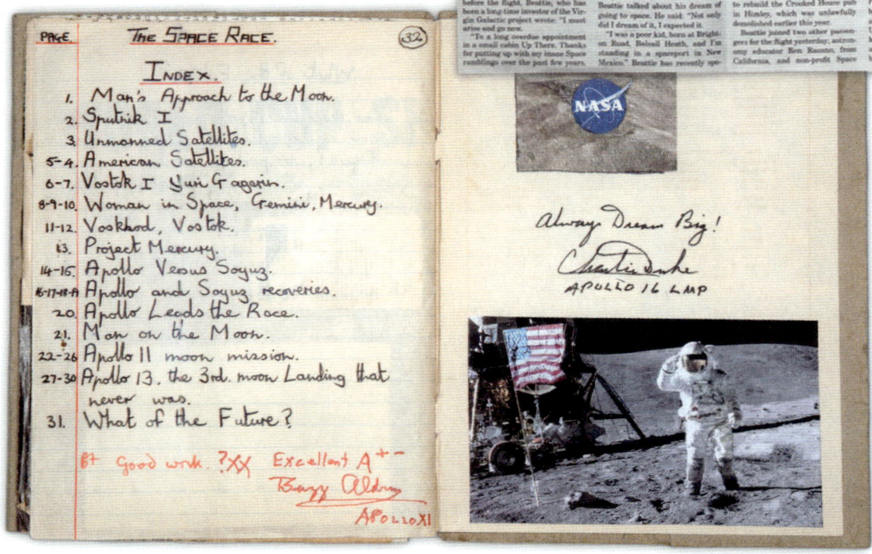

23.12 / 23.13

Seiten aus Trevor Beatties Geografieheft:

23.7 Titelseite: »Trevor Beattie 2A: The Space Race« (Trevor Beattie, 2a: Der Wettlauf ins All).

23.8 Vordere Umschlaginnenseiten, rot liniert und mit Fotos legendärer Astronauten.

23.9 Aufsatz »Man on the Moon« (Mann auf dem Mond) mit dem Schreibfehler in »Neil«, korrigiert von Buzz Aldrin.

23.10 »What of the Future?« (Was wird die Zukunft bringen?) mit freiem rechteckigen Feld.

23.11 »Welcome Home Lucky 13« (Willkommen daheim, Ihr glücklichen 13), Ausschnitt aus dem *Daily Mirror*, 18. April 1970.

23.12 Die Seite »What of the Future?« mit hinzugefügtem Zeitungsausschnitt »Blast Off for Businessman« (Geschäftsmann hebt ab).

23.13 Letzte Seite des »Space Race«-Projekts: Die Note »Good Work B+« (Gute Arbeit, 2+) von Beatties Lehrer, geändert in »Excellent A+-« (Sehr gut, 1+-) von Buzz Aldrin.

zunächst von einem Trägerflugzeug in die Höhe gebracht, dann zündete der Raketenantrieb. Unter gewaltigem Rütteln wurde die abgetrennte Rakete nach oben gedrückt und stieg auf in die Dunkelheit. Wenn das Raumschiff die Spitze seiner parabolischen Flugbahn erreicht hatte, stoppte der Antrieb, und der Pilot wurde schwerelos wie eine Marionette, die an ihren Fäden hängt.

Im Oktober 2023, 18 Jahre nachdem er seinen Flug gebucht hatte, wurde Trevor Beattie für einige nervenzerreißende Momente zu Colonel Steve Zodiac. Nach einer Stunde hatte er wieder festen Boden unter den Füßen. Unter dem Pilotensitz war Beatties Geografieprojekt verstaut, das inzwischen von keinem Geringeren als Buzz Aldrin neu benotet worden war. Der hatte ihm ein »Sehr gut, 1+ – « bescheinigt.

Von Charlie Duke, dem Piloten der Apollo-16-Mondlandefähre, erhielt Beattie einen guten Rat, wie er seine Zeit an der Grenze zum Weltraum nutzen sollte: »Schau aus dem verdammten Fenster!« Die meisten Menschen glauben, dass der Weltraum in 100 Kilometern Höhe beginnt. Trevor Beattie jedoch wird Ihnen erzählen, dass der Weltraum dort beginnt, wo das Blau der Erde am intensivsten und der Himmel am schwärzesten ist und wo die Tränen in Strömen fließen. Da draußen leuchtet die Erde, als besäße sie ein inneres Licht, einen glückseligen »Erdenschein«, den bislang nur ein paar hundert privilegierte Menschen gesehen haben. Aus seiner Hosentasche zog Beattie ein weiteres Erinnerungsstück – einen Scheck über 2,23 Dollar, der hundert Jahre zuvor von Orville Wright ausgestellt worden war. Beattie faltete daraus einen Papierflieger und ließ ihn durch die Kabine segeln. Vergangenheit, Gegenwart und Zukunft vereint in einem perfekten Moment.

Trevor Beattie will nicht als Astronaut bezeichnet werden. »Weltraumreisender« ist in Ordnung, aber der Titel »Astronaut« ist jenen vorbehalten, die im Orbit waren. Das leere Feld am Ende seines Geografie-Hefts ist nun ausgefüllt mit Ausschnitten aus der Lokalzeitung *Express & Star* aus Wolverhampton, die über sein Abenteuer berichtete. Aber warum hatte Buzz Aldrin seiner neuen Note ein Minus hinzugefügt? »Ich hatte ›Neil‹ falsch geschrieben«, erklärt Beattie (**23.13**). »Das ist mir selbst nach all den Jahren nie aufgefallen.«

23.14 / 23.15

23.16 / 23.17

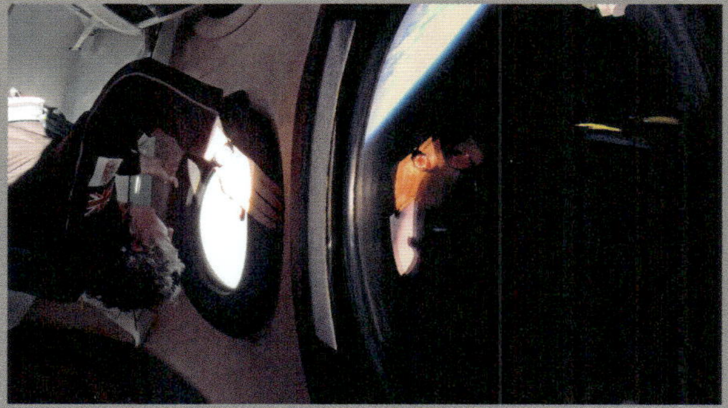
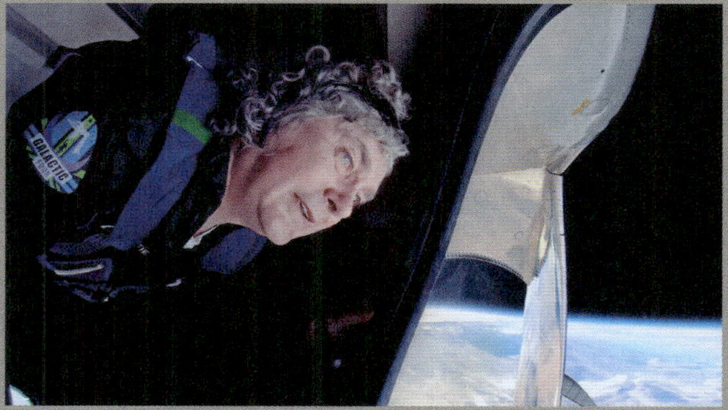

23.14, 23.15 Trevor Beatties »Astronautenflügel« und der Aufnäher für die Mission von Virgin Galactic.

23.16, 23.17 Der Scheck von Orville Wright (ungefaltet und gefaltet), der mit Beattie in den Weltraum reiste.

23.18–23.25 Es kann losgehen. Trevor Beatties Reise ins Weltall mit Virgin Galactic.

TEIL 5

VITAM QUAERITUR

»DIE SUCHE NACH LEBEN«
WO STECKEN SIE BLOSS ALLE?

OLIVER POSTGATE

Die Stimme von Oliver Postgate (1925–2008) gehört fest zur britischen Kulturlandschaft. Postgate war der Schöpfer von Klassikern animierter Kinderfernsehserien der 1960er- und 1970er-Jahre wie *Bagpuss* und *Ivor the Engine*. Zusammen mit dem Puppenspieler Peter Firmin entstanden die Geschichten im alten Schweinestall auf Firmins Farm im ländlichen Kent. Hier wurden die verschiedensten Kleinteile kreativ in wunderschöne Stop-Motion-Kurzfilme verwandelt. Die Motivation dabei waren keine Ideale hoher Kunst, sondern der Bedarf einer unersättlichen Fernsehmaschine. Unter ihren beliebtesten Figuren waren die neugierigen *Clangers* aus pinkfarbener Wolle (gestrickt von Peters Frau Joan), die auf ihrem entlegenen, mondartigen Mikroplaneten lebten, zufrieden ihren Geschäften nachgingen und gelegentlich von den Aktivitäten und dem Gesteinsschutt der lästigen Erde gestört wurden.

Die *Clangers* waren typisch für jene Zeit. Die erste Folge wurde nur wenige Monate nach der Mondlandung 1969 ausgestrahlt, in einer Phase der Aufregung und des Abenteuers, aber auch der politischen Spannungen und Unsicherheiten. Jede Folge begann mit einem Bild der Erde im schwarzen Weltraum, so wie auf den bekannten *Earthrise*-Fotos der Apollo-8-Mission (**20.17**, **20.18**). Nur eine kleine Kamerabewegung später, begleitet von Vernon Elliotts zauberhaft melancholischer Musik, passieren wir einige juwelenartige Sterne und erreichen die seltsame Heimat der *Clangers*. Es ist ein Ort, der trotz seiner kargen, mit Kratern übersäten Oberfläche eine ländliche Idylle verkörpert, die uns aus Kinderbüchern vertraut ist. Die flötenartige Pfeifsprache der *Clangers* wurde von den kleinen Zuschauern sofort verstanden. Für die Erwachsenen bei der BBC wurden die Pfeiftöne in den ersten Drehbüchern noch mit Worten beschrieben.

Jede Folge wird mit einem Monolog von Postgate eingeleitet, in dem er uns durch seine Überlegungen zu außerirdischem Leben, Weltraummüll (»teures Gerümpel«), Umweltschutz und schwieriger irdischer Politik führt. Diese Erzählungen sind genauso elegant und berührend wie Carl Sagans berühmte Ode an die Erde, sein Aufsatz

24.1

24.1 Oliver Postgate bei der Arbeit auf Firmins Farm in Kent. Links im Bild ist Bagpuss, der genau aufpasst.

24.2 Eine *Clanger*-Puppe, ausgestellt im Victoria & Albert Museum of Childhood in London, 2016.

24.3, 24.4 Strickmuster für *The Clangers*, wie sie von Joan Postgate erfunden wurden.

→ 24.5–24.8 Seiten aus *The Clangers' Bible*, dem Textheft, das der BBC zunächst zur Präsentation der Idee vorgelegt wurde.

→ 24.9–24.12 Storyboard- und Drehbuchseiten aus *The Clangers' Bible* mit Postgates detaillierten Beschreibungen der musikalischen Sprache der *Clangers*.

»… dieses ruhige, gelassene Himmelsobjekt, das majestätisch inmitten der zahllosen Sterne am Firmament schwebt. Vielleicht ist auch dieser Stern jemandes Heimat. Können wir uns die Art von Wesen vorstellen, die vielleicht auf solch einem Stern leben? Lasst uns ganz nah herangehen. Lasst uns ganz genau hinschauen und hinhören. Und vielleicht sehen wir es dann. Und hören es.«

THE CLANGERS, 1969

24.2

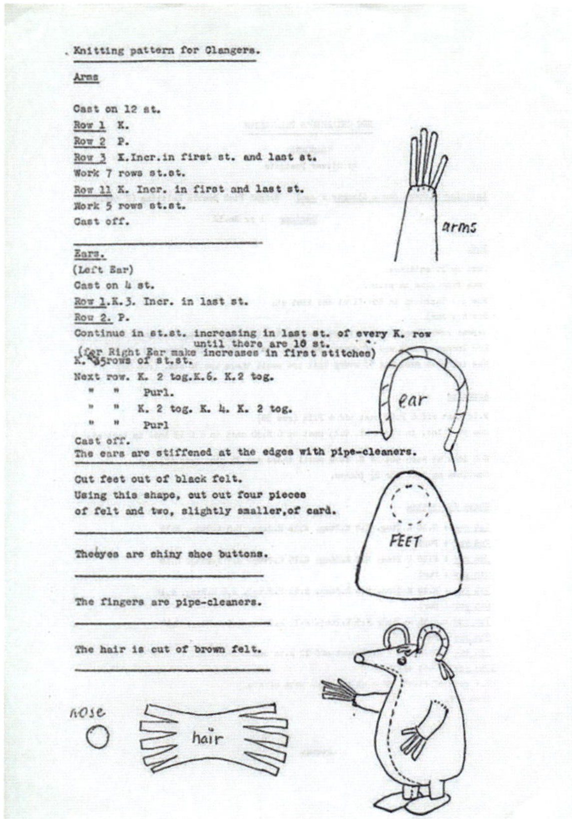

Knitting pattern for Clangers.

Arms

Cast on 12 st.
Row 1 K.
Row 2 P.
Row 3 K.Incr.in first st. and last st.
Work 7 rows st.st.
Row 11 K. Incr. in first and last st.
Work 5 rows st.st.
Cast off.

Ears.
(Left Ear)
Cast on 4 st.
Row 1.K.3. Incr. in last st.
Row 2. P.
Continue in st.st. increasing in last st. of every K. row until there are 10 st.
(for Right Ear make increases in first stitches)
K. 5rows of st.st.
Next row. K. 2 tog.K.6. K.2 tog.
" " Purl.
" " K. 2 tog. K. 4. K. 2 tog.
" " Purl
Cast off.
The ears are stiffened at the edges with pipe-cleaners.

Cut feet out of black felt.
Using this shape, cut out four pieces of felt and two, slightly smaller,of card.

Theeyes are shiny shoe buttons.

The fingers are pipe-cleaners.

The hair is cut of brown felt.

24.3

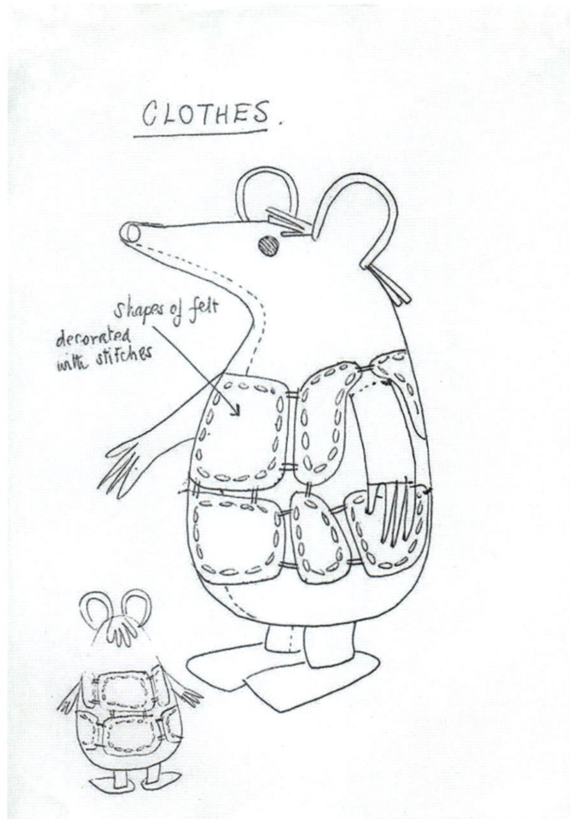

24.4

the
CLANGERS

1

SMALLFILMS

First draft of proposed film Series for B.B.C.

This is colour and to be shown first on Sunday evening and then, later, in Watch with Mother.
If necessary we would make two sound-tracks for the two types of audience. This would allow us to avoid being too obvious in the Sunday evening treatment.

Apparently aerial view of earth.
(Super Space-type non-pan sup music.)

see sputnik pass
see sattelite
see space probe
see tin bath or such.
see rowing-boat
fly past in orbit.

penn up.
mix to sky with odd-looking worlds

track through worlds
(slow fade music)

orb across
Track in on it

mix in track to studio set
examine surface of planet.
see dustbin-type lids.

Nar. This is the twentieth Century.
After a mere two thousand years of Civilization man's scientific genius has at last brought him to the threshold of interplanetary travel.
Now that the Sputniks and the sattelites and the space probes and many other of the strange and complex works of man are hurtling in orbit around our cloudy planet, it is fitting that we should turn our eyes away from this little earth of ours and travel, in our imaginations across the boundless silent stretches of outer space towards other, stranger worlds.
Is it not possible that somewhere, in some far galaxy, in some unknown star there lives maybe a race of living beings whose standards of civilization are far in advance of ours?
This serene orb, sailing majestically amid the myriad stars of the firmament. How far from the mad bustle and noise of our world.
How calm and silent. Who can say what god-like creatures may inhabit such a place?

3

(We have our first sight of the inside of the planet which is where the Clangers live. It may be a labyrinth of translucent caves with houses carved in the expanded polystyrene rock. There may be forests of copper trees with copper ~~lm~~ leaves. The Clangers are metal-workers and most of their equipment is made from copper sheet and rock. They have a scource of power which we do not have which is that the berries of ~~the~~ some of the trees have the faculty of generating steam-like pressure when enclosed. This means that they have some rather basic cars and power-tools.)
We follow the people down the corridor to where some other Clangers are waiting. They stop and,pointing back, tell what has happened.
The aeronaut Clanger comes disconsolately down the slope, dangling his helmet.
(He is, incidentally our father-figure. The story now becomes less general.)
He sits in his chair and looks sad. Mrs. Clanger dabs his brow and murmurs words of comfort. She suggests that he might like a bowl of soup. He nods. Small Clanger(our hero) is despatched to fetch a bowl of soup. He takes the copper can and gets on his bike thing Tiny Clanger(our baby heroine) is distraught at his departure and demands to go as well. She jumps on the back of the bike and they ride ~~x~~ away to the forest where the soup-wells are.

The soup-wells are little pointed hills or stalagmites. Small Clanger and Tiny Clanger ~~xk~~ sniff about like Bisto Kids until they smell the flavour soup they are after. Small Clanger unscrews one of the hills and looks in. There is a shout of rage from inside and he replaces it hastily. He unscrews another hill and speaks civilly to the soup-keeper inside. He passes in the jug to be filled. Tiny Clanger leans too far over and falls in. There is a great noising inside the well and she is pitched out again rather soupy. The soup-keeper hands out the can of soup. Tiny Clanger is told to pick a flower from the copper tree. She does this and tosses it into the well. The soup-keeper is heard to ~~x~~ receive it with delighted sounds and he chews it up with relish. ~~Smallxclangerxxxxxxxxxback thexhilltopxxsmall~~ The Clangers turn to go. The Soupkeeper calls to them(to shut the door)
Small Clanger runs back and screws on the hill-top. They ride home. Deliver the soup to Mum.
Pop drinks the soup. Scratches himself. He settles down for a nap,puts a circular newspaper over his face and snores.

»Nun, da die Sputniks und die Satelliten und die Raumsonden und viele andere der seltsamen und komplexen Werke des Menschen in der Umlaufbahn um unseren wolkenverhangenen Planeten rasen, ist es passend, dass wir unseren Blick von unserer kleinen Erde abwenden und in unserer Vorstellung durch die grenzenlosen, stillen Weiten des Weltraums zu anderen, fremderen Welten reisen.«

THE CLANGERS' BIBLE

Pale Blue Dot (Blassblauer Punkt), der zwei Jahrzehnte später erschien.

Postgates politischer Hintergrund als Pazifist und Wehrdienstverweigerer während des Zweiten Weltkriegs ist stets spürbar. Sowohl sein Vater als auch sein Großvater waren prominente Sozialisten. Postgate erhielt seine höhere Schulbildung in Dartington Hall in Totnes – einer Schule, die bekannt war für ihren Ansatz des Erziehens ohne Regeln. Er bezeichnete seine Schulzeit dort als eine der unglücklichsten Phasen seines Lebens. Die Politik der *Clangers* reflektieren Postgates Sicht auf die Welt – seinen Erfindergeist, seine Reaktionen auf das hektische Tempo der Moderne und ihre Verschwendung sowie auf die Sinnlosigkeit des Krieges. Die *Clangers* leben in einer sozialistischen Utopie auf ihrer eigenen kleinen Insel im Weltraum. Gelegentlich werden sie durch fremdartige Objekte aus der Außenwelt gestört – einen lauten Fernseher, eine aufdringliche Robotersonde, ein Netz mit Goldmünzen. Es gibt auch einige offen politische Motive – zum Beispiel den Astronauten, der bei ihnen eine Flagge aufstellt, auf der sowohl die Stars and Stripes der USA als auch Hammer und Sichel der Sowjetunion zu sehen sind (**24.13**, **24.14**). Die Flagge wird von den *Clangers* schnell zu einer neuen Tischdecke umfunktioniert. »Es ist schön, Besuch zu bekommen«, kommentiert Postgate, als der unbefugt eingedrungene Astronaut den Planeten wieder verlässt, »aber manchmal ist es noch schöner, wenn er wieder geht.«

Die kleinen Abenteuer der *Clangers* waren für eine ganze Generation die erste Einführung in die Themen Weltraum und Politik. Ähnlich dem Wettlauf ins All auf der Erde hatten die *Clangers* ihr eigenes Programm zur Erforschung des Weltraums: In einer Folge mit dem Titel »The Intruder« (Der Eindringling) sitzt Major Clanger in seiner Rakete, bereit für eine Reise zu unserem Planeten. Aber dann sehen die *Clangers* durch ein Teleskop die Realität der unter ihrer Wolkendecke versteckten Erde. Die wie riesige Säulen aufragenden Wolkenkratzer einer großen Stadt (**24.16**) wirken seelenlos, unmenschlich, verwirrend. Die Mission wird unverzüglich abgebrochen. Die Erde ist ein zu konfuser Ort für einen *Clanger*. Die Rakete wird weggeräumt und sicher verstaut, um irgendwann zu einem sinnvolleren Zweck genutzt zu werden.

24.13–24.15 Standbilder aus »The Tablecloth« (Das Tischtuch), *The Clangers*, Staffel 2, Folge 1.

24.16 Standbild aus »The Intruder« (Der Eindringling), *The Clangers*, Staffel 1, Folge 5.

CARL SAGAN

25.

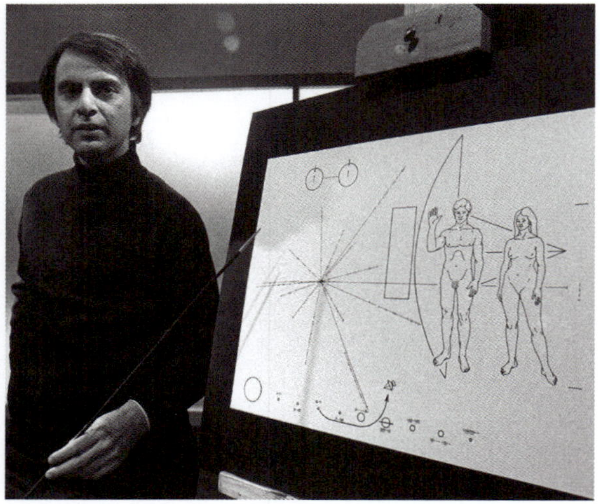

Im Jahr 1977 sahen wir in Filmen wie *Close Encounters of the Third Kind* (*Unheimliche Begegnung der dritten Art*) und *Star Wars* (*Krieg der Sterne*) ein Universum, das vor exotischem Leben wimmelt. Die Designer Charles und Ray Eames führten uns mit ihrem Kurzfilm *Powers of Ten* bis an den Rand des Universums und wieder zurück in den Kern eines Atoms. Thomas Edisons Erfindung des Plattenspielers feierte ihr hundertjähriges Jubiläum. Die bedeutendste Schallplatten-Veröffentlichung des Jahres fand man aber nicht in den Plattenläden. Zu verdanken haben wir sie dem jungen, geheimnisvollen Astronomieprofessor Carl Sagan (1934–1996) von der Cornell University. Die Klarheit seiner Gedanken, seine melodiöse Baritonstimme und seine ansteckende, poetische Begeisterung für die Wissenschaft sollte ganze Generationen inspirieren.

Die Voyager Golden Record *The Sounds of Earth* (**25.6**) entstand anlässlich einer nur einmal in 175 Jahren vorkommenden Planetenkonstellation. Diese nutzten die beiden Voyager-Raumsonden im Sommer 1977 für den Start zu einer großen wissenschaftlichen Reise zu den geheimnisvollen äußeren Planeten Jupiter, Saturn, Neptun und Uranus und ihren Monden. Mit an Bord: die eilig vom Jet Propulsion Laboratory gebauten Datenträger.

Jahrzehnte später segeln die Raumfahrzeuge noch immer durchs All und sammeln mittlerweile Informationen außerhalb unseres Sonnensystems. Selbst wenn wir irgendwann den Kontakt zu ihnen verlieren, werden sie das weiter tun. Unsere entferntesten Abgesandten werden noch eine Milliarde Jahre lang reisen in der ruhigen, stillen Dunkelheit zwischen den Sternen. Sie werden Artefakte eines vergessenen Planeten sein, und sie haben ein Geschenk dabei für das einst imaginierte außerirdische Publikum, das ihnen in einem Universum der niederschmetternden Gleichgültigkeit vielleicht zufällig begegnen könnte.

Sagans Leidenschaft für Zeitkapseln und die Wissenschaft wurde schon im Kindesalter entfacht, als er 1939 die Weltausstellung »World of Tomorrow« in New York besuchte. Die Westinghouse Electric Corporation hatte unter dem

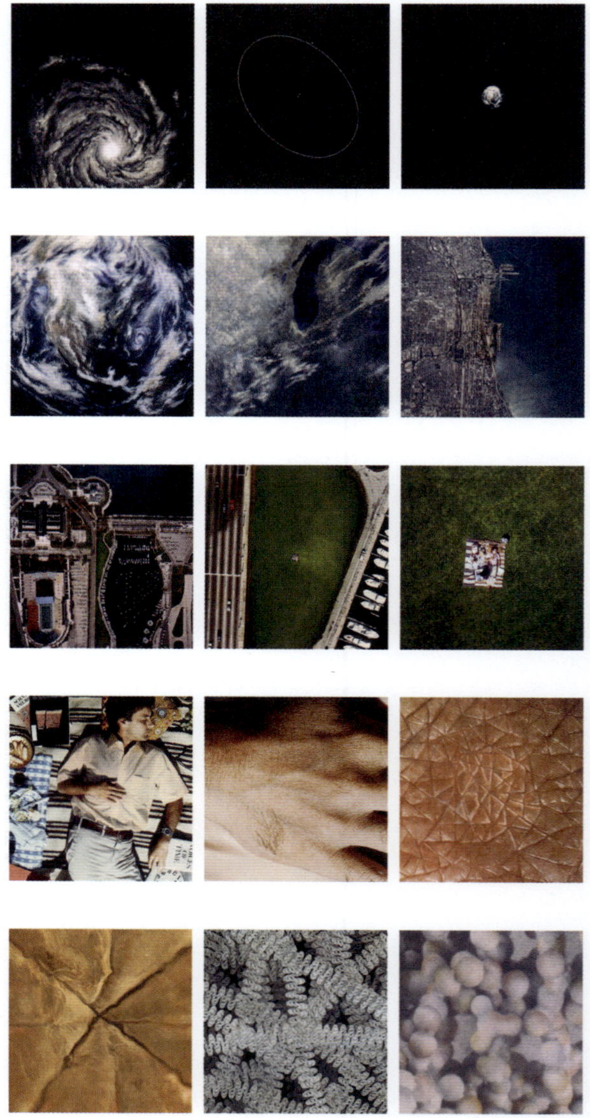

25.1

25.2

Flushing-Meadows-Park eine Zeitkapsel versenkt, die alle möglichen Objekte aus den 1930er-Jahren enthielt und im Jahr 6939 geöffnet werden sollte. Es ist nicht schwer zu verstehen, warum Sagan fasziniert war – die Idee der Zeitkapsel steht für Hoffnung und Optimismus und den unerschütterlichen Glauben daran, dass es ein Morgen gibt.

Die Voyager Records waren nicht die ersten Zeitkapseln, die Sagan in den Weltraum sandte. Bereits 1972 waren die Raumfahrzeuge Pioneer 10 und Pioneer 11 die ersten interstellaren Sonden, die aus unserem Sonnensystem hinausgeschleudert wurden. Frank Drake, Astronom und Gründer des Projekts *Search for Extraterrestrial Intelligence* (Suche nach außerirdischer Intelligenz, kurz: SETI), sprach damals mit Sagan über die große Bedeutung des Vorhabens, und gemeinsam entschieden sie: Eine gravierte Metallplatte sollte konstruiert und an Bord der Raumsonde angebracht werden für den unwahrscheinlichen Fall, dass sie auf eine außerirdische Zivilisation treffen sollte. Aber was sollte darauf stehen? Die Wissenschaft war die Sprache der Wahl, da wir es überall im Universum mit derselben Mathematik, Physik und Chemie zu tun haben. Sagan schlug eine Bildkarte unseres Sonnensystems vor. Drake regte eine Pulsar-Karte als Standortmarkierung an. Ein Diagramm der Energiezustände eines Wasserstoffatoms, dem am häufigsten vorkommenden Element im Universum, wurde hinzugefügt. Sagans

25.1 Carl Sagan in der Fernsehsendung *Camera Three* mit einer Zeichnung für die Plakette der interstellaren Raumsonde Pioneer 10, 28. Januar 1974.

25.2 Standbilder aus Charles und Ray Eames, *Powers of Ten*, 1977. Ein filmisches Meisterwerk, das vom Größten bis zum Kleinsten die Strukturen des Universums visualisiert.

25.3, 25.4 Seiten aus *The Story of the Westinghouse Time Capsule* von George Edward Pendray, 1939. Das Buch enthält unter anderem Informationen dazu, wie die Zeitkapsel konstruiert wurde, was sie enthält und wie sie gegen Vandalismus geschützt ist.

25.5 Funktionäre versenken die Westinghouse-Zeitkapsel unter der Erde, Weltausstellung New York, 1939.

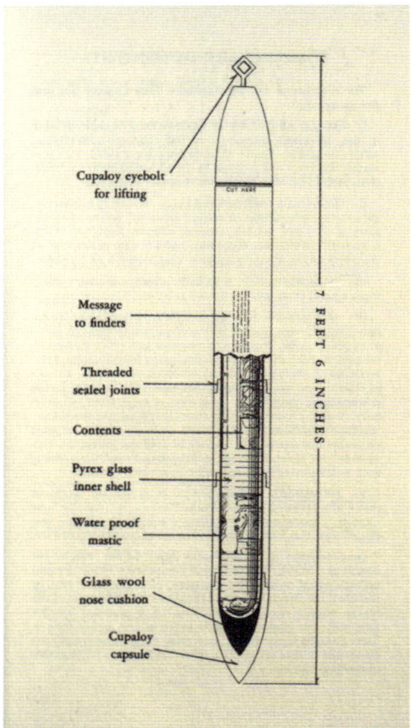

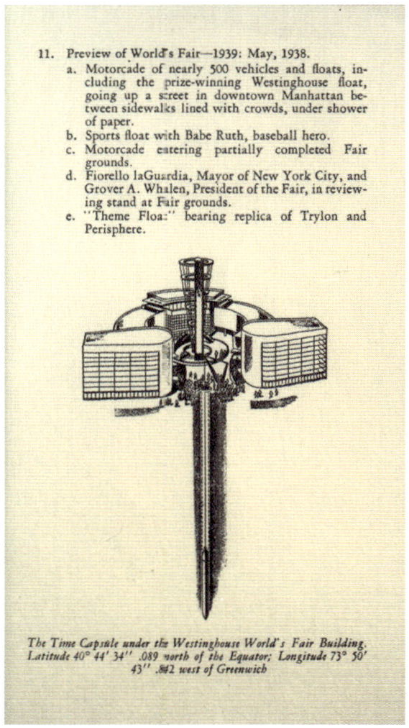
11. Preview of World's Fair—1939: May, 1938.
a. Motorcade of nearly 500 vehicles and floats, including the prize-winning Westinghouse float, going up a street in downtown Manhattan between sidewalks lined with crowds, under shower of paper.
b. Sports float with Babe Ruth, baseball hero.
c. Motorcade entering partially completed Fair grounds.
d. Fiorello laGuardia, Mayor of New York City, and Grover A. Whalen, President of the Fair, in reviewing stand at Fair grounds.
e. "Theme Float" bearing replica of Trylon and Perisphere.

The Time Capsule under the Westinghouse World's Fair Building. Latitude 40° 44′ 34″ .089 north of the Equator; Longitude 73° 50′ 43″ .842 west of Greenwich

25.3, 25.4

25.5

25.6 Die Voyager Golden Record *The Sounds of Earth* von 1977.

25.7 Das Cover der Voyager Golden Record mit einer Anleitung zum Abspielen (siehe auch **25.9**).

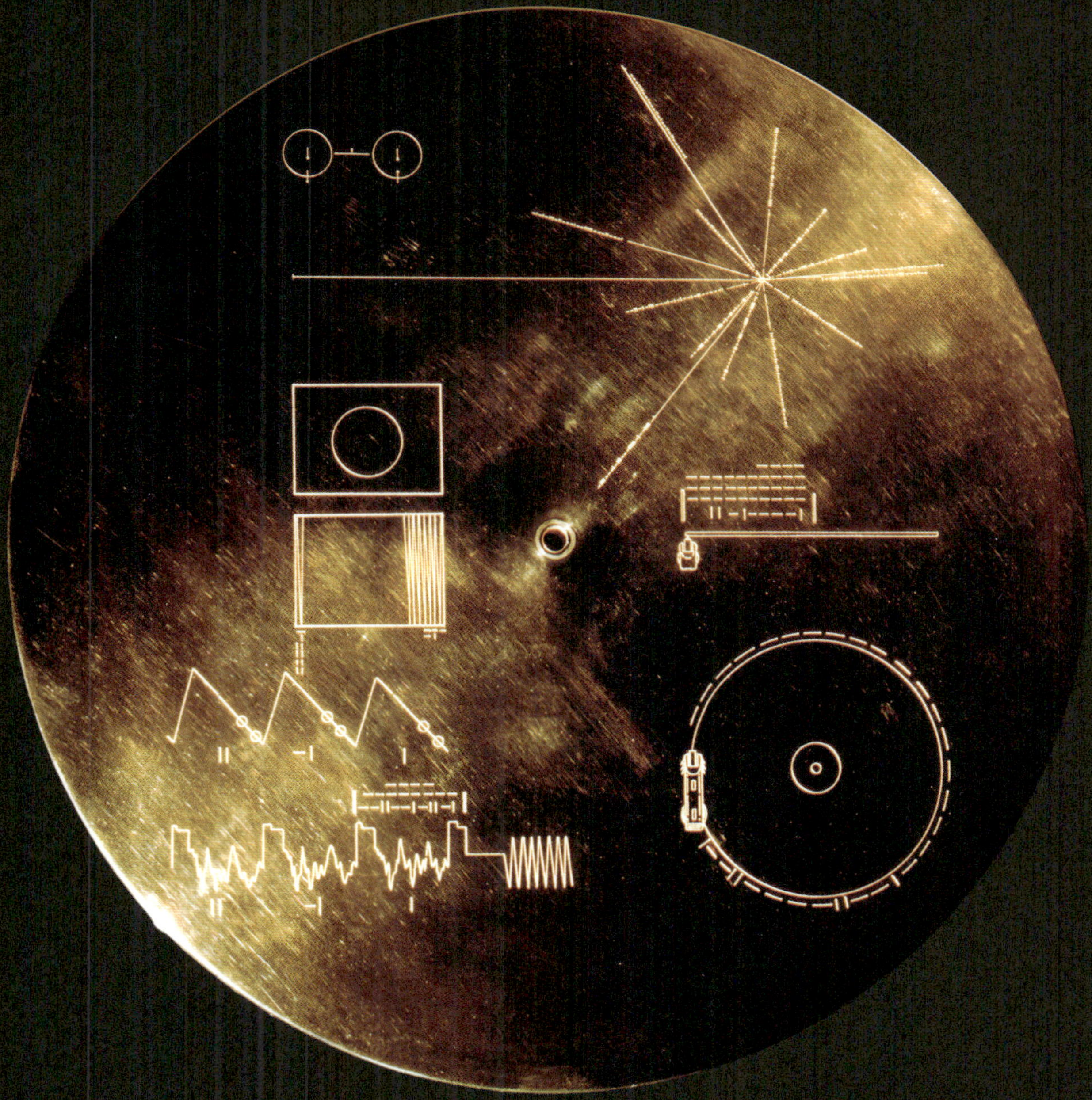

»Ich ließ Denkmäler aus Bronze, Lapislazuli, Alabaster … und weißem Kalkstein … und Inschriften aus gebranntem Ton … anfertigen. Ich hinterlegte sie in den Fundamenten für zukünftige Zeiten.«

ASARHADDON, KÖNIG VON ASSYRIEN,
ZITAT AUS *MURMURS OF EARTH*, 1978

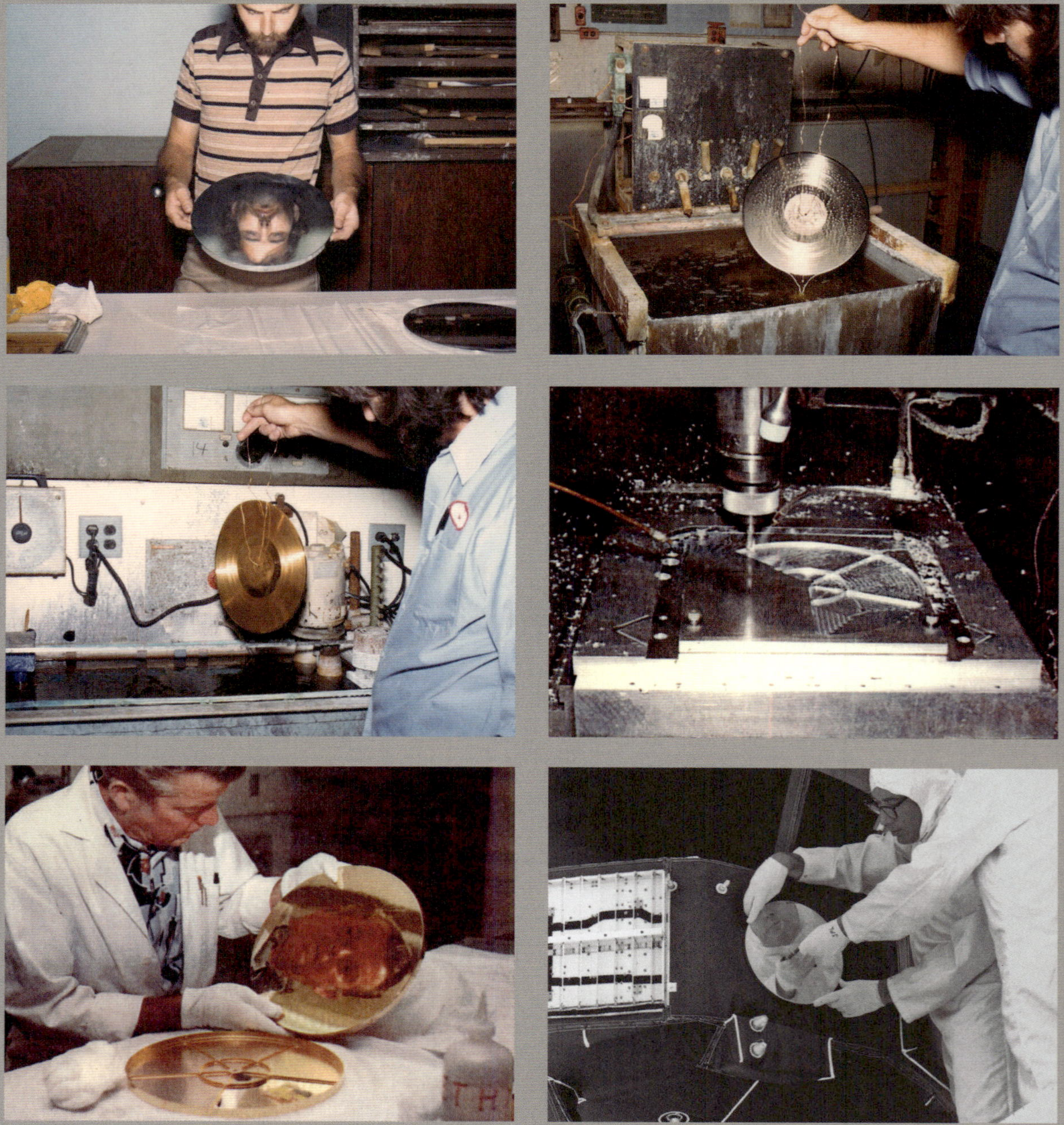

25.8 Die Produktion der Voyager Golden Records im Jahr 1977.

25.9 Erläuterungen zu der schematischen Gebrauchsanweisung der Voyager Golden Records.

damalige Ehefrau, die Künstlerin und Drehbuchautorin Linda Salzman, zeichnete zwei unbekleidete Figuren: einen Mann und eine Frau, die nebeneinander stehen. Ihre Nacktheit führte zu hochgezogenen Augenbrauen bei den Erdbewohnern, und es wurden Fragen gestellt: Warum war die Hand des Mannes erhoben, und die der Frau nicht? Warum stand sie etwas hinter ihm? Würde ein Außerirdischer überhaupt wissen, was die Geste der offenen Handfläche bedeutet? Was, wenn sie Tentakel hätten? Schnell wurde klar: Ein universelles Einvernehmen darüber, wie wir uns kollektiv als Spezies präsentieren, ist hochpolitisch – und unmöglich.

Wenn die Wissenschaft die Sprache des Universums zu sein schien, dann war Musik eine gute Wahl für ein Medium, das unser emotionales und kulturelles Selbst widerspiegelte. Wo Sprache unzureichend ist, drückt Musik das Unbeschreibliche aus. Die Voyager Records bestanden aus vergoldetem Kupfer und hatten jeweils eine Schutzhülle aus vergoldetem Aluminium, auf der sich Angaben zum Abspielen der Datenplatte befanden. Eine Tonnadel und ein Tonabnehmer wurden ebenfalls beigefügt, um die Nutzung für Außerirdische zu erleichtern, die vielleicht nicht mit der analogen Musiktechnologie der 1970er-Jahre vertraut waren. Aber es gab ein Problem: Sagan und sein Team hatten nur sechs Wochen Zeit, um die Inhalte auszuwählen, alle Aufnahmen und Bilder (**25.11–25.29**) zu kompilieren und die Schreibarbeiten und verschiedenen juristischen Angelegenheiten zu erledigen. Auf den Datenplatten befinden sich Codierungen von über hundert Bildern, Grüße in 55 Sprachen und die *Sounds of Earth*,

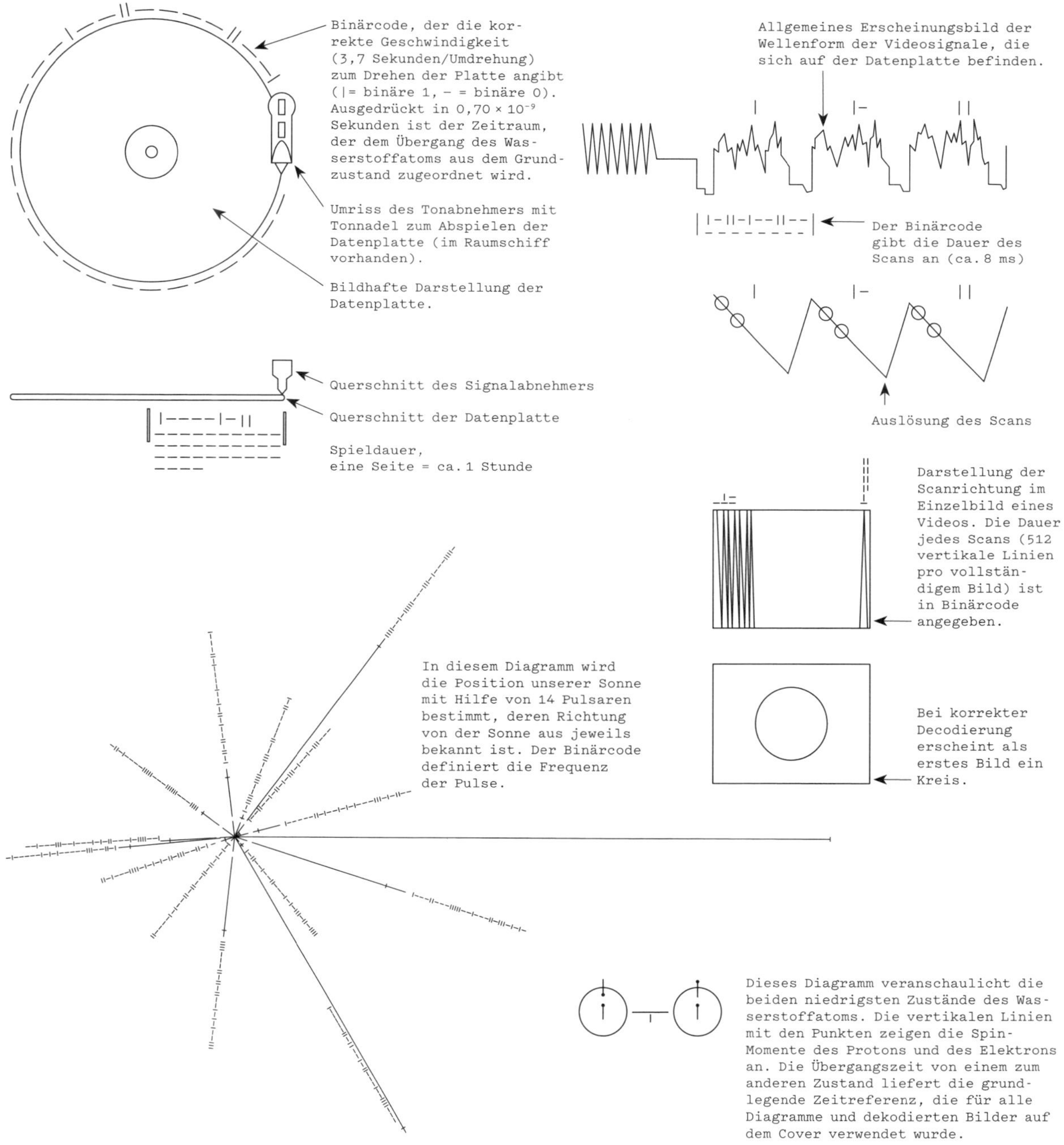

eine Audio-Sammlung von Geräuschen der Erde. Dazu gehörten Gehirnwellen, die Ann Druyan, eine führende Kreativdirektorin des Projekts, während einer Meditationssitzung aufzeichnete. Weiterhin gibt es 90 Minuten mit Musik aus aller Welt. Der Mediziner Lewis Thomas hatte vorgeschlagen, die Platte solle nur Musik von Bach enthalten. Später räumte er jedoch ein, das wäre »anmaßend«. Alan Lomax, ein Musikethnologe, der sich mit der Beziehung zwischen Musik und Kultur beschäftigte, wurde als Berater für die Musikauswahl engagiert. Diese repräsentierte schließlich so viele Kulturen und Perioden wie möglich, von Chuck Berry über einen indischen Raga bis zu aserbaidschanischer Sackpfeifenmusik. Bach blieb mit 3 von 27 Stücken gleichwohl der am stärksten vertretene Komponist. Der musikalische Teil endete mit Beethovens Cavatina aus dem Streichquartett Nr. 13 in B-Dur, Opus 130. Vielleicht hat kein anderes Musikstück jemals den Kern des Menschseins so tiefgreifend eingefangen.

Jene hektischen sechs Wochen im Jahr 1977 förderten eine grundsätzliche Frage zutage: Was möchten wir gerne über uns erzählen? Das wahre Publikum der Golden Records ist natürlich das auf unserem Planeten. Diejenigen unter uns, die über unseren Platz im Universum nachdenken und sich fragen, wer vielleicht noch da draußen sein könnte. Diejenigen, die fasziniert sind von dem Foto, das von der Voyager 1 aufgenommen wurde: dem Bild des *Pale Blue Dot*, der Erde als winzigem Fleck. Carl Sagans Stimme wird dieses Bild für immer in unseren Köpfen begleiten: »ein Staubkörnchen, das in einem Sonnenstrahl schwebt«.

25.10 Nachricht von US-Präsident Jimmy Carter. Dieses Dokument wurde als Bild auf der Voyager Golden Record gespeichert.

25.11–25.29 Von der NASA und den Vereinten Nationen bereitgestellte Bilder auf der Voyager Golden Record.

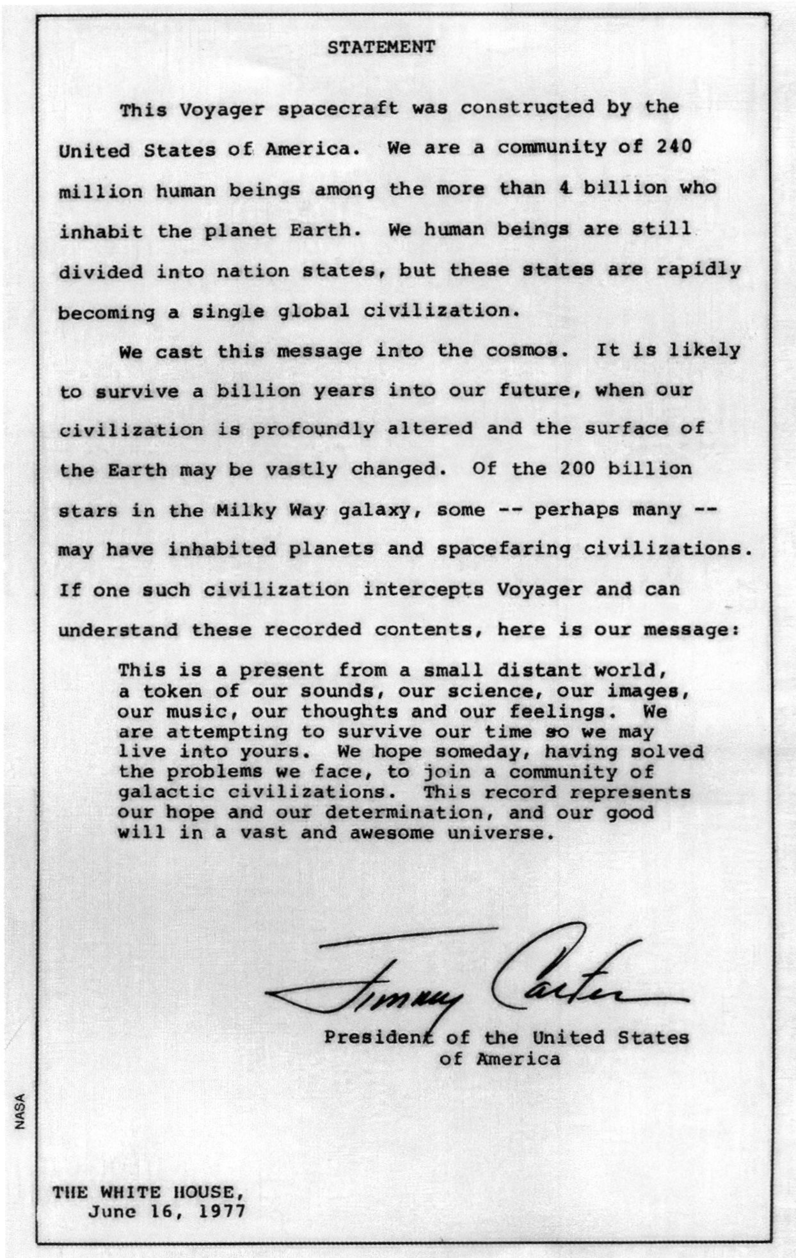
STATEMENT

This Voyager spacecraft was constructed by the United States of America. We are a community of 240 million human beings among the more than 4 billion who inhabit the planet Earth. We human beings are still divided into nation states, but these states are rapidly becoming a single global civilization.

We cast this message into the cosmos. It is likely to survive a billion years into our future, when our civilization is profoundly altered and the surface of the Earth may be vastly changed. Of the 200 billion stars in the Milky Way galaxy, some -- perhaps many -- may have inhabited planets and spacefaring civilizations. If one such civilization intercepts Voyager and can understand these recorded contents, here is our message:

> This is a present from a small distant world, a token of our sounds, our science, our images, our music, our thoughts and our feelings. We are attempting to survive our time so we may live into yours. We hope someday, having solved the problems we face, to join a community of galactic civilizations. This record represents our hope and our determination, and our good will in a vast and awesome universe.

Jimmy Carter

President of the United States of America

THE WHITE HOUSE,
June 16, 1977

NASA

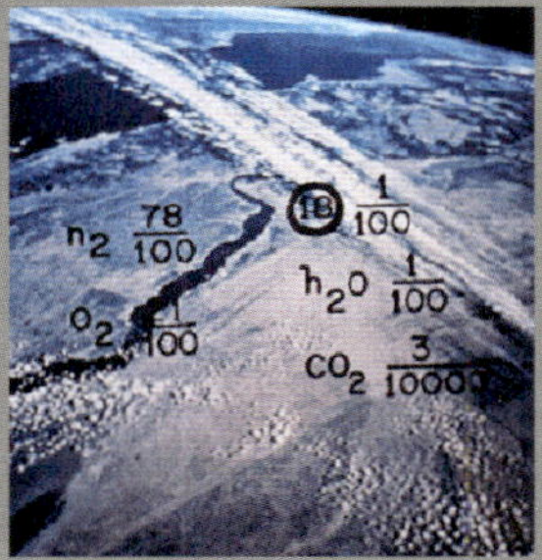
n2 78/100
1/100
h2o 1/100
o2 1/100
co2 3/1000

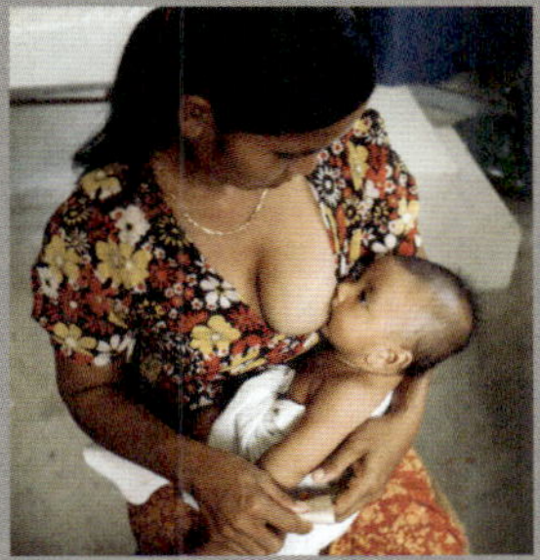

12756 km
1 e
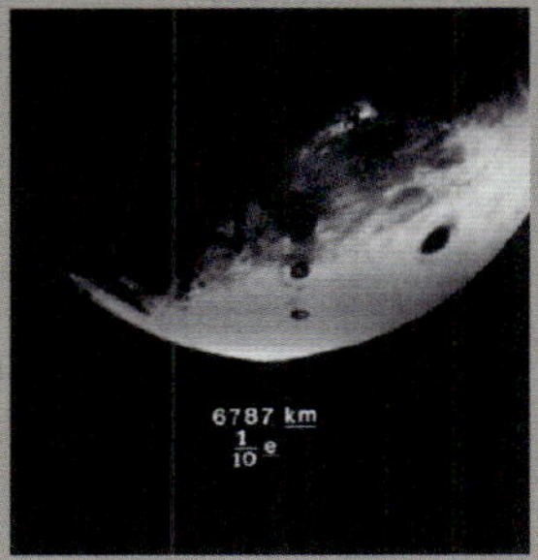
6787 km
1/10 e

142800 km
318 e

25.11–25.29

JOCELYN BELL BURNELL

26.

Jocelyn Bell Burnell bekam im Jahr 1974 nicht den Nobelpreis für Physik. Die Ehre wurde den Radioastronomen Martin Ryle und Antony Hewish (ihrem Vorgesetzten) zuteil, obwohl sie es gewesen war, die die entscheidende Entdeckung gemacht hatte. Dieses Versäumnis führte immerhin dazu, dass ihr unzählige andere Preise und Auszeichnungen verliehen wurden, aber es machte sie auch zu einer der lautstärksten Verfechterinnen der Gleichberechtigung in der Wissenschaft.

Susan Jocelyn Bell wurde 1943 in Nordirland geboren und wuchs in einem Quäker-Haushalt auf. Ihr Glaube hat sie ihr ganzes Leben lang begleitet. Ihr Vater war Architekt und bat sie häufig wegen ihres wachen Verstandes und ihrer genauen Beachtung von Details um Mithilfe bei seinen Ortsbegehungen. Schon sehr früh empfand sie die Art, wie Frauen und Mädchen in der Gesellschaft bewertet wurden, als quälend ungerecht. Jungen schienen wichtiger zu sein als Mädchen, die in der Schule Hauswirtschaft statt Naturwissenschaften lernten. In Glasgow war sie in ihrem Jahrgang die einzige Bachelorstudentin in Physik, und wenn sie die Vorlesungssäle betrat, begrüßten sie anerkennende Pfiffe und der Lärm stampfender Füße.

Astronomie war ihre Berufung, insbesondere die Radioastronomie, die sich in den 1950er- und 1960er-Jahren als aufregendes Arbeitsgebiet für Astronomen entwickelte. Die von Quellen im Weltraum ausgesandten Radiowellen stellten einen viel größeren Frequenzbereich bereit als sichtbares Licht und ermöglichten den Wissenschaftlern einen viel umfassenderen Blick auf das

26.1

26.1 Jocelyn Bell Burnell mit dem Radioteleskop der Cambridge University, das den ersten Pulsar entdeckte.

26.2 Das erste Liniendiagramm des erkannten Signals von Pulsar CP1919 am 6. August 1967. Strahlungspulse wurden zu diesem Zeitpunkt jedoch noch nicht vermutet; die erste Beobachtung von Pulsen erfolgte am 28. November 1967 (siehe **26.3**).

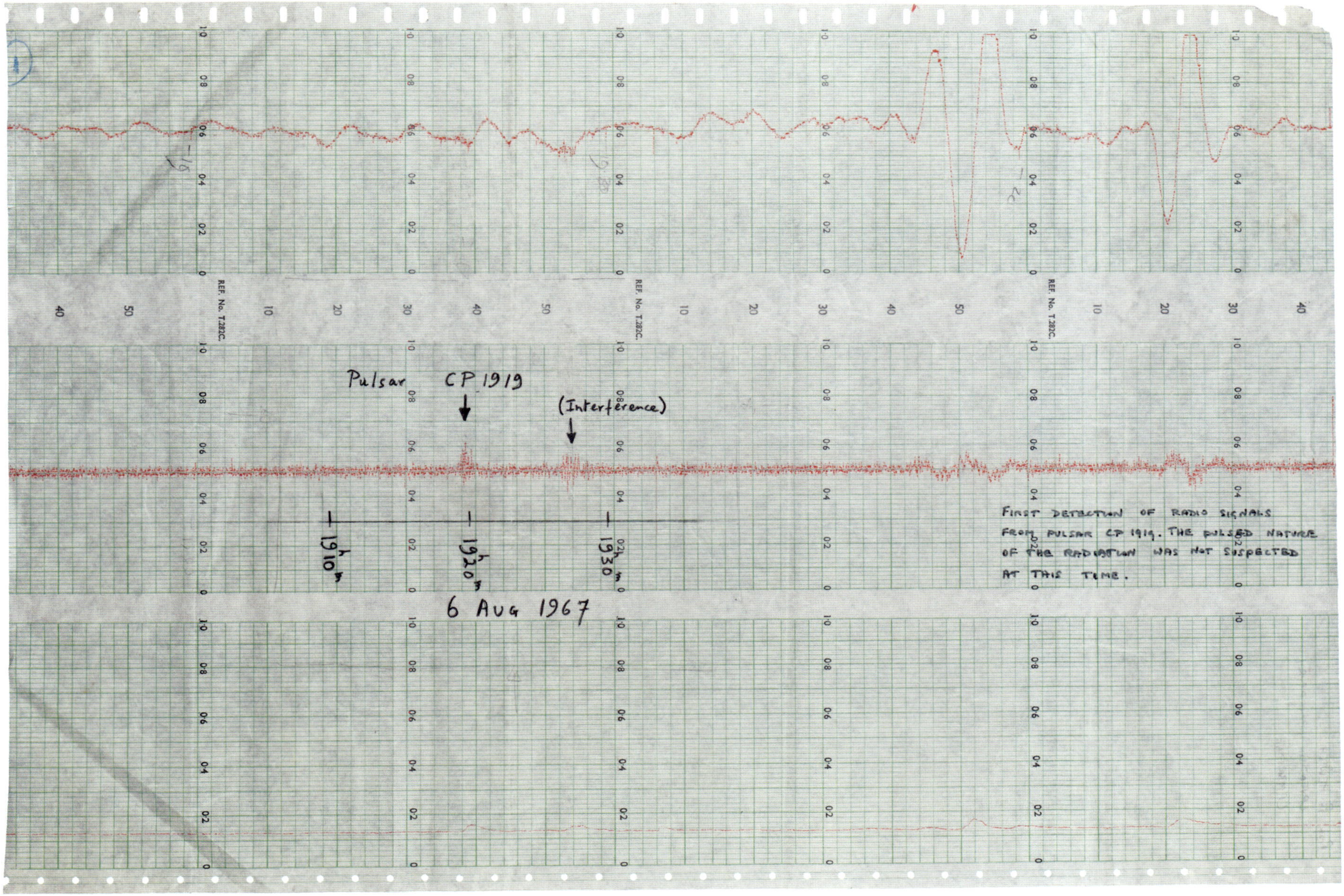
Pulsar CP 1919
(Interference)
19h10m
19h20m
19h30m
6 AUG 1967
FIRST DETECTION OF RADIO SIGNALS FROM PULSAR CP 1919. THE PULSED NATURE OF THE RADIATION WAS NOT SUSPECTED AT THIS TIME.
REF. No. T282C.

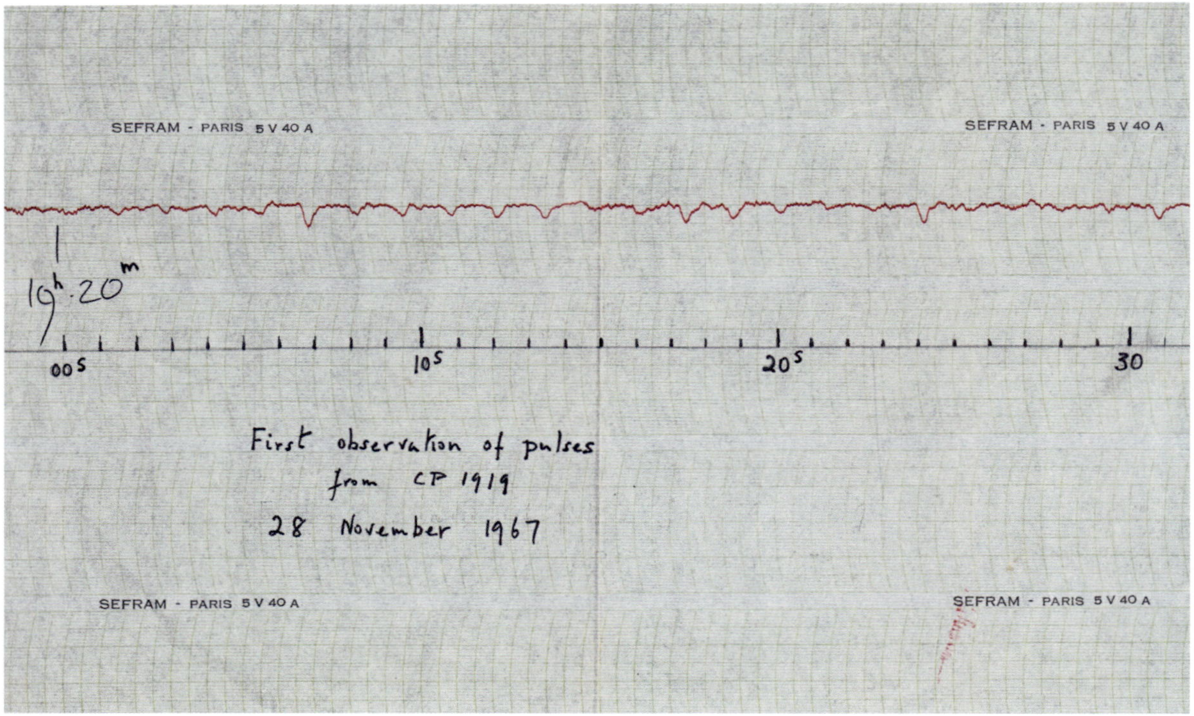

Universum. Während ihres Promotionsstudiums am Mullard Radio Astronomy Observatory bei Cambridge arbeitete sie am Bau des Teleskops mit, das sie berühmt machen sollte. Es sah ganz anders aus als ein traditionelles Teleskop – eher wie eine landwirtschaftliche Anlage: Es bestand aus einem großen Drahtnetz und Holzpfosten (**26.1**) und war unter der Bezeichnung »18 Meter Wäscheleinen« bekannt. Der Zweck dieser riesigen Antennen bestand darin, nach Quasaren zu suchen. Diese leuchtenden Kerne von Galaxien waren ein großes Thema in der Radioastronomie. Die Daten aus diesen Observationen wurden als eine wellenförmige Linie mit Hoch- und Tiefpunkten auf Endlospapier aufgezeichnet. Alle 24 Stunden mussten um die 30 Meter Papier sorgfältig mit bloßem Auge analysiert werden. Eines Tages fiel ihr in dem langen Liniendiagramm ein kleiner Fleck auf, den sie sich nicht erklären konnte. War es ein Fehler in der Anlage, die sie mit gebaut hatte, oder eine Funkstörung? Sie zeigte die Stelle ihrem Vorgesetzten, der den Fleck als »Schrott« abtat. Aber ihre Neugier und Beharrlichkeit zahlten sich aus.

Bei näherer Betrachtung zeigte das Artefakt starke Spitzen in regelmäßigen und kurzen Intervallen, wie bei der Ausgabe eines Herzschlags in einem Elektrokardiogramm. Eine mögliche Erklärung für einen so regelmäßigen und stabilen Puls war, dass er einen intelligenten Ursprung hatte – vielleicht war er das Sendesignal einer außerirdischen Zivilisation. Und so bekam die mysteriöse Radioquelle den Spitznamen »LGM-1« (*Little Green Men*, kleine grüne Männchen). Nachdem aber drei weitere solcher Quellen aufgezeichnet wurden, verwarf man diese Hypothese. Was sie tatsächlich entdeckt hatte, war ein völlig neues und exotisches astronomisches Phänomen: Pulsare – unglaublich dichte, rotierende Überreste von kollabierten Sternen. Ihre enorme Strahlung trifft die Erde

26.3

26.4

in regelmäßigen Abständen wie das Signal eines Leuchtturms, dessen Lichtkegel durch den Weltraum schweift. CP1919, so seine ursprüngliche Bezeichnung, war eine der großen astronomischen Entdeckungen jener Zeit.

Ehre und Anerkennung wurden Jocelyn Bell Burnell endlich doch noch zuteil, wenn auch nicht durch das Nobelpreis-Komitee. Nach einem Leben für die Wissenschaft wird ihr größtes Vermächtnis sein, dass sie für immer als eine der großen Verfechterinnen der Wissenschaft bekannt sein und als eine großartige Anwenderin der wissenschaftlichen Methode selbst gelten wird: Zu leben für die Fragen, denn Entdeckung ist eine unendliche Reise.

26.3 Der Cambridge Pulsar in Rektaszension 19 Stunden 19 Minuten (CP1919) – ein Beweis dafür, dass sich das Universum demjenigen offenbart, der genau hinschaut.

26.4 Viele aufeinanderfolgende Pulse von CP1919. Die Zeit verläuft in der Abbildung nach rechts und nach oben. Aus Harold D. Craft Jr., »Radio Observations of the Pulse Profiles and Dispersion Measures of Twelve Pulsars« (Radiobeobachtungen der Pulsprofile und Dispersionsmessungen von zwölf Pulsaren), September 1970.

26.5 Der Musiker Bernard Sumner entdeckte eine Darstellung des mysteriösen Spektrogramms von CP1919, als er im Café der Zentralbibliothek von Manchester ein Sandwich aß. Diese kosmische Übertragung von einem fremden, fernen Objekt wurde zum Cover-Design von *Unknown Pleasures*, dem Debütalbum von Joy Division aus dem Jahr 1979 und einer der schönsten Schallplatten aller Zeiten.

26.5

JILL TARTER UND DIE ANFÄNGE VON SETI

27.

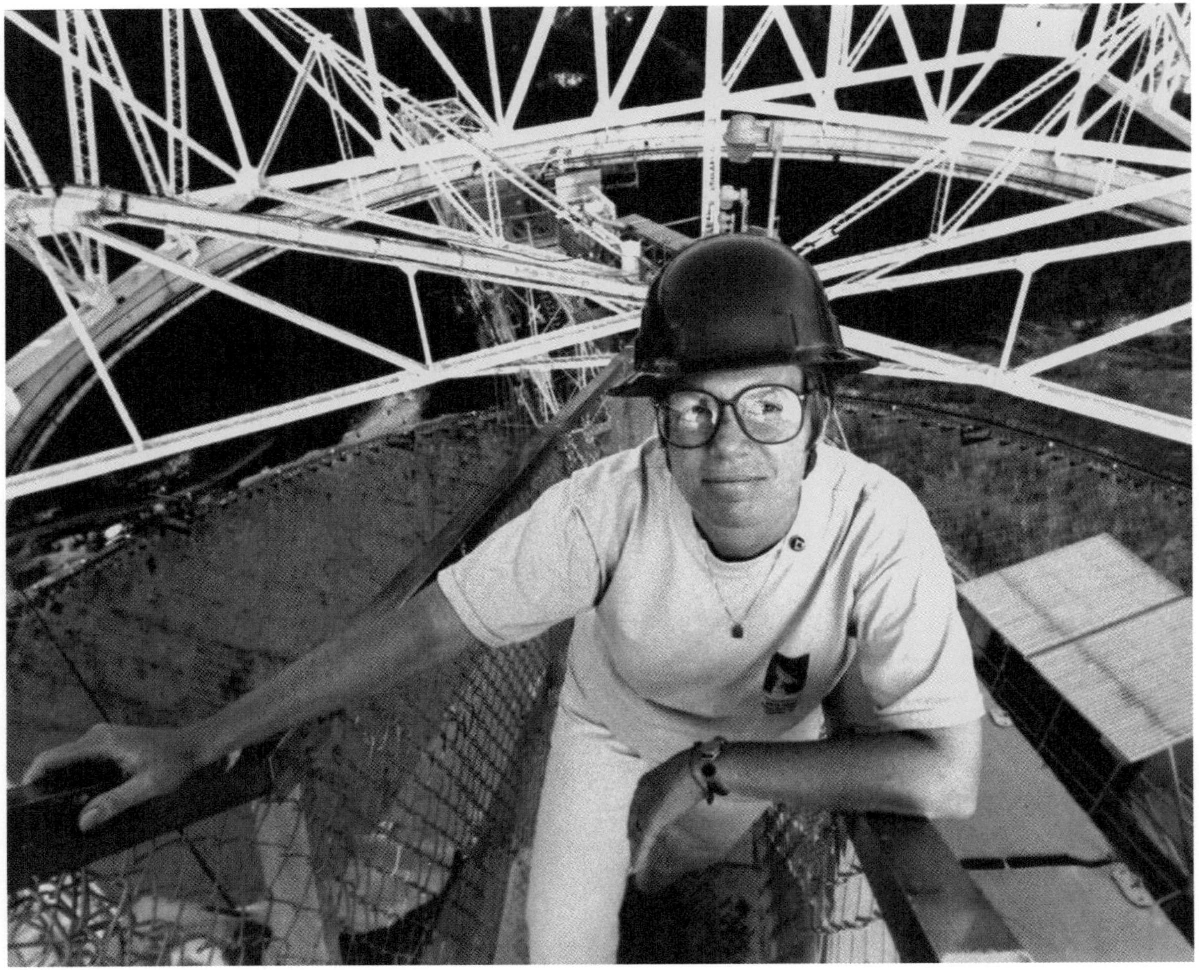

Die Menschen sind der festen Überzeugung, dass da draußen Leben existiert. Nicht nur mikrobielles Leben, sondern auch intelligente Lebewesen, die denken und fühlen können und Teleskope und Raumschiffe und iPhones erfinden können wie wir. Seit 40 Jahren steht die amerikanische Astronomin Jill Tarter (geb. 1944) an der Spitze der wissenschaftlichen Bemühungen, diese Überzeugung zu überprüfen. Sie sucht dazu nach Hinweisen auf außerirdische Technologien. 1984 war sie Mitbegründerin des SETI-Instituts (Search for Extraterrestrial Intelligence) und die treibende Kraft hinter dem Allen Telescope Array (ATA, **27.8**) in Nordkalifornien, der SETI-Beobachtungsstation für Signale von intelligentem Leben außerhalb der Erde. Sie ist SETIs bekannteste Fürsprecherin und inspirierte Carl Sagan zur Figur der Ellie Arroway in dessen Buch *Contact* aus dem Jahr 1985. Arroway (in der Verfilmung von 1997 gespielt von Jodie Foster) kämpft bei ihrer Suche nach einem außerirdischen Signal zwischen den Funkstörungen des Weltalls gegen statistische und politische Widrigkeiten. Tarters eigene Geschichte berührt ähnliche Themen. Wenn sie als kleines Mädchen mit ihrem Vater am Strand spazierenging, schaute sie hoch zum Nachthimmel und fragte sich, ob vielleicht

27.1

irgendjemand ihren Blick erwiderte. Der Unterschied zwischen Jill Tarter und Ellie Arroway ist natürlich, dass Arroway findet, wonach sie sucht.

Die Suche nach außerirdischem intelligentem Leben hat eine facettenreiche Geschichte, die Pseudowissenschaften, alternative Religionen, Philosophie und Medienhypes umfasst. Ein Beispiel dafür ist die Ausgabe des Magazins *Popular Science* vom September 1919: Darin werden Überlegungen dazu angestellt, wie wir mit unseren Nachbarn auf dem Mars kommunizieren könnten. Das Cover zeigt einen riesigen beweglichen Signalspiegel, und im Innenteil diskutieren die Populärwissenschaftler und Außerirdischen-Fürsprecher Percival Lowell, William Pickering und Camille Flammarion die Methoden der außerirdischen Kommunikation. Im Jahr 1974 wurden tatsächlich »Grüße« vom Arecibo-Observatorium in Puerto Rico (**27.1**) gesendet – nicht zum Mars, sondern zum 25 000 Lichtjahre entfernten Kugelsternhaufen M13.

Mit einer Antwort ist selbstverständlich noch nicht zu rechnen, trotzdem geraten wir alle paar Jahre in Aufregung. 1967 erwies sich das von der Astrophysikerin Jocelyn Bell Burnell entdeckte »Signal der kleinen grünen Männchen« (LGM) als Pulsar (**26.2**). Ein Jahrzehnt später protokollierte das Radioteleskop »Big Ear« der Ohio State University eine Unregelmäßigkeit, die den

27.1 Dr. Jill Tarter auf einer Plattform mehr als 150 Meter über der Radioteleskop-Schüssel im Arecibo-Observatorium, wo sie die Suche nach Zeichen von Zivilisation im Weltraum leitete.

27.2 Standbild aus dem Film *Contact* mit Jodie Foster als Ellie Arroway, 1997.

27.3 »Earth flashes a message to Mars« (Die Erde sendet eine Nachricht zum Mars), aus *Popular Science*, September 1919.

27.2

27.3

»Wenn nur wir hier sind, dann erscheint das wie eine furchtbare Platzverschwendung.«
CONTACT, 1985

Astronomen Jerry Ehman dazu veranlasste, ein begeistertes »Wow!« an den Rand seines Computerausdrucks zu kritzeln. Und in dem zigarrenförmigen interstellaren Objekt » 1I/'Oumuamua«, das 2017 durch unser Sonnensystem sauste, sahen einige ein mögliches technologisches Artefakt von Außerirdischen. Um es mit den Worten von Carl Sagan zu sagen: »Wenn wir starke Gefühle haben, laufen wir Gefahr, uns selbst zu täuschen.«

Die Anfänge von SETI lassen sich bis zum Sommer 1950 zurückverfolgen. Eine Gruppe namhafter Physiker in Los Alamos (New Mexico) sinnierte über die »fliegende Untertasse«, die im Jahr zuvor durch die Schlagzeilen gegangen war. Plötzlich rief Enrico Fermi aus: »Ja, aber wo sind denn alle?!« Jeder wusste, was er meinte: Wenn intelligentes Leben verbreitet ist – warum dann dieses eisige Schweigen? Im Jahr 1959 veröffentlichten die Physiker Philip Morrison und Giuseppe Cocconi einen bahnbrechenden Artikel im Wissenschaftsjournal *Nature*: »Searching for Interstellar Communication« (Auf der Suche nach interstellarer Kommunikation). Darin wurde die Radioastronomie als mögliche Methode zur Kontaktaufnahme zwischen Sternen vorgeschlagen. Ein Jahr später führte Frank Drake am Green Bank Observatory in West Virginia das Projekt Ozma durch, die erste moderne SETI-Radiowellensuche. Im Jahr darauf wurde die erste SETI-Konferenz abgehalten, bei der Drake seine inzwischen berühmte Gleichung vorstellte. Mit ihr konnte die Anzahl der in unserer Galaxie eventuell vorhandenen fortgeschrittenen Zivilisationen ungefähr geschätzt werden. Sie bot einen groben Rahmen, der unser Unwissen ordnete und sieben Variablen multiplizierte, die für die Entwicklung von intelligentem Leben als notwendig erachtet wurden.

Tarter studierte zunächst Ingenieurwesen an der Cornell University, wechselte jedoch als Doktorandin zur Astronomie. Ihre Einführung in die Welt von SETI erfolgte 1971, als ein Bericht des Projekts Cyclops (**27.9–27.11**) auf ihrem Tisch landete, einer NASA-geförderten Studie. Es war das erste offizielle Dokument zu diesem Thema, und es beginnt mit einem Zitat von Frank Drake:

Genau jetzt in dieser Minute fallen mit beinahe absoluter Sicherheit Radiowellen auf die Erde, die von anderen intelligenten Zivilisationen ausgesandt wurden. Ein Teleskop kann gebaut werden, das diese Wellen erkennen könnte, wenn es am richtigen Ort und

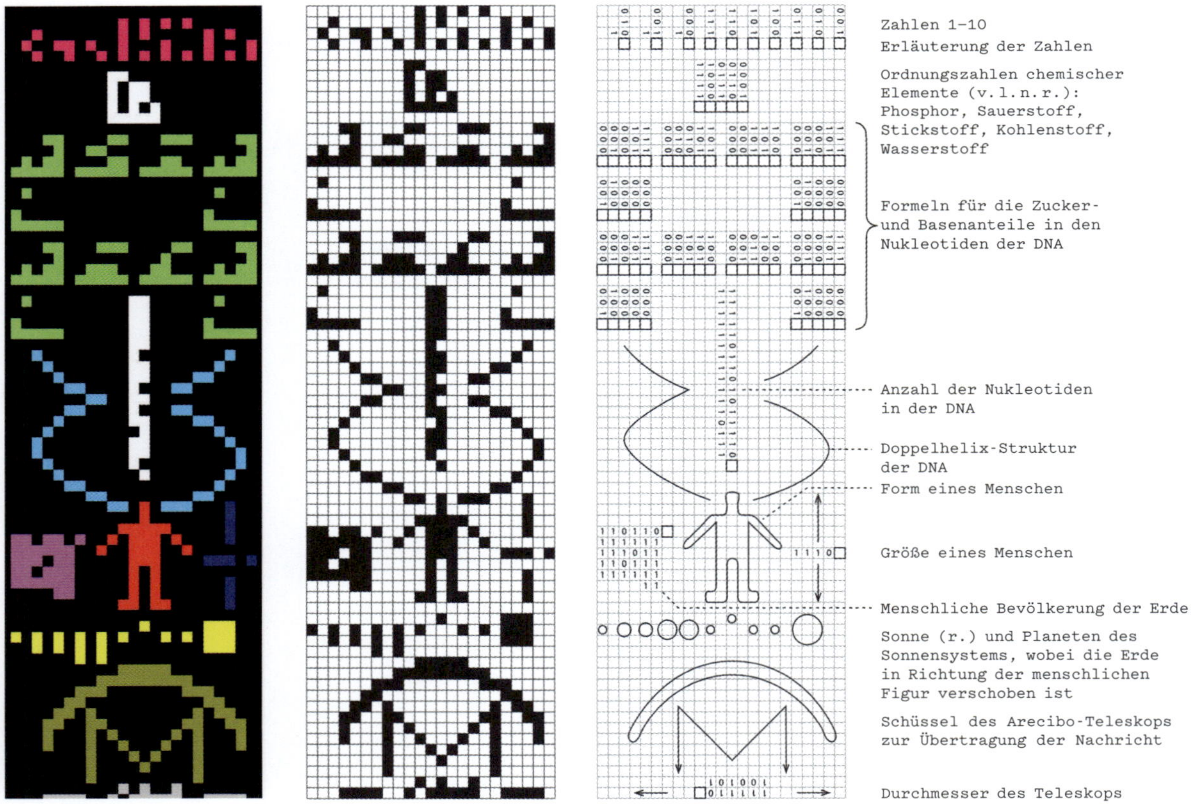

27.4 Arecibo-Botschaft, Computerkunst.

27.5, 27.6 Die originale Arecibo-Botschaft (schwarz-weiß, Mitte) und dekodiert mit Erläuterungen (rechts). Diese Nachricht wurde am 16. November 1974 vom Radioteleskop in Arecibo (Puerto Rico) ausgesandt. Sie war für den Kugelsternhaufen M13 bestimmt, der 25.000 Lichtjahre von uns entfernt ist. Die Übertragung dauerte weniger als drei Minuten und bestand aus 1.679 Binärstellen. Die sieben Teile der Nachricht waren (von oben): die Zahlen 1–10, Ordnungszahlen der chemischen Elemente der DNA, Nukleotide der DNA, Doppelhelix der DNA, die Figur eines Menschen, unser Sonnensystem und das sendende Teleskop.

27.7 Original-Ausdruck des Wow!-Signals vom 15. August 1977, aus der Sammlung »North American Astrophysical Observatory Records«.

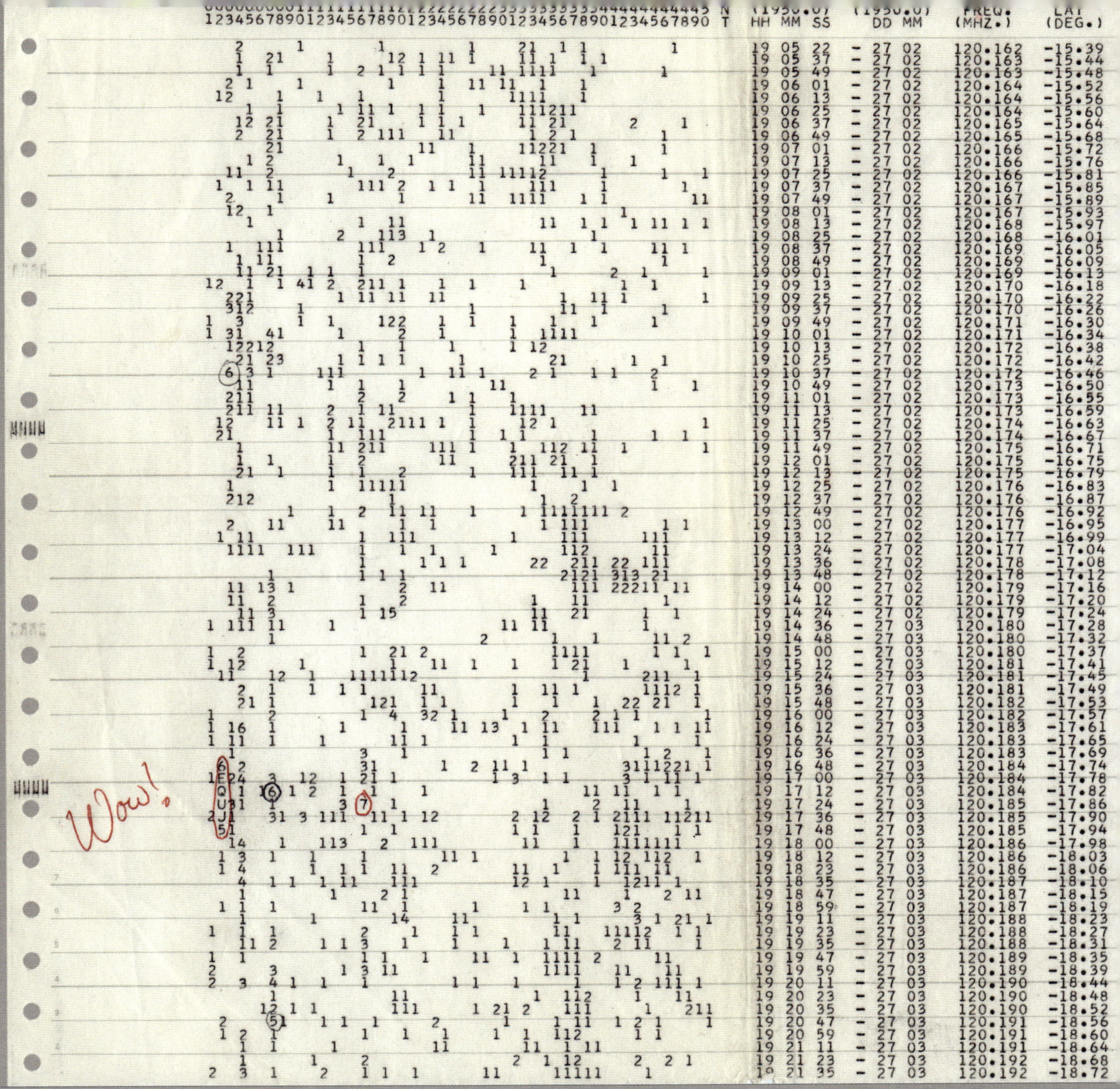

27.7

mit der richtigen Frequenz ausgerichtet werden würde. Eines Tages werden wir von den Sternen irgendwo da draußen Antworten erhalten auf viele der ältesten, wichtigsten und aufregendsten Fragen, welche die Menschheit sich gestellt hat.

Tarter war Feuer und Flamme. Plötzlich war sie zur richtigen Zeit am richtigen Ort, ausgestattet mit Computern, Teleskopen, Wissenschaftlern und Finanzmitteln – wobei Letztere später zu einer weiteren großen Ungewissheit von SETI wurden.

In ihrer Laufbahn hat sie drei bedeutende Entwicklungen miterlebt. Erstens die Entdeckung von Exoplaneten. Ihre Existenz wurde zwar immer vermutet, aber erst seit den 1990er-Jahren wurden sie direkt beobachtet. Wir kennen inzwischen Tausende von ihnen. Zweitens: Wir wissen heute, dass die Umweltparameter für Leben viel breiter angelegt sind als zuvor angenommen. Somit kann unter Umständen auch an einigen der scheinbar unwirtlichsten Orten in unserem Sonnensystem einfaches Leben gedeihen. Drittens: Die Technologie entwickelt sich in rasantem Tempo weiter. Die steinzeitliche Radioastronomie aus der Mitte des 20. Jahrhunderts wurde durch die digitale Revolution transformiert und wird mithilfe von KI weiter revolutioniert werden.

Die Realität der Suche nach Hinweisen auf außerirdische technologische Fußabdrücke gleicht der Suche nach einer Nadel im Heuhaufen – ohne die Gewissheit, dass sich in dem Heuhaufen überhaupt eine Nadel befindet. Egal wie gut unsere Sehkraft ist, es gibt keine Garantie dafür, dass wir etwas finden. Zudem kann unsere Ausgangs-Hypothese unmöglich widerlegt werden. Heißt das, es ist eine sinnlose Übung? Ob nun ein Signal gefunden wird oder nicht, die Suche selbst führt uns zu vielen interessanten und wichtigen Fragen über das Leben, das Universum und was uns überhaupt dazu motiviert, wissenschaftliche Forschung zu betreiben. Die Beschäftigung mit SETI ist etwas sehr Menschliches. Cocconi und Morrison formulieren es so: »Die Wahrscheinlichkeit eines Erfolges ist schwierig abzuschätzen. Aber wenn wir nicht suchen, ist die Chance auf Erfolg gleich null.« Wer sucht, der wird (vielleicht) etwas entdecken.

27.8

27.8 Das Allen Telescope Array (ATA) der University of California, Berkeley. Das ATA, eine Anordnung von 350 Radioteleskop-Antennen, wird gleichzeitig für das SETI-Projekt und für die Forschung auf dem Gebiet der Radioastronomie eingesetzt.

27.9 Cover von *Project Cyclops: A Design Study of a System for Detecting Extraterrestrial Intelligent Life* (Design-Studie eines Systems zum Erkennen von extraterrestrischem intelligenten Leben), 1971.

27.10, 27.11 Künstlerische Darstellung der Anordnung der Antennen des Cyclops-Systems sowie des Gebäudes für das Kontroll- und Verarbeitungszentrum, aus *Project Cyclops*, 1971.

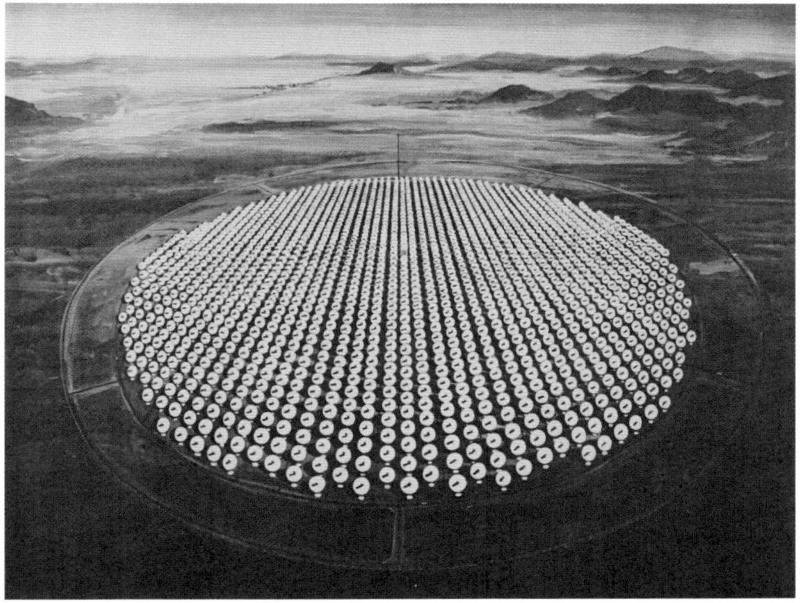

27.9

27.10 / 27.11

TOMOHIRO NISHIKADO

28.

Eine geschlossene Front von Aliens bewegt sich auf dem Bildschirm nach unten, musikalisch begleitet von einer Endlosschleife von vier absteigenden Tönen, die immer schneller werden, je näher die Aliens kommen. Du springst mal links, mal rechts hinter deiner Verschanzung hervor und schießt einen nach dem anderen mit deiner Laserwaffe ab. Kannst du sie auslöschen, bevor sie landen? Niemand auf der Erde hatte zuvor so etwas erlebt. Dies war nicht nur ein neues Videospiel, sondern die Geburtsstunde des Arcade-Genres »Shoot ’em up« (Zerschieß sie!), das schnell populär wurde.

H. G. Wells’ *The War of the Worlds* ist für vieles verantwortlich. Die Geschichte wurde in zahlreiche Medienformate übernommen, von Orson Welles’ berüchtigter Radio-Adaption aus den 1930er-Jahren bis zu ihrer Wiedergeburt als eines der bekanntesten Videospiele aller Zeiten. Tomohiro Nishikado (geb. 1944) ist der Schöpfer der *Space Invaders*, die er im Jahr 1978 auf die Welt losließ. Sie gehören zu den vielen popkulturellen Phänomenen, die nach dem Zweiten Weltkrieg von Japan aus die Welt eroberten, wie Karaoke, der Walkman und später Hello Kitty, Pokémon, Animes und Emojis. Videospiele gehörten ebenfalls zu dieser Revolution.

Ende der 1960er-Jahre begann Nishikado eine Laufbahn im Bereich Tontechnik, wechselte dann aber in die Videospielentwicklung und arbeitete für den Spielehersteller Taito. Dessen Konkurrent Atari hatte im Jahr 1976 *Breakout* herausgebracht – ein klassisches Schlagballspiel, bei dem alle farbigen Blöcke überwunden (gelöscht) werden müssen, um zum nächsten Level zu gelangen. Das Spielkonzept »All Clear« (Alle gelöscht) war eine große Inspiration für Nishikado. Er nahm die Herausforderung an, ein Spiel zu entwickeln, das mit *Breakout* und dessen Erfolg konkurrieren konnte. *Space Invaders* war das Ergebnis. Das Spiel war buchstäblich ein »Game Changer«. Nishikado wählte nicht Menschen, sondern Aliens als Ziele – diese waren akzeptabler als menschliche Gegner. Wie wir gesehen haben, hatten Aliens die Fantasie der Öffentlichkeit Ende der 1970er-Jahre fest im Griff: Die Filme *Close Encounters of the Third Kind*

28.1

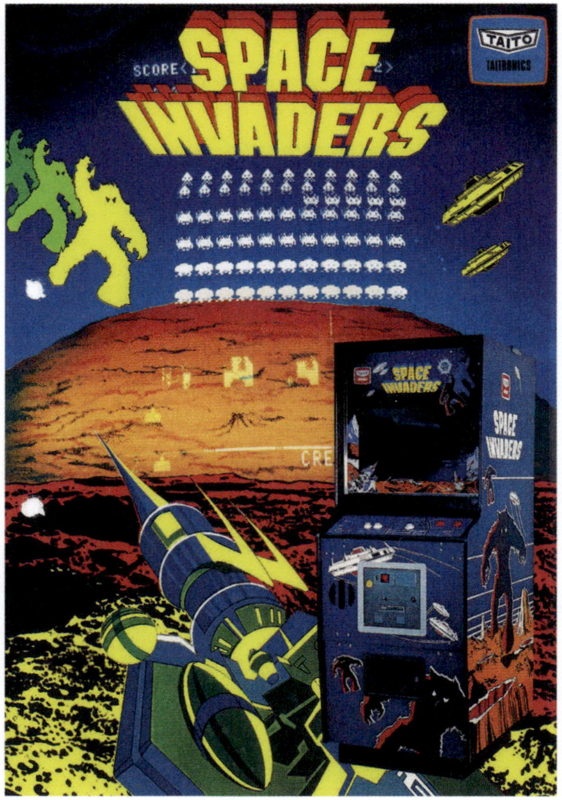

28.2

28.1 Tomohiro Nishikado.

28.2 Flyer für *Space Invaders*, 1978.

Von Tomohiro Nishikado gezeichnete Flussdiagramme für *Space Invaders*:

28.3 Darstellung des Prozesses, der den Invader-Laserstrahltyp (RAY A, B oder C) erkennt.

28.4 Es gibt drei Typen des Invader-Laserstrahls, die mit RAY A, RAY B und RAY C benannt sind. Für RAY B und RAY C ist der Zeitpunkt des Erscheinens voreingestellt. Die Tabelle **28.3** bestimmt, welcher Invader RAY B bzw. RAY C abfeuert. (Jeder Invader hat eine Nummer in einer Art Liste, dem Array.) RAY A wird von dem Invader abgefeuert, der der Laserpistole des Spielers am nächsten steht.

28.5 Flussdiagramm für den Prozess, der erkennt, ob ein Invader-Laserstrahl die Laserpistole des Spielers trifft oder nicht.

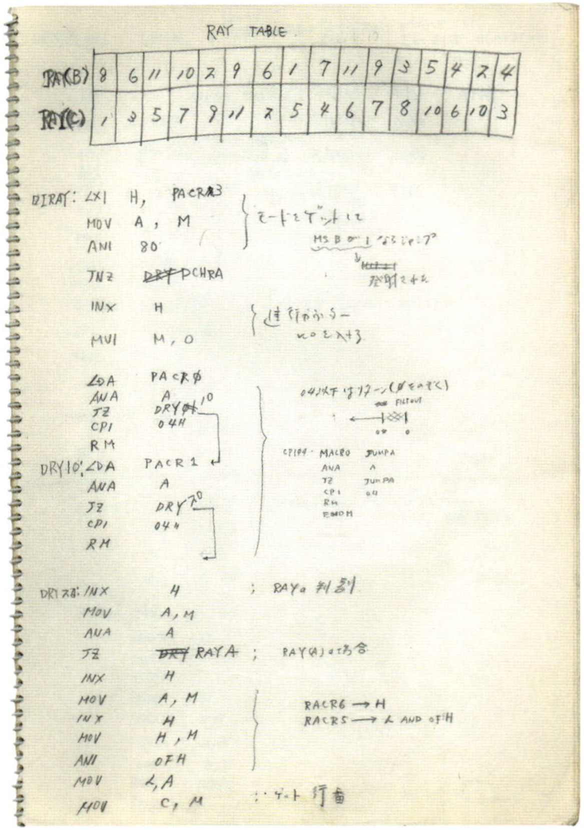

28.3

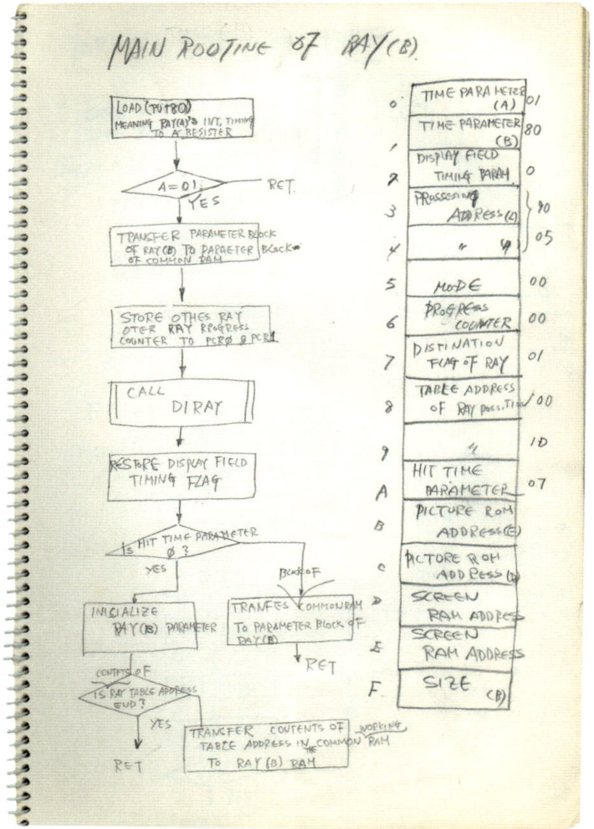

28.4

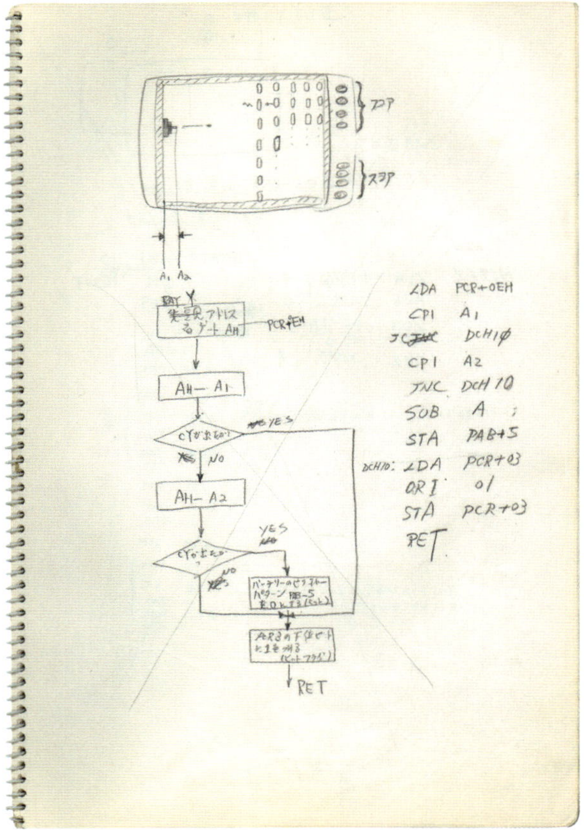

28.5

28.6, 28.7 Illustrationen von Henrique Alvim Corrêa für die belgische Ausgabe von *The War of the Worlds*, 1906.

28.8, 28.9 Nishikados Skizzen der *Space Invaders*-Figuren und ihre Darstellung in Pixeln.

28.6

28.7

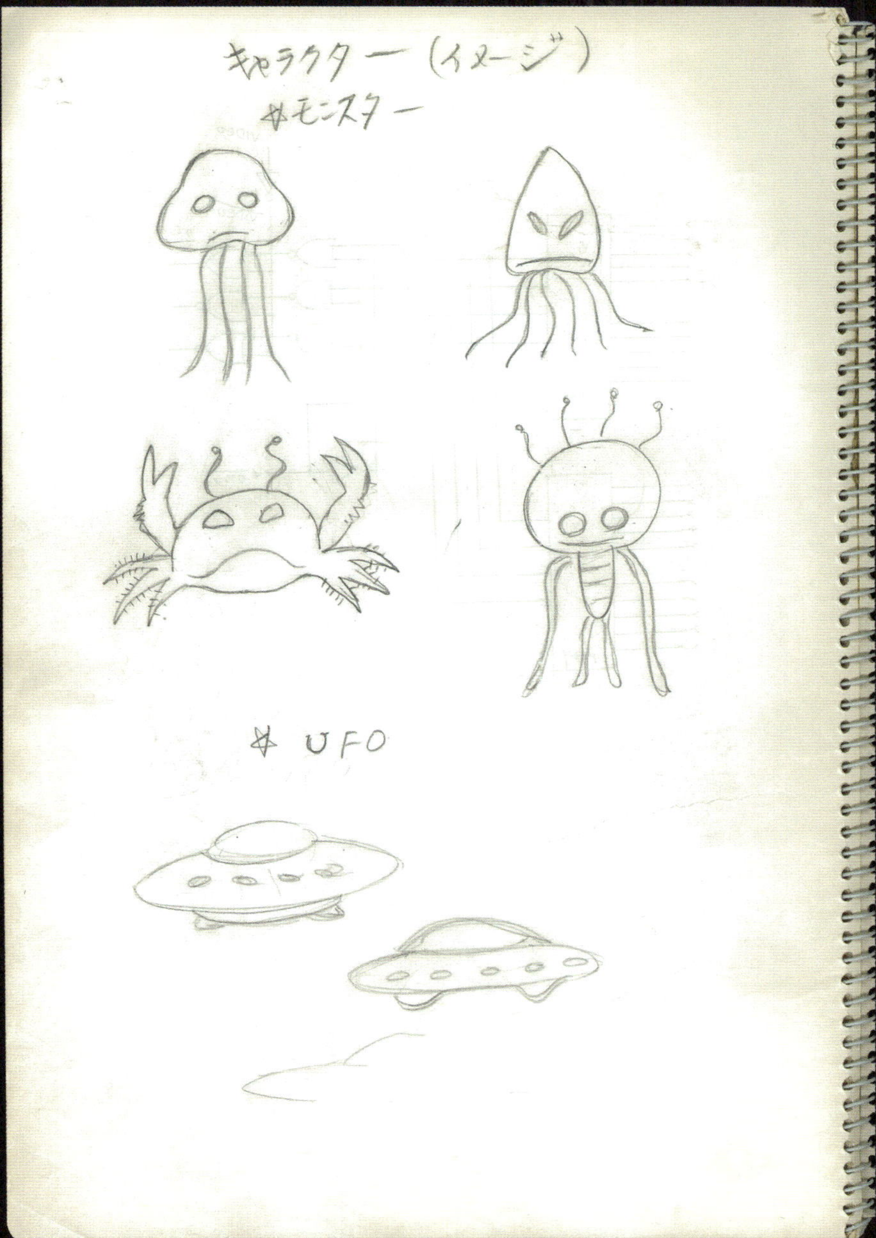

28.8

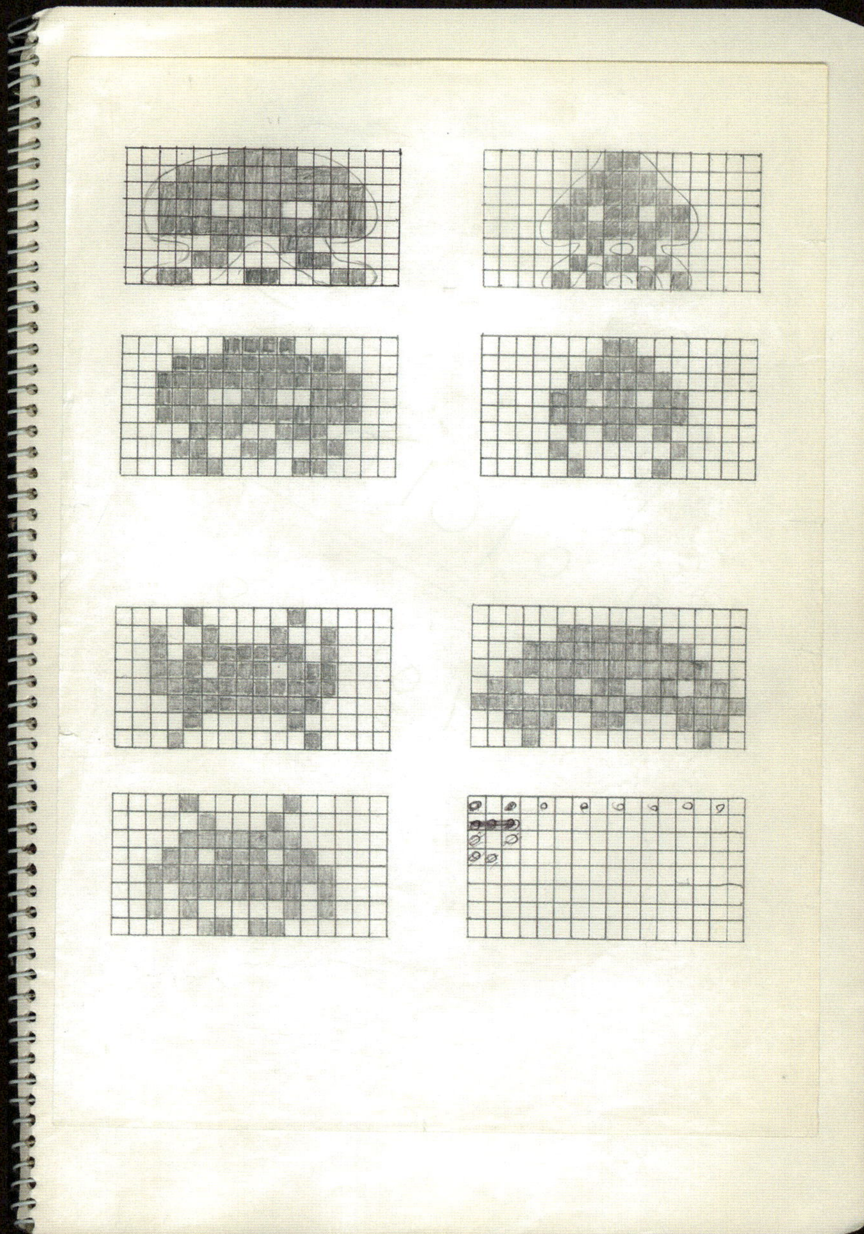

28.9

(*Unheimliche Begegnung der dritten Art*) und *Star Wars* (*Krieg der Sterne*) kamen 1977 im Abstand von wenigen Monaten heraus, und *Alien* von Ridley Scott folgte ein paar Jahre später. Nishikados charakteristische Figuren waren inspiriert von den mit Tentakeln ausgestatteten Angreifern, mit denen der Künstler Warwick Goble die Geschichte *The War of the Worlds* in den 1890er-Jahren illustriert hatte. Um in den 1970er-Jahren ein technisch ausgeklügeltes Spiel wie *Space Invaders* zu entwickeln, musste Nishikado eigens dafür einen Mikroprozessor bauen. Die Computer der damaligen Zeit waren der Aufgabe einfach noch nicht gewachsen. Aber so sehr er auch versuchte, seine Aliens geschmeidig absinken zu lassen, ihre mittlerweile kultigen ruckartigen Bewegungen ließen sich nicht vermeiden. Die technischen Einschränkungen wurden zu einem der Erfolgsgeheimnisse dieses Spiels.

Space Invaders hatte alles: eine einfache Geschichte, dramatische Spannung, hohe Anforderungen an die Geschicklichkeit und eine High-Score-Liste, die es zu schlagen galt und wegen der die Spieler immer wieder von vorne anfingen. Das Spiel war bald in der ganzen Welt zugelassen und wurde zu einem Milliarden-Dollar-Phänomen. Und wie viele neue, disruptive Technologien zog es eine moralische Panik nach sich. Die Legende besagt, dass das Spiel in Japan eine Knappheit an 100-Yen-Münzen verursachte. In Großbritannien veröffentlichte die Regenbogenpresse beängstigende Geschichten über Kinder, die Geld von ihren Eltern stahlen, um ihre *Space Invaders*-Abhängigkeit zu finanzieren: »*Space Invaders* treiben einen 13-jährigen Jungen in die Kriminalität!« Welch

schädliche und verwerfliche Einflüsse übte das Spiel auf die Jugend aus? Im Parlament wurden drängende Fragen gestellt, um dieser neuen Gefahr durch Videospiele Herr zu werden.

Heute ist das Zeichen einer Invader-Figur (zum Beispiel) nicht nur ein Symbol für dieses Spiel, sondern für Gaming überhaupt. Sie ist ein ebenso vertrautes Wahrzeichen japanischer Kultur wie *Die große Welle vor Kanagawa* (1830/32) des Künstlers Katsushika Hokusai. Der Invader hat sich aus den Begrenzungen des Videobildschirms befreit und in eine neue analoge, ganz eigene Kunstform verwandelt. Er inspirierte den französischen Straßenkünstler mit dem Pseudonym »Invader«, der in urbanen Landschaften die »8-Bit-Nostalgie« mit seinen farbigen, quadratischen Kacheln wieder aufleben lässt (**28.12–28.15**).

Die Außerirdischen, die wir einst bekämpft haben, sind zu geschätzten Verbündeten geworden. Anders als Wells' Marsianer, die auf der Erde zerstört wurden, haben Nishikados Invader nicht nur unsere Aufmerksamkeit, sondern auch unseren Planeten erobert und beschlossen, hierzubleiben und die Erde zu ihrem ständigen Wohnsitz zu machen. Sie sind uns herzlich willkommen.

28.10 In einer Spielhalle spielen junge Männer *Space Invaders* an Tischen mit eingelassenen Spielkonsolen.

28.11 Bildschirmansicht von *Space Invaders*, 1978.

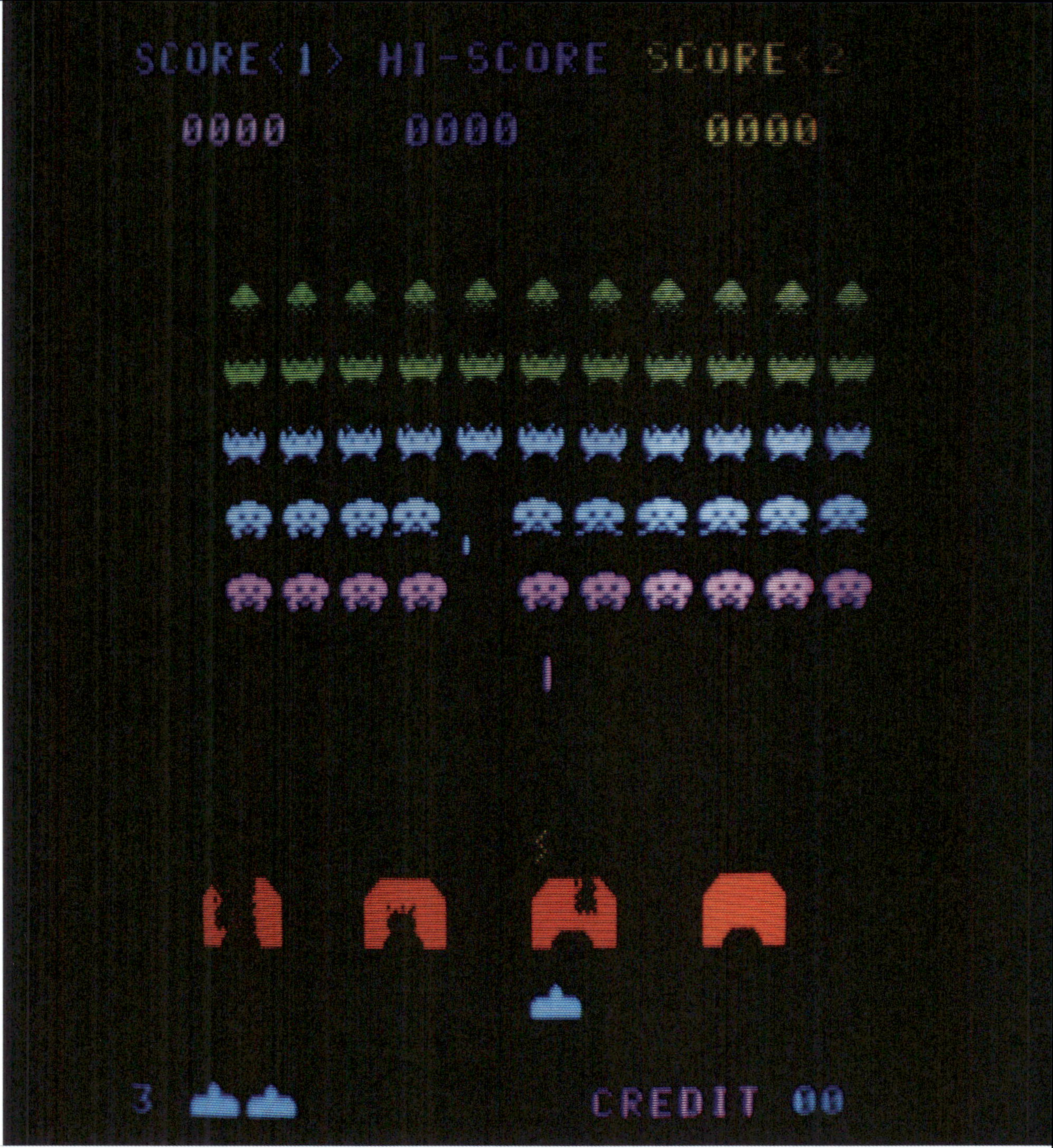

28.11

GEICA
COUSCOUS
DALVA
Chaussures Ecologiques

Blacks

Space Invaders des französischen Künstlers »Invader«.

28.12 PA_320, Paris, 2000

28.13 PA_800, Paris, 2009

28.14 LDN_122, London, 2011

28.15 LDN_110, London, 2009

28.16 Ausschnitt der *Invasion Map of Paris*, 2024.

28.16

TEIL 6

TEMPORIS PEREGRINI

»ZEITENWANDERER«

RETRO-FUTURISTEN, ARCHÄOLOGEN UND EROBERER NEUER HORIZONTE

RON JONES

Am 28. Januar 1986 schaute die Welt voller Entsetzen zu, wie die Raumfähre Challenger beim Aufstieg ins All von Cape Canaveral (Florida) explodierte. Für Ron Jones (geb. 1953) und viele andere junge Luftfahrtingenieure, die zu derselben Zeit am kalifornischen Luftwaffenstützpunkt Vandenberg arbeiteten, bedeutete dieses Ereignis das Ende eines großen Vorhabens. Damals wurde Vandenberg umfassend modernisiert mit dem Ziel, Starts eigener Nutzlast-Shuttles zu ermöglichen. Die Challenger-Katastrophe setzte diesen Plänen ein Ende und stellte die Zukunft der bemannten Raumfahrt in Amerika infrage. Drei Monate später war Jones arbeitslos und fand sich in Hawaii wieder, wo er genügend Zeit zum Nachdenken hatte. Seine Erfahrungen in Vandenberg hatten ihn gelehrt, dass nur wenige Menschen verstanden hatten, wie sich der Startkomplex an der Westküste in den größeren Rahmen der nationalen Raumfahrtaktivitäten einfügen sollte. Was benötigt wurde, war eine realistische Einschätzung, wohin man wollte und wie man dorthin gelangen könnte. Jones saß am Strand und entwarf ein Konzept, das zur bis dahin umfassendsten Vision menschlichen Vordringens in den Weltraum werden sollte.

Als Teenager, der in den 1970er-Jahren im Silicon Valley aufwuchs, war Jones fasziniert von futuristischer Weltraumarchitektur. Anregungen dazu bekam er von Autoren wie dem Physiker und Weltraumvisionär Gerard K. O'Neill, der sich menschliche Gemeinschaften vorstellte, die in riesigen zylinderförmigen Raumschiffen mit eigener Schwerkraft lebten (**32.2**). Diese sollten aus Materialien hergestellt werden, die vom Mond und von Asteroiden abgebaut wurden. Ein ähnliches Prinzip untersuchte die Stanford-Torus-Studie des Ames Research Center der NASA, in der eine ringförmige rotierende Raumstation vorgeschlagen wurde.

29.1 Gesamtübersicht des Space Launch Complex 6 am Weltraumbahnhof Vandenberg im Jahr 1985 mit folgenden Gebäuden (v.l.n.r.): die Gebäude zum Vorbereiten der Nutzlast, das Shuttle-Montagegebäude, die Startrampe mit Zugangsturm und der mobile Serviceturm.

29.2 Die erste Fassung von Ron Jones' »Integrated Space Plan« (ISP), 1989.

29.1

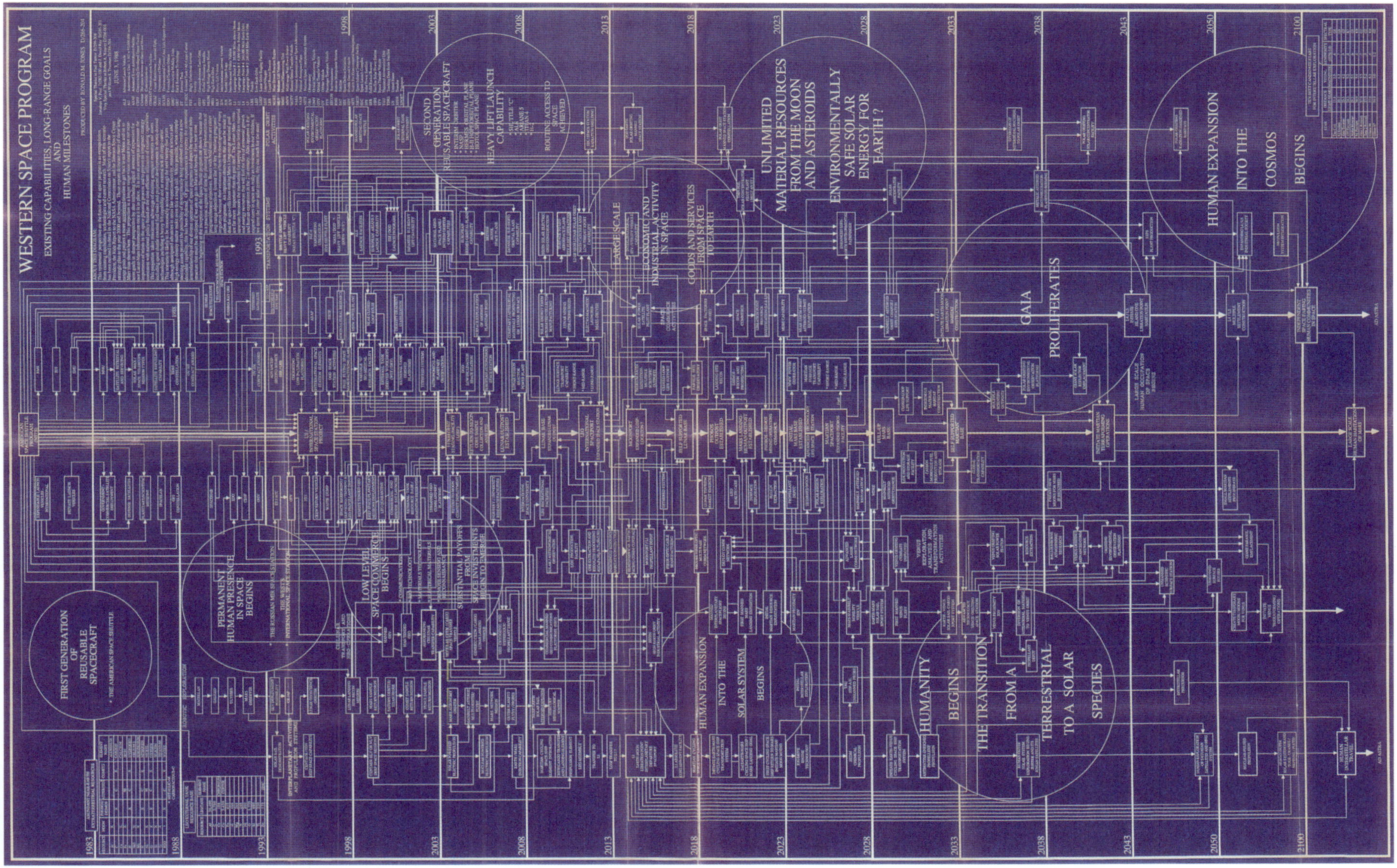
WESTERN SPACE PROGRAM
EXISTING CAPABILITIES, LONG-RANGE GOALS AND HUMAN MILESTONES
FIRST GENERATION OF REUSABLE SPACECRAFT
PERMANENT HUMAN PRESENCE IN SPACE BEGINS
LOW LEVEL SPACE COMMERCE BEGINS
SECOND GENERATION REUSABLE SPACECRAFT
HEAVY LIFT LAUNCH CAPABILITY
ROUTINE ACCESS TO SPACE ACHIEVED
LARGE SCALE ECONOMIC AND INDUSTRIAL ACTIVITY IN SPACE
GOODS AND SERVICES FROM SPACE TO EARTH
UNLIMITED MATERIAL RESOURCES FROM THE MOON AND ASTEROIDS
ENVIRONMENTALLY SAFE SOLAR ENERGY FOR EARTH ?
HUMAN EXPANSION INTO THE SOLAR SYSTEM BEGINS
HUMANITY BEGINS THE TRANSITION FROM A TERRESTRIAL TO A SOLAR SPECIES
GAIA PROLIFERATES
HUMAN EXPANSION INTO THE COSMOS BEGINS

Diese Ideen wurden in anschaulichem Detail von Weltraumkünstlern wie Rick Guidice (**32.3**) und Don Davis (**29.3**, **29.6**) zum Leben erweckt. Die Begeisterung, die diese Zukunftsvisionen weckten, wurde jedoch von der frustrierenden Realität erstickt, in der nach dem Apollo-Programm klare Ziele für die amerikanische Raumfahrt fehlten. Das teilweise wiederverwendbare Space Shuttle konnte die Hoffnung auf eine Ära des kostengünstigeren Zugangs zum Weltraum letztlich nicht einlösen.

Nach seiner Rückkehr von Haiwaii wurde Ron Jones vom Luft- und Raumfahrtkonzern Rockwell International eingestellt, um am Nachfolger der Challenger, der Endeavor, zu arbeiten. In seiner Freizeit zeichnete er seine Ideen auf einem großen Block mit Millimeterpapier auf. Später gestaltete er die Grafik auf einem frühen Apple Macintosh neu als Flussdiagramm. Es dauerte nicht lange, bis die Advanced Projects Group bei Rockwell auf sein Hobby aufmerksam wurde. Dieses Team arbeitete im Rahmen von Präsident George Bushs »Space Exploration Initiative« (Initiative zur Erforschung des Weltraums) an Machbarkeitsstudien zu Mond- und Marsmissionen. Als Mitglied der Advanced Projects Group bekam Jones Zugriff auf eine Reihe exotischer Studien zur Erforschung des Weltraums, die nie realisiert worden waren und noch aus der frühen Zeit von Wernher von Braun stammten. Er nutzte die Gelegenheit, um sich ernsthaft mit ihnen auseinanderzusetzen. Welche Technologien bräuchten die Menschen tatsächlich, um in den Weltraum vordringen zu können? Wie lange würde das dauern? Und wie könnte das alles zusammenpassen?

Mit der Zeit entwickelte sich Jones' sogenannter »Integrated Space Plan« (ISP) zu einem riesigen, vernetzten Schaltplan von Ideen entlang einer Zeitachse von mehr als 100 Jahren. Er hebt dabei zentrale Meilensteine hervor – vom Space Shuttle und verschiedenen damit verbundenen Technologien über die erste Internationale Raumstation bis zur dauerhaften Besiedlung des Mars und weiter entfernter Planeten. Die angenommenen Auswirkungen auf die Menschheit werden dabei zunehmend esoterisch und spekulativ (**29.5**). Am Ende stehen die Worte »Ad Astra« (Zu den Sternen) – ein kosmisches »Fortsetzung folgt«. Rockwell International erkannte die visuelle Anziehungskraft von Rons riesigem Diagramm und begann, es als Marketing-Instrument zu verwenden. Bald zierte es Bürowände auf der ganzen Welt – ein eigentümliches Kunstwerk und Sprungbrett für radikale Ideen (**29.2**).

Trotz seiner Bezeichnung handelte es sich beim ISP eigentlich nicht um einen Plan, sondern um einen Aufruf zum Handeln an die vielen isolierten Abteilungen des amerikanischen Raumfahrtprogramms, denen eine einheitliche und langfristige Denkweise fehlte. Über die Jahre wurde der ISP immer wieder überdacht, neu gestaltet und aktualisiert, aber seine frühen Versionen sind noch immer die eindrucksvollsten.

29.3 Darstellung eines ringförmigen Kolonisations-Raumschiffs von Don Davis, 1976.

29.4 Ausschnitt des »Integrated Space Plan« von Rockwell Int., Version 4, 1997, mit einer vertikalen Zeitskala von 1988 bis 2100.

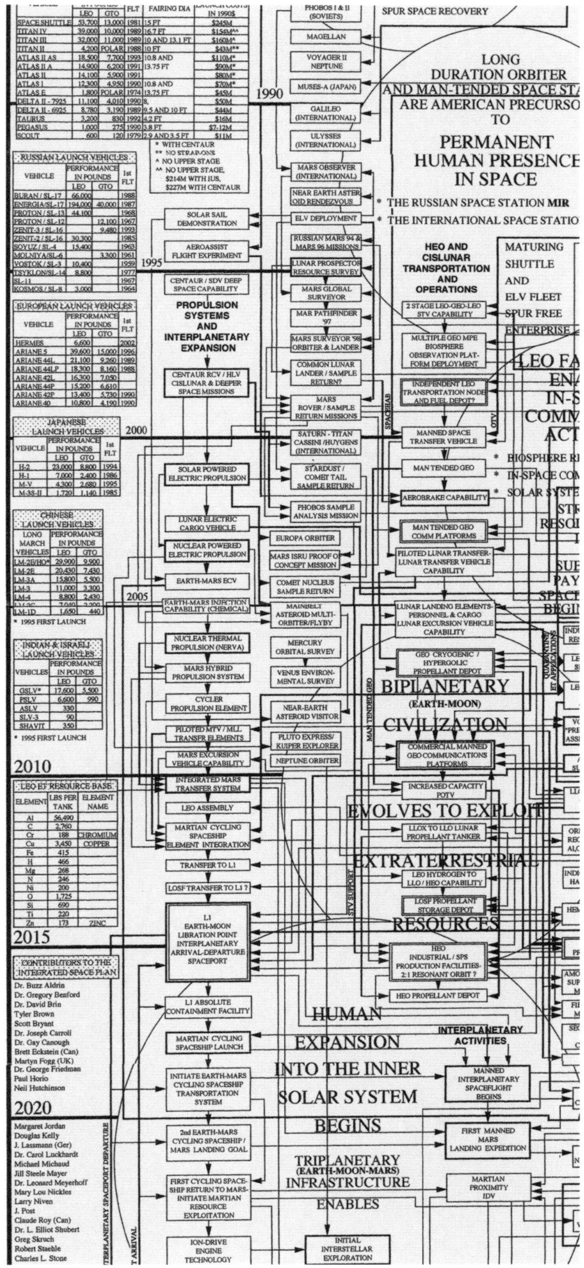

29.4

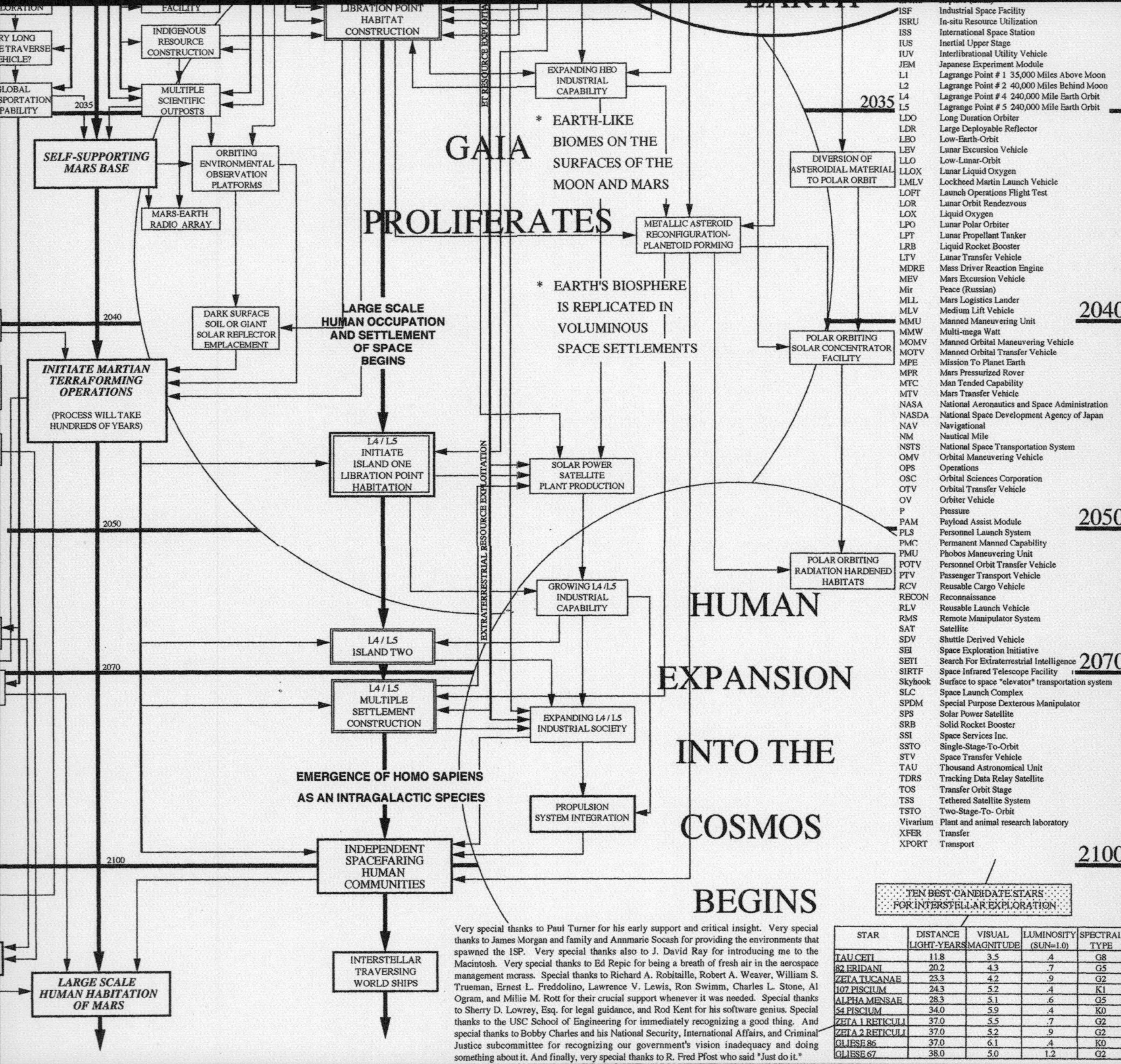

»Der Integrated Space Plan ist ein herausragendes Beispiel für die Art von gemeinsamer und weitreichender Planung, die wir brauchen, wenn wir die Präsenz des Menschen in unsere Nachbarschaft im Sonnensystem ausweiten wollen.«

BUZZ ALDRIN (GEB. 1930), RAUMFAHRTVETERAN VON GEMINI 12 UND APOLLO 11

29.5 Ausschnitt des »Integrated Space Plan« von Rockwell Int., Version 4, 1997. Die kreisförmigen Markierungen sind entscheidend für das Verständnis der Struktur des ISP. Sie verbinden die großen Meilensteine in der bemannten Raumfahrt miteinander.

29.6 Don Davis, *Space Colony: Torus Wheel*, 1975. Große vorfabrizierte Baugruppen können im Weltraum zusammengesetzt werden. An diesem Teil der Außenhaut einer Kolonie montieren gerade kleine Raumfahrzeuge namens ANTS (Assembly Non-Tethered Ships; dt. unverbundene Montage-Raumschiffe) große plattenförmige Module.

FREEMAN DYSON

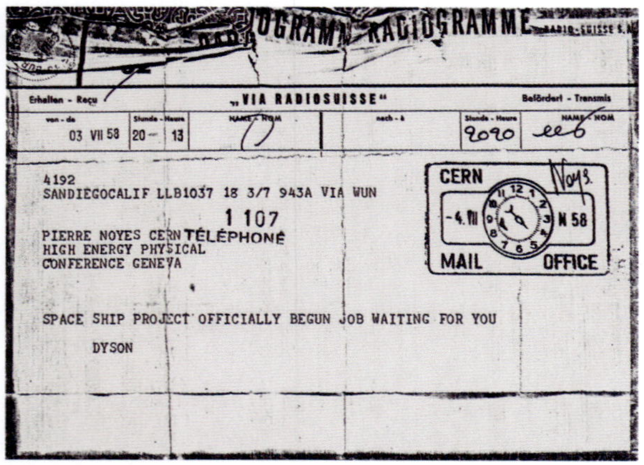

RADIOGRAMME

Erhalten - Reçu „VIA RADIOSUISSE" Befördert - Transmis

von - de 03 VII 58 | Stunde - Heure 20 – 13 | NAME - NOM | nach - à | Stunde - Heure 2090 | NAME - NOM

4192
SANDIEGOCALIF LLB1037 18 3/7 943A VIA WUN

1 107

PIERRE NOYES CERN TÉLÉPHONÉ
HIGH ENERGY PHYSICAL
CONFERENCE GENEVA

CERN -4. VII N 58 MAIL OFFICE

SPACE SHIP PROJECT OFFICIALLY BEGUN JOB WAITING FOR YOU

DYSON

»Daddy baut Raumschiffe!« Das sagte man 1958 den Geschwistern Esther und George Dyson, als die Familie von der Ostküste nach La Jolla (Kalifornien) zog. Damals sahen die Autos, Gebäude und auch sonst so ziemlich alles in Südkalifornien aus wie Raumschiffe. Der Sputnik-Start im Jahr zuvor hatte Amerika in eine existenzielle Krise gestürzt, und der Physiker Freeman Dyson (1923–2020) zog nun an die Westküste, um seine Arbeit bei General Atomic an dem streng geheimen Projekt Orion zu beginnen. Mithilfe dieser staatlich geförderten Studie sollte die Raumfahrt mit der anderen großen Technologie des Kalten Krieges gleichziehen: der Atomenergie.

Es war nur etwas mehr als ein Jahrzehnt her, dass die ersten Atomwaffen den Zweiten Weltkrieg beendet hatten. Nun dachte man darüber nach, ihre enorme Energieabgabe für die Reise zu den Sternen zu nutzen. Die Idee hinter Projekt Orion: Ein 4000 Tonnen schweres Raumschiff sollte für eine bemannte Mission gebaut werden, angetrieben von Tausenden kleiner Atombomben. Diese sollten eine nach der anderen abgestoßen und gezündet werden, wodurch das Raumschiff in die entgegengesetzte Richtung getrieben würde. Als mögliche Ziele kam man auf Mars, Saturn und Jupiter sowie deren Monde – für den Anfang.

Man muss bedenken, dass zu diesem Zeitpunkt kein einziger Amerikaner auch nur einen Fuß in den Weltraum gesetzt hatte. Gleichwohl: In der Theorie war die Physik fundiert, und Pläne wurden erstellt. Kleine Prototypen mit konventionellen Sprengstoffen als Antrieb wurden gebaut und getestet. Aber obwohl einige der weltweit klügsten Köpfe an diesem Projekt arbeiteten, führten technische Schwierigkeiten, das ungelöste Problem der radioaktiven Rückstände und nicht zuletzt die Politik zu seinem Scheitern. Es war wohl alles etwas zu viel für das Jahr 1958, und als 1965 die vergleichsweise bescheidene Saturn-V-Rakete darauf vorbereitet wurde, uns zum Mond zu bringen, wurde Daddys Raumschiff für tot erklärt.

Freeman Dyson war in England geboren und aufgewachsen. Die Raumfahrt und das Lösen von Problemen beschäftigten ihn schon seit seiner Kindheit. Im Alter von fünf Jahren berechnete

30.1 Porträt von Freeman Dyson an seinem Schreibtisch, fotografiert von Francis Bello, ca. 1954.

30.2 Telegramm von Freeman Dyson an Pierre Noyes, 3. Juli 1958: Raumschiff-Projekt offiziell begonnen Job wartet auf Sie.

30.3 Dyson (ganz rechts) auf dem Testgelände von General Atomic in Point Loma mit einem Modell des durch Sprengstoff angetriebenen Raumschiffs aus dem Projekt Orion, Sommer 1959.

30.4 Ursprünglicher Entwurf des Orion-Raumschiffs, Zeichnung von Michael Treshow, 25. Oktober 1962.

30.5 Deckblatt des Projekt-Orion-Berichts von General Atomics, 1962.

»Es ist besser, zu einem falschen Ergebnis zu kommen als zu einem ungenauen.«

THE SCIENTIST AS REBEL, 2006

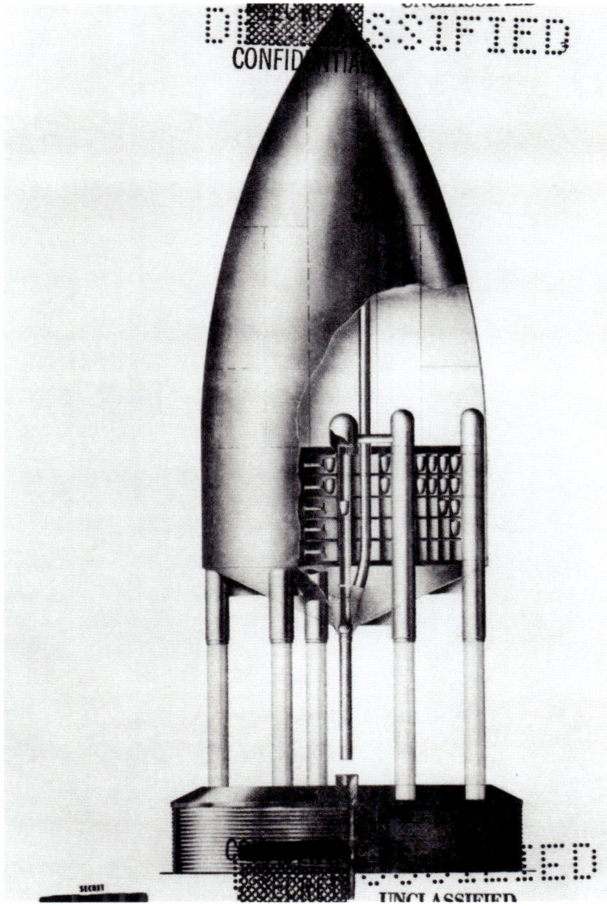

30.4

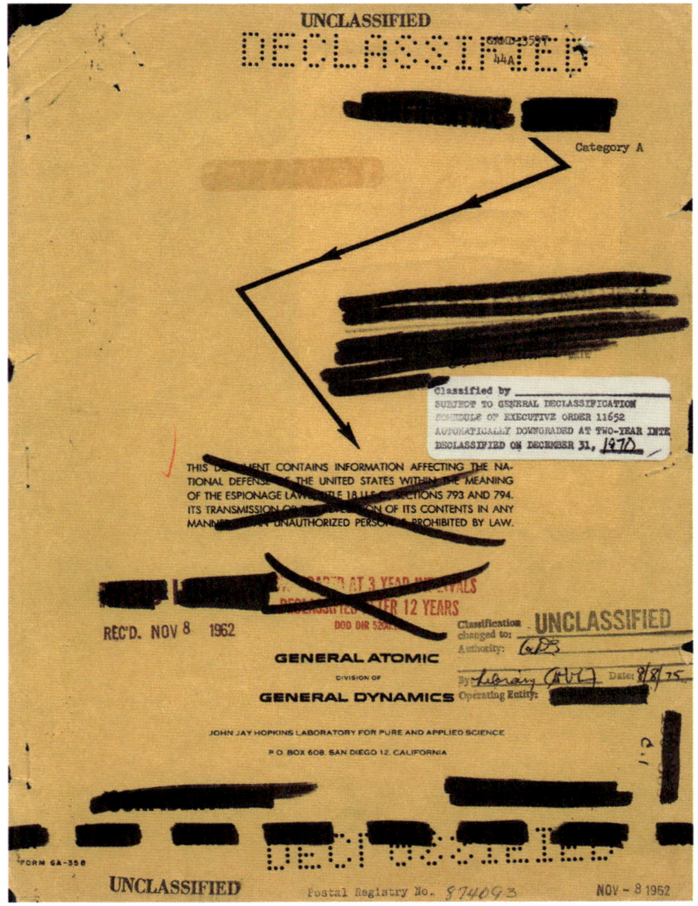

30.5

30.6–30.9 Freeman J. Dyson, »A Space Traveler's Manifesto«, 5. Juli 1958: »Entweder aus Unachtsamkeit oder aus einem wohlüberlegten Akt der Weisheit heraus hat die amerikanische Regierung die Öffentlichkeit darüber informiert, dass wir an der Konstruktion eines Raumschiffs arbeiten, das durch Atombomben angetrieben wird … Ich bin der Überzeugung, dass nur mit diesem Plan (von den vielen, die geprüft werden) ein Raumschiff gebaut werden kann, das die enorm große Aufgabe des Erforschens unseres Sonnensystems adäquat bewältigen kann.«

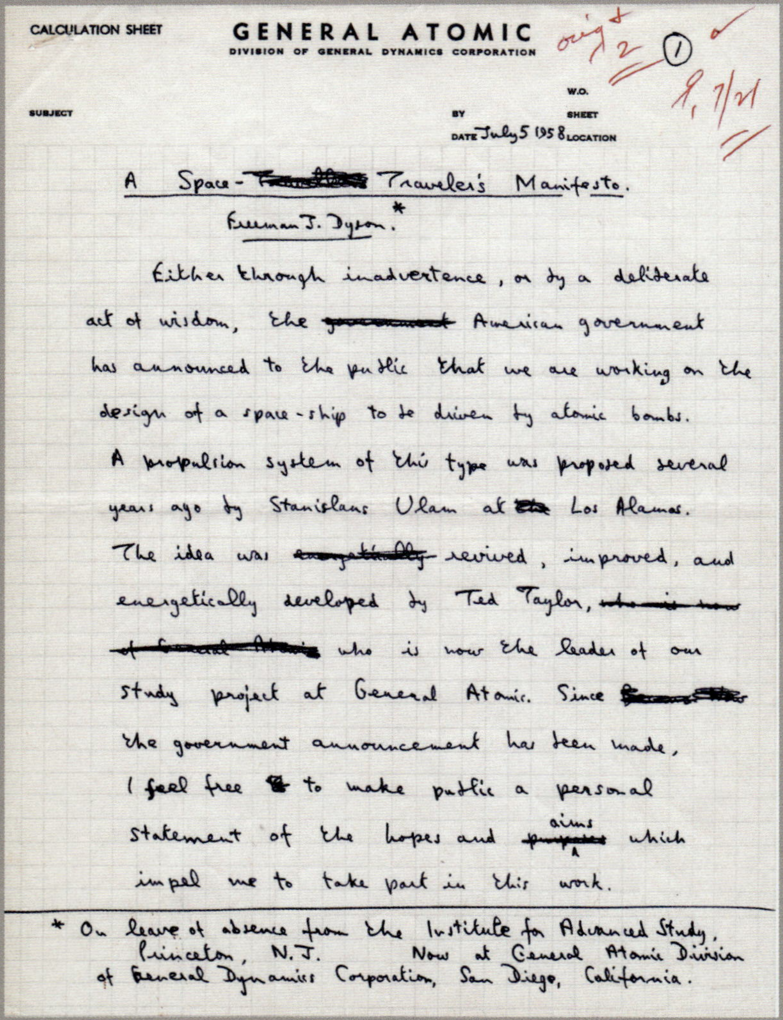

A Space-Traveler's Manifesto.

Freeman J. Dyson.*

Either through inadvertence, or by a deliberate act of wisdom, the American government has announced to the public that we are working on the design of a space-ship to be driven by atomic bombs. A propulsion system of this type was proposed several years ago by Stanislaus Ulam at Los Alamos. The idea was revived, improved, and energetically developed by Ted Taylor, who is now the leader of our study project at General Atomic. Since the government announcement has been made, I feel free to make public a personal statement of the hopes and aims which impel me to take part in this work.

* On leave of absence from the Institute for Advanced Study, Princeton, N.J. Now at General Atomic Division of General Dynamics Corporation, San Diego, California.

30.6

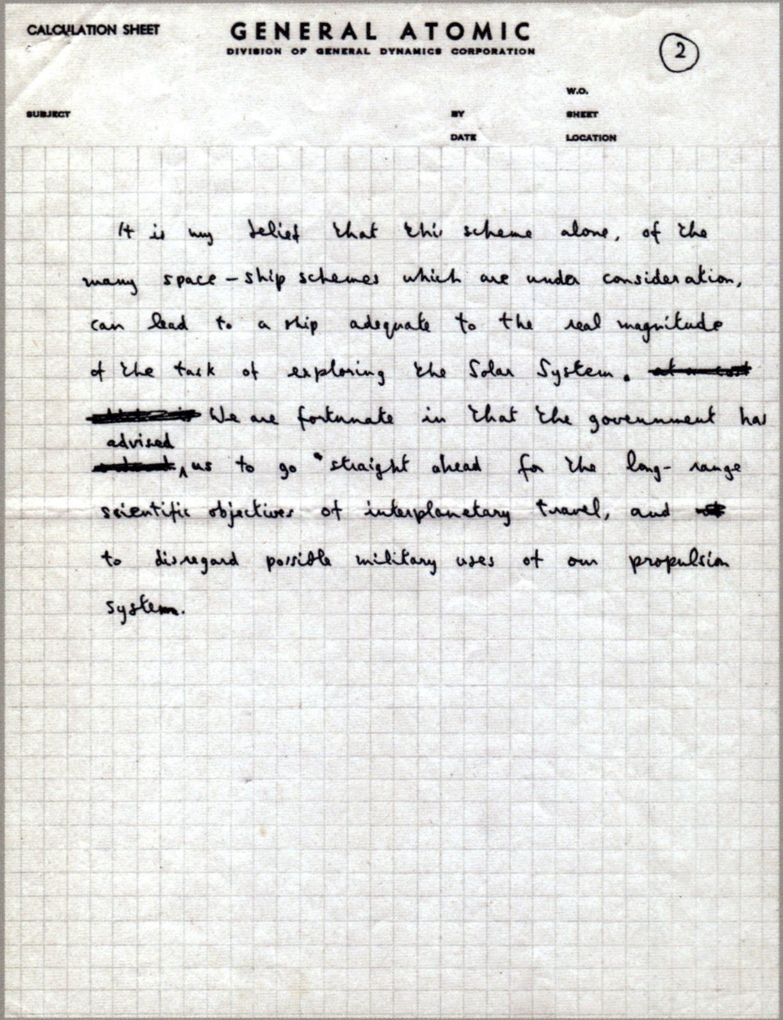

It is my belief that this scheme alone, of the many space-ship schemes which are under consideration, can lead to a ship adequate to the real magnitude of the task of exploring the Solar System. We are fortunate in that the government has advised us to go "straight ahead for the long-range scientific objectives of interplanetary travel, and to disregard possible military uses of our propulsion system.

30.7

»Es ist mein Ziel und meine Überzeugung, dass die Bomben, die in Hiroshima und Nagasaki Tod und Verstümmelung zur Folge hatten, eines Tages den Himmel für die Menschen öffnen werden.«

A SPACE TRAVELER'S MANIFESTO, 1958

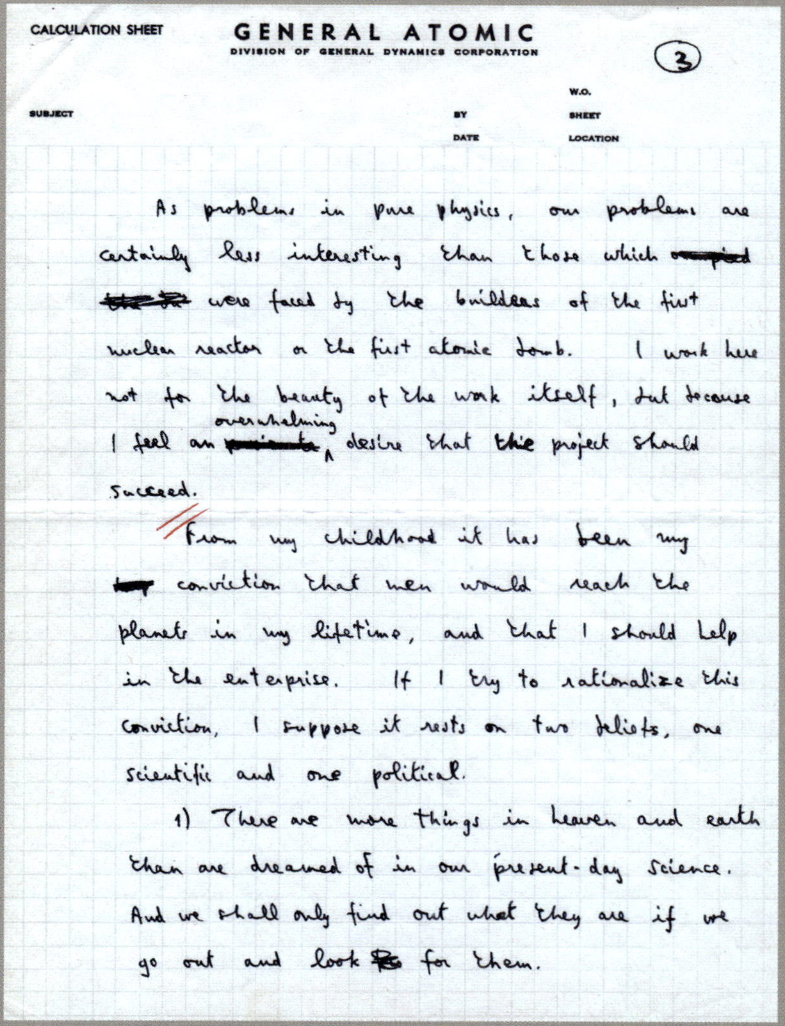

CALCULATION SHEET
GENERAL ATOMIC
DIVISION OF GENERAL DYNAMICS CORPORATION
3
SUBJECT
BY
DATE
W.O.
SHEET
LOCATION

As problems in pure physics, our problems are certainly less interesting than those which were faced by the builders of the first nuclear reactor or the first atomic bomb. I work here not for the beauty of the work itself, but because I feel an overwhelming desire that the project should succeed.

From my childhood it has been my conviction that men would reach the planets in my lifetime, and that I should help in the enterprise. If I try to rationalize this conviction, I suppose it rests on two beliefs, one scientific and one political.

1) There are more things in heaven and earth than are dreamed of in our present-day science. And we shall only find out what they are if we go out and look for them.

30.8

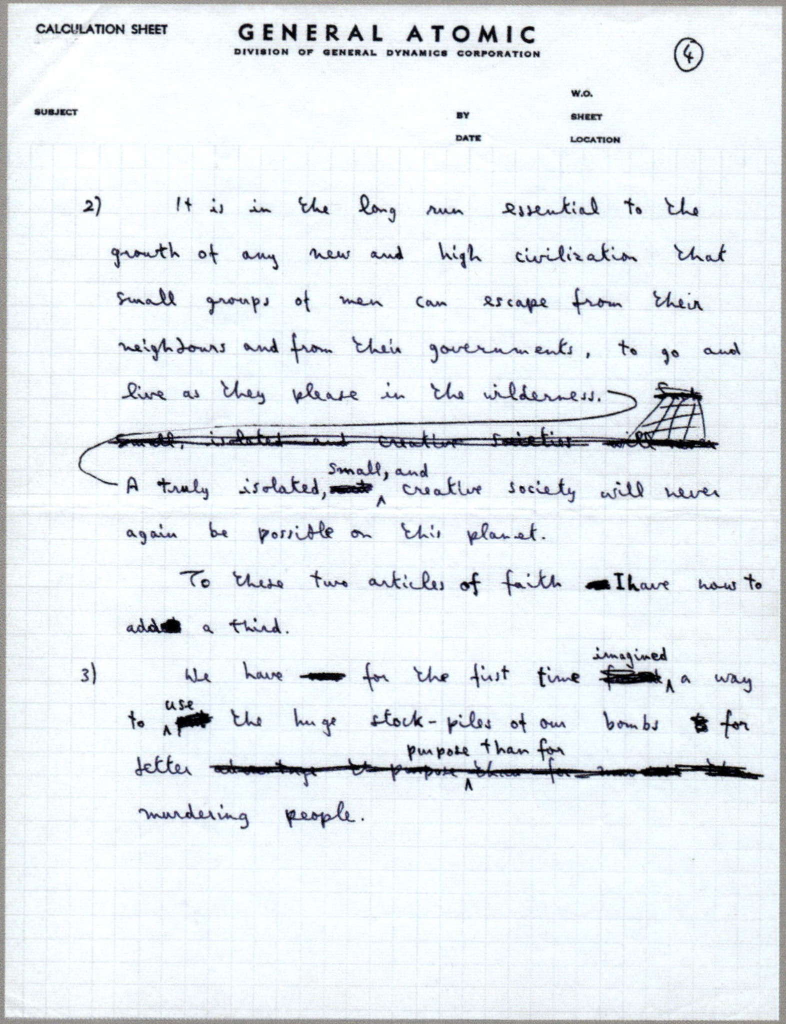

CALCULATION SHEET
GENERAL ATOMIC
DIVISION OF GENERAL DYNAMICS CORPORATION
4
SUBJECT
BY
DATE
W.O.
SHEET
LOCATION

2) It is in the long run essential to the growth of any new and high civilization that small groups of men can escape from their neighbours and from their governments, to go and live as they please in the wilderness.

A truly isolated, small, and creative society will never again be possible on this planet.

To these two articles of faith I have now to add a third.

3) We have for the first time imagined a way to use the huge stock-piles of our bombs for better purpose than for murdering people.

30.9

er die Anzahl der Atome in der Sonne. Mit neun Jahren schrieb er eine Geschichte über eine außergewöhnliche Reise im Stile von Jules Verne. Sie hieß »Sir Phillip Roberts's Erolunar Collision« und handelte von einer Expedition, bei der eine Kollision zwischen dem Asteroiden Eros und dem Mond beobachtet werden sollte.

Schreiben und Rechnen waren die beiden großen Talente von Dyson. Als Physiker wurde das Institute for Advanced Study in Princeton (New Jersey) seine akademische Heimat, wo auch ein anderer europäischer Immigrant wirkte: Albert Einstein. Dysons Arbeit zur Quantenelektrodynamik an der Seite des großen Richard Feynman wurde zu seinem größten Erfolg.

In der Geschichte der Raumfahrt wird Freeman Dyson als Prophet in Erinnerung bleiben, der mit Freude viele hochspekulative Ideen rund um die Raumfahrt, die interstellare Kommunikation und die Verbreitung von Leben im Kosmos entwickelte. Er stellte sich eine »Begrünung der Galaxie« vor – mit genmanipulierten Kartoffeln, die leicht auf dem Mars gedeihen, bis zu seinen berühmten »Dyson-Bäumen«. Diese waren so angepasst, dass sie auf Kometen oder gefrorenen Objekten des Kuipergürtels wachsen konnten, weit draußen an der Grenze unseres Sonnensystems. Wie würden solche seltsamen Lebensräume auf kosmischen Inseln wohl aussehen? Die niedrige Schwerkraft könnte eine Ausbreitung riesiger biologischer Strukturen ermöglichen. Und wo es Bäume gibt, entstehen möglicherweise weitere Lebensformen. Dieses Konzept hat zumindest in den fruchtbaren Gedanken von Science-Fiction-Autoren und Künstlern Wurzeln geschlagen.

Dyson interessierte sich auch für andere Möglichkeiten zum Auffinden von fortgeschrittenen extraterrestrischen Zivilisationen als der vom SETI-Projekt bevorzugten Radioastronomie. Er überlegte sich, dass fortgeschrittene Zivilisationen große Mengen an Energie benötigen würden – viel mehr, als ein Planet allein bereitstellen könnte. Daher erschien es einleuchtend, eine Art massive technische Konstruktion um einen Stern herumzubauen, um damit dessen Energie direkt zu gewinnen. Bei diesen stellaren, sogenannten »Dyson-Sphären« (**30.13**) handelte es sich um ein Konzept, das sich zuvor der englische Science-Fiction-Autor Olaf Stapledon in seiner Reisebeschreibung *Star Maker* von 1937 (*Sternenschöpfer*, **4.9**, **30.10**) ausgedacht hatte. Im Jahr 1960 entwickelte der russische Physiker Nikolai Kardaschjow diese Idee weiter und schuf einen hypothetischen Rahmen zur Kategorisierung der technologischen Ausgereiftheit einer Zivilisation anhand der Energiemenge, die sie nutzbar machen kann. Eine Zivilisation des Typs 1 sollte in der Lage sein, die gesamte Energiemenge ihres Planeten nutzbar zu machen und zu speichern. Eine Zivilisation des Typs 2 sollte in der Lage sein, die Energie ihres Muttersterns zu gewinnen, indem sie eine Technologie wie die Dyson-Sphäre verwendet. Eine Zivilisation des Typs 3 wäre so weit entwickelt, dass sie die Energie einer gesamten Galaxie gewinnen könnte. Wir sind vielleicht ein Typ 0,5 – weiter sind wir noch nicht.

Freeman Dyson war ein Außenseiter. Ein Provokateur, dessen Sichtweisen auf andere wissenschaftliche Themen umstritten waren.* Er betrachtete das Leben, das Universum und alles andere als eine fortlaufende Reihe von Berechnungen – als Rätsel, die darauf warteten, gelöst zu werden. Vor allem aber sensibilisierte er gewöhnliche Menschen für die unendlichen Möglichkeiten der Natur des Kosmos. Wie wild (oder falsch) diese auch sein mögen.

* Besonders bezüglich der Klimaforschung.

30.10 Olaf Stapledon, *Star Maker*, 1937.

30.11 Freeman Dysons einfache Skizze eines Weißer-Zwerg-Doppelstern-Systems, mit dessen Hilfe ein Objekt auf 2000 km/s beschleunigt werden könnte, ohne dass ein weiteres Antriebsmittel erforderlich ist. Würden fortgeschrittene Zivilisationen dieses Prinzip als galaktisches Transportsystem zur Überwindung großer Entfernungen nutzen?

30.12 Jon Lomberg, *Comet Trees* (Kometen-Bäume), 1986, inspiriert vom Konzept der »Dyson-Bäume«. Darstellungen solch esoterischer Objekte haben wenig Ähnlichkeit mit Dysons eigentlicher Idee.

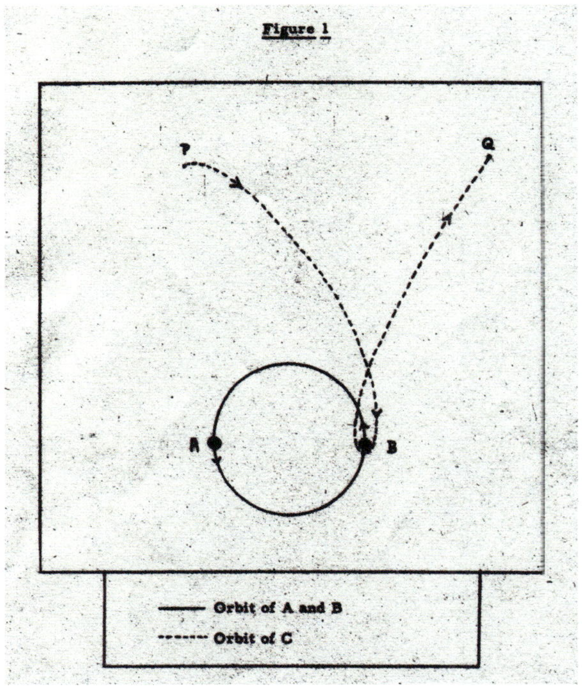

30.11

30.12

»Alles, was ich schreibe, soll Fenster öffnen. Damit die Experten aus dem Tempel der Wissenschaft herausschauen und die normalen Bürger hineinschauen können.«

FROM EROS TO GAIA, 1992

30.13 Jon Lomberg, *Dyson Lattice* aus der Bildserie *Encyclopedia Galactica*, 1975. In Zusammenarbeit mit Carl Sagan schuf Lomberg diese schematische Darstellung einer Dyson-Sphäre.

30.14 Lombergs Bild *Starship Augery* von 1994 zeigt ein Raumschiff, das unter Verwendung der DNA von Schraubenschnecken (engl. *auger shells*) konstruiert wurde. Der Künstler ließ sich von Dysons Vorstellung inspirieren, dass fortgeschrittene Technologien DNA-ähnliche Kodierungen verwenden würden, um Raumschiffe zu züchten, anstatt sie zu bauen.

PAUL VAN HOEYDONCK

31.

Wir haben viel Müll auf der Mondoberfläche zurückgelassen, zum Beispiel die Abstiegsstufen der sechs Mondlandefähren, einige Rover und Retroreflektoren, Teile von Raumanzügen, diverses Werkzeug, Flaggen und Bibeln. Auch persönliche Gegenstände der Astronauten gibt es: Familienfotos, Golfbälle, ein Hammer und eine Feder. Und was soll das hier sein? Eine 9 Zentimeter große abstrakte Figur, geschnitzt aus einem einzigen Aluminiumblock, liegt nahe dem Landeplatz der Apollo 15 im Mondstaub der Hadley-Apenninen neben einer kleinen Gedenktafel mit den Namen von 14 verstorbenen Astronauten (**31.4–31.6**).

Das Kunstwerk, bekannt als *Fallen Astronaut* (Gefallener Astronaut), wurde im Jahr 1971 von Kommandant David Scott dort platziert. Als niemand hinsah, nahm er die Figur unauffällig aus der Tasche seines Raumanzugs und legte sie in einer ehrfürchtigen Geste des Gedenkens auf den Boden. Ihre Existenz wurde erst bei der Pressekonferenz nach dem Flug bekanntgegeben, aber es wurden keine Details zu ihrem Ursprung genannt.

Das Werk wurde von dem belgischen Künstler Paul Van Hoeydonck (1925–2025) kreiert, der zusammen mit der New Yorker Galerie Waddell die wilde Idee hatte, eines seiner futuristischen Kunstwerke zum Mond zu bringen. Konnte es einen prestigeträchtigeren Ausstellungsort geben als die Mondoberfläche? Nach einigem Hin und Her konnte man die Besatzung der Apollo 15 davon überzeugen, die Figur mitzunehmen.

Aber dann gab es ein Problem: Sie war nie als Denkmal für gefallene Kameraden bestimmt gewesen. Ganz im Gegenteil: Van Hoeydonck hatte sie als kühne, zukunftsweisende Aussage konzipiert, als Repräsentantin der transhumanistischen Zukunft der Menschheit. Dazu inspiriert wurde er von dem berühmten schwarzen Monolithen in *2001: A Space Odyssey* von Stanley Kubrick und Arthur C. Clarke aus dem Jahr 1968.

31.1

Es beunruhigte Van Hoeydonck sehr, dass seine künstlerische Vision so grundlegend verändert wurde, und seine erzwungene Anonymität machte ihn zunehmend wütend. Wie jeder Künstler wollte er für sein Werk anerkannt werden. Kommandant Scott hatte jedoch immer vorgehabt, es bei einer einfachen Geste »unter dem Radar« zu belassen. Er war nervös wegen der möglichen Interessenkonflikte, die die nicht genehmigte Einbeziehung eines kommerziellen Künstlers mit sich bringen könnte. Apollo musste blitzsauber sein. Bis zum heutigen Tag besteht Scott darauf, dass die gegenteilige Darstellung »von NASA-Mitarbeitern erfunden« worden sei.

Im Jahr 1972 brach Van Hoeydonck schließlich sein Schweigen und ging in einem Interview mit dem amerikanischen Journalisten Walter Cronkite an die Öffentlichkeit. Als das Interesse geweckt war, wurden zwei Kopien des Werks in Auftrag gegeben – eine für die Smithsonian Institution und eine für den König von Belgien. Der Künstler und die Galerie vereinbarten außerdem eine limitierte Produktion von 905 Kopien, die für je 750 Dollar verkauft werden sollten. Davon hielt sie jedoch die aufgebrachte NASA ab. Sie reagierte sehr empfindlich auf Profitgeschäfte im Zusammenhang mit den Apollo-Missionen, die mit öffentlichen Geldern finanziert worden waren.

31.1 Paul Van Hoeydonck mit einer Nachbildung des *Fallen Astronaut* vor dem Empire State Building in New York, 1971.

31.2 Vorbereitende Zeichnung für *Fallen Astronaut*.

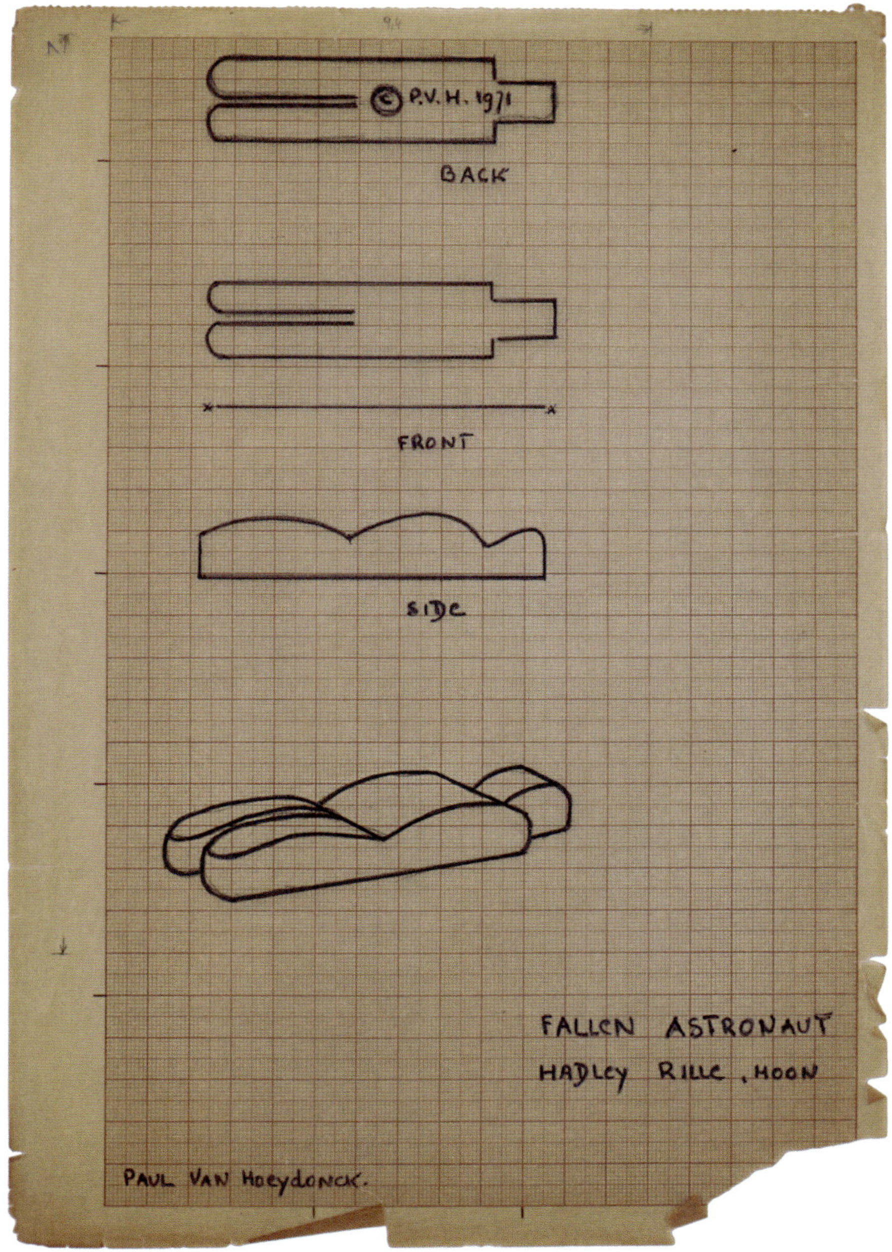

31.2

31.3 Astronaut David Scott am Hang des Mons Hadley Delta mit einer 70-mm-Kamera während eines Apollo-15-Außeneinsatzes.

31.4, 31.5 Vorderansicht und Profilansicht des *Fallen Astronaut*.

31.6 Nahansicht der Gedenkplakette, die David Scott am Landeplatz in den Hadley-Apenninen hinterlassen hat. Sie erinnert an insgesamt 14 NASA-Astronauten und sowjetische Kosmonauten, die verstorben sind: Charles A. Bassett II, Pawel I. Beljajew, Roger B. Chaffee, Georgi T. Dobrowolski, Theodore C. Freeman, Juri A. Gagarin, Edward G. Givens Jr., Virgil I. Grissom, Wladimir M. Komarow, Viktor I. Pazajew, Elliot M. See Jr., Wladislaw N. Wolkow, Edward H. White II und Clifton C. Williams Jr.

»Es gibt keinen romantischeren Ort auf der Welt als Cape Kennedy.«

PAUL VAN HOEYDONCK, 1965

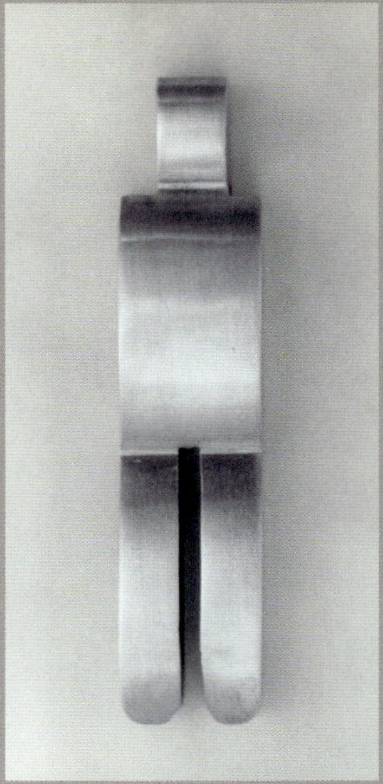

31.4

31.5

31.6

BEZOS, MUSK UND DIE WELTRAUMGRENZE

32.

32.1

Wie wird man Millionär? Man nimmt einfach eine Milliarde und gründet eine Raketenfabrik. Oft wird gesagt: »Der Weltraum ist schwierig.« Viele Raketen-Start-ups sind in den letzten Jahrzehnten gekommen und gegangen – Unternehmen wie die inzwischen erloschene Rotary Rocket Company, deren Prototyp »Roton« mit seinem sonderbaren Hubschrauber-Landemechanismus als Denkmal im kalifornischen Mojave Air & Space Port steht.

Zu Beginn des 21. Jahrhunderts gab es noch keine schnell wiederverwendbare Rakete, und noch nie war die Beförderung einer Nutzlast in den Orbit durch ein privates Unternehmen erfolgt. Heute treiben die beiden reichsten Männer der Welt, Jeff Bezos und Elon Musk, genau das voran. Sie sind Rivalen mit denselben Zielen: Beide wollen die menschliche Existenz über die Erde hinaus erweitern und den neuen Weltraum-Goldrausch ausnutzen.

Im Jahr 2000 hatte Elon Musk (geb. 1971) nach seinem Ausscheiden als CEO bei PayPal plötzlich 180 Millionen Dollar zu seiner Verfügung, und er konnte es kaum erwarten, sie auszugeben. Seine To-do-Liste war kurz und ambitioniert: das menschliche Leben auf der Erde nachhaltig gestalten und die Menschen zu einer multiplanetaren Spezies machen. Wie bei den Raketenforschern, die im 20. Jahrhundert den Weltraum erschlossen hatten, wurde sein Tatendrang von Science-Fiction befeuert: durch Isaac Asimov, Robert Heinlein und ganz besonders durch Douglas Adams' Romanreihe *The Hitchhiker's Guide to the Galaxy* (*Per Anhalter durch die Galaxis*), deren erster Band 1979 erschien. Vielleicht fühlte Musk sich Adams' Romanfigur Zaphod Beeblebrox verbunden, dem chaotischen Präsidenten der Galaxis, der sich zur Unterbringung seines riesigen Egos operativ einen zweiten Kopf anbringen lassen musste.

Die Realität sah derweil ganz anders aus: Amerika hatte zwar das Space Shuttle, aber damit kam man nur bis zur Internationalen Raumstation. Wo waren der Nervenkitzel, das Abenteuer, die wilden Dinge, die der Apollo-Generation

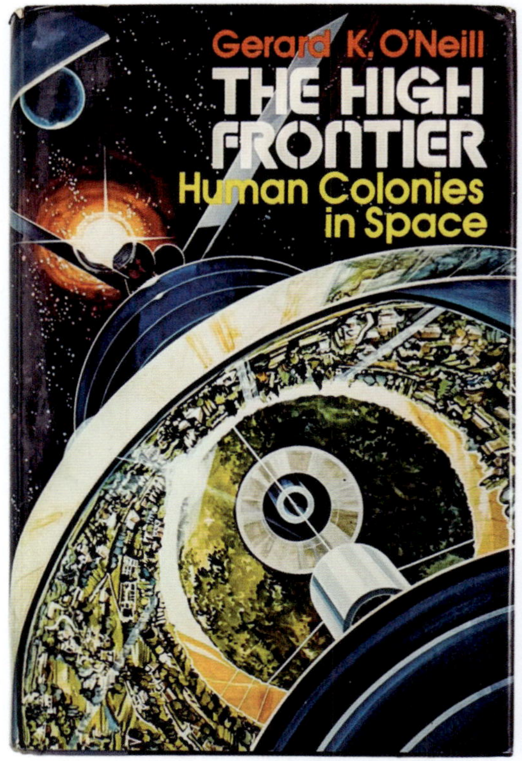

32.2

versprochen worden waren? Musk beschloss, die Hälfte seines Vermögens zu investieren, um etwas in dieser Hinsicht zu unternehmen. Er schloss sich anderen New-Space-Befürwortern an, darunter Peter Diamandis, dem Gründer des X Prize. Dieser hatte Mitte der 1990er-Jahre jedem einen enormen finanziellen Anreiz geboten, der mit einem wiederverwendbaren Raumschiff die magische 100-Kilometer-Grenze überschreiten konnte, die den Rand des Weltraums markiert. Diamandis war zugleich einer der ersten von vielen Wohlgesonnenen, die Musk dringend davon abrieten, ein Raumfahrtunternehmen zu gründen – es sei denn, er wollte pleitegehen. Die Schlüssel zum Weltraum lagen fest in den Händen von Regierungen und ihren exklusiven Vertragspartnern wie Boeing und Lockheed Martin. Aber nicht mehr lange.

Zu etwa derselben Zeit gründete auch Amazon-Boss Jeff Bezos (geb. 1964) sein Raumfahrtunternehmen Blue Origin. Wie Musk war Bezos geprägt von der Aufbruchstimmung der 1960er- und 1970er-Jahre: von Apollo, *Star Trek* und den wilden Visionen des Physikers Gerard K. O'Neill von riesigen Weltraumkolonien. Beide Männer wussten, dass Regierungen zögerlich waren, wenn es um visionäre Weltraumprojekte ging. Sie mieden Risiken, wurden durch Bürokratie ausgebremst und neigten zu kurzfristigem Denken im Rhythmus der Wahlperioden. Raketentechnologie war deshalb so gut wie unbezahlbar und belastet durch Überregulierung. Private Unternehmer mit großem persönlichen Vermögen hätten die Freiheit, eine tragfähige und nachhaltige Weltraumwirtschaft zu erschaffen und die Türen für Innovation, Unternehmergeist und die Erforschung des Weltraums zu öffnen. Zudem wusste Bezos, dass grenzenloses Wachstum auf einer Erde mit begrenzten Mitteln unmöglich ist. Unser riesiges Verlangen nach Komfort benötigte so viel Energie und Rohstoffe, dass eine Expansion über unseren Planeten hinaus unausweichlich erschien. Die Jahrtausendwende war der Moment, in dem zügelloser Kapitalismus unter dem Deckmäntelchen des Umweltschutzes

32.3

32.1 Jeff Bezos auf dem Testgelände »Launch Site One« von Blue Origin in West-Texas.

32.2 Cover von Gerard K. O'Neill, *The High Frontier*, 1976.

32.3 Risszeichnung des NASA-Künstlers Rick Guidice von einer Bernal-Sphäre – einer kugelähnlichen, langsam rotierenden Weltraumkolonie. Sie wurde für das Cover von *The High Frontier* (**32.2**) genutzt.

32.4 Die New Shepard von Blue Origin hebt ab zu ihrem historischen ersten bemannten Flug, NS-16, 20. Juli 2021.

32.5 Grafische Darstellung der Falcon-9-Rakete von SpaceX – der Trägerrakete, die aktuell das Arbeitstier der Raumfahrtindustrie ist. Sie befördert Besatzungsmitglieder zur Internationalen Raumstation ISS sowie andere Nutzlasten in den Orbit. Ihre Fähigkeit, wieder auf der Erde zu landen, hat die Kosten für den Transport in den Weltraum gesenkt und die Startkapazitäten erhöht.

32.6 Grafische Darstellung des Raumschiffs Crew Dragon von SpaceX, das für alle bemannten Missionen zur ISS und zurück verwendet wird sowie für private Raumfahrtmissionen wie Polaris Dawn. Auf diesem Raumflug unternahmen Jared Isaacman und Sarah Gillis den ersten kommerzielle Weltraumspaziergang.

32.7 Grafische Übersicht von Operationen und Geräten auf SpaceX-Missionen.

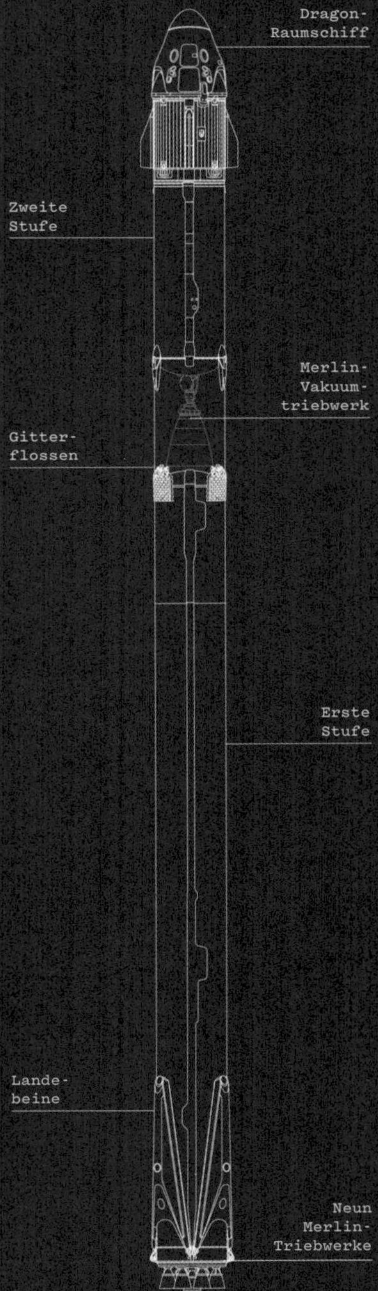

32.5

32.6

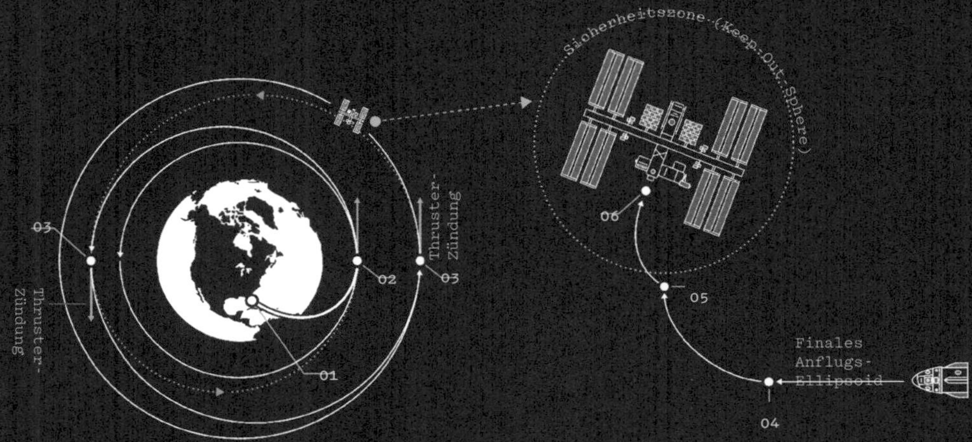

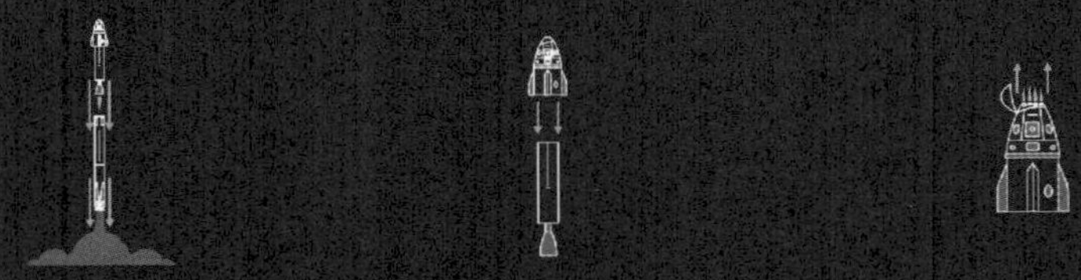

01. Abheben

Die erste Stufe der Falcon 9 hebt Dragon in den Orbit. Die erste und die zweite Stufe der Falcon 9 werden getrennt. Die zweite Stufe beschleunigt Dragon auf Orbitalgeschwindigkeit.

02. Orbital-Aktivierung

Dragon wird von der zweiten Stufe der Falcon 9 getrennt und führt die initiale Orbital-Aktivierung sowie die Überprüfung der Antriebs-, Lebenserhaltungs- und Temperaturregelsysteme durch.

03. Phasenzündungen

Dragon führt Manöver zur Änderung der Geschwindigkeit durch. Damit erhöht sich zugleich ihre Umlaufbahn und Dragon nähert sich der Flughöhe der Internationalen Raumstation ISS an.

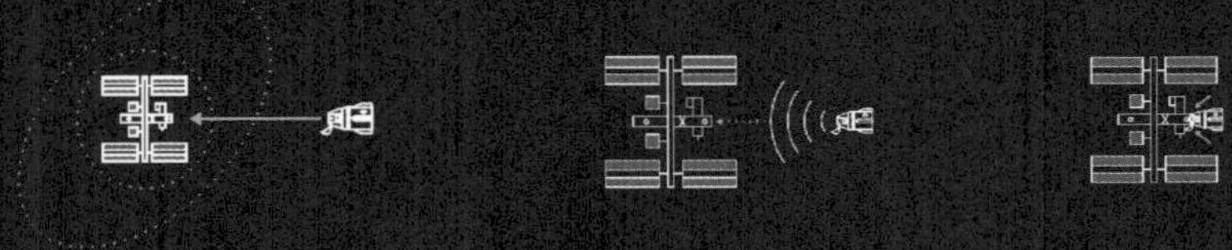

04. Einleitung des Anflugs

Dragon stellt eine Kommunikationsverbindung zur Raumstation her und führt die letzte Geschwindigkeitsänderungs-Zündung zur Erhöhung der Umlaufbahn durch.

05. Annäherungsoperation

Dragon stellt eine relative Navigation zur Raumstation her, nähert sich entlang der Andock-Achse und leitet ein autonomes Anflugmanöver ein.

06. Andocken und Druckausgleich

Dragon führt den finalen Anflug durch und dockt an die Raumstation an. Es folgen der Druckausgleich, das Öffnen der Luke und der Umstieg der Besatzung.

32.7

zur primären Antriebskraft für die Weltraumforschung wurde.

Die von Elon Musk gegründete Firma SpaceX mit Sitz in Hawthorne bei Los Angeles machte sich daran, eigene Komponenten für Raketentriebwerke herzustellen oder, soweit erforderlich, gebrauchsfertige Komponenten zu kaufen. Musk brachte eine Gruppe persönlich ausgewählter junger, ambitionierter und zupackender Ingenieure und Manager mit, zu denen auch Gwynne Shotwell gehörte, die der Welt diese neue Vision der Weltraumforschung verkaufen würde. Bis 2003 hatte SpaceX sein erstes Raumfahrzeug entwickelt, die Trägerrakete Falcon 1, benannt nach dem Millennium Falcon aus *Star Wars*. Als Startplatz wurde das Kwajalein-Atoll ausgewählt, das zu den Marshall-Inseln gehört. Die Errichtung einer Startanlage auf einer winzigen Insel mitten im Pazifik war ein logistischer Alptraum. Aber der Standort hatte drei Vorteile: Erstens bedeutete die abgeschiedene Lage, dass niemand durch eine experimentelle Rakete getroffen werden würde, weshalb man sie zweitens weitgehend sich selbst überlassen konnte. Und drittens lag die Insel in Äquatornähe. Der Drehimpuls der Erdrotation würde der kleinen, untermotorisierten Rakete bei ihrem Flug nach Osten zusätzlichen Schwung geben, wodurch sie mehr Masse in den Orbit transportieren könnte.

Das Team arbeitete am absoluten Rand des Möglichen unter einem tiefdunklen, sternenübersäten Himmel. Im März 2006 war der erste Start. Als die Falcon 1 über dem Atoll aufstieg, fing ihr Merlin-Triebwerk Feuer, und 30 Sekunden später stürzte sie zurück auf die Erde. Der zweite Versuch ein Jahr später kam einem Erfolg näher, scheiterte jedoch an einer Abwägung von Gewicht und Risiko: In den Treibstofftank der zweiten Stufe waren keine Schwallwände eingebaut worden, was zu starken Schwingungen und einer Unterversorgung mit Treibstoff führte. Der dritte Start im Jahr 2008 wurde durch menschliches Versagen und Pech vereitelt. Im Moment der Stufentrennung sprang die erste Stufe, anstatt abzufallen, nach oben und kollidierte mit der zweiten Stufe, sodass diese vom Kurs abkam.

In der Fabrik waren gerade noch genügend Ersatzteile vorhanden für einen letzten Versuch, um der Welt zu zeigen, dass SpaceX etwas konnte, das bis dahin kein anderes privates Unternehmen geschafft hatte. Am 28. September 2008 stieg die Falcon 1 tadellos auf in den Himmel, und diesmal flog sie weiter. Die Trennung der Oberstufe und der Nutzlastverkleidung verlief normal. Die Nutzlast, ein Massesimulator, wurde sanft in die Umlaufbahn gebracht. Kurz vor der Insolvenz stehend, hatte SpaceX das Unmögliche geschafft.

In der Zwischenzeit hatte Bezos' Unternehmen Blue Origin, gegründet im Jahr 2000 in West-Texas, ohne großes Aufsehen seine Arbeit gemacht. Das Wappen von Blue Origin zeigt zwei Schildkröten, die hinauf in den Himmel schauen. Darunter steht das Motto »Gradatim Ferociter« (Schritt für Schritt, fest entschlossen). Der erste Schritt des Unternehmens bestand darin, den exklusiven Markt für suborbitalen Weltraumtourismus zu erschließen. Eine Rakete und eine Besatzungskapsel wurden gebaut, die zahlende Passagiere auf einem parabolischen Flug über die Weltraumgrenze hinausbefördern und ihnen einige Minuten der Schwerelosigkeit und einen spektakulären Blick

32.8 Der schnittige IVA-Raumanzug von SpaceX, den alle Astronauten auf Flügen mit dem Raumschiff Crew Dragon tragen. Der Hollywood-Kostümdesigner Jose Fernandez entwarf das ursprüngliche Konzept für den Anzug auf Wunsch von Elon Musk. Dieser hatte gesagt, die Astronauten müssten »knallhart« aussehen. Von Anfang an wurde das Design von Raumanzügen durch die Mode beeinflusst.

32.9 Barbara Diener, *First SpaceX Dragon Capsule to go into Orbit* (Erste SpaceX-Dragon-Kapsel, die in den Orbit flog), 2021.

32.9

»Wo ein Wille ist, da ist auch ein Weg. Wo kein Wille ist, da ist kein Weg.«

ROBERT ZUBRIN (GEB. 1952), PRÄSIDENT DER MARS SOCIETY

auf die Erde bieten würden. Da die Konkurrenz lediglich aus Richard Bransons Virgin Galactic bestand, war dies ein Nischenmarkt, aber es war aufregend, ambitioniert und eine Gelegenheit, um Einkommen und Erfahrungen für neue Projekte zu generieren. Bezos' erstes Demofahrzeug war nach Robert H. Goddard benannt und flog knapp 30 Meter hoch. Daraus wurde New Shepard (benannt nach dem ersten Amerikaner im All, Alan Shepard), mit dem seit 2021 reiche und verdienstvolle Menschen in den suborbitalen Weltraum befördert werden (**32.4**).

Beide Unternehmen verfolgen eine Strategie der schrittweisen Annäherung an immer größere Herausforderungen: Risiken eingehen, Prototypen bauen, diese bis zur Zerstörung testen und daraus lernen – eine Vorgehensweise, die bei staatlich finanzierten Weltraumprojekten unmöglich ist.

In den letzten 20 Jahren hat sich alles verändert. SpaceX befördert mittlerweile 90 Prozent der gesamten Masse, die in den Orbit gebracht wird, und ist außerdem der wichtigste Zubringerdienst zur ISS. Blue Origin ist dabei aufzuholen und entwickelt sich ebenfalls zum Transporteur von Nutzlasten in den Orbit. Das nächste Kapitel hat bereits begonnen: zwei neue, riesige Schwerlasttransporter unternehmen spektakuläre Testflüge: das gigantische Starship von SpaceX und New Glenn von Blue Origin, benannt nach John Glenn, dem ersten amerikanischen Astronauten im Orbit (**18.8**). Parallel werden neue Mondlandefähren und weitere Weltraumsysteme entwickelt für Flüge zum Mond, zum Mars und darüber hinaus.

Im 20. Jahrhundert wurde demonstriert, dass Raumfahrt möglich ist. Im 21. Jahrhundert ist sie bereits notwendig und profitabel. Wir sind inzwischen abhängig von unseren Weltraumaktivitäten – für die Kommunikation, die Navigation und die Erdbeobachtung ebenso wie für die Wissenschaft, das Finanzwesen oder die Verteidigung. Bald werden wir dazu fähig sein, riesige Strukturen im Orbit zu bauen, um Solarenergie zu gewinnen und bessere Materialien und Arzneimittel herzustellen. Der Mond wird eine neue ökonomische Bedeutung bekommen. Für Bezos ist dies ein Schritt in Richtung seiner Vision, die umweltverschmutzende Industrie und Infrastruktur von der Erde wegzubewegen, sodass diese zu einem vorindustriellen Zustand zurückkehren kann. Und natürlich geht es darum, Dinge zu entdecken und mutig Wege zu gehen, die kein Milliardär je zuvor beschritten hat.

32.10

32.10 Trümmerteil einer Falcon-9-Rakete auf der Insel Tresco, die zur britischen Inselgruppe Scilly gehört, 2015.

32.11 »Megaroc«, 1946 – der Vorläufer der New Shepard von Blue Origin. Eine suborbitale Ein-Mann-Rakete, die von R. A. Smith von der British Interplanetary Society vorgeschlagen wurde. Der Entwurf basierte auf einer modifizierten V2-Rakete, aber leider wurde die Idee abgelehnt.

32.12 Nutzlastverkleidung der New Glenn mit dem Abzeichen der Mission NG-1, sechs Tage vor ihrem Start am 16. Januar 2025.

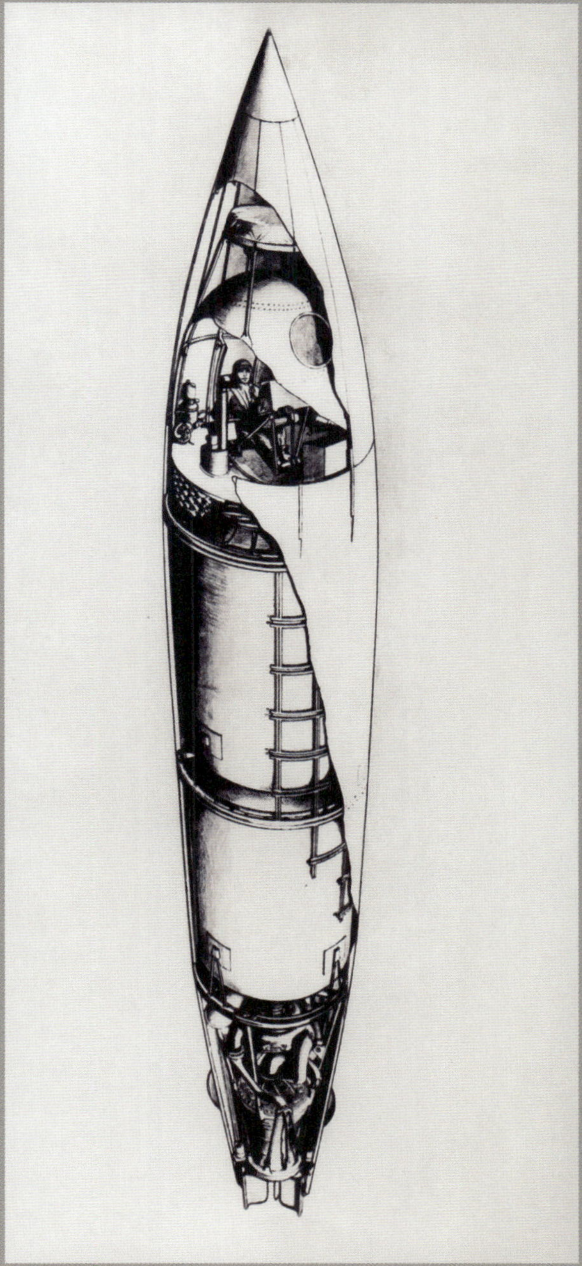

32.11

32.12

ALICE GORMAN

33.1 Alice Gorman (»Dr. Space Junk«) mit einem Modell von Sputnik. Sie hält die Ausgabe Nr. 136 des Magazins *Soviet Union* von 1961 in den Händen.

33.2, 33.3 Probenahmestellen aus dem Sampling Quadrangle Assemblages Research Experiment (SQuARE). **33.2** zeigt Quadrat 03 im Wartungsbereich an Steuerbord der Internationalen Raumstation. **33.3** zeigt Quadrat 05 an der hinteren Wand des Moduls Node 3 (Tranquility).

Alles, was wir tun, hinterlässt eine Spur, und jede Spur erzählt eine Geschichte. Die kurze Zeit, in der wir den Weltraum bisher erforscht haben, bildet dabei keine Ausnahme. Die australische Archäologin Alice Gorman (geb. 1964), auch bekannt als »Dr. Space Junk«, hat sich mit den kulturellen Aspekten unserer Weltraumaktivitäten befasst. Eigentlich wollte Gorman sowohl Astrophysikerin als auch Archäologin werden. Als sie im Jahr 2001 in Queensland an einem Projekt zum indigenen Erbe arbeitete, ertappte sie sich nachts im Outback dabei, wie sie nach oben schaute, anstatt nach unten. Sie beobachtete den Lauf eines Satelliten vor dem Hintergrund der Fixsterne und erkannte, dass sie einen Beruf daraus machen könnte, Erde und Himmel miteinander zu verbinden.

Der Weltraum stellt eine einzigartige Herausforderung für Archäologen dar, die es gewohnt

»Es gibt so viele Mythen und Legenden über den Mond. Aber nun ist er eine von Menschen erkundete Landschaft. Das Meer der Ruhe, wo die Astronauten zum ersten Mal den Mond betraten, ist eine archäologische Stätte. Sie haben Artefakte dort zurückgelassen. Sie haben Fußspuren hinterlassen.«

ALICE GORMAN, VORTRAG »SPACE ARCHAEOLOGY« BEI TEDXSYDNEY, 2013

33.1

sind, sich ihre Hände schmutzig zu machen. Vor Kurzem wurde die Internationale Raumstation ISS zu einem lebendigen archäologischen Projekt, das uns helfen soll zu verstehen, wie sich Menschen an solch eine einzigartige Umgebung anpassen. Über 20 Jahre lang hat sich an Bord der ISS eine eigene Kultur außerhalb der Erde entwickelt, eine diverse Minigesellschaft, die frei ist von den Auswirkungen der Schwerkraft. Gorman und ihr Kollege Justin Walsh haben das erforscht, zum Beispiel indem sie historische Fotos von Astronauten dazu nutzten, die wechselnde Ausstellung russischer Weltraumhelden (wie Gagarin, Ziolkowski und Koroljow) und religiöser Objekte zu katalogisieren, die das russische Modul Swesda schmückt. Was könnte uns der Wandel dieses kleinen Reliquienschreins mitteilen? Wie sich herausgestellt hat, sind Astronauten auch nützliche Hilfsarchäologen. Im Rahmen des Sampling Quadrangle Assemblages Research Experiment (SQuARE) wurden die Besatzungsmitglieder gebeten, an Bord der ISS täglich Fotos von 1 Quadratmeter großen Wandfeldern zu machen und die darin erscheinenden Typen von Gegenständen zu erfassen – eine traditionelle archäologische Probenahmetechnik. Mithilfe dieser Bilder lässt sich verfolgen, wie der Raum innerhalb der ISS genutzt wird und wie sich die Nutzung im Lauf der Zeit verändert. Es war die erste archäologische Untersuchung, die im Weltraum stattfand.

Außerhalb der ISS ist die erdnahe Umlaufbahn zunehmend überfüllt, und Tausende Teile von Weltraummüll bedeuten eine ernsthafte Bedrohung für die noch funktionierenden Satelliten. Aber in dem Treibgut befinden sich auch einige historische Schätze, die Gorman untersuchen kann.

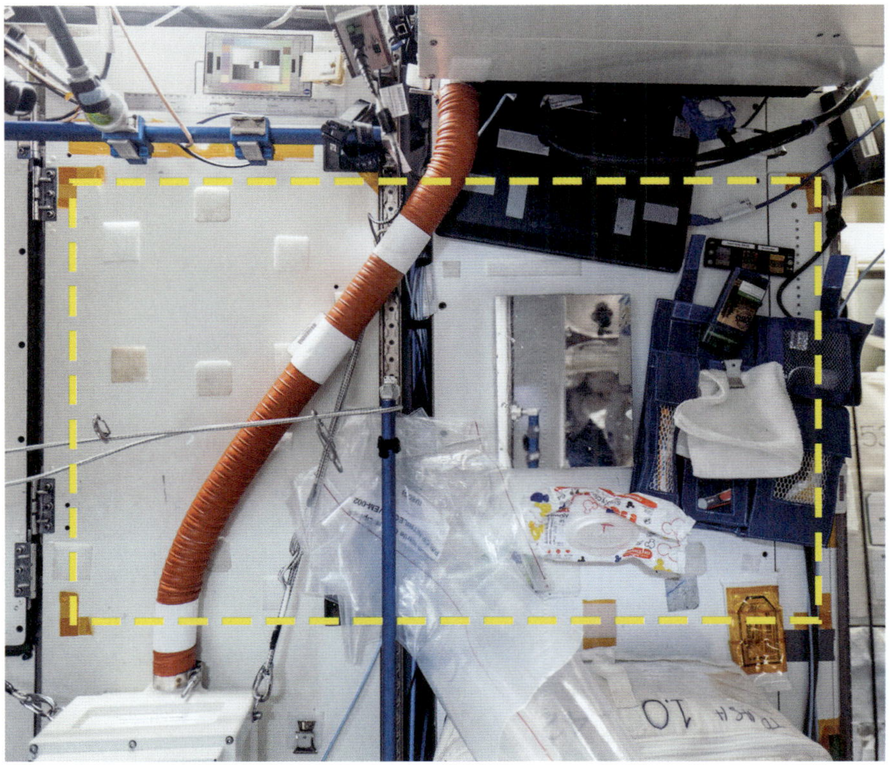

33.2

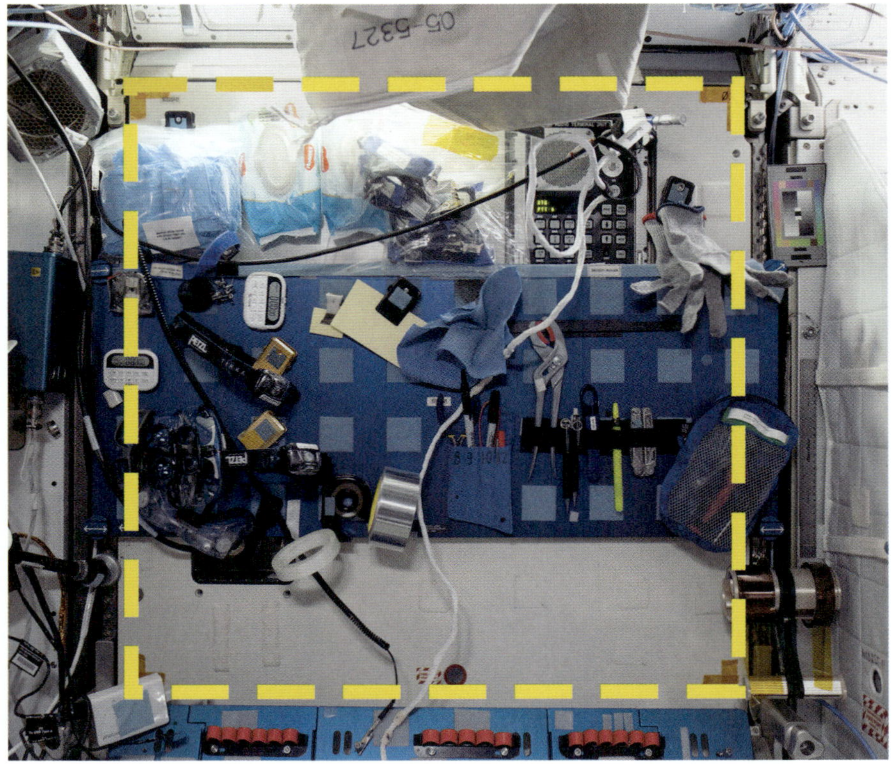

33.3

33.4–33.6 Künstlerische Darstellung der riesigen Menge von Weltraumschrott, der die Erde inzwischen umkreist. Er konzentriert sich in der niedrigen Erdumlaufbahn (in einer Höhe von 2000 Kilometern), ist aber auch in der geosynchronen Umlaufbahn in einer Höhe von ca. 36 000 Kilometern zu finden, in der sich all jene Satelliten befinden, die, von der Erde aus gesehen, eine feste Position am Himmel einnehmen. Weltraummüll ist von archäologischer Bedeutung – er wird aber zunehmend zum Problem für die Sicherheit unserer Weltraumaktivitäten.

33.7 Dr. Mark Burchell (oben) und Dr. Simon Green untersuchen farbige Lichtmikroskopbilder von Einschlagkratern, die durch Weltraummüll auf einem Solarzellen-Flügel des Hubble-Weltraumteleskops verursacht wurden. Die Solarzellen-Flügel wurden ständig von winzigen Hochgeschwindigkeitspartikeln getroffen. Einige davon waren kleine Meteoroide, aber es gab auch Einschläge von Trümmerteilen, die aus vergangenen Missionen im All zurückgeblieben waren.

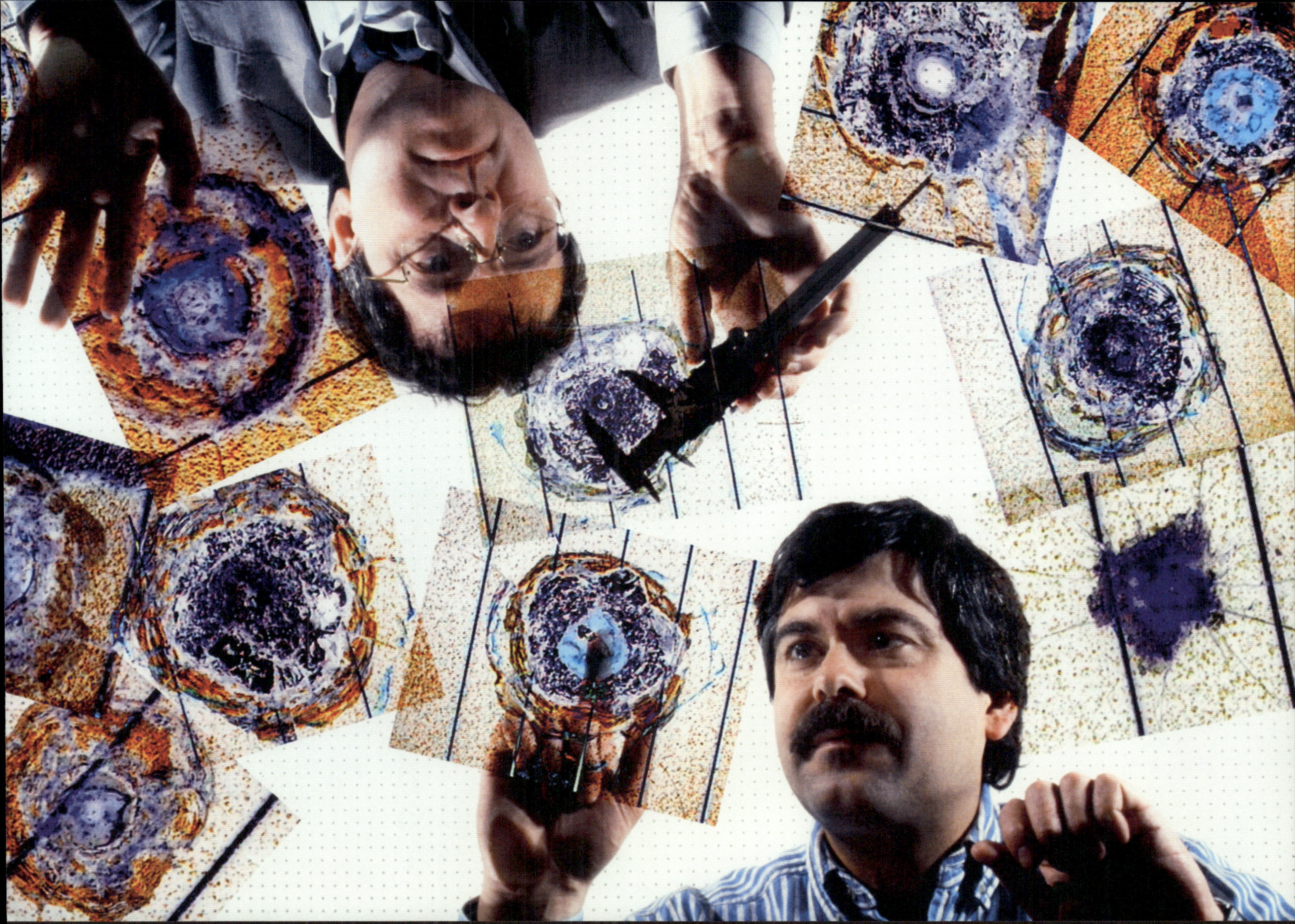

Frühe Satelliten wie der amerikanische Vanguard 1, inzwischen das älteste Objekt im Orbit, spuken immer noch herum und sind zu wichtigen Artefakten aus der Frühzeit der Raumfahrt geworden.

Leuchtende Objekte, die vom Himmel fallen, haben seit jeher zu lebhaften Vorstellungen und abergläubischen Gedanken angeregt. Das Meiste von dem, was wir in den Weltraum senden, bleibt außer Reichweite. Aber manchmal fallen Teile zurück auf die Erde und landen in besiedelten Gebieten. Im Jahr 1991 krachte in Argentinien ein waschmaschinengroßes Teil der frühen sowjetischen Raumstation Saljut 7 durch das Dach des Hauses einer Frau, während sie bügelte. In Manitowoc (Wisconsin) schlug ein Teil von Sputnik 4 in der North 8th Street ein – eine Nachbildung ist wie eine Reliquie in einem Museum ausgestellt. Sie sind nun Teil einer lokalen Folklore, aus der sich ein jährlich stattfindendes Gemeindefest entwickelt hat, das »Sputnikfest«. Der Austritt der ersten amerikanischen Raumstation Skylab aus der Umlaufbahn wurde zu einem nationalen Medienereignis, als Trümmerteile über Westaustralien niederregneten. Kappen und T-Shirts wurden mit »I survived Skylab« (Ich habe Skylab überlebt) bedruckt, und Skylab-Fragmente wurden zu begehrten Sammlerstücken. Im Rahmen eines Publicity-Gags belegte die Stadt Esperance die NASA mit einer Geldstrafe von 400 Dollar wegen Vermüllung. Die Strafe wurde jedoch nie gezahlt.

Unsere Weltraumobjekte haben mittlerweile andere Planeten erreicht – ein wichtiger Meilenstein in der Entwicklung unserer Spezies. Die sowjetischen Venera-Landegeräte befinden sich noch immer auf der höllisch heißen Oberfläche der Venus. Wie sie jetzt wohl aussehen? Auf dem Mars gibt es eine ständig wachsende Menge verschiedener menschengemachter Objekte, von den Viking-Landefahrzeugen der 1970er-Jahre bis zu neueren Teilen: Da sind zum Beispiel der Fallschirm des Rovers Perseverance (dessen Muster eine geheime Botschaft enthält), Schutzabdeckungen, Netzgewebe, eine Hubschrauberdrohne, Teile eines zerbrochenen Rades. Außerdem sind hier die Spuren des Rovers Curiosity zu finden: Das Lochmuster im Profil seiner Reifen hinterlässt in Morsecode die Zeichen JPL (· – – – / · – – · / · – · ·) für das Jet Propulsion Laboratory im Sand, während er langsam über die Marsoberfläche rollt. Die Menschen lieben es, Zeichen zu hinterlassen.

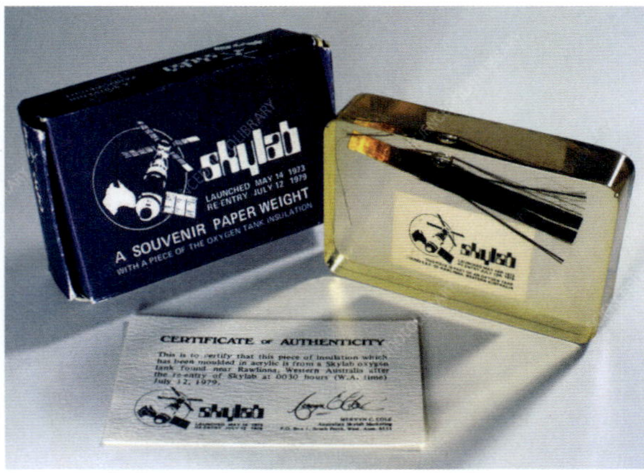

33.8 Poster für Skylab-Schutzhelme, die von William Foard nach einem Konzept von Jeff Hall designt und produziert wurden.

33.9 Briefbeschwerer mit einem Trümmerteil, das beim Wiedereintritt der US-Raumstation Skylab in die Erdatmosphäre im Juli 1979 auf die Erde fiel. Das Trümmerteil wurde in Rawlinna (Australien) geborgen.

33.10 Dieses Bild wurde von der Kamera MAHLI (Mars Hand Lens Imager) aufgenommen, die sich auf dem Mars-Rover Curiosity der NASA befindet. Es zeigt ein kleines, helles Objekt mit einer Länge von etwas mehr als einem Zentimeter auf dem Boden des Standorts »Rocknest«. Das Rover-Team hat dieses Objekt als kleines Trümmerteil des Raumfahrzeugs bestimmt, möglicherweise entstanden bei der Landung auf dem Mars. Das Bild wurde am 65. Marstag der Mission aufgenommen, am 11. Oktober 2012.

33.8

33.9

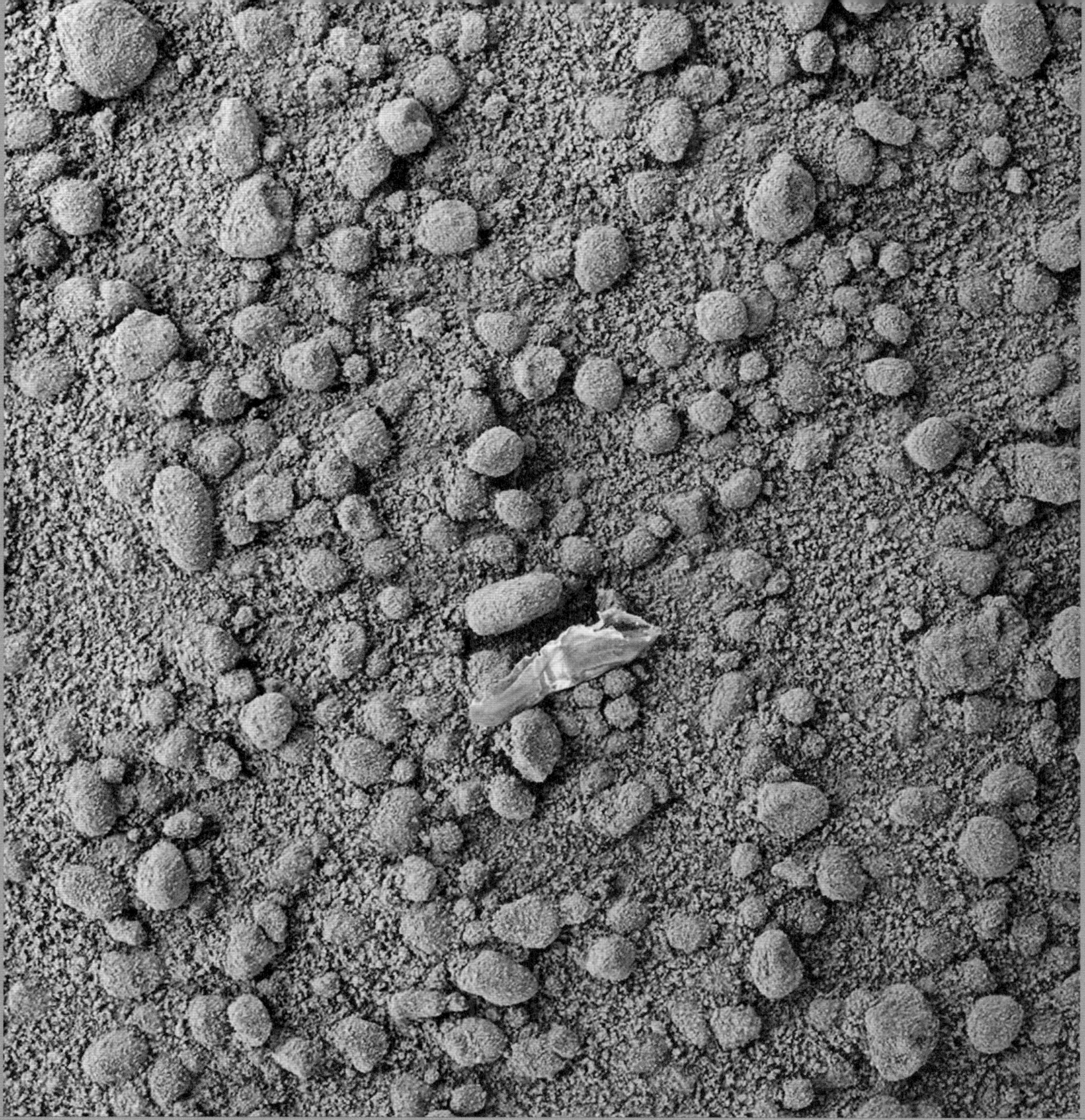

»The Bones of Mars«
Sam Illingworth, 2024

Ein Gewicht verweilt auf rotem Staub – halbe Räder und Netze, deren Schleier mit dem stillen Stein verwoben sind. Die Aschegeister der Flammenflügel markieren ununterbrochene Passagen – von stillen Maschinen hinterlassene Spuren. Jedes Trümmerteil und jede weggeworfene Leine breitet sich auf der Oberfläche aus und prägt unsere Karte aus unschätzbaren Überbleibseln. Diese Fragmente, einst beseelte Werkzeuge, ruhen hier nun als Skelette von Wanderern – eine Ansammlung von Archivstücken, dem Wind überlassen.

33.11

»Wenn Sie ein Bild des ersten Schuhabdrucks auf dem Mond ansehen, denken Sie immer daran: Er stammt vom Fuß eines Mannes und von der Hand einer Frau.«

ALICE GORMAN, »SPACE AGE ARCHAEOLOGY«, 2025

Da draußen, jenseits der Planeten, fliegen Sonden an den Rand unseres Sonnensystems und noch weiter. Sollte die Erde jemals von Vogonen zerstört werden, um Platz zu schaffen für eine Hyperraum-Umgehungsstraße (siehe Douglas Adams), werden die beiden Voyager-Raumsonden mit ihren Golden-Record-Zeitkapseln noch für eine halbe Ewigkeit durch den Weltraum segeln. Sie stellen Rätsel für zukünftige außerirdische Archäologen dar und geben uns Anlass, darüber nachzudenken, wie unsere Weltraumtechnologie und eine breitere menschliche Kultur nebeneinander existieren können. Wie sollen wir Schrott von Schätzen unterscheiden? Wie sollen wir Elon Musks Dummy-Nutzlast für seine erste Schwerlast-Trägerrakete vom Typ Falcon Heavy interpretieren – einen roten Tesla Roadster, der nun um die Sonne kreist – als eine unvermeidliche Veränderung in der Geschichte der Raumfahrt? Oder ist das ein Moment, in dem wir frustriert mit den Augen rollen? Alles, was wir tun, ist politisch.

Feldstudien im Bereich der Weltraumarchäologie können auch hier unten auf der Erde durchgeführt werden. Startplätze wie Woomera in Australien oder das Kosmodrom Baikonur in Kasachstan bieten zahlreiche Fundmöglichkeiten. Baikonur ist nach wie vor die wichtigste russische Raumfahrt-Basis, und der als »Gagarins Start« bekannte Startplatz hat eine beinahe religiöse Bedeutung. Er markiert den exakten Punkt, an dem die menschliche Spezies das erste Mal zum Himmel aufgestiegen ist. Die frühen Missionen kann man hier noch immer spüren. Heutzutage ist die Anlage schwer zugänglich, aber dem französischen Fotografen Jonathan »Jonk« Jimenez gelang es, sich hineinzuschleichen und bei seiner heimlichen Erkundung die verlassenen sowjetischen Buran-Raumfähren zu dokumentieren. Sie sind nie geflogen und werden seit Jahrzehnten an ihren zerfallenden Ruheplätzen versteckt, wo sie langsam vom Rost zerfressen werden.

Durch verschiedene Initiativen ist Alice Gorman zu einer lautstarken Verfechterin der Erhaltung unseres kulturellen Erbes auf dem Mond geworden, das eine sensible archäologische Stätte darstellt zu einer Zeit, in der die Erforschung des Mondes wieder auf der Agenda steht.

Was würden wir als Weltraumarchäologen gerne sehen? Die berühmten Flaggen, die inzwischen weiß ausgebleicht sind, und ihre von NASA-Ingenieur Jack Kinzler entworfene Fahnenmastkonstruktion. Die Vogelfeder und den Hammer, die David Scott fallen ließ, um Galileos Theorie zu fallenden Objekten in Gravitationsfeldern zu testen. Die in Beuteln abgefüllten überschüssigen Mahlzeiten, die von der NASA-Weltraumköchin Rita Rapp zubereitet wurden. Oder die von Alan Shepard während Apollo 14 geschlagenen Golfbälle. Und natürlich würden wir auch gerne Fußspuren sehen.

Was für ein starkes Symbol der Fußabdruck für den Archäologen in uns allen ist! Gorman erinnert uns daran: Zwar haben Männerstiefel die Abdrücke hinterlassen, aber diese Stiefel wurden von Frauen gemacht. Ein Fußabdruck sagt uns, dass wir nicht alleine sind, und drängt uns zu Fragen: Wer? Wann? Warum? Auf der Erde können Fußabdrücke innerhalb weniger Stunden weggespült werden oder – sehr selten – in Felsen versteinern. Auf dem Mond können sie über Äonen bestehen bleiben, obwohl sie in feinstem Material geformt wurden. Das Meer der Ruhe hat keine Gezeiten, die sie auslöschen könnten. Es sind Abdrücke, die den Moment markieren, an dem wir von unserem Heimatplaneten zu einem anderen Himmelskörper gereist sind und an dem der *Homo sapiens* (der verstehende Mensch) zum *Homo spatium* (dem Menschen im Weltraum) wurde.

33.11 Der französische Fotograf Jonathan »Jonk« Jimenez schlich sich in das Kosmodrom Baikonur in Kasachstan ein, um verfallende sowjetischen Buran-Orbiter aus den 1980er-Jahren aufzunehmen. Die Buran-Raumfähren flogen nie ins All.

➔ **33.12** Die Forschungsgeologen Kathleen Springer und Jeff Pigati vom amtlichen Kartografie-Institut USGS (United States Geological Survey) haben diese im White-Sands-Nationalpark gefundenen Fußspuren auf das Letzteiszeitliche Maximum datiert, 2023.

➔ **33.13** Blick von der Station des Apollo Lunar Surface Experiments Package (ALSEP). Während des dritten Außenbordeinsatzes der Apollo-17-Mission wurde der Wärmefluss gemessen.

Danksagung

Die Helden und Heldinnen dieses Buches sind: Ben Hayes, Phoebe Colley und Aman Phull von Thames & Hudson. Danke an Pauline Hubner, eine bemerkenswerte Bildrechercheurin, die sich unermüdlich um meine zahllosen Bildwünsche gekümmert hat. Wir werden für immer diejenigen beklagen, die uns entgangen sind. Danke an Chloe Gott und Anna Muir von KBJ, die mir zur Seite standen, um dieses Buch auf den Weg zu bringen. Danke an meine Familie, die mir mit besonders viel Liebe und Unterstützung dabei geholfen hat, das vergangene Jahr durchzustehen. Dank an Nicola, Lucy und Robbie, Dad und Carina, John, Lenore und Jeremy. Und natürlich an Chimp und Chomp. Danke an Alison Barton, die mir geduldig in Newcastle zugehört hat. Danke an Suzie, Cathy und Ian für die endlose Versorgung mit Kuchen, Kaffee und mehr. Besonderer Dank gilt meinem geheimnisvollen Spender, der mir im Laufe der Jahre eine Fülle inspirierender Materialien zugeschickt hat, von denen viele ihren Weg in dieses Buch gefunden haben. Ich kenne Sie nicht, aber ich bin Ihnen auf ewig dankbar. Lassen Sie uns diesen unterhaltsamen Dialog fortsetzen. Danke an Professor Sam Illingworth für seine freundliche Erlaubnis, sein Gedicht »Bones of Mars« zu veröffentlichen, sowie an George Savona für die Freundschaft und ansteckende Kreativität über die Jahre hinweg. Danke auch an Werner Herzog, den ich nie kennengelernt habe, dessen Arbeit mich jedoch immer wieder erstaunt und begeistert. Vor allem aber danke ich meiner Mum sowie Mega-Dog und Reg, die für immer fehlen werden. Danke für die Spaziergänge in Seaton Sluice und dafür, dass ihr mich dazu gebracht habt, *Breaking Bad* von Anfang bis Ende anzuschauen. Die letzte Folge werde ich mir noch mal ansehen, und zwar ... jetzt.

Bildnachweis

Kapitelaufmacher

S. 2 MSFC/NASA; **S. 14** Fine Art Images/Diomedia; **S. 52** Detail aus **8.9**; **S. 90** John Frost Newspapers/Mary Evans Picture Library; **S. 140** Detail aus **18.9**; **S. 210** Detail aus **27.11**; **S. 244** NASA

0.1 R. H. Goddard, *A Method of Reaching Extreme Altitudes* (Washington, DC: Smithsonian Institution, 1919); **0.2** Jules Verne, *From the Earth to the Moon* (New York: Scribner, Armstrong, 1874); **0.3** *Popular Mechanics Magazine*, March 1930; **0.4** SpaceX/UPI/Alamy Live News/Alamy; **0.5** Chris Gunn/NASA; **0.6** KSC/NASA; **0.7** Courtesy of The Linda Hall Library of Science, Engineering & Technology, Kansas City, MO; **1.1** Rare Book and Special Collections Division, Library of Congress, Washington, DC; **1.2, 1.3** *Kepler/Somnium* murals, Anger, Austria, May 2013. © Joshua Ellingson; **1.4** Rare Book and Special Collections Division, Library of Congress, Washington, DC; **1.5** Royal Danish Library, Copenhagen (KBK 2-1); **1.6** Look and Learn/Elgar Collection/Bridgeman Images; **1.7** The Stapleton Collection/Bridgeman Images; **1.8** Houghton Library, Harvard University, Cambridge, MA (STC 11943.5); **1.9, 1.10** © 2025 DACS; **1.11** Wellcome Collection, London; **1.12** Courtesy of The Linda Hall Library of Science, Engineering & Technology, Kansas City, MO; **2.1** Leonard de Selva/Bridgeman Images; **2.2** From Jules Verne, *From the Earth to the Moon* (New York: Scribner, Armstrong, 1874); **2.3** NASA; **2.4** Mary Evans Picture Library; **2.5–2.22** From Jules Verne, *From the Earth to the Moon* (New York: Scribner, Armstrong, 1874); **2.23** Centre d'études verniennes, Fonds Jules Verne, Nantes (MJV 83-14); **2.24** Centre d'études verniennes, Fonds Jules Verne, Nantes (MJV 83-15); **2.25** Science Source/Mary Evans Picture Library; **2.26** Courtesy of The Linda Hall Library of Science, Engineering & Technology, Kansas City, MO; **2.27** Leopoldo Galluzzo, *Altre scoverte fatte nella luna dal Sigr. Herschel* (Naples: L. Gatti e Dura, 1836); **2.28** MSFC/NASA; **2.29** Georges Méliès, *Le voyage dans la lune*, 1902; **3.1** Photo © Ted Streshinsky/Corbis via Getty Images; **3.2** Lucien Rudaux, *Sur les Autres Mondes* (Paris, Larousse, 1937); **3.3** Metropolitan Museum of Art, New York. Gift of the sons of William Paton, 1909 (09.214.1); **3.4** Reproduced courtesy of Bonestell LLC; **3.5** © Bonestell LLC. Reproduced courtesy of Bonestell LLC; **3.6** Courtesy of The Linda Hall Library of Science, Engineering & Technology, Kansas City, MO; **3.7** Courtesy Everett Collection/Mary Evans Picture Library; **3.8** Courtesy George Pal Productions/Ronald Grant/Mary Evans Picture Library; **3.9** Photo courtesy Leo Boudreau; **3.10** B. Christopher/Alamy; **3.11** © Bonestell LLC. Reproduced courtesy of Bonestell LLC; **3.12, 3.13** Reproduced courtesy of Bonestell LLC; **4.1** Mike Wilson and Arthur C. Clarke/Rocket Publishing/SSPL/Getty Images; **4.2** Courtesy pulpcovers.com; **4.3, 4.4** Rocket Publishing/SSPL/Getty Images; **4.5** Arthur C. Clarke/Rocket Publishing/SSPL/Getty Images; **4.6** Cornwall Aviation Company Limited, St Austell/Rocket Publishing/SSPL/Getty Images; **4.7** Courtesy pulpcovers.com; **4.8** *Amazing Stories*, November 1928; **4.9** Photo The University of Liverpool Library (OS/I1/1). Courtesy the Estate of Olaf Stapledon; **4.10** Photo courtesy pulpcovers.com; **4.11** Courtesy MGM/Stanley Kubrick Productions/Ronald Grant/Mary Evans Picture Library; **4.12** Michael Ochs Archives/Getty Images; **4.13** Sunset Boulevard/Corbis Historical/Getty Images; **5.1** Scala, Florence – courtesy of the Ministero Beni e Att. Culturali e del Turismo; **5.2** National Central Library of Florence (Ms. Gal. 88, c.107v). Courtesy of the Ministry of Culture; **5.3** Scala, Florence; **5.4** Scala, Florence – courtesy of the Ministero Beni e Att. Culturali e del Turismo; **5.5** PHA HMC 241, volume IX, folio 30. Reproduced by kind permission of Lord Egremont and with acknowledgments to the County Archivist, West Sussex Record Office; **5.6–5.11** Galileo Galilei, *Sidereus nuncius* (Thomam Baglionum, 1610); **5.12** Marie Claire Eimmart, *Raffigurazione di fenomeni celesti – Aspetto di Giove*, XVII, MdS-124i. Museo della Specola|sistema Museale di Ateneo, Università di Bologna. Photo Marco Pintacorona; **5.13** Scala, Florence; **6.1** Wellcome Collection, London; **6.2** The Royal Society, London; **6.3** Reproduced by kind permission of the Syndics of Cambridge University Library (Adv.b.39.1); **6.4** Reproduced by kind permission of the Syndics of Cambridge University Library (MS Add.3996); **6.5** Reproduced by kind permission of the Syndics of Cambridge University Library (MS Add.3975); **6.6** Reproduced by kind permission of the Syndics of Cambridge University Library (MS Add.3958); **6.7** Isaac Newton, *A treatise of the system of the world* (London: F. Fayram, 1728); **7.1** Courtesy Lowell Observatory Archives, Flagstaff, AZ; **7.2, 7.3** JPL/NASA; **7.4** From *Osservatzioni Astronomiche e fisiche . . . Del Planeta Marte . . . Memoria del socio G. V. Schiaparelli.* Published by Reale Accademia dei Lincei, Rome, 1878; **7.5–7.10** Courtesy Lowell Observatory Archives, Flagstaff, AZ; **7.11** From W. D. & H. O. Wills 'Romance of The Heavens' series, 1928; **7.12, 7.13** Courtesy Lowell Observatory Archives, Flagstaff, AZ; **7.14** Photo Marriott Library, University of Utah/Library of Congress, Washington, DC; **7.15** Courtesy Lowell Observatory Archives, Flagstaff, AZ; **7.16** Science History Images/Alamy; **7.17** Courtesy Lowell Observatory Archives, Flagstaff, AZ; **8.1, 8.2** Collection Castle Ward, County Down. Photos National Trust Images; **8.3–8.6** The Royal Society, London; **8.7–8.16** Courtesy of The Linda Hall Library of Science, Engineering & Technology, Kansas City, MO; **9.1** Sam Ogden/Science Photo Library; **9.2** David Higginbotham (NASA-MSFC)/NASA; **9.3–9.6** NASA; 9.7 Photo Princeton/NGAS/JPL-Caltech/NASA; **9.8** Photo © Craig Cutler; **10.1** TASS Archive/Diomedia; **10.2** Photo © Gbruev/Dreamstime.com; **10.3** laufer/stock.adobe.com; **10.4** Vic/stock.adobe.com; **10.5** Cameraphoto/akg-images; **10.6** Library of Congress, Washington, DC; **10.7** Sovfoto/Universal Images Group/Getty Images; **10.8** Konstantin Tsiolkovsky, 'Exploration of Space Using Reactive Devices', from *Scientific Review*, no. 5 (St Petersburg, May 1903); **10.9** Konstantin Tsiolkovsky, *The simplest project of a purely metallic aeronaut made of corrugated iron* (Kaluga: Author's edition; S.A. Semenov's printing house, 1914); **10.10–10.13** Archive of the Russian Academy of Sciences, St Petersburg; **10.14** Granger – Historical Picture Archive/Alamy; **10.15, 10.16** Archive of the Russian Academy of Sciences, St Petersburg; **10.17** *Cosmic Voyage* (Mosfilm, 1936). Directed by Vasily Zhuravlyov; **10.18** Photo © Alexander Ovchinnikov/TASS/Mary Evans Picture Library; **10.19–10.28** Photo © Andrii Zhezhera/Dreamstime.com; **10.29, 10.30** Smithsonian National Air and Space Museum, Washington, DC. Gift of Tsiolkovsky Space Museum, Kaluga, Russia (A20110015000); **11.1** NASA; **11.2** Library of Congress, Washington, DC; **11.3** Courtesy of Clark University Archives and Special Collections, Worcester, MA; **11.4–11.6** Smithsonian Institution Libraries, Washington, DC; **11.7** Courtesy of Clark University Archives and Special Collections, Worcester, MA; **11.8** NASA; **11.9, 11.10** Courtesy of Clark University Archives and Special Collections, Worcester, MA; **11.11** NASA; **11.12** MSFC/NASA; **11.13** GSFC/NASA; **11.14–11.16** Smithsonian National Air and Space Museum, Washington, DC. Donated by Dr Robert H. Goddard (A19360022000); **11.17** Photo Dane Penland, Smithsonian National Air and Space Museum, Washington, DC (NASM 2005-35497); **12.1** MSFC/NASA; **12.2–12.7** Private Collection. Photos courtesy Lion Heart Autographs and Gary Cwick; **12.8–12.10** Photos courtesy Iron Library (Eisenbibliothek), Foundation of Georg Fischer Ltd, Schlatt, Switzerland; **12.11** Courtesy Everett Collection/Mary Evans Picture Library; **12.12** Süddeutsche Zeitung/Mary Evans Picture Library; **12.13** Photo Collection Christophel/Alamy; **12.14** Album/IMAGO; **13.1** MSFC/NASA; **13.2** Süddeutsche Zeitung Photo/Alamy; **13.3** Watford/Mirrorpix/Getty Images; **13.4** Photo courtesy Bonhams; **13.5** Photo courtesy Bonhams; **13.6** Smithsonian National Air and Space Museum, Washington, DC (NASM 90-378); **13.7** Photo courtesy Bonhams. Granted by permission of the Family of Wernher von Braun; **13.8** © Barbara Diener 2023; **13.9** Underlying image © Bonestell LLC. Reproduced courtesy of Bonestell LLC; **13.10** Photo Ralph Crane/The LIFE Picture Collection/Shutterstock; **14.1** Süddeutsche Zeitung Photo/Alamy; **14.2** *Die Rakete*, 1927; **14.3** Mary Evans Picture Library; **14.4** Bettmann/Getty Images; **14.5** Science & Society Picture Library/SSPL/Getty Images; **14.8** POST 33/5130, The Royal Mail Archive at The Postal Museum, London; **14.9** Dallas Campbell; **14.10** POST 33/5130, The Royal Mail Archive at The Postal Museum, London; **14.11** POST 33/5130, The Royal Mail Archive at The Postal Museum, London; **14.12** POST 33/5130, The Royal Mail Archive at The Postal Museum, London; **14.13** From the collections of Museum nan Eilean, Stornoway; **14.14** Science & Society Picture Library/SSPL/Getty Images; **14.15** POST 33/5130, The Royal Mail Archive at The Postal Museum, London; **15.1** Historic Images/Alamy; **15.2** Sovfoto/Universal Images Group/Diomedia; **15.3** Photo courtesy Bonhams; **15.4** Sovfoto/Universal Images Group/Getty Images;

15.5 Cosmosphere International SciEd Center and Space Museum, Hutchinson, KS; **15.6** Granger – Historical Picture Archive/Alamy; **15.7, 15.8** John Frost Newspapers/Mary Evans Picture Library; **16.1** Sovfoto/Universal Images Group/Diomedia; **16.2** TASS Archive/Diomedia; **16.3–16.9** Sovfoto/Universal Images Group/Diomedia; **16.10** Onslow Auctions Limited/Mary Evans Picture Library; **16.11** John Frost Newspapers/Mary Evans Picture Library; **16.12** Sovfoto/Universal Images Group/Getty Images; **16.13** Detlev van Ravenswaay/Science Photo Library; **16.14** Universal Images Group/Diomedia; **16.15** Topfoto; **16.16** Ria Novosti/AFP/Getty Images; **16.17** TASS Archive/Diomedia; **16.18** ADN-Bild-archiv/ullstein bild via Getty Images; **16.19** colaimages/Alamy; **17.1** TASS Archive/Diomedia; **17.2** *The Soviet Space Program* (NSA Publication No. 166); **17.3** The Royal Aeronautical Society (National Aerospace Library)/Mary Evans Picture Library; **17.4** cityanimal/stock.adobe.com; **17.5** Vic/stock.adobe.com; **17.6** AlexanderZam/stock.adobe.com; **17.7** Daily Herald Archive/National Science & Media Museum/SSPL/Getty Images; **17.8** The Protected Art Archive/Alamy; **17.9** Fox Photos/Hulton Archive/Getty Images; **17.10** Photo 12/Alamy; **17.11** Photo Patrick Donovan/The Image Bank Unreleased/Getty Images; **18.1** Photo Paul Schutzer/The LIFE Picture Collection/Shutterstock; **18.2, 18.3** Papers of John F. Kennedy. Presidential Papers. President's Office Files. Speech Files. Address at Rice University, Houston, Texas, 12 September 1962. John F. Kennedy Presidential Library and Museum, Boston, MA; **18.4** Photo Robert Knudsen. White House Photographs. John F. Kennedy Presidential Library and Museum, Boston, MA; **18.5, 18.6** Photos Cecil Stoughton. White House Photographs. John F. Kennedy Presidential Library and Museum, Boston, MA; **18.7** KSC/NASA; **18.8** MSFC/NASA; **18.9** Museum of Contemporary Art Chicago, IL (Partial gift of Stefan T. Edlis and H. Gael Neeson, 1998.49). Photo Museum of Contemporary Art Chicago/Art Resource, NY. © 2025 Robert Rauschenberg Foundation/VAGA at ARS, NY and DACS, London; **18.10** Photo Robert Knudsen. White House Photographs. John F. Kennedy Presidential Library and Museum, Boston, MA; **19.1, 19.2** Bettmann/Getty Images; **19.3** Office of the Federal Register. (04/01/1985-). National Archives and Records Administration, College Park, MD; **19.4** NASA Lewis Research Center, *Orbit*, vol. XVI, no. 1, 30 September 1958; **19.5–19.13** NASA; **19.14** SpaceX/NASA; **19.15** JSC/NASA; **20.1** JSC/NASA; **20.2–20.6** T. A. Bergstrahl, *Photography from the V-2 rocket at altitudes ranging up to 160 kilometres*. Naval Research Laboratory, Washington, DC, NRL Report no. R-3083, 1947. Jeremy Norman Collection on the History of Aerodynamics, Aviation and Aerospace, approximately 1871–1976, The Huntington Library, San Marino, CA; **20.7** US Navy/John Hopkins (APL); **20.8** AP Wirephoto/Sydney Morning Herald/Superstock/Alamy; **20.9, 20.10** US Navy/John Hopkins (APL); **20.11** Photo Karl Mills, Scientific Photo Arts, Berkeley, California/NASA; **20.12** NASA Image Collection/Alamy; **20.13** KSC/NASA; **20.14, 20.15** NASA; **20.16–20.18** JSC/NASA; **21.1, 21.2** Ryan Nagata; **21.3** Keystone-France/Gamma-Keystone/Getty Images; **21.4** JSC/NASA; **21.5** Photo Mark Avino, Smithsonian National Air and Space Museum, Washington, DC (NASM 2008-8610); **21.6** JSC/NASA; **21.7** Smithsonian National Air and Space Museum, Washington, DC (NASM2008-14049); **21.8, 21.9** NASA; **21.10–21.13** Photos Lee Jones/NASA; **21.14** Science & Society Picture Library/SSPL/Getty Images; **21.15** Dallas Campbell; **21.16** Smithsonian National Air and Space Museum, Washington, DC (NASM2008-13657); **21.17** Ryan Nagata; **21.18** Photo Dane Penland. Smithsonian National Air and Space Museum, Washington, DC (NASM2016-00782); **21.19–21.24** Ryan Nagata; **22.1** TRW/PhotoQuest/Getty Images; **22.2** Courtesy MIT Museum, Cambridge, MA; **22.3** Smithsonian National Air and Space Museum, Washington, DC (NASM 9A12593-45506-A); **22.4, 22.5** Photos Ralph Morse/The LIFE Picture Collection/Shutterstock; **22.6** Smithsonian National Air and Space Museum, Washington, DC (NASM NASA-68-H-457); **22.7, 22.8** Dallas Campbell; **22.9** Courtesy ILC Dover Astrospace; **22.10** Mario De Biasi/Mondadori/Getty Images; **22.11, 22.12** Photos Ralph Morse/The LIFE Picture Collection/Shutterstock; **22.13–22.16** Massachusetts Institute of Technology, Magnetic Core Memory records, AC-0337. Box 76, Photos. Department of Distinctive Collections, MIT Libraries, Cambridge, MA; **22.17** From T. E. Ivall, *Electronic Computers: Principles and Applications* (Iliffe, 1956); **22.18, 22.19** Photos Raytheon. Collection David Meerman Scott; **23.1** Courtesy Virgin Galactic LLC; **23.2** Photo John Rensten and Graham Smith. Courtesy Trevor Beattie; **23.7–23.17** Photos John Rensten and Graham Smith. Courtesy Trevor Beattie; **23.18–23.25** Courtesy Virgin Galactic LLC; **24.1** Courtesy Dan Postgate/Smallfilms; **24.2** Gavin Rodgers/Alamy; **24.3, 24.4** Photos courtesy Clive Banks (clivebanks.co.uk); **24.5–24.16** Courtesy Dan Postgate/Smallfilms; **25.1** CBS Photo Archive/Getty Images; **25.2** © 2025 Eames Office, LLC. All rights reserved; **25.3, 25.4** From George Edward Pendray, *The story of the Westinghouse Time Capsule* (East Pittsburgh, PA: Westinghouse Electric & Manufacturing Co., 1939); **25.5** Scherl/Süddeutsche Zeitung/Alamy; **25.6** Library of Congress, Washington, DC; **25.7, 25.8** JPL-Caltech/NASA; **25.10, 25.11** NASA; **25.12** Yutaka Nagata/UN Photo; **25.13** Rice/UN Photo; **25.14** B. Wolff/UN Photo; **25.15** Tsagris/UN Photo; **25.16, 25.17** UN Photo; **25.18** Yutaka Nagata/UN Photo; **25.19** Ray Witlin/UN Photo; **25.20** UN Photo; **25.21, 25.22** Yutaka Nagata/UN Photo; **25.23** UN Photo; **25.24–25.29** NASA; **26.1** © Jocelyn Bell Burnell; **26.2, 26.3** The Papers of Professor Antony Hewish, HWSH 1/1, Churchill Archives Centre, Cambridge. Courtesy the Hewish Estate; **26.4** From Harold D. Craft Jr, *Radio Observations of the Pulse Profiles and Dispersion Measures of Twelve Pulsars* (September 1970). Courtesy Harold D. Craft Jr; **26.5** Landmark Media/Alamy; **27.1** Acey Harper/The Chronicle Collection/Getty Images; **27.2** PictureLux/The Hollywood Archive/Alamy; **27.3** From *Popular Science*, vol. 95 (September 1919); **27.4–27.6** Science Photo Library; **27.7** Courtesy of the Ohio History Connection (AL07146); **27.8** Dr Seth Shostak/Science Photo Library; **27.9–27.11** NASA; **28.1–28.5** Courtesy of Taito Corporation; **28.6, 28.7** From H. G. Wells, *La guerre des mondes* (Brussels: L. Vandamme & Co., 1906); **28.8–28.11** Courtesy of Taito Corporation; **28.12–28.16** Photos Invader. © 2025 ADAGP, Paris and DACS, London; **29.1** Photo Tech. Sgt Doug Gruben/US Air Force; **29.2** Courtesy Ron Jones; **29.3** Ames Research Center/NASA; **29.4, 29.5** Courtesy Ron Jones; **29.6** Ames Research Center/NASA; **30.1** Photo © Estate of Francis Bello/Science Photo Library; **30.2–30.9** Courtesy George Dyson; **30.10** Olaf Stapledon, *Star Maker* (London: Methuen & Co., 1937); **30.11** Courtesy George Dyson; **30.12–30.14** © Jon Lomberg 2025; **31.1, 31.2** Courtesy the Estate of Paul Van Hoeydonck; **31.3** JSC/NASA; **31.4, 31.5** Courtesy the Estate of Paul Van Hoeydonck; **31.6** JSC/NASA; **32.1** Blue Origin; **32.2** Gerard K. O'Neill, *The High Frontier: Human Colonies in Space* (New York: William Morrow and Company, Inc., 1976); **32.3** Ames Research Center/NASA; **32.4** Blue Origin; **32.5–32.8** SpaceX/NASA; **32.9** © Barbara Diener 2023; **32.10** Courtesy Tresco Island; **32.11** Sketch by R. A. Smith. © BIS; **32.12** Blue Origin; **33.1** Photo Ashton Claridge, 2011, Flinders University Archives, Adelaide (APH25 392); **33.2, 33.3** ISSAP/NASA; **33.4–33.6** NASA Orbital Debris Program Office; **33.7** Geoff Tompkinson/Science Photo Library; **33.8** Skylab Protective Helmet: concept and marketing Jeff Hall; design and production William Foard. Photo courtesy Foard Media, Los Angeles; **33.9** Detlev van Ravenswaay/Science Photo Library; **33.10** MSSS/JPL-Caltech/NASA; **33.11** Baikonur III. Photo © Jonk; **33.12** US National Park Service; **33.13** JSC/NASA

Umschlagvorderseite: Ames Research Center/NASA
Umschlagrückseite: Lee Jones/NASA

Register

Kursive Seitenzahlen beziehen sich auf Abbildungen.

Für Mum und Geordie

Dallas Campbell ist ein britischer Wissenschaftsjournalist, Autor und Moderator. Bekannt für seine unterhaltsamen Formate zu Technik, Raumfahrt und Zukunftsthemen, vermittelt er komplexes Wissen mit typisch britischem Humor. Er präsentierte einige der innovativsten BBC-Serien, darunter *City in the Sky* mit Dr. Hannah Fry und *Stargazing Live* mit Dara Ó Briain und Brian Cox, und moderiert den Podcast *Patented* über die Geschichte großer Erfindungen.

Umschlagvorderseite
Don Davis, *Space Colony: Torus Wheel*, 1975

Umschlagrückseite
Hubert »Vic« Vykukal führt den AX-3-Raumanzug im Ames Reseach Center vor, 22. Juli 1977

Vorsatzpapier
Das Wohnrad der ersten geostationären Raumstation: Ansicht der Seite, die ständig der Sonne zugewandt ist, ohne Hohlspiegel, teilweise im Querschnitt. | Das Wohnrad der ersten geostationären Raumstation: axialer Querschnitt. | Beides aus: Herman Potočnik (Noordung), *Das Problem der Befahrung des Weltraums. Der Raketen-Motor*, Berlin 1929.
Wie sich der Durchmesser des sichtbaren Kreisabschnitts der Erde mit der Höhe eines umlaufenden Satelliten vergrößert. Aus: A. Sternfeld, *Interplanetary Travel*, Moskau 1958.

Seite 2
Eines von fünfundzwanzig Fotos der Mondoberfläche, aufgenommen von der Besatzung von Apollo 12 am 14. November 1969

Seite 14
Émile Bayard, *Das Projektil passiert den Mond*, Farblithografie aus einer englischen Ausgabe von Jules Vernes *From the Earth to the Moon* von 1877

Seite 52
Mary Ward, »Miniaturkarte der anzunehmenden Bahn des Kometen Donati« (Detail), Bildtafel aus *Telescope Teachings*, 1859

Seite 90
Ed White, der erste US-Astronaut, der einen Weltraumspaziergang machte. Detail von der Titelseite der *Daily News* (New York), Mittwoch, 9. Juni 1965

Seite 140
Robert Rauschenberg, *Retroactive II* (Detail), 1963

Seite 210
Detail des Covers von *Project Cyclops*, 1971

Seite 244
Rick Guidice, *Space Colonization Modules* (Detail), 1975

Titel der Originalausgabe:
Space Journal: Art, Science and Cosmic Exploration

Zuerst erschienen 2026 im Vereinigten Königreich bei Thames & Hudson Ltd, 6–24 Britannia Street, London WC1X 9JD

Zuerst erschienen 2026 in den Vereinigten Staaten von Amerika bei Thames & Hudson Inc., 500 Fifth Avenue, New York, New York 10110

Deutsche Erstausgabe
1. Auflage 2026

sekretariat@knesebeck-verlag.de
Ein Unternehmen der Média-Participations

Projektleitung: Victoria Salley, Knesebeck Verlag
Übersetzung: Nicola Obert, Freiburg
Lektorat & Satz: Akademischer Verlagsservice Gunnar Musan
Korrektorat: Asta Machat, München
Umschlaggestaltung: Fabian Arnet, Knesebeck Verlag
Druck: Shenzhen Reliance Printing Co. Ltd
Printed in China

ISBN 978-3-98962-084-1

www.knesebeck-verlag.de

MIX
Papier | Fördert gute Waldnutzung
FSC® C102842

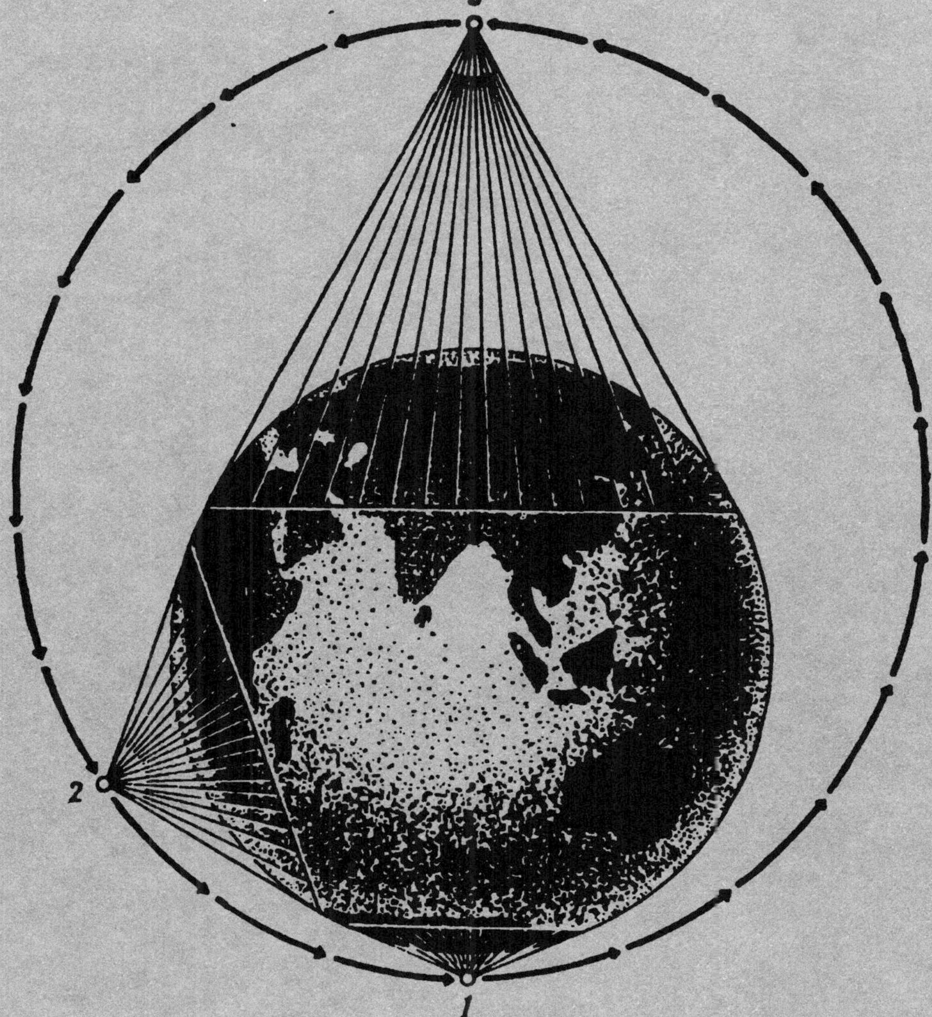

3
2
1

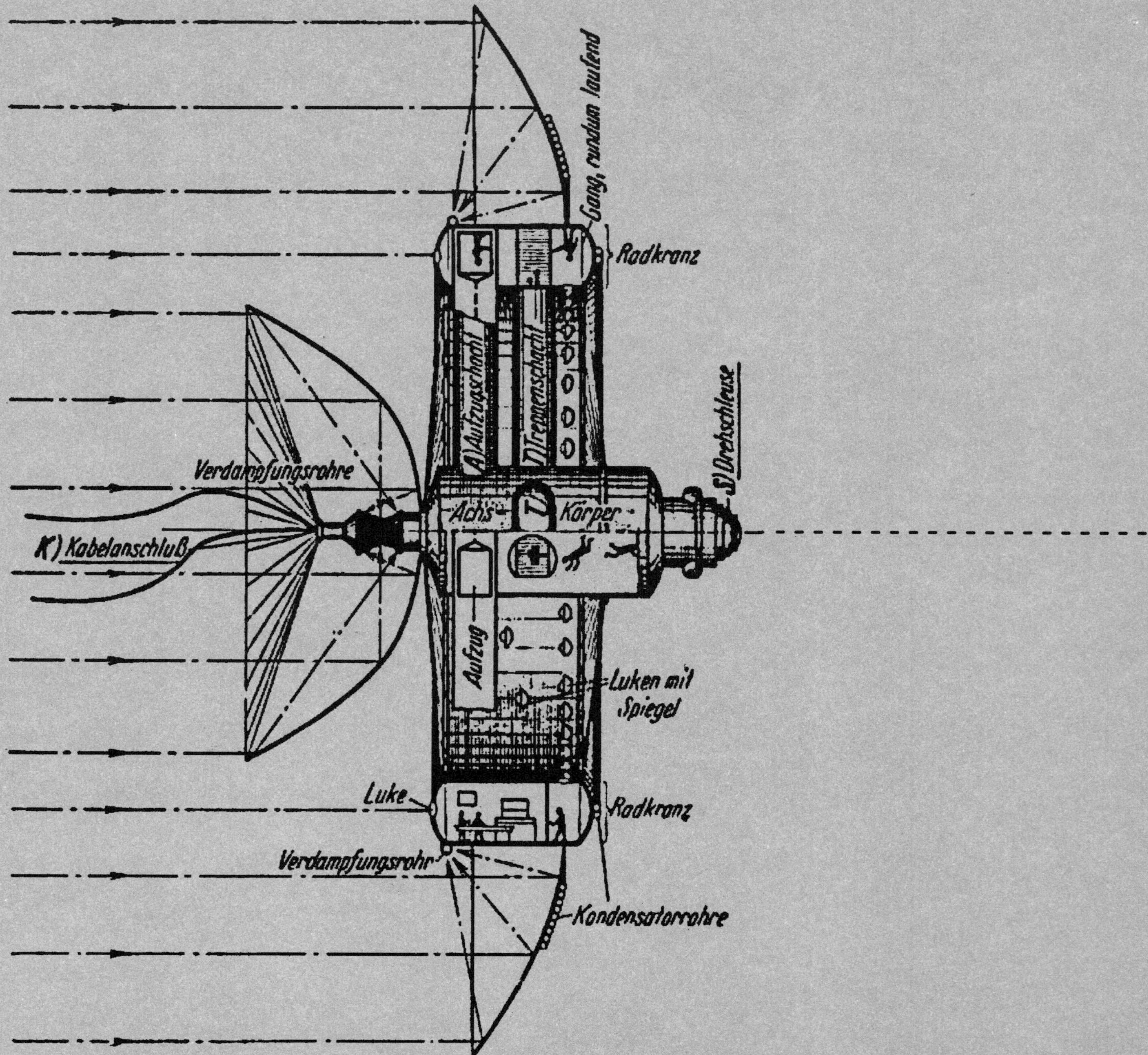
Gang, rundum laufend
Radkranz
A) Aufzugschacht
T) Treppenschacht
S) Drehschleuse
Verdampfungsrohre
Achs
T
Körper
K) Kabelanschluß
Aufzug
Luken mit
Spiegel
Luke
Radkranz
Verdampfungsrohr
Kondensatorrohre